Schutz und Regeneration von Gewässerökosystemen und Wasserressourcen durch ingenieurökologische Methoden

Habilitationsschrift

zur

Erlangung des akademischen Grades

doctor rerum naturalium habilitatus (Dr. rer. nat. habil.)

an der Mathematisch-Naturwissenschaftlichen Fakultät

der

Ernst-Moritz-Arndt-Universität Greifswald

vorgelegt von

Dr. rer. nat. **Volker Lüderitz**

geboren am 30. März 1959 in Schönebeck

Greifswald, im Juni 2008

Dekan: Prof. Dr. rer. nat. Klaus Fesser

1. Gutachter: Prof. Dr. habil. Christian Gliesche (Ernst-Moritz-Arndt-Universität Greifswald)

2. Gutachter: Prof. Dr. habil. Gerhard Wiegleb (Brandenburgisch-Technische Universität Cottbus)

3. Gutachter: Prof. Dr. habil. Gert Dudel (Technische Universität Dresden)

Tag der Habilitation: 25. Juni 2008

Magdeburger Wasserwirtschaftliche Hefte

Band 9 (2008)

Volker Lüderitz

Schutz und Regeneration von Gewässerökosystemen und Wasserressourcen durch ingenieurökologische Methoden

Shaker Verlag
Aachen 2008

Bibliografische Information der Deutschen Nationalbibliothek
Die Deutsche Nationalbibliothek verzeichnet diese Publikation in der Deutschen Nationalbibliografie; detaillierte bibliografische Daten sind im Internet über http://dnb.d-nb.de abrufbar.

Zugl.: Greifswald, Univ., Habil.-Schr., 2008

Impressum

Schriftenreihe des Instituts für Wasserwirtschaft und Ökotechnologie

Herausgeber der Schriftenreihe: Prof. Dr. Manfred Voigt
Prof. Dr. Volker Lüderitz
Institut für Wasserwirtschaft
und Ökotechnologie
Hochschule Magdeburg-Stendal (FH)
Breitscheidstraße 2
39114 Magdeburg

Herausgeber Band 9: Prof. Dr. Volker Lüderitz

Redaktion: Institut für Wasserwirtschaft
und Ökotechnologie

Magdeburg, im November 2008

Printed in Germany.

ISBN 978-3-8322-7715-4
ISSN 1861-3802

Shaker Verlag GmbH • Postfach 101818 • 52018 Aachen
Telefon: 02407 / 95 96 - 0 • Telefax: 02407 / 95 96 - 9
Internet: www.shaker.de • E-Mail: info@shaker.de

Inhaltsverzeichnis

Schutz und Regeneration von Gewässerökosystemen und Wasserressourcen durch ingenieurökologische Methoden

1. Einleitung

1. 1 Notwendigkeit eines nachhaltigen Umganges mit Wasserressourcen

Seit dem Bericht der Brundtlandt – Kommission 1988 und besonders seit der Gipfel-Konferenz über Umwelt und Entwicklung in Rio de Janeiro 1992 ist der Begriff der „sustainable development“ – zu deutsch nachhaltige, zukunftsfähige, dauerhaft umweltverträgliche Entwicklung - aus der wissenschaftlichen, politischen und gesellschaftlichen Diskussion nicht mehr zu verbannen. Versuche, den Begriff durch Überfrachtung und Sinnentleerung zur konsensstiftenden Leerformel zu machen, waren und sind zwar schädlich, letztlich aber nicht erfolgreich.
Des politisch vielleicht notwendigen Beiwerks entkleidet, bleibt die Forderung nach einer auf unabsehbare Zeit zu gewährleistenden Nutzbarkeit der Naturressourcen in Qualität und Quantität, die nur durch die Erhaltung bzw. Wiederherstellung der Funktionsfähigkeit des Naturhaushaltes gewährleistet werden kann. Im Kern geht es dabei um den Übergang vom „fossilen“ zum „solaren“ Entwicklungsweg, von der Umweltnachsorge zur Umweltvorsorge sowie um die Verknüpfung von Effizienz – und Suffizienzstrategien.
Der Umgang mit dem Wasser als regenerativer, aber begrenzter und irreversibel störbarer, zugleich höchst ungleichmäßig verteilter und in vielfältige Zwänge eingebundener Ressource wird in naher Zukunft noch mehr als heute schon ein wichtiger Indikator für den Grad der Beschreitung nachhaltiger Entwicklungspfade sein. Als Begründung dafür sollen hier nur wenige (und in dieser Arbeit nicht vertieft zu behandelnde) globale Wasserprobleme aufgeführt werden:

- Mehr als eine Milliarde Menschen haben gegenwärtig keinen Zugang zu sauberem Trinkwasser, bei Beibehaltung gegenwärtiger Trends können dies in 25 Jahren bis zu sechs Milliarden sein.
- 60 Prozent der global anfallenden Abwässer werden überhaupt nicht, weitere 35 % nur sehr unzureichend gereinigt.
- Fünf Millionen Menschen sterben deshalb jährlich durch den Konsum verunreinigten Wassers; 80 % der Krankheiten in den Ländern der südlichen Hemisphäre sind direkt oder indirekt auf verseuchtes Wasser zurückzuführen.
- Wenn alle Menschen in angemessener Weise versorgt werden sollten, nimmt der globale Wasserbedarf bis 2025 um bis zu 650 Prozent zu. Auch bei Erschließung aller Effizienzpotenziale (Vermeidung von Verlusten, Mehrfachnutzung) ist für zahlreiche (aride) Gebiete der Erde auszuschließen, dass dieser Bedarf gedeckt werden kann. Als einzige diesbezügliche Möglichkeit wird von vielen Fachleuten der Import von „virtuellem“, also in Nahrungsmitteln gebundenem Wasser angesehen (Liebscher 2003). Das Offenhalten dieser Möglichkeit für die Zukunft ist wiederum eine Herausforderung an die qualitativ und quantitativ nachhaltige Bewirtschaftung von Wasserressourcen in den heutigen und künftigen Exportländern „virtuellen“ Wassers, zu denen Deutschland ganz zweifellos gehört bzw. gehören muss.

1. 2 *Prinzipien eines nachhaltigen Schutzes und einer nachhaltigen Bewirtschaftung von Wasserressourcen*

„Wasser ist keine übliche Handelsware, sondern ererbtes Gut, das geschützt, verteidigt und entsprechend behandelt werden muss“ (EU 2000).
Diesem Leitsatz der EU-Wasserrahmenrichtlinie lassen sich thesenartig (vgl. auch Borchardt 1996) die Anforderungen eines integralen Gewässerschutzes bzw. einer integralen Gewässerbewirtschaftung zuordnen:

1. Gewässerschutz bedeutet Schutz des Wassers für den Menschen, vor dem Menschen und Schutz des Menschen vor dem Wasser.
2. Eine integrale Gewässerbewirtschaftung bezieht sich auf ihre Beschaffenheit im Einzugsgebiet (Grundwasser, Oberflächenwasser, Gewässerbett mit Ufer und Aue einschließlich Landnutzung, Siedlungen mit Kanalisation und Kläranlagen). Sie dient den globalen Zielen des Umwelt- und Ressourcenschutzes, indem sie auf wissenschaftlicher Grundlage regionale Prioritäten setzt.
3. Notwendig ist die spezifische Definition von Leitbildern für Gewässer und Einzugsgebiete sowie von realistischen Entwicklungs- und Sanierungszielen auf der Grundlage von nachvollziehbaren Wirkungsanalysen unter Angabe von Zeit- und Kostenhorizonten.
4. Viele der Einzelkomponenten von Gewässersystemen werden – für sich betrachtet – relativ gut verstanden. Ein wesentlicher Mangel besteht trotz wichtiger Fortschritte vor allen in den vergangenen 15 Jahren immer noch in der mangelnden systematischen Verknüpfung und Integration des vorhandenen Wissens. Die Forschung muss hierfür praktikable Modelle entwickeln, die anhand offengelegter Kriterien Eingriffe in den Naturhaushalt durchschaubar, verständlich und von einem übergeordneten Standpunkt aus bewertbar machen.
5. Gewässerökologische, naturschutzfachliche und wasserwirtschaftliche Anforderungen sind vielfach zielkonform. Dort, wo diese Zielkonformität noch nicht vorhanden ist, muss sie kooperativ hergestellt werden, wobei keine Disziplin einen Alleinvertretungsanspruch hat. Auf diesem Wege ist eine Vielzahl von Einzelplanungen und –vorhaben auf übergeordnete Ziele zu konzentrieren.
6. Die integrale Gewässerbewirtschaftung ist zeitlich und kostenmäßig effizienter sowie stärker zielgerichtet als die bisher dominierende, sektorale, überwiegend technisch begründete Vorgehensweise. Sie erfordert gut ausgebildete, teamfähige Fachleute mit dem Blick für Gesamtzusammenhänge, die mit entsprechender Entscheidungskompetenz ausgestattet sind.

Diese Anforderungen sind nur zu erfüllen, wenn folgenden Prinzipien Genüge getan wird (vgl. auch Kahlenborn u. Kraemer 1999):

- **Regionalitätsprinzip:** Die regionalen Ressourcen sind zu schützen, räumliche Umweltexternalitäten zu vermeiden.
- **Integrationsprinzip:** Wasser ist als Einheit in seinem Nexus mit den anderen Umweltmedien zu bewirtschaften; wasserwirtschaftliche Belange müssen in die anderen Fachpolitiken integriert werden.
- **Verursacherprinzip**: Die Kosten von Verschmutzung und Ressourcennutzung sind dem Verursacher anzulasten.
- **Kooperations- und Partizipationsprinzip:** Wasserwirtschaftliche Entscheidungen und Maßnahmen lassen sich nur bei Einbeziehung aller relevanten Interessen und Akteure nachhaltig umsetzen.

- **Ressourcenminimierungsprinzip:** Der direkte und indirekte Ressourcen- und Energieverbrauch bei der Bewirtschaftung von Wasserressourcen ist kontinuierlich zu vermindern.
- **Vorsorgeprinzip:** Extremschäden und unbekannte Risiken müssen ausgeschlossen werden.
- **Ouellenreduktionsprinzip:** Belastungsursachen müssen am Ort ihrer Entstehung beseitigt bzw. zurückgeführt werden.
- **Reversibilitätsprinzip:** Beim Umgang mit Wasser wird ein Rest an Unwägbarkeiten bestehen bleiben. Wasserwirtschaftlich – gewässerökologische Maßnahmen müssen deshalb fehlerfreundlich und modifizierbar sein.
- **Intergenerationsprinzip:** Der zeitliche Betrachtungshorizont bei Planungen und Entscheidungen muss dem zeitlichen Wirkungshorizont entsprechen.

Die konkrete wissenschaftliche und praktische Umsetzung dieser Prinzipien ist nur dann möglich, wenn die Prinzipien „operationalisiert", d. h. hier auf dem Stand von Wissenschaft und Technik anwendbar gemacht werden. Zu dieser Operationalisierung in den vom Autor dieser Arbeit verantworteten Projekten gehören insbesondere:

- die Entwicklung von spezifischen Leitbildern,
- das Herausarbeiten des Handlungsbedarfes,
- die Konzipierung wirksamer Maßnahmen,
- die pragmatische Wahl von Etappenzielen,
- die gezielte Nutzung von Synergismen,
- die wissenschaftliche Begleitung und Erfolgskontrolle bei Umsetzungsmaßnahmen und
- die fachlich begründete Einflussnahme auf politische und behördliche Entscheidungen.

1. 3 Probleme beim Umgang mit Wasserressourcen in Deutschland

Die aktuelle Situation der Wasserressourcen und ihrer Bewirtschaftung in Deutschland lässt sich thesenartig wie folgt zusammenfassen:

- Das Wasserdargebot ist für eine quantitativ und qualitativ hochwertige Versorgung der Bevölkerung und der Wirtschaft ausreichend.
- Die Wasserqualität der Oberflächengewässer hat sich bezüglich der organischen und Schwermetallbelastung in den letzten zwei Jahrzehnten deutlich verbessert.
- Der gesamte ökologische Zustand der Gewässer ist aber noch überwiegend weit von einem guten Zustand entfernt. Dies äußert sich in verarmten Biozönosen und der Gefährdung zahlreicher wasserbewohnender Arten: Ca. 70 % der Fische, 50 % der Wirbellosen und 35 % der Pflanzen sind entweder in Deutschland schon ausgestorben, vom Aussterben bedroht oder stark gefährdet.
- Verantwortlich dafür ist zum einen der Ausbauzustand der Gewässer. Etwa 80 % der Fließstrecken von Flüssen und Bächen sind durch Kanalisierung, Verbau und Abflussregulierung merklich bis sehr stark verändert (**Lüderitz et al. 1999**, Braukmann et al. 2001) und damit weit von ihrem natürlichen Zustand entfernt.
- Zum anderen wirkt der nach wie vor hohe Eintrag von Pflanzennährstoffen (N, P) sowie Xenobiotika in die Gewässer, allerdings in immer geringerem Maße aus kommunalem und gewerblichem Abwasser und immer mehr aus der

Landwirtschaft. An den P-Immissionen ist die Landwirtschaft inzwischen mit 60 %, an den N -Einträgen sogar mit 80 % beteiligt (**Lüderitz et al. 1999**).

- Drastisch sind auch die Auswirkungen auf das Grundwasser. Mehr als die Hälfte der Grundwässer sind nicht mehr oder nur nach gründlicher Aufbereitung für die Trinkwassergewinnung nutzbar. Deshalb konzentriert sich diese immer mehr auf wenige Gewinnungsgebiete – mit teilweise erheblichen Auswirkungen auf den regionalen Wasserhaushalt.
- Ungeachtet der veränderten Verursacherstruktur ist Gewässerschutzpolitik auch heute noch ganz überwiegend Abwasserpolitik. In die Abwasserentsorgung wird etwa 50-mal mehr investiert als in den flächendeckenden Gewässerschutz z. B. über Schonstreifen und die Gewässerrenaturierung.
- In der Abwasserpolitik setzen sich schwere Fehlentwicklungen nach wie vor fort: Anlagen wurden und werden überdimensioniert, überzentralisiert und überteuert errichtet. Diese Politik ist für die aktuelle kommunale Finanzmisere maßgeblich mitverantwortlich.

Anliegen der der vorliegenden Arbeit zugrunde liegenden Projekte war bzw. ist es, zur Lösung (einiger) dieser Probleme durch die Schaffung wissenschaftlicher Grundlagen ebenso wie durch die Initiierung und Evaluierung von komplexen Maßnahmen wichtige Beiträge zu leisten. Dabei wird der Ansatz der Ingenieurökologie gewählt.

1. 4 Ingenieurökologie (Ecological Engineering) – Ziele, Prinzipien, Methoden

„Ecological Engineering is environmental manipulation by man using small amounts of supplementary energy to control systems in which the main energy drives are still coming from natural sources." (Odum 1962)
„Ecological Engineering is the design of sustainable ecosystems that integrate human society with its natural environment for the benefit of both" (Mitsch u. Jorgensen 1989).
Unter Ingenieurökologie versteht man also anthropogene Veränderungen der Umwelt, die mit einem geringen Maß an Steuerungsenergie auskommen, während die Energie für die eigentlichen Transformationsprozesse aus den Ökosystemen selbst kommt. Mit anderen Worten handelt es sich um die Anwendung ökologischer Prinzipien in der Umwelttechnologie.

Der Anwendungsbereich der Ingenieurökologie ist sehr breit und umfasst vor allem:

- das Design ökologischer Systeme (Ökotechnologie), mit denen soziale, hygienische, ökonomische und ökologische Erfordernisse als Alternative zu überwiegend technisch strukturierten, energieintensiven Systemen miteinander in Einklang gebracht werden,
- die Sanierung und Renaturierung von geschädigten Ökosystemen, unter dem Gesichtspunkt ihrer anschließend eigendynamischen Entwicklung,
- das Management, die Nutzung und den Schutz von natürlichen Ressourcen und
- die Integration ökosystemarer Komponenten und Funktionsweisen im urbanen Bereich.

Wichtige **Grundsätze** der Ingenieurökologie sind dabei, dass

- Theorie und Praxis auf den ökologischen Wissenschaften basieren,

- sie für alle Ökosysteme und Wechselbeziehungen menschlicher Aktivitäten mit diesen Ökosystemen offen ist,
- sie die Anwendung von ingenieurmäßigem Design beinhaltet und
- dass sie mit einem Wertesystem untersetzt ist.

Diese Grundsätze finden ihren Ausdruck in folgenden **Design – Prinzipien**:
- Übereinstimmung mit und Nutzung von ökologischen Prinzipien (Selbstorganisation, Sukzession, funktionelle Diversität, Recycling),
- Spezifität (Was erlaubt uns die Natur wo und wobei unterstützen uns natürliche Vorgänge?),
- Toleranz (Funktionssicherheit bei schwankenden Eingangsgrößen),
- Energie- und Informationseffizienz (Nutzung von Solarenergie und erneuerbaren Rohstoffen, Minimierung des technischen Aufwandes zur Aufrechterhaltung der Funktionsfähigkeit),
- Fehlerfreundlichkeit („fail-save" und „save-fail"),
- Verantwortlichkeit gegenüber der Gesellschaft und der Natur.

Die Ingenieurökologie erfährt seit etwa 10 Jahren einen erkennbaren Bedeutungsschub. Die Gründe für ihre wachsende Bedeutung sind dabei vielfältig, lassen sich aber auf zwei Hauptpunkte fixieren:

1. In den wirtschaftlich hoch entwickelten Ländern haben die „end-of-the-pipe"-Technologien im Umwelt- und Naturschutz das Ende ihrer Möglichkeiten erreicht. Weitere Verbesserungen sind auf diesem Wege nicht oder nur mit einer insgesamt negativen Ökobilanz bzw. erheblichen Kosten zu erzielen.
2. In den insgesamt noch weniger entwickelten Ländern kann der Umweg der „end-of-the-pipe"-Technologien weder aus Gründen der Ressourcenverfügbarkeit noch der ökonomischen Leistungsfähigkeit gegangen werden. Z. B. stehen die Wassermengen zum Betreiben mitteleuropäischer Sanitärsysteme in Ländern wie Indien und China schlicht nicht zur Verfügung. In den unterentwickelten Ländern v. a. Afrikas ist an den Aufbau einer teuren Ver- und Entsorgungsinfrastruktur überhaupt nicht zu denken.

Die vorliegende Arbeit konzentriert sich auf die Ingenieurökologie des Wassers und setzt dabei auf drei Schwerpunkte.

1. 5 Schwerpunkte der vorliegenden Arbeit

Der Autor vorliegender Arbeit bearbeitet mit seinem Team seit 1991 ein breites Spektrum gewässerökologischer und wasserwirtschaftlicher Fragestellungen mit folgenden Schwerpunkten:

a) Wasserökosysteme als Bestandteil geschützter Landschaften und Gegenstand von Monitoringprogrammen im Sinne des Schutzzweckes.
b) Renaturierung und Sanierung von Gewässern, besonders von Fließgewässern, Altwässern und erheblich veränderten Gewässern inklusive einer integralen Erfolgskontrolle.
c) Reinigung des Wassers mit ökotechnologischen Methoden unter Nutzung des Selbstreinigungsvermögens von Böden und Gewässern.

Die diesbezüglichen Projekte folgten und folgen primär einem anwendungsbezogenen, d. h. auf die praktische Lösung von Umweltproblemen orientierten Zweck; sehr schnell zeigte sich jedoch, dass angewandte Forschung diesem Zweck nur entsprechen kann, wenn sie grundlegende Probleme nicht ausspart. Die Unterscheidung zwischen Grundlagen- und angewandter Forschung wird insofern unscharf. Hier sei die These erlaubt, dass gerade diese zunehmende Unschärfe ein Charakteristikum einer auf Nachhaltigkeit orientierten Forschung ist. Dies wird auch deutlich in der Entwicklung des Fachbereiches Wasserwirtschaft der Hochschule Magdeburg-Stendal, der vor ca. 15 Jahren bescheidene Projekte angewandter Forschung und Entwicklung begann und heute mit seinem Institut für Wasserwirtschaft und Ökotechnologie zu den im In- und Ausland anerkannten wasserwirtschaftlichen Forschungseinrichtungen zählt, was mit der Einrichtung des international orientierten Master-Studienganges „Ecological Engineering" geradezu zwangsläufig seinen Ausdruck auch in der Lehre fand.
Die den Kern der vorgelegten Habilitationsschrift bildenden Publikationen stammen fast ausschließlich aus vom Verfasser selbst geleiteten Forschungsprojekten.
Die Veröffentlichungen spiegeln in ihrer zeitlichen Ordnung auch die Verschiebung von Forschungs- und Anwendungsschwerpunkten seit Beginn der 1990er Jahre wider:

- Von 1992 bis ca. 1995 ging es hauptsächlich um eine Grundlagenermittlung hinsichtlich der Belastung von Gewässern in Großschutzgebieten, für die unter Leitung des Autors gewässerökologische Monitoring-Programme realisiert wurden (Lüderitz et al. 1994).
- Auf der Grundlage dieser Daten wurden ab Mitte der 1990er Jahre umfangreiche Pflege- und Entwicklungsplanungen (Langheinrich et al. 1998) erstellt sowie Sanierungs- und Restaurierungsmaßnahmen an Gewässern der Großschutzgebiete (Lüderitz et al. 1997, **Hentschel et al. 2002, Langheinrich et al. 2002**) realisiert.
- Um erwünschte ökologische Veränderungen gezielt quantifizieren zu können, wurden seit 1996 Bewertungsmethoden entwickelt bzw. vorhandene Methoden hinsichtlich ihrer Anwendbarkeit überprüft und angepasst (**Lüderitz et al. 1996, Lüderitz u. Hentschel 1999**, Lüderitz et al. 2000, **Heidenwag et al. 2001, Langheinrich et al. 2002 a**).
- Mit dem Inkrafttreten der EU-WRRL ergab sich die Notwenigkeit, bisherige methodische Ansätze soweit zu vervollkommnen und zu vertiefen, dass sie für die Definition der sehr guten bzw. guten und der weiteren ökologischen Zustände von Gewässern einsetzbar und aussagefähig sind (**Langheinrich et al. 2004, Lüderitz 2004, Lüderitz et al. 2004, Lüderitz u. Langheinrich 2006, Langheinrich u. Lüderitz 2006, Lüderitz et al. 2006**).
- Da für die Erreichung eines guten ökologischen Zustandes in jedem Fall auch ein guter chemischer Zustand nötig ist, fand im Rahmen der vorliegenden Arbeit auch die Reinigung des Wassers mit Hilfe ökotechnologischer Methoden eine gebührende Beachtung (**Lüderitz et al. 2001, Lüderitz u. Gerlach 2002, Lüderitz et al. 2005, Baumgart-Getz et al. 2006**).

Als wichtigste inhaltliche Beiträge der vom Autor geleiteten Arbeitsgruppe zu einer nachhaltigen Entwicklung, Nutzung und einem nachhaltigen Schutz von Wasserressourcen können zusammenfassend herausgestellt werden die

- Schaffung von wissenschaftlichen Grundlagen für die wasserwirtschaftliche und gewässerökologische Pflege- und Entwicklungsplanung in den drei sachsen-anhaltischen Großschutzgebieten Nationalpark Hochharz (heute länderübergreifender Nationalpark Harz), Biosphärenreservat Mittlere Elbe (heute erweitertes Biosphärenreservat Mittelelbe) und Naturpark Drömling.
- Entwicklung einer Methode zur Quantifizierung von Selbstreinigungsprozessen in Fliessgewässern in Abhängigkeit von ihrer Hydromorphologie und ihre Anwendung auch im internationalen Maßstab.
- Schaffung einer leitbildorientierten komplexen ökologisch-hydromorphologischen Methode zur Erfolgskontrolle bei Fließgewässerrenaturierungen.
- Entwicklung einer Sanierungsstrategie für Auenaltwässer.
- Vorlage eines Ansatzes zur Bestimmung des maximalen und des guten ökologischen Potenzials von künstlichen und erheblich veränderten Gewässern anhand von Grabensystemen in Moorgebieten.
- Entwicklung eines neuen Typs von Bewachsenen Bodenfiltern, des geneigten Horizontalfilters, der die Vorteile von Vertikal- und Horizontalfiltern vereint.
- Die Klärung des Problems der Phosphorelimination in Pflanzenkläranlagen durch den Vorschlag eines optimalen eisenreichen Bodensubstrates und eines saueren pH-Wertes.

Inhaltliche Komplexe der Habilitationsschrift sind:

1. Nachhaltige Bewirtschaftung von Wasserressourcen durch ökotechnologische Methoden:

- Lüderitz, V. u. U. Langheinrich: Sustainability of nature protection in the Saxony-Anhalt state of Germany with special reference to problems of water and wetland ecology. J. of Practical Ecology and Conservation 2 (1998), 46 – 58.
- Lüderitz, V., B. Kuhn, E. Eckert und U. Langheinrich: Der dornige Weg zur Nachhaltigkeit in der Abwasserbehandlung – das Beispiel Sachsen-Anhalt. gwf – Wasser/Abwasser 140 (1999), 482-489.
- Lüderitz, V., H. Klapper, D. Borchardt u. E. Eckert: Aspekte eines zukunftsfähigen Umganges mit Wasserressourcen. Wasser und Boden. 51 (1999), 40 – 45.
- Lüderitz, V.: Towards sustainable water resources management: a case study from Saxony-Anhalt, Germany. Management of Environmental Quality 15 (2004), 17 – 24.

2. Bewertung, Renaturierung und Sanierung aquatischer Ökosysteme unter besonderer Berücksichtigung der initialen, maßnahmebegleitenden und finalen Bewertung bzw. Erfolgskontrolle:

- Lüderitz, V., J. Gläser, A. Kieschnik u. E. Dörge: (1996): Anwendung und Weiterentwicklung ökomorphologischer Kartierungs- und Bewertungsverfahren an der Selke und ihren Nebengewässern (Sachsen-Anhalt). Arch. für Naturschutz und Landschaftsforschung 35 (1996), 15 – 31.
- Kruspe, A. u. V. Lüderitz: Sanierung und Restaurierung des Elsterstausees bei Leipzig. Acta hydrochim. hydrobiol. 26 (1998), 362 – 373.

- Lüderitz, V., u. P. Hentschel: Umgestaltungsmaßnahmen am Landeskulturgraben bei Dessau - ein Beispiel für den Umgang mit anthropogenen Fließgewässern. Naturschutz und Landschaftsplanung 31 (1999), 18 – 22.
- Langheinrich, U., D. Böhme, U. Wegener u. V. Lüderitz: Streams in the Harz National Parks (Germany) – a hydrochemical and hydrobiological evaluation. Limnologica 32 (2002), 309 – 321.
- Langheinrich, U., S. Dorow u. V. Lüderitz: Schutz– und Pflegestrategien für Auenoberflächengewässer des Biosphärenreservates „Mittlere Elbe". Hercynia 35 (2002), 17 – 35.
- Hentschel, P., V. Lüderitz, L. Reichhoff u. C. Neuhaus: Altwassersanierung im Biosphärenreservat „Flusslandschaft Elbe" am Beispiel des Kühnauer Sees. Natur und Landschaft 77 (2002), 57 – 63.
- Lüderitz, V., R. Jüpner, S. Müller u. C. K. Feld: Renaturalization of streams and rivers – the special importance of integrated ecological methods in measurement of success. An example from Saxony-Anhalt (Germany). Limnologica 34 (2004), 249-263.
- Langheinrich, U., S. Tischew, R. M. Gersberg u. V. Lüderitz: Canals and Ditches in management of fens: Opportunity or risk? A case study in the Drömling Natural Park, Germany. Wetlands Ecology and Management 12 (2004), 429-445.
- Lüderitz, V., U. Langheinrich, C. Kunz u. U. Wegener: Die Ecker - Referenzgewässer für den grobmaterialreichen, silikatischen Mittelgebirgsbach. Abh. Ber. Mus. Heineanum 7 (2006), 95-112.
- Lüderitz, V. u. U. Langheinrich: Measurement of success in stream and river restoration by means of biological methods. Magdeburger Wasserwirtschaftliche Hefte 3 (2006), 25-34.
- Langheinrich, U. u. V. Lüderitz: Maintenance and management of heavily modified water bodies for multifunctional use of fen landscapes. Ebenda, 35-42.

3. Die Reinigung des Wassers:

- Heidenwag I., U. Langheinrich u. V. Lüderitz: Self-purification in Upland and Lowland Streams. Acta hydrochim. hydrobiol. 29 (2001), 22-33.
- Lüderitz, V., E. Eckert, M. Lange-Weber, A. Lange u. R. Gersberg: Nutrient removal efficiency and resource economics of vertical flow and horizontal flow constructed wetlands. Ecol. Eng. 18 (2001), 157 – 171.
- Lüderitz, V. u. F. Gerlach: Enhancement of phosphorus removal in constructed wetlands. Acta Biotechnologica 22 (2002), 91 –99.
- Lüderitz, V., F. Gerlach, R. Jüpner, J. Calleros, J. Pitt u. R. Gersberg: Water quality of Tecate Creek (U.S./ Mexiko) with special regard to self-purification. Bull. Southern California Academy of Sciences 104 (2005), 1 – 13.
- Baumgart-Getz, A., U. Langheinrich u. V. Lüderitz: Pathogen removal rate in a vertical flow constructed wetland treating municipal wastewater. Magdeburger Wasserwirtschaftliche Hefte 3 (2006), 43-58.

Nachdem die grundlegenden Aussagen des ersten Komplexes bereits einleitend dargestellt wurden, sollen im Folgenden die wesentlichen Aussagen des zweiten und dritten Schwerpunktes, natürlich unter besonderer Beachtung der jeweils aktuellsten Erkenntnisse, zusammengefasst werden.

2. Bewertung, Renaturierung und Sanierung aquatischer Ökosysteme

2. 1 Fließgewässer

2. 1. 1 Notwendigkeit und Probleme der Renaturierung

Beim Umgang mit den Gewässern wurde der wasserbaulichen Durchsetzung bestimmter menschlicher Nutzungsansprüche, vor allem der Landwirtschaft, dem Hochwasserschutz, der Wassergewinnung, der Schifffahrt und der Energiegewinnung über Jahrhunderte absoluten Vorrang vor den Belangen der Güte der Gewässer selbst und damit auch ihrer multifunktionalen Nutzbarkeit gegeben. Die daraus resultierenden Umweltauswirkungen wurden oft billigend in Kauf genommen. Gezielte Verbesserungen der ökologischen Situation von Gewässern bzw. Gewässerabschnitten, wie z.B. der Einsatz ingenieurbiologischer Bauweisen oder der Einbau von Fischwanderhilfen an Mühlenstauen, blieben auf Ausnahmen beschränkt.
In den Jahrzehnten vor und vor allem nach dem zweiten Weltkrieg wurden in Deutschland mit enormen öffentlichen Mitteln vorrangig die kleinen Fließgewässer systematisch umgestaltet. Flurbereinigungsmaßnahmen und die in der früheren DDR praktizierte „Komplexmelioration“ in den 60er und 70er Jahren des 20. Jahrhunderts haben die meisten Fließgewässer auf „Vorfluter“ – das heißt Abflusskanäle - reduziert, die in einfach zu unterhaltende Regelprofile gezwängt wurden. Oftmals wurden zudem Staubauwerke zur Regulierung der Wasserstände – meist im Interesse der Landwirtschaft – installiert.
Die negativen Folgen dieses wasserbaulichen Handelns sind heute allgegenwärtig und ursächlich für den nahezu flächendeckend unbefriedigenden bis schlechten Zustand vieler Fließgewässer. Sie sind heute aufgrund von Strukturschäden oftmals kaum noch einem natürlichen Gewässertyp zuzuordnen und über Nähr- und Schadstoffeinträge zur Maximierung landwirtschaftlicher Produktion in ihrer biologischen und chemischen Qualität zusätzlich beeinträchtigt.
Damit können sie keine grundlegenden ökologischen Funktionen erfüllen, auch die meisten Nutzungsmöglichkeiten – Fischerei, Trinkwasserentnahme, Erholung – sind eingeschränkt bzw. gänzlich aufgehoben geworden.

Im Hinblick auf den Hochwasserschutz sind derartige negative Erfahrungen ebenfalls sichtbar. Ausgehend von der Prämisse, Hochwasser „schadlos abzuleiten“, wurden lange Zeit Fließgewässer zu schnellen Transportstrecken für große Abflussmengen ausgebaut. Dabei nahm in der Regel das natürliche Retentionsvermögen entlang eines Flusslaufes durch Eindeichungen und Begradigungen stetig ab. So stehen beispielsweise an der Elbe heute nur noch etwa 17 % der ursprünglichen natürlichen Retentionsräume zur Verfügung – ein Verlust, der durch künstlichen Rückhalt nicht zu kompensieren ist. In der Folge stiegen und steigen die Schäden bei Hochwässern an (Jüpner 2005).

Etwa Anfang der achtziger Jahre des 20. Jahrhunderts begann ein grundsätzliches Umdenken. Das ist zum einen auf die beschriebenen negativen – auch wirtschaftlichen – Folgen monokausaler Gewässerausbaumaßnahmen zurückzuführen, zum anderen nahm das gesellschaftliche Umweltbewusstsein deutlich zu. Fließ- und Standgewässer werden heute nicht mehr nur als „Vorfluter“ sondern als „Lebensraum für Tiere und Pflanzen“ (Wasserhaushaltsgesetz 2002) gesehen. Ferner ist der Wert von Gewässern für Erholung und Tourismus in stetigem Wachstum begriffen. Diese gesellschaftliche Entwicklung beeinflusst auch die Sicht auf Ausbau sowie Unterhaltung von Fließgewässern und stellt neue und veränderte Anforderungen an die Wasserwirtschaft, von der nicht mehr nur funktionierende technische Lösungen für Nutzungszwecke, sondern auch die Abschätzung und Bewertung der ökologischen und wirtschaftlichen Folgen ihres Handelns erwartet werden.

Das gestiegene gesellschaftliche Umweltbewusstsein sowie das Wissen um die Folgen wasserbaulicher Maßnahmen haben auch Eingang in die rechtlichen Grundlagen wasserbaulicher Aktivitäten gefunden, u.a. in das Wasserhaushaltsgesetz sowie die Landeswassergesetze der einzelnen Bundesländer. Der § 1 a Abs. des Wasserhaushaltsgesetzes (WHG) ist für den grundsätzlichen Umgang mit Gewässern ein herausragendes Beispiel (WHG 2002):
"Die Gewässer sind als Bestandteil des Naturhaushaltes und als Lebensraum für Tiere und Pflanzen zu sichern. Sie sind so zu bewirtschaften, dass sie dem Wohl der Allgemeinheit und im Einklang mit ihm auch dem Nutzen einzelner dienen und vermeidbare Beeinträchtigungen ihrer ökologischen Funktion ... unterbleiben und damit insgesamt eine nachhaltige Entwicklung gewährleistet wird."
Diese in der Rahmengesetzgebung verankerten Gedanken sind auch in die jeweiligen Landeswassergesetze eingeflossen und präzisiert worden. In nahezu allen Bundesländern sind darüber hinaus konkrete Umsetzungsempfehlungen in Richtlinien zum naturnahen Ausbau der Fließgewässer bzw. deren naturnaher Unterhaltung formuliert worden. Eine Vorreiterrolle nimmt dabei Nordrhein-Westfalen ein, dessen „Richtlinie für naturnahe Unterhaltung und naturnahen Ausbau der Fließgewässer in NRW“ von 1999 mittlerweile in der 5. Auflage vorliegt (MLU NRW 1999).

Von besonderer Bedeutung ist in diesem Zusammenhang die Europäische Wasserrahmenrichtlinie (EG-WRRL), die Ende 2000 in Kraft getreten ist (EG 2000). Diese formuliert die gemeinsame europäische Wasserpolitik und verpflichtet erstmals alle Mitgliedsstaaten der Europäischen Union nicht nur dazu, die ober- und unterirdischen Gewässer detailliert zu erfassen und beschreiben, sondern formuliert mit der Vorgabe der flächendeckenden Herstellung ihres „Guten Ökologischen Zustandes“ auch anspruchsvolle Umweltziele.
Die Renaturierung von Fließgewässern durch veränderte Unterhaltung, Eigendynamik und naturnahen Wasserbau erfährt dadurch eine wesentliche Aufwertung und wird faktisch zur Vorzugsmethode bei der Umsetzung wasserwirtschaftlicher Nutzungs- und Schutzansprüche an Gewässer. Die bisher vorliegende Bestandsaufnahme der Fließgewässer zeigt einen gewaltigen Handlungsbedarf. In Sachsen-Anhalt beispielsweise wurde ermittelt, dass nur bei einem einzigen Prozent der betrachteten Oberflächengewässer die Erreichung der geforderten Umweltziele wahrscheinlich, bei weiteren 28 Prozent unklar und bei 71 % unwahrscheinlich ist (LVWA Sachsen-Anhalt 2004), wenn nicht umfangreiche und komplexe Verbesserungsmaßnahmen realisiert werden.

Allerdings: Renaturierungs- und Sanierungsmaßnahmen an Fließgewässern sind bisher selten im umfassenden Sinn erfolgreich (Gunkel 1996, **Lüderitz 2004**). Trotz (oder gerade wegen) eines erheblichen Aufwandes, der finanziell mit bis zu 500 € je Meter Fließstrecke beziffert werden kann, konnte durch solche Maßnahmen bisher nur in wenigen Fällen der „Gute ökologische Zustand“ hergestellt werden. Ungeachtet der erheblichen Zunahme des Wissens über die Ökologie der Fließgewässer in den letzten 10 Jahren gelten die von Gunkel (1996) aufgeführten und von **Lüderitz (2004)** ergänzten Gründe für den äußerst mäßigen Erfolg von Renaturierungsmaßnahmen im wesentlichen bis heute:

- Den Maßnahmen liegt kein Gesamtkonzept zugrunde, Planung und Ausführung erfolgen nicht leitbildorientiert, d. h. ohne Bezug zum konkreten Gewässertyp.

- Die Umgestaltung betrifft nur einen kleinen Teil des Gewässers; verbleiben längere Abschnitte des Ober- und Unterlaufs aber in einem geschädigten Zustand, hat eine Aufwertung der Gewässermorphologie über eine kurze Strecke kein biologisch messbares Ergebnis.

- Die Maßnahmen erfolgen meist in einem äußerst schmalen Korridor, der entscheidenden Einfluss des Umlandes auf die gesamt Gewässerqualität (Feld 2004) wird weitgehend ignoriert.

- Vielfach verdient die Revitalisierung ihren Namen nicht, d. h. sie erfolgt als dekorative Umgestaltung ohne die Ermöglichung einer eigendynamischen Entwicklung des Baches bzw. Flusses.

- Nach Durchführung der Maßnahme wird sie zumeist vergessen, der Erfolg wird allenfalls verbal beschrieben, nur in wenigen Fällen qualitativ untersucht und noch viel seltener quantifiziert.

Im Rahmen der Umsetzung der WRRL soll und muss derartiges Stückwerk der Vergangenheit angehören. Entscheidende Voraussetzung dafür sind eine leitbildorientierte quantifizierte Bewertung des vorgefundenen Ausgangszustandes, eine wissenschaftlich begründete Planung und Begleitung sowie schließlich die Kontrolle des Erfolges der Umgestaltungen.

2. 1. 2 Entwicklung einer Methodik zur Erfolgskontrolle bei Fließgewässerrenaturierungen

Für die ökologische Bewertung von Fließgewässern ist in den letzten Jahren eine fast unüberschaubare Anzahl von Ansätzen und wertenden Indizes für Fließgewässer geschaffen worden (vgl. Feld et al. 2005). Für ein aussagekräftiges, zugleich aber in der Praxis handhabbares Bewertungsverfahren muss zwangsläufig eine Beschränkung auf relativ wenige Größen erfolgen. Diese müssen die wichtigsten Qualitätskomponenten ebenso wiedergeben wie die bedeutendsten Stressoren, sie müssen eine spezifische Indikation ebenso zulassen wie eine Einschätzung der ökologischen Integrität.
Mit Hilfe von acht Indizes, die zu vier Modulen zusammengefasst werden, wurde von uns zu diesem Zweck ein modularisiertes System der Bewertung und Erfolgskontrolle entwickelt (**Lüderitz et al. 2004**, **Lüderitz u. Langheinrich 2006**, **Lüderitz et al. 2006**).

Das Modul Wassergüte misst die organische Belastung über den vierstufigen neuen Saprobien-Index (Rolauffs et al. 2004). Die Trophie wird mit Hilfe des Makrophyten-Phytobenthos-Indexes (Schaumburg et al. 2005) bestimmt. Dieser Index ist ein Mittelwert, kann aber als Einzelparameter berechnet werden, wenn Makrophyten (z.B. in beschatteten kleinen Fließgewässern) oder das Phytobenthos (z.B. in sand-

und organisch geprägten Bächen und Flüssen) weitgehend fehlen. Ein Index von 1 bedeutet Oligo-, ein Index von 5 Polytrophie.
In versauerungsgefährdeten silikatischen Gewässern ist das Modul um den Versauerungsindex nach Braukmann u. Biss (2004) zu ergänzen, der die untersuchten Gewässer auf Grundlage der Abundanzen von Indikatororganismen aus der Gruppe der Makroinvertebraten in fünf Güteklassen von 1 (permanent unversauert) bis 5 (permanent stark versauert) einteilt.

Das Modul Hydromorphologie wird aus den Ergebnissen der siebenstufigen (1= natürlich; 2=naturnah, 7= völlig naturfern) Gewässerstrukturkartierung (LAWA 2000) und dem Resultat der biologischen Strukturbewertung mit dem Deutschen Fauna-Index GFI (Lorenz et al. 2003) berechnet. Der GFI beruht auf statistisch abgesicherten Befunden bezüglich der Affinität bestimmter Arten von Makroinvertebraten zu naturnahen bzw. naturfernen Strukturen. Dieser Index ist in seiner Berechnung hochgradig vom Gewässertyp abhängig und wird von -2 (schlechter Zustand) bis +2 (sehr guter Zustand) skaliert.

In das Modul Naturnähe gehen der ebenfalls auf der Gewässerbesiedelung mit Makroinvertebraten beruhende fünfstufige Multimetrische Index EQI_M (Pauls et al. 2002) als Maßstab der ökologischen Integrität und die Renkonensche Zahl (Mühlenberg 1993) als Maß der Übereinstimmung des Artenspektrums mit dem einer naturnahen Referenzstrecke ein.

Das Modul Diversität/ Schutzwürdigkeit nimmt den Diversitätsindex nach Shannon und Wiener, der hier nur für die Makroinvertebraten berechnet wird und von uns zu diesem Zweck kalibriert wurde, sowie den neunstufigen Naturschutz (Conservation)-Index nach Kaule (1991) auf. Letzterer wichtet das Vorkommen gefährdeter Arten (z.B. bedeutet das Vorkommen einer bundesweit vom Aussterben bedrohten Art automatisch eine bundesweite Schutzwürdigkeit – gleich Stufe 9) und schlägt damit eine Brücke zum Natur- und Artenschutz.

Die nachfolgende Tabelle (Tab. 1) quantifiziert die Module und Indizes für die verschiedenen ökologischen Zustandsklassen in Hinblick auf drei unterschiedliche Gewässertypen.

Tabelle 1: Vorschlag Bewertungsverfahren (FG-Typ 5:Grobmaterialreiche, silikatische Mittelgebirgsbäche; FG-Typ 12: Organische Flüsse; FG-Typ 14: Sandgeprägte Tieflandbäche; **Lüderitz u. Langheinrich 2006)**
Bewertung: Index-Note 5 = sehr gut, 4 = gut, 3 = mäßig, 4 = unbefriedigend, 5 = schlecht

	Index	Note	Klassengrenzen		
Modul			FG-Typ 5	FG-Typ 12	FG-Typ 14
Wassergüte	Saprobienindex	5	< 1,4	< 1,75	< 1,7
		4	< 1,95	< 2,30	< 2,2
		3	< 2,65	< 2,90	< 2,8
		2	< 3,35	< 3,45	< 3,4
		1	>= 3,35	>= 3,45	>= 3,4
	Trophieindex (Makrophyten/ Phytobenthos)	5	1	1	1
		4	2	2	2
		3	3	3	3
		2	4	4	4
		1	5	5	5
	Versauerungsindex	5	1	entfällt	entfällt
		4	2		
		3	3		
		2	4		
		1	5		
Gewässerstruktur	Gewässerstruktur	5.	< 1,75	< 1,75	< 1,75
		4	< 2,85	< 2,85	< 2,85
		3	< 3,95	< 3,95	< 3,95
		2	< 5,35	< 5,35	< 5,35
		1	>= 5,35	>= 5,35	>= 5,35
	Deutscher Fauna-Index (GFI)	5	1,6...1	1,5...1,2	1,3...0,82
		4	1... 0,4	1,2...0,75	0,82...0,7
		3	0,4...-0,2	0,75...0	0,7...0,1
		2	-0,2...-0,8	0...-0,9	0,1...-0,62
		1	-0,8...-1,4	-0,9...-1,5	-0,62...-1,1
Naturnähe	Ecological Quality Index (EQI_M)	5	5	5	5
		4	4	4	4
		3	3	3	3
		2	2	2	2
		1	1	1	1
	Renkonensche Zahl	5	>= 0,4	>= 0,4	>= 0,4
		4	> 0,3	> 0,3	> 0,3
		3	> 0,2	> 0,2	> 0,2
		2	> 0,1	> 0,1	> 0,1
		1	<= 0,1	<= 0,1	<= 0,1
Diversität / Schutzwürdigkeit	Shannon-Wiener Index	5	>=3,5	>=3,5	>=3,5
		4	> 3	> 3	> 3
		3	> 2	> 2	> 2
		2	> 1	> 1	> 1
		1	<= 1	<= 1	<= 1
	Conservation Index	5	9	9	9
		4	>=7	>=7	>=7
		3	6	6	6
		2	5	5	5
		1	< 5	< 5	< 5

2. 1. 3 Beispielhafte Anwendung der Methodik

Der hier beschriebene modularisierte Bewertungsansatz ist bisher im Rahmen unterschiedlicher Vorhaben, u. a. hinsichtlich der Renaturierung der Ihle, eines kleinen Flusses nordöstlich von Magdeburg, angewandt worden (**Lüderitz et al. 2004**, **Lüderitz u. Langheinrich 2006**). Diese zunächst nur mit mäßigem Erfolg realisierte Ausgleichs- und Ersatzmaßnahme erfuhr anschließend durch wenige, aufwandsarme Zusatzarbeiten (Entfernung eines Sandfanges, Abflachung einer rauen Gleite, Einbringen von Totholz) eine so deutliche Aufwertung.
Ein Vergleich der Entwicklung des renaturierten Abschnittes 1 mit dem oberhalb der Renaturierungsstrecke gelegenen Abschnitt 4 (Tab. 2) macht insgesamt aber deutlich, dass eigendynamische Prozesse nach Renaturierungsmaßnahmen innerhalb weniger Jahre die abiotischen und biotischen Verhältnisse deutlich verbessern können. Alle Module im Abschnitt 1 erfuhren in diesem Zeitraum eine Steigerung um eine halbe bis eine ganze Einheit; während der Abschnitt noch 2002 erst auf dem Weg zu einem guten Zustand war, ist zu erwarten, dass er – die weitere eigendynamische Entwicklung vorausgesetzt – in absehbarer Zeit als Referenzstrecke für diesen Gewässertyp gelten kann.

Tabelle 2: Entwicklung des ökologischen Zustandes eines renaturierten (1) und eines nicht renaturierten Ihle-Abschnittes (4) über einen Zeitraum von vier Jahren (**Lüderitz u. Langheinrich 2006**)
Bewertung: Index-Note 5 = sehr gut, 4 = gut, 3 = mäßig, 2 = unbefriedigend, 1 = schlecht

Modul	Ihle-Abschnitt							
	Abschnitt 1				Abschnitt 4			
	2002	2003	2004	2005	2002	2003	2004	2005
Wasserqualität	4,0	4,0	4,5	4,5	4,0	4,0	4,0	4,0
Hydromorphologie	3,0	3,0	3,5	4,0	2,5	2,5	2,5	2,5
Naturnähe	3,5	3,5	3,5	4,0	2,5	2,5	3,0	2,5
Diversität / Schutzwürdigkeit	4,0	4,5	5	5	4,0	4,0	4,0	4,0
Gesamtbewertung	3,5	4,0	4,0	4,5	3,0	3,0	3,5	3,0

2. 1. 4 Perspektiven des Bewertungsansatzes

Die Möglichkeiten und Stärken der hier entwickelten modularisierten Bewertungsmethode lassen sich wie folgt zusammenfassen:

- Es werden sowohl biotische wie auch abiotische Faktoren berücksichtigt.
- Die für die Gewässer wichtigsten Organismengruppen finden Anwendung.
- Es lassen sich die relevanten Belastungen, der Grad der Naturnähe und die Schutzwürdigkeit auf bioindikatorischem Wege quantifizieren.
- Die Anwendbarkeit für alle Fließgewässertypen in Deutschland ist prinzipiell gegeben.
- Die Methode ist schon für geringe Änderungen und Entwicklungen empfindlich.

Allerdings gibt es weiteren Bedarf nach Vervollständigung und Verbesserung:

- Für die meisten Fließgewässertypen muss die Kalibrierung noch erfolgen.
- Die Fischfauna soll künftig einbezogen werden.
- Die Methode muss in weitaus größerem Umfang getestet und damit validiert werden.
- Eine Verbreitung unter Praxispartnern und Behörden ist notwendig.
- Schließlich ist die Anwendbarkeit des Ansatzes außerhalb Mitteleuropas zu überprüfen.

2. 2 *Altwässer*

2. 2. 1 Entstehung und Verschwinden von Altwässern – Notwendigkeit der Sanierung

Altwässer sind ehemalige Flussarme, die durch dynamische Veränderung der Flussmäander vom Fluss abgetrennt und anschließend isoliert wurden. Infolge von Erosion und Sedimentation verlagert der frei fließende Fluss seinen Lauf fortwährend. Bei flach geneigtem Ufer erfolgt eine Mäandrierung, bei stärker geneigtem eine Furkation – im hier untersuchten Bereich der Mittelelbe tritt nahezu ausschließlich die Mäandrierung auf. Die charakteristische Dynamik eines Mäanders kommt dadurch zustande, dass dieser sich an seinem Scheitel durch Erosion ausweitet; auch an den Mäanderschenkeln tritt Erosion auf. Die Überdehnung des Mäanderbogens führt letztlich zum Durchbruch des Flusses an den Mäanderschenkeln, der Mäanderbogen wird als Altlauf abgeschnitten. Durch diesen Durchbruch verkürzt sich der Flusslauf, seine Erosionskraft wird belebt, so dass erneut eine Mäanderbildung einsetzt. Auf diese Weise entstehen ganze Folgen von Altwässern in der Aue, die in ihrer Existenz zeitlich begrenzte Lebensräume sind.
Eine Flusslaufverlagerung und die Abtrennung von Flussarmen kann im Zuge von Hochwasserereignissen auch durch spontanes „Flussspringen" erfolgen.
Die offene Verbindung eines Altarmes mit dem Fluss wird durch natürliche Sedimentationsvorgänge geschlossen. Mit ihrer Abtrennung und Isolierung vom Fluss durchlaufen die Altarme natürliche Entwicklungsphasen, die von der Besiedlung des Gewässers durch Tiere und Pflanzen der Stillgewässer bis zur totalen Verlandung gehen.
Das Nebeneinander von Initial-, Optimal- und Terminalphase bewirkt, dass Altwässer hoch differenzierte und spezialisierte Lebensgemeinschaften von Pflanzen und Tieren beherbergen, die standörtlich-räumlich und funktional-zeitlich in die verschiedenen Entwicklungsphasen der Altwässer eingenischt sind und charakteristische Zonierungen aufweisen. Diese reichen in der Optimalphase von Freiwasserzonen mit Wassertiefen von drei bis vier Metern über die submerse Zone der Laichkrautrasen mit zwei bis drei Metern Wassertiefe und die Zone der Schwimmblattvegetation mit ein bis zwei Metern Wassertiefe bis zur Zone der Wasserschweber, die bereits eng mit der Röhrichtzone verbunden ist (Reichhoff 2003). Durch das natürliche räumliche und zeitliche Nebeneinander mit der Initialphase, in der noch Flussröhrichte und Fluthahnenfußgesellschaften auftreten und der Terminalphase, in der der Gewässergrund von mächtigen nährstoffreichen Schlammschichten bedeckt ist und Großröhrichte sowie Erlen- und Grauweidenbrüche dominieren, ergibt sich eine sehr große abiotische und biotische Habitatvielfalt.
Die natürliche Flussdynamik, d. h. die Verlagerung der Mäanderbögen, ermöglicht in der Aue die stetige Entstehung von Altarmen, so dass die Artenvielfalt erhalten

bleibt. Diese Situation ist jedoch im Falle der Elbe wie fast aller mitteleuropäischer Flüsse nicht mehr gegeben, denn

- durch den vorhandenen Ausbau- und Unterhaltungszustand (Deiche, Buhnen, Uferlängsverbau an Prallhängen, Staustufen im Oberlauf) wird der Flusslauf festgelegt, die natürliche Morphodynamik (Seitenerosion, Uferabbrüche, Sand- und Kiesbänke, Auskolkungen, Mäanderbildung, Laufverlagerung) eingeschränkt und die Sohlerosion erhöht;
- die Retentionsfläche ist auf etwa 20 % des Landschaftsraumes beschränkt; damit ist auch die natürliche Überflutungsdynamik eingeschränkt und der Raum für eine Flussbewegung nicht mehr gegeben;
- der Vernetzungsgrad von Fließgewässern und Altwässern ist gering; dadurch findet eine beschleunigte Sukzession statt und
- das Kontinuum der Altwässer ist durch unsachgemäßen Brückenbau (Schüttdämme) oft zerstört.

Dazu kommen verlandungsbeschleunigende Eutrophierungsprobleme, denn zahlreiche Altwässer wurden bis in die jüngere Zeit für die Einleitung von kommunalen und landwirtschaftlichen Abwässern missbraucht. Zudem existieren oft keine Gewässerschonstreifen, eine intensive landwirtschaftliche Nutzung erfolgt bis zum Ufer. Folgerichtig ergaben unsere Untersuchungen zum Zustand zahlreicher Altwässer im Mittelelbegebiet (Lüderitz et al. 1994, Lüderitz et al. 2000), dass bei Fortsetzung der gegenwärtigen Trends Altwässer in wenigen Jahrzehnten aus der Landschaft verschwinden würden. Schon heute sind beispielsweise fast 50 % der altwassertypischen höheren Pflanzenarten und Pflanzengesellschaften gefährdet (Reichhoff 2003).
Da Auenaltwässern in frühen und mittleren Sukzessionsstadien andererseits zu den artenreichsten aquatischen Ökosystemen in Mitteleuropa überhaupt gehören (Lüderitz et al. 2000, **Hentschel et al. 2002**, **Langheinrich et al. 2002**), muss diesem Trend entgegengewirkt werden. **Hentschel et al. (2002)** geben in diesem Zusammenhang eine komplexe Begründung für die Sanierung von Altwässern:

<u>1. Grundsätzliche landschaftsgenetische Begründung:</u>
Altwässer entstehen infolge der morphologischen Dynamik des natürlichen Flusslaufes. Durch Eindeichung und Ausbau des Flusses wird die natürliche Dynamik unterbunden und es entstehen (so gut wie) keine Altwässer mehr. Mit der Verlandung der Altwässer würde dieser Lebensraumtyp aus der Aue verschwinden. Nur durch Sanierung bestehender Altwässer kann er als essenzieller Bestandteil des Ökosystems Aue erhalten werden.

<u>2. Ökologische Begründung:</u>
Unter der Voraussetzung, dass Altwässer in der Aue erhalten bleiben, kann die volle ökologische Ausschöpfung des Lebensraums Altwasser nur erfolgen, wenn die einzelnen Phasen seiner Existenz – die Initial-, die Optimal- und die Terminalphase – nebeneinander in ausreichender Fläche und Verteilung vorhanden sind. Heute befinden sich die Altwässer vorwiegend in der Terminalphase.
Hinzu tritt die anthropogene Eutrophierung, die eine vorschnelle Alterung der Gewässer auslöst. Da in polytrophen Gewässern nur noch eine geringe Anzahl von Arten Lebensmöglichkeiten findet, müssen Sanierungsmaßnahmen neben morphologischen Verbesserungen auch immer die Zielstellung des Nährstoffentzugs haben.

3. Landschaftsästhetische Begründung:
Viele Altwässer sind Bestandteil historisch gewachsener Kulturlandschaften. Infolge flächigen Gehölzaufwuchses auf den ufernahen Verlandungsflächen wird die erlebbare Beziehung zwischen See und umgebenden Landschaft nahezu völlig unterbunden.

4. Wasserwirtschaftlich - fischereiwirtschaftliche Begründung:
Infolge von Verschlammung und Verlandung ist die fischereiliche Nutzung vieler Altwässer zum Erliegen gekommen. Mit ihrer Sanierung wird eine solche Nutzung in Abstimmung mit den Anforderungen des Naturschutzes wieder ermöglicht.

2. 2. 2 Erfahrungen mit der Altwassersanierung

Im Biosphärenreservat "Mittelelbe" (BRME), das mit einer Fläche von 110.000 ha das größte Schutzgebiet Sachsen-Anhalts und reich an Altwässern - die sich allerdings überwiegend in der Terminalphase befinden (**Hentschel et al. 2002**) - ist, wurde seit den 1970er Jahren eine ganze Anzahl von Sanierungsmaßnahmen realisiert, allerdings mit recht unterschiedlichem Erfolg (Tab. 3).

Tabelle 3: Sanierung und Restaurierung von Altwässern im Mittelelbegebiet (nach Reichhoff 2003)

Altwasser	Sanierungs-zeitraum	Sanierungszielstellung	Ökologischer Sanierungserfolg
Wörlitzer See	1976-1979	Sicherung des Gewässers als Element des Parks, Verbesserung der Wassergüte	Restaurierung des Gewässerkörpers und Senkung der Trophie ++
Nordspitze Schönitzer See	1983-1984	Sicherung des Wasserflusses des Fließgrabens	Herstellung einer Abflussrinne, Senkung der Trophie sekundär durch Entlastung des Zuflusses ++
Südspitze Schönitzer See	1987	Sanierung eines durch Entenfreiwassermast geschädigten Gewässer-abschnittes	Entschlammung eines stark eutrophierten Gewässer-abschnittes +
Krägen zwischen Wörlitz und Vockerode	1984-1986	Sicherung des Wasserabflusses als Vorflut für Wörlitz	Herstellung einer Abflussrinne und Senkung der hohen Trophie +
Schelldorfer See	1988-1994	Gewinnung von Schlamm als Düngestoff	Entschlammung eines Altwassers ohne morphologische und trophische Verbesserung (Lippert 2001) —
Scholitzer See bei Dessau-Mildensee	1993-1994	Sicherung des Wasserabflusses, ökologische Aufwertung des Gewässers	Restaurierung des Gewässer-körpers, Senkung der Trophie, schnelle Wiederbesiedlung +++
Pfaffensee bei Steckby Gödnitzer See Kirchsee bei Dornburg		Rekonstruktion der Gewässer	Rekonstruktion kleinerer Altwässer - bis +

Altwasser	Sanierungs-zeitraum	Sanierungszielstellung	Ökologischer Sanierungserfolg
Kühnauer See	1985-1988 1993-1996	Ökologische und denkmalpflegerische Rekonstruktion des Gewässers	Restaurierung des historischen Gewässerkörpers, Senkung der Trophie, schnelle Wiederbesiedlung +++
Blauer See im Bereich Alte Elbe - Kannenberg Berge		Teilkonstruktion eines Gewässers nach ökologischen Zielstellungen	Restaurierung eines Gewässerkörpers ++
Garz		Entladung zur Anlage eines Hafens sowie Anbindung eines Altarms	Herstellung der ökologischen Durchgängigkeit zwischen Fluss und Altarm ++
Alte Elbe Klieken	1991-1992 2001-2002	Rekonstruktion des Gewässers nach ökologischen Zielstellungen	Herstellung des Gewässers unter ökologischen Zielstellungen +++

+++ sehr guter Sanierungserfolg
++ guter Sanierungserfolg
+ befriedigender Sanierungserfolg
- mäßiger Sanierungserfolg
— geringer Sanierungserfolg

Die häufigsten Defizite und Fehler bei der Sanierung und Restaurierung von Altwässern sind nach unseren Erfahrungen folgende:

- Die Entschlammung erfolgt nur unvollständig bzw. das Baggergut verbleibt im Gewässer, so dass die Nährstoffbelastung nicht wirksam und merklich abgesenkt wird, Verlandungsprozesse setzen nach der Maßnahme sofort neu ein.
- Gewässerunverträgliche Nutzungen werden beibehalten.
- Eine unnatürliche, altwasseruntypische Morphologie wird aufrechterhalten bzw. z. B. durch Auskiesung erst hergestellt.
- Viele Projekte beschränken sich auf Entschlammungsmaßnahmen; dadurch allein kann der Optimalzustand allerdings meist nicht hergestellt werden. Nötig sind vielmehr auch die Herstellung der ökologischen Durchgängigkeit und nach Möglichkeit auch der zumindest partielle Wiederanschluss an den Fluss.

Vor allem von Anfang der 1990er Jahre an wurden Sanierungsmaßnahmen mit gründlicher wissenschaftlicher Vorbereitung auf der Grundlage initialer Monitoring-Programme (Lüderitz et al. 1994) an Altwässern vorgeschlagen und realisiert, wo sie aus ökologischen und landschaftsästhetischen Gründen erfolgversprechend erschienen:

- Wallwitzsee bei Dessau: 1990/1991 Totalentschlammung, faktische Wiederherstellung des völlig verlandeten Gewässers
- Kühnauer See bei Dessau: schrittweise Entschlammung 1993 - 1997, Entfernung von Schadstrukturen, Anlage von Flachwasserzonen, Festlegung von Nutzungsstatuten
- Alte Elbe bei Klieken: Entnahme von 200.000 m³ Schlamm 2001, Errichtung eines Gewässerschonstreifens, Unterbindung von Einleitungen aus der Landwirtschaft

- Matzwerder Altarm (Kurzer Wurf): Wiederanbindung an die Stromelbe 2001
- Ferner ist im Erweiterungsgebiet des BRME die Revitalisierung der Alten Elbe bei Magdeburg geplant: Anhebung der Wasserstände (Mittel- und Niedrigwasser) um ca. 0,5 m, Wiederherstellung eines teilweisen Fließgewässercharakters, Herstellung der ökologischen Durchgängigkeit durch Entfernung von Schüttdämmen, Teilentschlammung, Abflachung von Ufern, durchgehende Anlage von Gewässerschonstreifen (Lüderitz et al. 2000).

Für die beiden erstgenannten Maßnahmen können an dieser Stelle schon die Effekte dargestellt werden, der Kurze Wurf und die Alte Elbe bei Klieken dienen hingegen in ihrem Zustand vor der Sanierung noch als "Negativreferenz". Demgegenüber wurden auch Vergleiche mit weitgehend naturnahen Altwässern (Crassensee, Sarensee) angestellt.
Die biologischen Untersuchungen zur Erfolgskontrolle konzentrierten sich auf die Erfassung der Makroinvertebraten und der Makrophyten. Verglichen wurden im wesentlichen die Zahl der gefundenen Arten und darunter besonders die der gefährdeten Arten. Nähere methodische Angaben finden sich bei **Langheinrich et al. (2002).**
In den sechs untersuchten Altwässern fanden wir von den insgesamt im Landschaftsraum Elbe nachgewiesenen Arten (LAU 2001) 45 % der Eintagsfliegenarten, 54 % der Köcherfliegen, 74 % der Libellen, 27 % der wasserbewohnenden Käfer, 78 % der Schnecken und 45 % der Muscheln (Tabelle 4).

Tabelle 4: Bestandssituation ausgewählter Gruppen (Artenzahlen) von Makroinvertebraten im Landschaftsraum Elbe und im Untersuchungsgebiet (LAU 2001, **Langheinrich et al. 2002)**

	Deutschland	LSA	Landschaftsraum Elbe	Untersuchungsgebiet	Rote-Liste-Arten
Plecoptera	119	60	1	0	0
Ephemeroptera	81	34 (T)	20	9	0
Trichoptera	314	124 (T)	76	41	11
Odonata	80	63	53	39	18
Coleoptera (wasserbewohnend)	413	247	149	40	7
Wassermollusken					
Gastropoda	68	47	37	29	8
Bivalvia	30	24	22	10	6

T: Tiefland

Allerdings sind dieser Artenreichtum und das Vorkommen besonders geschützter Arten auf die verschiedenen Gewässer sehr unterschiedlich verteilt.
Die naturnahen Referenzgewässer Crassensee und Sarensee, die mit ihrem Umfeld als Naturschutzgebiete gesichert sind, befinden sich in einem stabilen, leicht eutrophen Zustand. Es handelt sich um makrophytenreiche Klarwasserseen mit hohem Arteninventar (**Langheinrich et al. 2002**) und hohem Naturschutzindex (9 = national bedeutsam) aufgrund des Vorkommens etlicher vom Aussterben bedrohter bzw. stark gefährdeter Arten (z. B. *Trapa natans, Dytiscus latissimus, Hydrophilus aterrimus, Cybister lateralimarginalis, Aeshna viridis, Leucorrhinia albifrons*).
Die sanierten Altwässer Wallwitzsee und Kühnauer See wurden durch die Entschlammungsmaßnahmen aus dem polytrophen (Lüderitz et al. 1997) in den meso- bis leicht eutrophen Zustand gehoben. Unsere Untersuchungen (vgl. **Langheinrich et al. 2002**, Papenroth 1999) zeigen eine kontinuierliche Zunahme der Artenzahl des Makrozoobenthos einschließlich besonders schutzwürdiger Arten

(Naturschutzindex 8 = überregional bedeutsam) vor allem in den Flachwasserzonen, in denen sich artenreiche submerse und emerse Makrophytenbestände entwickeln können. Die vegetationskundlichen Untersuchungen von Reichhoff (in **Hentschel et al. 2002**) am Kühnauer See bei Dessau zeigten, dass selbst bis dahin als verschollen eingestufte Arten wie das Kleine Nixkraut (*Najas minor*) und anspruchsvolle Arten wie der Gemeine Wasserschlauch (*Utricularia vulgaris*) erneut zur Entwicklung kamen. Auch die Ansiedlung der Wassernuss (*Trapa natans*) verlief erfolgreich.

Die Alte Elbe bei Klieken und der Matzwerder-Altarm befanden sich demgegenüber bis zu ihrer Sanierung im Jahr 2001 in einem polytrophen, algendominierten und artenarmen Zustand. Schon begonnene Untersuchungen werden über den Erfolg der Maßnahmen Auskunft geben.

2. 2. 3 Qualitätssicherungsmaßnahmen und leitbildorientierte Bewertung

Bisherige Erfahrungen zeigen, dass Sanierungs- und Renaturierungsmaßnahmen nicht immer den angestrebten Erfolg zeitigen. Im Fall der Projekte im BRME wurde deshalb ein umfassendes Paket von **Qualitätssicherungsmaßnahmen** realisiert, das für den Erfolg der Maßnahmen mit entscheidend war und das auf künftige ähnliche Projekte übertragen werden kann:

- Die Sanierung soll nicht mit einer einzigen Maßnahme, sondern abschnittsweise über einzelne Bauabschnitte und mehrere Jahre erfolgen.
- Die Entschlammung erfolgt nur bis zum oberen Kiesgrund, d.h. es wird keine Vertiefung des Gewässers vorgenommen.
- Einige Teile des Gewässers sollten nicht entschlammt, sondern bewusst in der Altersphase zur Sicherung des Artenpotenzials erhalten bleiben.
- Vitale Röhrichte und Riede werden überwiegend erhalten.
- Die Sanierung erfolgt abschnittsweise alternativ durch Trocken- oder Nassbaggerung; die Trockenbaggerung erfolgt durch Ausspundung und kurzfristige Trockenlegung. Nach Ziehung der Spundwände wird der sanierte Bereich wieder an die nicht betroffenen Teile des Gewässers angeschlossen. Vor der Trockenbaggerung werden in den ausgespundeten Bereichen die Fische, Muscheln und wertvollen Wasserpflanzen gesichert, ähnlich wird auch bei der Nassbaggerung – soweit möglich – vorgegangen.
- Die entnommenen Schlamm- und Verlandungsmassen werden nach Entwässerung aus dem Auengebiet transportiert.
- Für das Gewässer werden Schutz- und Nutzungsstatuten festgelegt.
- Von der Planungsvorbereitung bis zur Erfolgskontrolle erfolgt eine intensive wissenschaftliche Begleitung. Bei zukünftigen Projekten sollen die Bewertung und Revitalisierung wie im Falle der Fließgewässer (vgl. Kapitel 2.1) auf der Grundlage eines typenspezifischen Leitbildes erfolgen.

Da den Untersuchungen bis vor wenigen Jahren kaum Altwässer in einem Zustand zur Verfügung standen, die dem Optimal-, d.h. dem Referenzzustand nahe kamen, ist die Erarbeitung eines einschlägigen **Leitbildes** erst für die Gruppe der Makroinvertebraten vorläufig abgeschlossen (Tab. 5). Zu den Leitarten gehören neben den oben genannten besonders naturschutzrelevanten Arten viele derjenigen, die durch die Restaurierungsmaßnahmen gefördert werden. Das sind nach

Hentschel et al. (2002) unter den Libellen das Kleine Granatauge (*Erythromma viridulum),* die Gemeine Winterlibelle (*Sympecma fusca*), der Plattbauch *(Libellula depressa)* und der Große Blaupfeil (*Orthetrum cancellatum).* Von der Anlage von Flachwasserzonen profitieren u. a. die Heidelibellen der Gattung *Sympetrum spp.*.

Tabelle 5: Quantifiziertes Leitbild für die Besiedelung der Altwässer mit ihren unterschiedlichen Sukzessionsstadien durch Makroinvertebraten (halbquantitative Angabe der Abundanzen: 5 = häufig, 4 = verbreitet, 3 = wenig häufig, 2 = selten, 1 = sehr selten/ Einzelfunde)

Odonata							
Art	initial	optimal	terminal	Art	initial	optimal	terminal
Aeshna affinis	0	2	5	*Gomphus pulchellus*	4	0	0
Aeshna cyanea	1	4	4	*Ischnura elegans*	2	5	2
Aeshna grandis	2	5	4	*Lestes sponsa*	0	1	2
Aeshna isosceles	0	3	4	*Leucorrhinia albifrons*	0	4	3
Aeshna juncea	0	1	5	*Leucorrhinia pectoralis*	0	1	5
Aeshna mixta	1	5	4	*Libellula depressa*	3	3	0
Aeshna viridis	0	3	4	*Libellula fulva*	2	2	0
Anax imperator	0	5	3	*Libellula quadrimaculata*	1	3	3
Anax parthenope	0	4	3	*Orthetrum cancellatum*	4	3	0
Brachytron pratense	0	4	3	*Platycnemis pennipes*	3	4	0
Calopteryx splendens	4	3	0	*Pyrrhosoma nymphula*	3	4	0
Chalcolestes viridis	0	2	3	*Somatochlora metallica*	1	4	1
Coenagrion lunulatum	0	2	0	*Sympecma fusca*	0	3	5
Coenagrion puella	0	4	3	*Sympetrum danae*	0	3	5
Coenagrion pulchellum	0	4	0	*Sympetrum flaveolum*	0	4	3
Cordulia aenea	0	4	2	*Sympetrum pedemontanum*	0	4	1
Enallagma cyathigerum	2	4	2	*Sympetrum sanguineum*	0	4	1
Erythromma najas	1	4	2	*Sympetrum striolatum*	1	3	1
Erythromma viridulum	0	4	0	*Sympetrum vulgatum*	0	4	1

Coleoptera							
Art	initial	optimal	terminal	Art	initial	optimal	terminal
Acilius sulcatus Ad.	2	4	0	*Helophorus minutus*	0	3	3
Agabus bipustulatus Ad.	2	4	1	*Hydaticus seminiger*	0	3	2
Agabus congener Ad.	0	3	4	*Hydaticus transversalis*	0	4	0
Agabus fuscipennis Ad.	0	3	4	*Hydrobius fuscipes*	2	4	0
Agabus paludosus Ad.	3	3	0	*Hydrochara caraboides*	2	4	0
Agabus sturmii Ad.	0	3	3	*Hydroglyphus geminus*	0	3	0
Agabus undulatus Ad.	0	3	3	*Hydrophilus aterrimus*	2	4	0
Anacaena bipustulata Ad.	2	3	0	*Hydrophilus piceus*	2	3	0
Anacaena limbata Ad.	0	4	4	*Hydroporus angustatus*	0	3	2
Berosus luridus	0	3	4	*Hydroporus palustris*	0	4	2
Bidessus minutissimus	0	5	2	*Hydroporus planus*	0	3	2
Bidessus unistriatus	0	3	3	*Hydroporus striola*	0	3	2
Brychius elevatus	2	3	0	*Hygrotus confluens*	0	3	0
Cercion lindenii	0	4	1	*Hygrotus impressopunctatus*	0	2	3
Cercyon ustulatus	0	0	3	*Hygrotus inaequalis*	2	3	0
Colymbetes fuscus	0	2	3	*Hygrotus versicolor*	3	3	0
Cybister lateralimarginalis	0	3	0	*Hyphydrus ovatus*	2	4	2
Dytiscus dimidiatus	0	3	0	*Ilybius ater*	0	3	3
Dytiscus latissimus	0	3	0	*Ilybius fenestratus*	0	3	2
Dytiscus marginalis	0	4	3	*Ilybius fuliginosus*	2	4	2
Dytiscus semisulcatus	0	2	3	*Ilybius quadriguttatus*	0	3	0
Enochrus melanocephalus	0	2	0	*Laccobius bipunctatus*	0	3	0
Enochrus quadripunctatus	0	2	0	*Laccobius colon*	2	3	0
Graphoderus cinereus	0	2	2	*Laccobius minutus*	2	3	2

Graptodytes pictus	0	3	0	*Laccophilus hyalinus*	0	3	2
Gyrinus marinus	0	3	0	*Laccophilus minutus*	2	3	2
Gyrinus paykulli	0	2	3	*Limnebius atomus*	0	2	3
Gyrinus substriatus	3	3	3	*Limnoxenus niger*	0	4	0
Haliplus flavicollis	3	4	0	*Nebrioporus assimilis*	3	0	0
Haliplus fluviatilis	5	2	0	*Noterus clavicornis*	0	4	4
Haliplus heydeni	0	3	3	*Noterus crassicornis*	0	3	3
Haliplus immaculatus	0	3	3	*Peltodytes caesus*	0	2	0
Haliplus laminatus	0	4	3	*Platambus maculatus*	2	2	0
Haliplus lineatocollis	4	5	0	*Porhydrus lineatus*	0	2	0
Haliplus obliquus	4	4	0	*Rhantus bistriatus*	0	4	3
Haliplus ruficollis	0	3	3	*Rhantus exsoletus*	0	2	2
Helochares obscurus	0	4	3	*Rhantus latitans*	0	0	3
Helophorus aquaticus	2	3	2	*Rhantus suturalis*	0	3	0
Helophorus brevipalpis	3	3	2	*Scirtes hemisphaericus*	0	3	0
Helophorus flavipes	0	4	3	*Stictotarsus duodecimpustulatus*	2	3	0
Helophorus granularis	0	2	3				

Trichoptera							
Art	initial	optimal	terminal	*Art*	initial	optimal	terminal
Agrypnia pagetana	2	3	0	*Limnephilus nigriceps*	0	3	3
Athripsodes albifrons	2	2	0	*Limnephilus politus*	3	3	0
Athripsodes aterrimus	0	3	0	*Limnephilus rhombicus*	0	4	0
Athripsodes cinereus	3	3	0	*Limnephilus sparsus*	3	4	0
Ceraclea dissimilis	3	3	0	*Limnephilus stigma*	0	4	0
Ceraclea senilis	2	3	0	*Limnephilus vittatus*	2	3	0
Cyrnus flavidus	2	3	0	*Lype phaeopa*	2	3	2
Cyrnus insolutus	0	3	0	*Molanna angustata*	3	3	0
Cyrnus trimaculatus	0	3	2	*Mystacides longicornis*	2	3	0
Glyphotaelius pellucidus	0	4	3	*Mystacides nigra*	3	3	0
Grammotaulius nigropunctatus	0	4	3	*Nemotaulius punctatolineatus*	0	4	3
Grammotaulius nitidus	0	4	3	*Neureclipsis bimaculata*	3	3	0
Halesus tesselatus	3	0	0	*Oecetis lacustris*	3	3	0
Holocentropus picicornis	0	3	0	*Oecetis notata*	3	3	0
Hydroptila angulata	2	3	0	*Oecetis ochracea*	2	3	0
Leptocerus tineiformis	0	3	0	*Oligostomis reticulata*	0	2	3
Limnephilus auricula	0	4	0	*Oligotricha striata*	0	2	3
Limnephilus binotatus	0	3	2	*Phryganea bipunctata*	2	4	0
Limnephilus decipiens	0	3	3	*Phryganea grandis grandis*	3	3	0
Limnephilus extricatus	2	3	0	*Polycentropus flavomaculatus*	3	0	0
Limnephilus flavicornis	0	3	0	*Potamophylax rotundipennis*	3	0	0
Limnephilus fuscicornis	2	4	0	*Tinodes waeneri waeneri*	3	3	0
Limnephilus lunatus	2	3	2	*Triaenodes bicolor*	0	3	0
Limnephilus marmoratus	3	0	0				

Ephemeroptera							
Art	initial	optimal	terminal	*Art*	initial	optimal	terminal
Baetis buceratus	4	0	0	*Cloeon simile*	0	4	0
Baetis rhodani	3	3	0	*Ephemera vulgata*	3	3	0
Baetis tracheatus	3	0	0	*Heptagenia sulphurea*	3	2	0
Caenis horaria	0	3	0	*Leptophlebia marginata*	3	3	0
Caenis robusta	2	3	0	*Leptophlebia vespertina*	2	2	0
Centroptilum luteolum	3	3	0	*Paraleptophlebia submarginata*	3	2	0
Cloeon dipterum	0	4	3				

Plecoptera				**Crustacea**			
Art	initial	optimal	terminal	*Art*	initial	optimal	terminal
Nemoura cinerea	3	0	0	*Asellus aquaticus*	3	3	3
Nemourella pictetii	3	0	0	*Gammarus roeselii*	3	0	0

Bivalvia/Gastropoda							
Art	initial	optimal	terminal	*Art*	initial	optimal	terminal
Acroloxus lacustris	0	4	0	*Pisidium subtruncatum*	2	3	2
Anisus spirorbis	0	4	0	*Planorbarius corneus*	3	3	3
Anisus vortex	3	3	3	*Planorbis carinatus*	3	3	0
Anodonta cygnea	4	4	0	*Planorbis planorbis*	0	3	3
Bithynia leachii leachii	2	3	0	*Radix auricularia*	0	4	0
Bithynia tentaculata	3	4	2	*Radix balthica*	2	3	2
Gyraulus albus	4	4	0	*Segmentina nitida*	0	3	2
Gyraulus crista	2	3	0	*Sphaerium corneum*	2	3	2
Gyraulus laevis	2	3	0	*Sphaerium rivicola*	3	0	0
Lymnaea stagnalis	3	3	2	*Stagnicola corvus*	2	3	0
Musculium lacustre	2	3	0	*Stagnicola palustris*	2	3	2
Physa fontinalis	4	4	0	*Unio pictorum pictorum*	3	3	0
Pisidium amnicum	4	3	0	*Unio tumidus tumidus*	4	4	0
Pisidium henslowanum	3	3	0	*Valvata piscinalis piscinalis*	2	3	0
Pisidium nitidum	3	3	0	*Viviparus contectus*	2	4	0
Pisidium obtusale	0	2	4	*Viviparus viviparus*	3	3	0

Der Bewertungsansatz auf Grundlage des zwischen den verschiedenen Sukzessionsstadien eines Altwassers differenzierten Leitbildes beruht auf der Übereinstimmung eines Untersuchungsabschnittes mit der leitbildtypischen Artenzusammensetzung in allen drei Phasen. Dadurch ist feststellbar, ob sich dieser Bereich in einer bestimmten Phase befindet bzw. sich zu ihr hin entwickelt. Für zwei Abschnitte der Alten Elbe bei Magdeburg wird dies in den Abbildungen 1a und 1b exemplarisch dargestellt. Der temporär durchflossene Abschnitt 4 befindet sich in der Optimalphase, während der durch Massenvorkommen der Krebsschere (*Stratiodes aloides)* geprägte Abschnitt 2b deutlich zur Terminalphase tendiert.

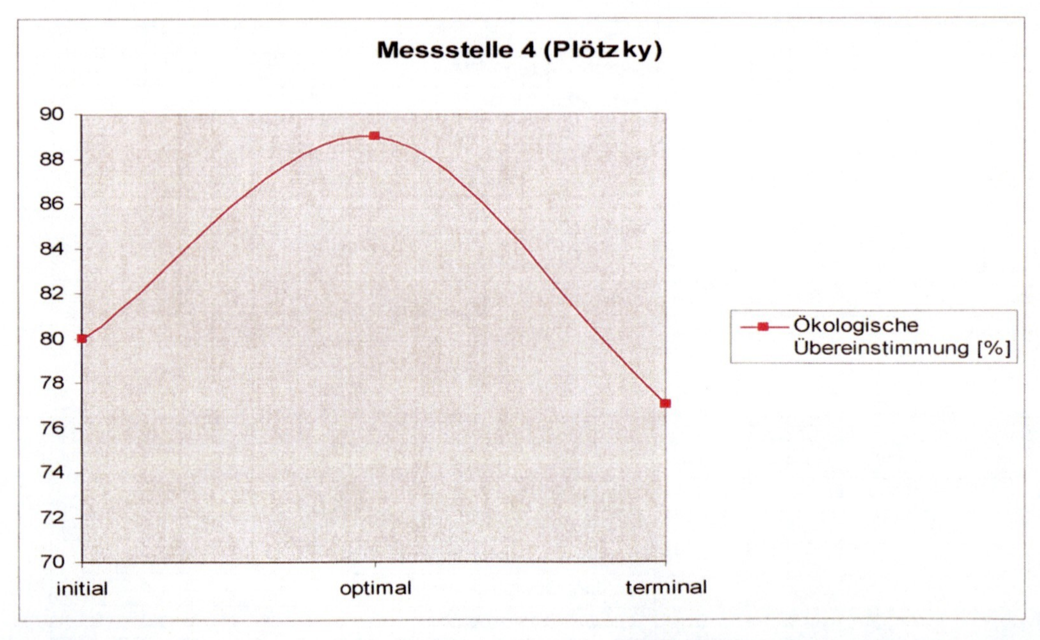

Abbildung 1a: Grad der Übereinstimmung des temporär durchflossenen Untersuchungsabschnittes 4 der Alten Elbe bei Magdeburg mit den Leitbildern der Sukzessionsphasen von Altwässern

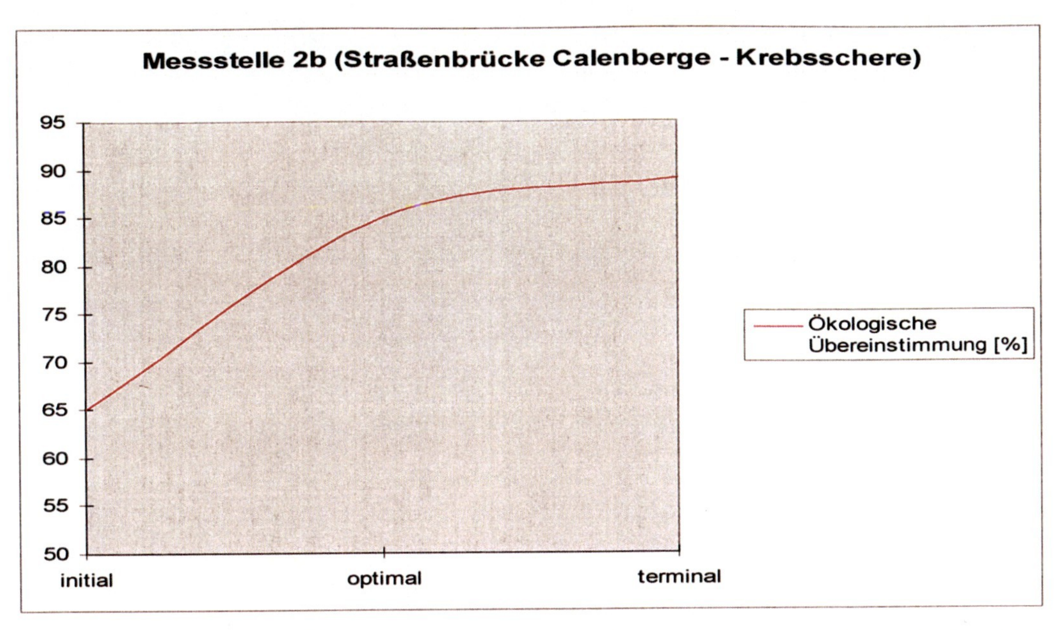

Abbildung 1b: Grad der Übereinstimmung des durch Verlandungserscheinungen und die Dominanz der Krebsschere (*Stratiodes aloides)* geprägten Untersuchungsabschnittes 2b der Alten Elbe bei Magdeburg mit den Leitbildern der Sukzessionsstadien von Altwässern

Das biozönotische Leitbild wird gegenwärtig um die Fische und Makrophyten vervollständigt. In einem nächsten Schritt wird analog zu den Fließgewässern ein modularisiertes Bewertungssystem für Altwässer entwickelt, das zusätzlich hydromorphologische und Wassergüteparameter aufnehmen und Grundlage für die initiale Einschätzung und die Erfolgskontrolle bei der Sanierung von Altgewässern sein wird.

2.3 Niedermoorgewässer

2. 3. 1 Bedeutung von anthropogenen Niedermoorgewässern

Insbesondere in den Agrarlandschaften des Flachlandes sind Gräben und Grabensysteme, die durch Verlagerung und Begradigung natürlicher Gewässer oder durch Neuanlage geschaffen wurden, der dominierende Gewässertyp. Bis zu 30 Prozent der Fläche Norddeutschlands tragen (oder trugen) Niedermoorcharakter (Succow u. Joosten 2001). Die zu ihrer Entwässerung angelegten Grabensysteme umfassen etwa 80 Prozent aller Fließgewässerstrecken in diesen Gebieten überhaupt. Verglichen mit ihrer Quantität ist die wissenschaftliche Befassung mit ihnen bisher eher zurückhaltend erfolgt (Pott und Remy 2000). Be- und Entwässerungsgräben und größere Kanäle stellen die am häufigsten auftretenden Grabentypen dar und bilden vernetzte, lineare Ökosysteme. Ausgedehnte Grabensysteme lassen deutliche Gradienten zwischen zentralen und peripheren Bereichen erkennen. Diese Unterschiede beruhen u. a. auf Abstufungen im Grundwasserflurabstand und in der Art der Wasserführung (Remy 2001). Durch diese Differenzierung der morphologischen und hydrologischen Verhältnisse können solche auf den ersten Blick monotonen Ökosysteme außerordentlich artenreich und aus Sicht des Naturschutzes wertvoll sein (**Langheinrich et al. 2004**). Dies gilt z. B. für den Drömling, das größte post-glaziale Niedermoor in Deutschland, welches in Sachsen-Anhalt auf einer Fläche von 27821 ha als Naturpark ausgewiesen ist. Der Pflege- und Entwicklungsplan für den Drömling (Langheinrich et al. 1998) orientiert auf die Bewahrung der historisch gewachsenen Kulturlandschaft bei gleichzeitiger Erhaltung und Vermehrung der vorhandenen Niedermoorböden durch Erhöhung der Grundwasserstände sowie auf die ökologische Aufwertung des Gewässersystems. In anderen Planungen für Niedermoorgebiete finden sich sehr ähnliche Zielstellungen (Succow und Joosten 2001). Jede **Bewertung** und jedes Management der Kanäle und Gräben muss deshalb die Veränderung ihrer Funktionen weg von der Entwässerung hin zur Bewässerung zu vernässender Flächen sowie die Erhöhung der Biotopverbund- und Refugialfunktion berücksichtigen.

2. 3. 2 Bewertungssystem für Gräben und Kanäle in Niedermooren

Der Morphologie kommt zunächst eine besondere Bedeutung bei der Bewertung zu, denn die Art und Weise der anthropogenen Gestaltung der Struktur eines künstlichen Gewässers bestimmt weitgehend seinen Charakter. Die strukturellen Merkmale von Gräben und Kanälen sind:

- Ein geradliniger Verlauf, fehlende Längs- und Querstrukturen, keine Erosion,
- ein häufig stark eingetieftes Trapez- oder Altprofil,
- geringe Strömungsdiversität,
- ein Übergangscharakter zwischen fließendem und stehendem Gewässer (abhängig vom Grundwasserstand, den Niederschlagsverhältnissen und dem Einstauregime).

Das von uns entwickelte Bewertungsverfahren (**Langheinrich et al. 2004, Langheinrich u. Lüderitz 2006**) verwendet einen im Unterschied zum Gewässerstrukturverfahren der LAWA (2000) eingeschränkten, aber sehr aussagekräftigen Satz morphologischer Parameter Diese 5 Parameter sind auch unter dem Gesichtspunkt der Multifunktionalität der entsprechenden Landschaft bedeutsam: welche Ausprägung welcher Parameter dient z.B. dem Moorschutz, dem Feuchtwiesenschutz, der Gewinnung von natürlicher Biomasse u. a.?

Die Parameter Böschungsneigung, Gewässerumfeldnutzung, Substratdiversität, Profiltiefe und Wasserbauwerke / Durchlässe werden in ihrer optimalen Ausprägung jeweils mit 5 Punkten bewertet, in ihrer schlechtesten mit einem Punkt. Nach einem Bewertungsmaßstab wird die Summe der Punkte einem ökologischen Potenzial zugeordnet. Bei den fünf hydromorphologischen Parametern (Tab. 6) können maximal 25 Punkte erreicht werden. Beim Vorhandensein von 23 bis 25 Punkten kann auf das höchste, bei 18 bis 22 auf das gute, bei 13 bis 17 auf das mäßige, bei 8 bis 12 auf das unbefriedigende und bei 0 bis 7 auf das schlechte morphologische Potenzial geschlossen werden.

Tabelle 6: Vorschlag für ein Bewertungsverfahren anhand hydromorphologischer Parameter

	Hydromorphologische Parameter				
Punkte	**Böschungs-neigung**	**Gewässer-umfeldnutzung**	**Substrat-diversität**	**Profiltiefe**	**Wasserbau-werke / Durchlässe**
5	< 1:3	Feuchtwiesen	Sehr hohe	Sehr flach (< 0,5m)	Keine Bauwerke
4	1:2,5 - 1:3	Extensiv-grünland	Hohe	Flach (0,5 - 1m)	Passierbar, überwiegend Sohlsubstrat (> 80 %)
3	1:2 - 1:2,5	Ökologischer Ackerbau	Mittlere	Mäßig tief (1 - 2m)	Passierbar, Sohlsubstrat (> 50 %)
2	1:1,5 - 1:2	Intensivgrünland	Geringe	Tief (2 - 4m)	Teilweise passierbar, glatt
1	> 1:1,5	Ackerbau, intensiv	Keine	Sehr tief (> 4m)	Unpassierbar, glatt

Die hydromorphologische wird durch eine **ökologische Gewässerbewertung** mittels Bioindikatoren ergänzt, in deren Rahmen der Einfluss der für den jeweiligen Gewässertyp relevanten Hauptstressoren bestimmt wird. Für Gräben und Kanäle wurde ein Verfahren entwickelt, das in Erweiterung dieses Ansatzes die biologische Bewertung dreier Komponenten ermöglicht (Tab. 7):

- Wassergüte: die trophische Belastung über die ökologische Zustandsklasse Makrophyten ($ÖZK_{MP}$), den saprobiellen Zustand über den Saprobienindex (SI)
- Gewässerstruktur: über den Fauna-Index (GFI)
- Diversität / Schutzwürdigkeit: über den Diversitätsindex nach Shannon-Wiener (H_S)und den Naturschutz- bzw. Conservation-Index nach Kaule (CI).

Die Bewertung und Zuordnung zu den einzelnen Zustandsklassen (sehr gutes ökologisches Potenzial bis schlechtes ökologisches Potenzial) erfolgt nach dem oben beschriebenen Verfahren.

Tabelle 7: Vorschlag für ein modulares ökologisches Bewertungsverfahren für Gräben und Kanäle ($ÖZK_{MP}$= Ökologische Zustandsklasse / Makrophyten, SI= Saprobienindex, GFI= Deutscher Faunaindex, H_s= Diversitätsindex, CI= Naturschutzindex)

	Biologische Parameter				
Punkte	**$ÖZK_{MP}$**	**SI**	**GFI**	**H_s**	**CI**
5	**Zkl. 1:** 1,00 - 0,50	1,75 - 1,90	1,5 > GFI > 1,2	> 3,0	Stufe 9
4	**Zkl. 2:** < 0,50 - 0,25	1,90 - 2,30	1,2 > GFI > 0,75	2,5 - 3,0	Stufe 8
3	**Zkl. 3:** < 0,25 - 0,15	2,30 - 2,90	0,75 > GFI > 0	2,0 - 2,9	Stufe 7
2	**Zkl. 4 und 5:**	2,90 - 3,45	0 > GFI > -0,9	1,0 - 1,9	Stufe 6
1	< 0,15 - 0,00	3,45 - 4,0	-0,9 > GFI > -1,5	< 1,0	Stufe 1-5

(Bereichsgrenzen: $ÖZK_{MP}$ für Tieflandgewässer: Schaumburg et al. 2005; SI und GFI in Anlehnung an Gewässertyp „Organischer Fluss": ver. nach Asterics 3.01, H_S und CI: eigene)

2. 3. 3 Erste Ergebnisse

Für die Anwendung des Bewertungsverfahrens liegen inzwischen erste Ergebnisse zum Gewässersystem des Naturparks Drömling vor (Lüderitz u. Langheinrich 2006, **Langheinrich u. Lüderitz 2006**). Einige Entwässerungsgräben besitzen danach gute strukturelle Bedingungen (Tab. 8: Gewässer 3, 16, 17, 18). Bei größeren Kanälen führt vor allem der Parameter Profiltiefe zu einer mäßigen, vereinzelt auch unbefriedigenden Zustandsklasse (Tab. 8: Gewässer 5, 8, 9, 10, 11, 15).

Tabelle 8: Ergebnisse der Strukturbewertung an 10 Gewässern im Naturpark Drömling mit einem fünfstufigen Punktesystem (5 Punkte = sehr gut, 1 Punkt = schlecht; vgl. Tabelle 6)

Gewässer	3	5	8	9	10	11	15	16	17	18
Böschungs-neigung	3	1	3	2	1	3	3	5	4	4
Gewässerumfeld nutzung	4	3	1	4	1	1	2	4	4	4
Substratdiversität	5	3	4	4	3	5	2	5	4	3
Profiltiefe	3	2	2	3	1	2	2	3	3	3
Wasserbauwerke / Durchlässe	4	4	4	4	4	4	4	5	5	5
Summe	19	13	14	17	10	15	13	22	20	19
Bewertung	**gut**	**mäßig**	**mäßig**	**mäßig**	**unbefr.**	**mäßig**	**mäßig**	**gut**	**gut**	**gut**

Die Ergebnisse der biologisch-ökologischen Bewertung zeigen demgegenüber ein fast durchgängig gutes ökologisches Potenzial an (Tab. 9).

Tabelle 9: Ergebnisse der Bewertung mittels biologischer Verfahren an 10 Gewässern im NP Drömling mit einem fünfstufigen Punktesystem (5 Punkte = sehr gut, 1 Punkt= schlecht; vgl. Tabelle 7)

Gewässer	3	5	8	9	10	11	15	16	17	18
Ergebnis										
$ÖZK_{MP}$	1	2	1	1	1	1	nicht bestimmbar	1	1	1
SI	2,20	2,28	2,30	2,10	2,22	2,10	2,50	2,20	2,30	2,20
GFI	0,20	0,28	0,70	0,10	0,11	0,10	-0,90	0,10	0,10	-0,02
H_S	3,2	3,49	4	3	3,79	3,5	3,2	3,5	3,2	2,8
CI	9	6	9	8	9	9	4	8	8	8
Bewertung										
$ÖZK_{MP}$	5	4	5	5	5	5	1	5	5	5
SI	4	4	4	4	4	4	3	4	4	4
GFI	3	3	3	3	3	3	2	3	3	2
H_S	5	5	5	5	5	5	5	5	5	4
CI	5	2	5	4	5	5	1	4	4	4
Summe	22	18	22	21	22	22	12	21	21	19
Bewertung	**gut**	**gut**	**gut**	**gut**	**gut**	**gut**	**unbefr.**	**gut**	**gut**	**gut**

Gräben und Kanäle können also auch bei mäßigen strukturellen Bedingungen ein gutes ökologisches Potenzial besitzen, wenn Makrophyten als Strukturelemente genutzt werden können und nur geringe organische und trophische Belastungen auftreten (Tab. 9, Gewässer 15 mit Abwasserbelastung). Sie bieten dann einer vielfältigen benthischen Fauna einen Lebensraum. In einem Untersuchungszeitraum von mehr als 10 Jahren konnten in verschiedenen Grabentypen über 160 Taxa von Makroinvertebraten, darunter 39 Arten von Libellen, nachgewiesen werden. Hohe Artenzahlen erhöhen auch die Wahrscheinlichkeit, dass sich unter diesen besonders bedrohte und schützenswerte Arten finden (Langheinrich 2005). Im nächsten Schritt soll das Bewertungsverfahren an Gräben anderer Niedermoorgebiete Norddeutschlands überprüft und ggf. modifiziert werden.

3. Ökotechnologische Reinigung des Wassers

3. 1 Wissenschaftliche und praktische Problemstellung

Mit dem Beginn der Industrialisierung wurde der Grundstein für moderne Ballungsräume gelegt. Einhergehend mit der schnellen Entwicklung der städtischen Siedlungsstrukturen wurde in einem bisher unbekannten Ausmaß ungeklärtes Abwasser in das natürliche Umfeld des Menschen eingebracht. Nicht zuletzt seuchenhygienische und gesundheitliche Probleme führten seit der Mitte des 19. Jahrhunderts zum Bau von Abwasserkanalisationen und von Abwasserreinigungsanlagen. Die hieraus entstandene Entwässerungsphilosophie dokumentiert sich noch heute in den Rechtsvorschriften und technischen Regelwerken. Wesentliche Entwicklungsschritte bei der Abwasserbehandlung waren u. a. die Anlage von Abwasserteichen und Rieselfeldern, später der Bau so genannter Emscher – Brunnen und mechanischer Klärwerke und in jüngerer Vergangenheit die Entwicklung von Tropfkörper- und Belebtschlammanlagen. Die rein technischen Anlagen wurden im Laufe der Zeit immer weiterentwickelt und verfeinert. Die heute zur Verfügung stehende Technik erlaubt die Reinigung unterschiedlicher Abwässer in der Größenordnung von mehreren hunderttausend Einwohnerwerten.
Heute sind in den alten Bundesländern ca. 89 % der Bevölkerung an zentrale Abwasserentsorgungsanlagen (Kanalnetz und Abwasserreinigungsanlagen) angeschlossen. In den neuen Bundesländern ist seit 1990 erheblich investiert worden, um einen vergleichbaren Anschlussgrad zu erreichen (**Lüderitz et al. 1999**). Die erforderlichen Investitionen in neue Anlagen, die Sanierungskosten und die Kläranlagenerweiterungen sind allerdings so immens, dass sie die derzeitigen und wohl auch die künftigen finanziellen Möglichkeiten der Länder, Kommunen und Beitragszahler übersteigen. So veranschlagen Fehr et al. (2003) bei Fortschreibung bisheriger Trends für die nächsten 20 Jahre Investitionen von bundesweit 100 Mrd. €, wovon je 25 Mrd. auf den Ausbau der Kläranlagen und die Verbesserung der Niederschlagswasserbehandlung, 5 Mrd. auf die Klärschlammverwertung und immerhin 45 Mrd. auf die Kanalsanierung entfallen. Jedoch hat genau diese Art der Abwasserpolitik seit 1990 die Mehrheit der Träger der Abwasserentsorgung in den neuen deutschen Bundesländern in eine finanziell mehr oder weniger aussichtslose Situation getrieben, in der selbst massive staatliche Subventionen buchstäblich im Abwassersumpf versickern (z.B. **Lüderitz et al. 1999**). Betrachtet man nun die finanziellen Möglichkeiten der osteuropäischen Staaten oder gar der Entwicklungsländer, wird klar, dass sich die in Deutschland bisher überwiegend geübte Herangehensweise an das Abwasserproblem keinesfalls exportieren lässt. Notwendig sind dort vielmehr die Entwicklung und der Einsatz von einfachen, robusten, naturnahen sowie ressourcen- und Kosten sparenden Technologien. Deren Entwicklung ist jedoch bis in die 90er Jahre völlig vernachlässigt worden; nach eigenen Schätzungen aufgrund von persönlichen Informationen aus den Reihen der Abwassertechnischen Vereinigung (ATV) flossen mindestens 99 % der Forschungs- und Entwicklungsgelder in die

großtechnische Abwasserbehandlung und immer ausgeklügeltere Ableitungssysteme. Die Arbeit an naturnahen Systemen ist demgegenüber als eine Art Nischenforschung betrieben worden. Erst in den letzten 10 Jahren wurden u. a. von unserer Gruppe umfassende und tiefgründige Forschungs- und Entwicklungsvorhaben realisiert, so dass heute eine Vielzahl von belastbaren Untersuchungen zur Funktionsweise und Leistungsfähigkeit solcher Verfahren vorliegt, die klar belegen, dass mit ihnen auch im dezentralen Einsatz bei erheblich geringerem Aufwand ähnlich hohe Leistungen zu erzielen sind wie mit technischen Anlagen (z. B. zusammengefasst von Geller u. Höner 2003).
Im Rahmen der vorliegenden Arbeiten (**Lüderitz et al. 2001, Heidenwag et al. 2001, Lüderitz u. Gerlach 2002, Lüderitz et al. 2005, Baumgart-Getz et al. 2006**, Lüderitz u. Langheinrich 2006) wurden dazu v. a. folgende Beiträge erbracht:

- Ein umfassender Vergleich von Vertikal- und Horizontalfiltern und die Entwicklung eines kombinierten Verfahrens,
- eine Quantifizierung der Vorteile aerober Rotteverfahren gegenüber herkömmlichen Ausfaulgruben bei der Vorreinigung,
- Untersuchungen und Berechnungen zur optimalen Sauerstoffversorgung des Bodenkörpers,
- die Definition von Voraussetzungen für einen nachhaltigen Phosphor-Rückhalt auf der Grundlage von P-Spezifikationsuntersuchungen,
- die Quantifizierung synergistischer Wirkungen technischer und naturnaher Verfahren hinsichtlich der Elimination von Problemstoffen und -bakterien sowie
- eine Untersuchung des Beitrages von Selbstreinigungsleistungen zur Verbesserung der Wassergüte.

3. 2 Mögliche Reinigungsleistungen von Bewachsenen Bodenfiltern (BBF)

Die gesetzlich vorgeschriebenen Mindestanforderungen werden heute von so gut wie allen BBF zuverlässig erfüllt (v. Felde et al. 1996, **Lüderitz et al. 2001**, Fehr et al. 2003). Allerdings zeigen enorme Abweichungen zwischen den Leistungen von Anlagen auch ein und desselben Typs, dass zuverlässige weitergehende Reinigungsleistungen bis heute nur von einer Minderzahl der im Betrieb befindlichen BBF erbracht werden. Ziel muss es jedoch sein, künftig alle Anlagen so zu (re)konstruieren und zu betreiben, dass die EU-Richtlinien für sensible Gebiete, die für Gesamtstickstoff Ablaufwerte von 10 – 15 mg/l oder 70 – 80%ige Reinigung und für Phosphor 1 – 2 mg/l oder 80%ige Reinigung verlangen, eingehalten werden. BBF, die diese Leistungen im Dauerbetrieb erbringen, wurden z. B. von Geller (1998), Kern und Idler (1999), **Lüderitz et al. (2001)** und Steer et al. (2002) beschrieben. Diese Autoren konnten zeigen, dass optimal gestaltete und betriebene Anlagen die in Tabelle 10 aufgeführten hohen Reinigungsleistungen erbringen.

Tabelle 10: Gegenwärtig von BBF im Langzeitbetrieb zu erreichende Reinigungsleistungen

Parameter	Reinigungsleistung [%]	Ablaufkonzentration [mg/l]
CSB	93	25
BSB_5	95	10
NH_4^+	90	10
$N_{ges.}$	90	15
$P_{ges.}$	95	1

Die nachfolgenden Kapitel beschreiben und erläutern unter besonderem Bezug auf eigene Ergebnisse die technischen und naturwissenschaftlichen Voraussetzungen für das zuverlässige und langfristige Erreichen dieser Werte.

3. 3 Funktionsbezogene Optimierung der Konstruktion

Als hauptsächliche hydraulische Typen von BBF existieren Horiziontal- und Vertikalfilter. **Horizontalfilter** sind relativ weit verbreitet. Da sie technisch nicht sehr aufwendig sind, stellen sie die „ursprüngliche" Form der BBF dar. Der Filter wird hier über einen unterirdischen Zufluss vom Abwasser kontinuierlich horizontal durchströmt. Erfahrungen mit diesem Anlagentyp liegen aus Forschungs- und Entwicklungsprojekten etwa seit Beginn der 90er Jahre vor, sie sind überwiegend positiv.

Mit einer spezifischen Fläche von 5 m^2/EW lassen sich die Mindestanforderungen problemlos erfüllen. Weitergehende Leistungen werden jedoch bei dieser Bemessung nur in eingeschränktem Maße erbracht; vor allem die Nitrifikation bleibt aufgrund der bei diesem Anlagentyp eingeschränkten O_2-Versorgung meistens unvollständig. Wird die spezifische Fläche verdoppelt, lassen sich die Anforderungen der EU-Richtlinie zumeist unproblematisch einhalten, was z. B. von Geller (1998) für die Anlage in Schurtannen (Baden-Württemberg) und von **Lüderitz et al. (2001)** für den BBF in Loburg (Sachsen-Anhalt) festgestellt wurde.

Dies bedeutet jedoch einen höheren Flächenverbrauch und damit höhere Kosten. Vermeiden lassen sich diese nur, wenn die Probleme der O_2-Versorgung und der mangelnden Ausnutzung des Bodenkörpers für den Reinigungsprozess gelöst werden.

Ein dazu seit Ende der 80er Jahre verfolgter Verfahrensweg sind die **Vertikalfilter**. Das Abwasser durchfließt den 1 – 1,5 m mächtigen Filter vertikal, die Beschickung erfolgt mittels Pumpen intermittierend.

Da der Filter nicht eingestaut ist, sondern drainiert wird, entstehen vorwiegend aerobe (sauerstoffreiche) Verhältnisse (vgl. Kap. 3. 5)

Aufgrund der einfach zu gewährleistenden Sauerstoffversorgung werden mit etwas geringerem Flächenbedarf (ca. 4 m^2/EW) sehr gute Abbau- und Nitrifikationsleistungen erzielt (**Lüderitz et al. 2001**).

Allerdings wurden bei diesem Anlagentyp sehr viel häufiger als bei den robusteren Horizontalfiltern Betriebsprobleme in Form von nach Jahren nachlassenden Reinigungsleistungen und schnell zunehmender Kolmation festgestellt (Engelmann et al. 2003), in deren Folge z. B. mehrere Anlagen in Sachsen umfassend saniert oder außer Betrieb genommen werden mussten. Besonders mehrschichtige Bodenfilter neigen am Übergang zur hydraulisch weniger durchlässigen Schicht zur Verstopfung, in deren Folge sich das Wasser seinen Weg durch vertikale Kanalbildungen zur Drainage sucht (z. B. **Lüderitz et al. 2001**). Engelmann et al. (2003) empfehlen deshalb ein weitgehend homogenes Material, z. B. kiesigen Sand.

Um die Vorteile beider Durchströmungstypen zu kombinieren und die Nachteile (vgl. Tab. 11) abdämpfen zu können, bietet sich eine Reihenschaltung von Vertikal- und Horizontalfiltern an (Abb. 2). Das im vertikal durchströmten System nitrifizierte Abwasser passiert zum Zweck der Denitrifikation und der weiteren P-Elimination ein horizontales. Auf diese Weise sind Reinigungsleistungen möglich, die selbst die an Anlagen der Größenklasse 5 gestellten Anforderungen übererfüllen (**Lüderitz et al. 2001**). Jedoch werden solche kombinierten Systeme in der Praxis aufgrund des relativ hohen Flächenbedarfs – wenigstens 2 x 4m^2/EW – und der zusätzlichen

Kosten durch die Anlage von zwei Beeten kaum realisiert. Ähnliches gilt für horizontal durchströmte mehrstufige Sand-Kieskörper z. B. im sog. Krefelder System (Wissing u. Hofmann 2001), für die Börner (1992) besonders hohe Reinigungsleistungen u. a. bei der N-Elimination fand.
In diesen Anlagen wird die O_2-Aufnahme des fließenden Wassers zwischen den Becken genutzt und durch konstruktive Maßnahmen (Kaskaden, Abstürze, flache Schwellen) verstärkt (Wissing u. Hofmann 2001), so dass solche Systeme, allerdings mit einem Flächenbedarf nicht unter 9 m^2/EW, weitgehend vollständig nitrifizieren und auch denitrifizieren können.

Tabelle 11: Vor- und Nachteile von Horizontal- und Vertikalfiltern (HF/VF); (**Lüderitz et al. 2001**)

	Vorteile	Nachteile
VF	• geringerer Flächenbedarf • gute O_2-Versorgung, gute Nitrifikation • einfache Hydraulik • hohe Reinigungsleistungen ab Inbetriebnahme	• kurze Fließwege • geringe Denitrifikationsleistung • größerer technischer Aufwand • schnellere Leistungsverluste bei der • P-Elimination
HF	• längere Fließwege zum Aufbau eines Nährstoffgradienten möglich • Nitrifikation und Denitrifikation möglich • Bildung von Huminstoffen zur N- und P-Festlegung • längere Betriebsdauer	• größerer Flächenbedarf • für optimale O_2-Versorgung müssen hydraulische Verhältnisse sorgfältig kalkuliert werden • gleichmäßige Einbringung des Abwassers ist schwieriger

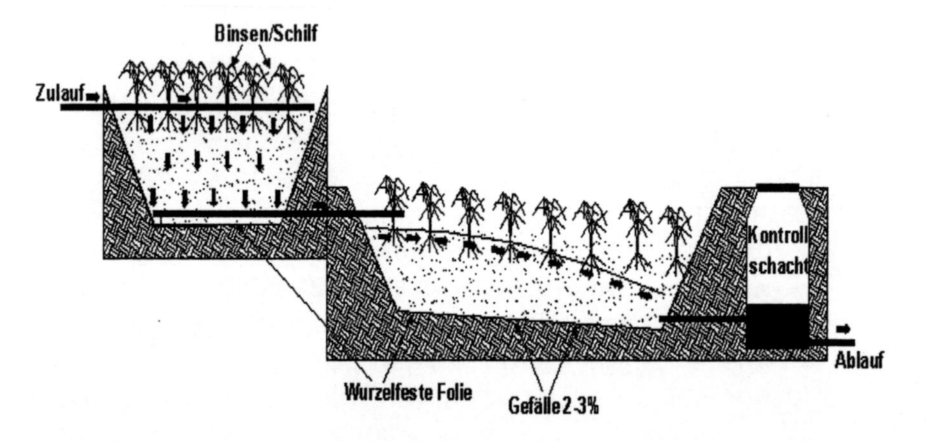

Abbildung 2: Kombination von Vertikal- und Horizontalfilter (Lüderitz u. Langheinrich 2006)

Um die Stärken von Horizontal- und Vertikalfiltern in nur einer Einheit möglichst zusammenzufassen, wurde von uns ein mit einer leichten Neigung ausgestatteter Horizontalfilter entwickelt (**Lüderitz et al. 2001**, Abb. 3). Mit einem Gefälle von 2 bis 3 %, einer effektiven Fließstrecke von vier bis sechs Metern und einer spezifischen Fläche von 6 bis 7 m^2/EW erfüllen die wenigen bisher existierenden Anlagen die in Tabelle 10 genannten Reinigungsleistungen mit Ausnahme des Gesamtstickstoffs problemlos. Sie können ähnlich den Vertikalfiltern intermittierend beschickt werden und zeigen bei geeigneter Gestaltung des Ablaufes eine weitgehend vollständige Ausnutzung des Bodenkörpers, ohne dass es dabei zu einem dauerhaften ungünstigen Anstau der Anlage kommt.

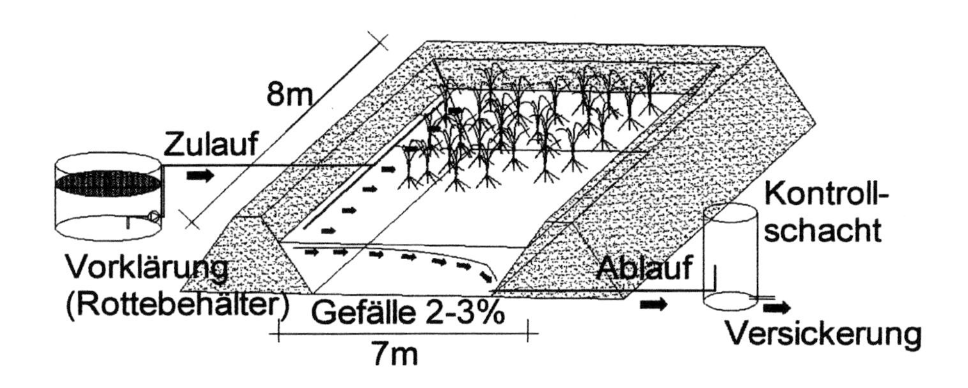

Abbildung 3: Schematische Darstellung des geneigten BBF Scharfenstein (Lüderitz u. Langheinrich 2006)

Einer dieser BBF wurde in 660 m Höhe im Nationalpark Harz errichtet und stellte seine fast ungebremste Leistungsfähigkeit auch im Winter unter Beweis (Lüderitz u. Langheinrich 2006).

3. 4 Aerobe Rottevorklärung als Alternative zur Ausfaulgrube

Die Art und Funktionssicherheit der Vorklärung sind entscheidend für die Leistungsfähigkeit und vor allem für die Betriebsdauer von BBF. Sie muss sicherstellen, dass nur entschlammtes sowie von Grob- und Schwimmstoffen befreites Abwasser dem Pflanzenbeet zugeführt wird.
Bisher werden für die Vorklärung ganz überwiegend Mehrkammerausfaulgruben nach DIN 4261 eingesetzt. Hier soll die Aufmerksamkeit jedoch auf eine andere und aus Sicht der Autoren leistungsfähigere Variante – die Rottevorklärung – gelenkt werden. Dabei wird das zufließende Rohabwasser über eine Siebfläche oder den sogenannten Rottesack, der in einem Behälter eingehängt ist, geleitet. In diesen Kompostiersystemen werden die festen organischen Inhaltsstoffe im Unterschied zu Mehrkammerausfaulgruben unter Luftzufuhr gezielt aerob verrottet (Abb. 4).
Die regelmäßige Zugabe von Strukturmaterialien wie Stroh oder Holzhäcksel hält die Rotte aerob und führt zu einer kompostier- bzw. verrottbaren Mischung. Nach einer von der Art des Systems abhängigen Abtropfphase (3 – 6 Monate) wird das Rottematerial aus dem Sieb bzw. Rottesack entfernt und zu einer Kompostmiete umgeschichtet.
In der mehrmonatigen Phase der Verrottung wird durch Selbsterhitzung eine Hygienisierung des Materials erreicht, so dass es einer landwirtschaftlichen oder gartenbaulichen Verwendung zugeführt werden kann. Dafür ist gegenwärtig aber noch eine Genehmigung der zuständigen Wasser- bzw. Umweltbehörde für den Einzelfall notwendig, da allgemeingültige Bemessungsregeln für das Rotteverfahren noch nicht existieren und damit hinsichtlich ihrer Genehmigung noch keine Rechtssicherheit herrscht.

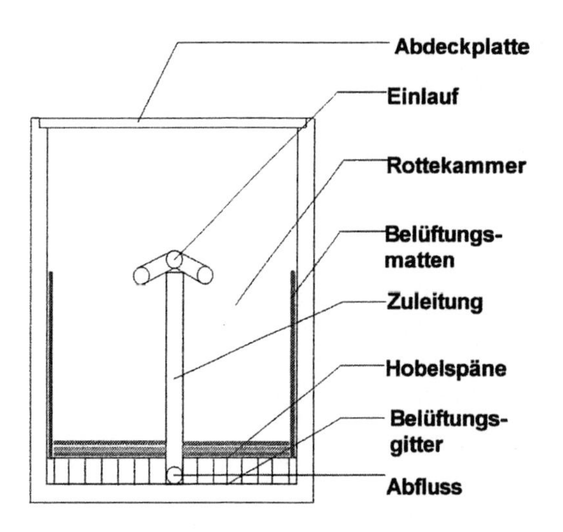

Abbildung 4: Querschnitt durch eine Rottevorklärung (**Lüderitz et al. 2001**)

Dass Rotteverfahren jedoch zukunftsweisende Verfahren darstellen, soll der in Tabelle 12 vorgestellte Vergleich der Leistung von Ausfaulgruben und Rottesystemen verdeutlichen.

Tabelle 12: Leistungsfähigkeit von Rottesystemen und Dreikammerausfaulgruben

Parameter [mg/l]	∅ Zulaufkonzentrationen (Lüderitz et al. 2001)	∅ Ablaufkonzentrationen Dreikammergruben (Lüderitz et al. 2001)	∅ Ablaufkonzentrationen Rottesysteme		
			Börner (1992)	Lüderitz et al. (2001)	Przybylski (2003)
CSB	890	440,5	348,0	280,9	249,5
BSB_5	585	197,0	179,0	142,5	102,4
NH_4^+ - N	57	80,4	47,6	53,5	34,0
NO_3^- - N	-	2,4	-	12,2	0,8
N_{ges}	103	94,5	58,5	72,5	46,6
P_{ges}	22	18,3	12,5	14,3	15,3

Rottesysteme können also die organische Belastung des Abwassers bereits um bis zu 70 % verringern, auch eine N- und P-Elimination von 20 bis 30 Prozent findet statt. Besonders durch die CSB-Senkung wird die Kolmationsgefahr für die Bodenfilter wesentlich verringert.

3. 5 Effiziente Sauerstoffversorgung

Für den effektiven Betrieb von BBF ist der **Sauerstoffhaushalt** im Bodenkörper von entscheidender Bedeutung. Schlechte Reinigungsleistungen sind im Endeffekt ganz überwiegend auf eine mangelnde O_2-Versorgung zurückzuführen. Deshalb sollen an dieser Stelle Voraussetzungen aufgezeigt werden, unter denen diese in optimalem Maße gewährleistet werden kann. Dazu wird anhand eines repräsentativen Beispiels zunächst der tatsächliche O_2-Bedarf ermittelt.
Das in einer Dreikammer-Ausfaulgrube vorgereinigte Abwasser kommt im Pflanzenbeet mit einer CSB-Konzentration von 440 mg/l und einer NH_4^+-Konzentration von 80 mg/l an (Tabelle 12). Bei einem einwohnerspezifischen

täglichen Abwasseranfall von 100 Litern ergibt dies eine Belastung von 44 g CSB und 8 g Ammonium je Einwohnerwert und Tag. Da sich diese Belastung auf eine Filterfläche von 5 m^2 verteilt, sind für den CSB-Abbau 8,8 g O_2 je m^2 und Tag nötig. Dazu kommen etwa 7 g O_2 für die Oxidation des Ammoniums (1 g NH_4^+ = 4,3 g O_2). Ingesamt benötigt der Bodenfilter für die zu leistenden Abbauvorgänge etwa 16 g O_2/m^2 täglich.
Nach Platzer (1998) wird der O_2-Eintrag durch die Pflanzen, durch Diffusion und Konvektion geleistet. Vor allem der Beitrag des erstgenannten Vorganges ist dabei sehr umstritten. Während Gries et al. (1990) und Armstrong et al. (1990) für Schilfpflanzen eine Freisetzung von 2 bis 12 g O_2/m^2d maßen, fanden Brix et al. (1996) vernachlässigbare Einträge im Bereich von 20 mg/m^2d. Platzer (1998) gab eine O_2-Ausscheidung von 5 g/m^2 an. Wahrscheinlich sind solche Unterschiede sowohl methodisch als auch physiologisch und jahreszeitlich bedingt. Klar scheint aber in jedem Falle zu sein, dass die pflanzenbedingte Erhöhung des Redoxpotenzials auf den Bereich der unmittelbaren Rhizosphäre beschränkt ist (Armstrong u. Armstrong 1988, Tresckow 1991), da es sich hier um einen Konzentrationsausgleich zwischen der Wurzel und ihrer Umgebung im Millimeterbereich handelt. Dieser Umstand erzeugt räumlich vor allem in Horizontalfiltern häufige Änderungen des Redoxpotenzials. Bei ausreichender Fließstrecke und Aufenthaltszeit haben NH_4^+- und NO_3^--Moleküle damit die „Chance", Zonen mit optimalen Bedingungen für die Nitrifikation bzw. Denitrifikation zu passieren.
Jedoch besteht kein Zweifel daran, dass der gesamte O_2-Bedarf im BBF nicht durch die Pflanzen gedeckt werden kann.
Platzer (1998) untersuchte die Bedeutung der Diffusion und konvektiver Prozesse. Für die Diffusion gibt er einen durchschnittlichen Eintrag von 17 g O_2/m^2d an. Da Diffusion in Flüssigkeiten mit dem Quadrat der Entfernung abnimmt, kann in überstauten Beeten jedoch auch nicht mit einem wesentlichen Beitrag dieses Prozesses zur O_2-Versorgung gerechnet werden.
Für die Konvektion, die Platzer (1998) nur bei Vertikalfiltern als relevant annimmt (aber auch bei intermittierend beschickten geneigten Horizontalfiltern eine Rolle spielt) fand er eine lineare Beziehung zwischen der hydraulischen Belastung und dem O_2-Eintrag. Bei 20 mm/d betrug er 6 g/m^2d und bei 120 mm/d 36 g/m^2d. Aufgrund dieser Linearität führt eine Erhöhung der hydraulischen Belastung natürlich nicht zu höheren Reinigungsleistungen.
In unserem Beispiel, dem die untere der genannten hydraulischen Belastungen zugrunde liegt, kann also von einem O_2-Eintrag von 6 g O_2/m^2d über Konvektion ausgegangen werden, in der Summe aller drei Prozesse liegt er etwa bei 25 g/m^2, so dass die benötigten 16 g/m^2 klar überschritten werden.
Um eine hohe und stabile O_2-Versorgung im Bodenfilter zu gewährleisten, sollten folgende Vorschläge Beachtung finden:

- Im Herbst sollte ein Teil der Schilfhalme abgeschnitten werden, um den Gastransport in den Pflanzen zu verbessern (Geller u. Thum 1999).
- Das Verhältnis von Fläche und Volumen sollte relativ groß (> 1) sein, um konvektive Prozesse zu fördern.
- Das Bodenmaterial sollte porös sein ($K_f = 10^{-3} – 10^{-4}$ m/s).
- Eine intermittierende Beschickung ist zu bevorzugen.

Auch die Art der Bepflanzung hat einen gewissen Effekt auf die Sauerstoffversorgung und die Funktion der Anlagen überhaupt: Weltweit sind über 40 Pflanzenarten auf BBF in Anwendung (u. a. Tanner 1996, Kivaisi 2001). In Europa werden dabei vor allem *Phragmites australis, Juncus spp., Typha spp., Schoenoplectus lacustris* und *Iris pseudoacorus* gepflanzt (u. a. Wissing u. Hofmann 2002), wobei erstgenannte Art bei weitem am häufigsten zum Einsatz kommt.

Tabelle 13: Eignungscharakteristiken von Sumpfpflanzenarten für den Einsatz auf BBF, verändert und ergänzt nach Tanner (1996); 3 = höchste Eignung

Art	Biomasse-produktion	Biologische Aktivität im Winter	Direkte N- u. P-Aufnahme	Belüftungs-potenzial der Wurzeln	Gesamt-bewertung
Glyceria maxima	3	1	2	2	8
Juncus effussus	1	3	3	1	8
Phargmites australis	3	1	3	3	10
Schoenoplectus lacustris	2	2	3	2	9
Thypa latifolia / T. angustifolia	3	1	3	2	9

Nach Tanner (1996) und auch nach eigenen Erfahrungen (**Lüderitz et al. 2001**) hat die Pflanzenart jedoch nur einen geringen Einfluss auf die Reinigungsleistung der entsprechenden Anlagen. Dennoch gibt es natürlich gewisse „Schwächen und Stärken" einzelner Arten, die in Tabelle 13 zusammengefasst sind. Deshalb empfehlen u. a. Karathanasis et al. (2003) Mischbepflanzungen, weil dadurch die Vorteile verschiedener Arten kombiniert werden können.
Oft setzen sich jedoch die unter den konkreten Bedingungen konkurrenzstärksten Arten (in Mitteleuropa meist *Pharagmites australis*) vollständig durch.

3. 6 Rückhalt des Phosphors

Der Phosphor-Rückhalt war noch bis in die 1990er Jahre das „Sorgenkind" der BBF-Technologie. Schierup et al. (1990) wiesen darauf hin, dass eine spezifische Behandlungsfläche von 40 m^2/EW nötig ist, um die P-Ablaufwerte unter 1,5 mg/l zu halten. Für übliche Bemessungsgrößen stellten Verhoeven und Meulemann (1999) fest, dass die Reinigungsleistung im Durchschnitt etwa bei 50 % liegt. Demgegenüber konnten v. Felde et al. (1996) bei der statistischen Untersuchung von 107 BBF in Niedersachsen eine mittlere P-Eliminationskapazität von 74 % feststellen. Eigene Untersuchungen (**Lüderitz et al. 2001**; **Lüderitz u. Gerlach 2002**) sowie die Ergebnisse von Geller (1998) zeigen aber, dass ein P-Rückhalt von 95 % im Dauerbetrieb zumindest bei Horizontalfiltern möglich ist. Deshalb sollen im Folgenden die Prozesse betrachtet werden, durch die der Phosphor aus dem Abwasser entfernt werden kann.
Ähnlich wie bei Stickstoff spielt die direkte Aufnahme des Phosphors durch die Pflanzen eine untergeordnete Rolle. Börner (1992) bezifferte sie auf weniger als 3%, während Meulemann et al. (2003) 10% und Lantzke et al. (1999) sogar 20% ermittelten. Da Phosphor im Unterschied zum Stickstoff und zum Kohlenstoff den Boden nicht in gasförmigem Zustand verlassen kann, ist es im Sinne einer Optimierung der P-Eliminationsleistung lohnend, die Wege dieses Stoffes im Boden zu betrachten. Phosphor wechselt je nach pH-Wert und verfügbaren Bindungspartnern den Zustand zwischen löslichen Salzen, adsorbierten Formen, organischen Verbindungen und

ungelösten Mineralen (Abb. 5). Die mineralischen Endstufen der Phosphorfestlegung sind Kalziumphosphate (Apatite), Eisen- (Strengit) und Aluminiumphosphat (Variscit).

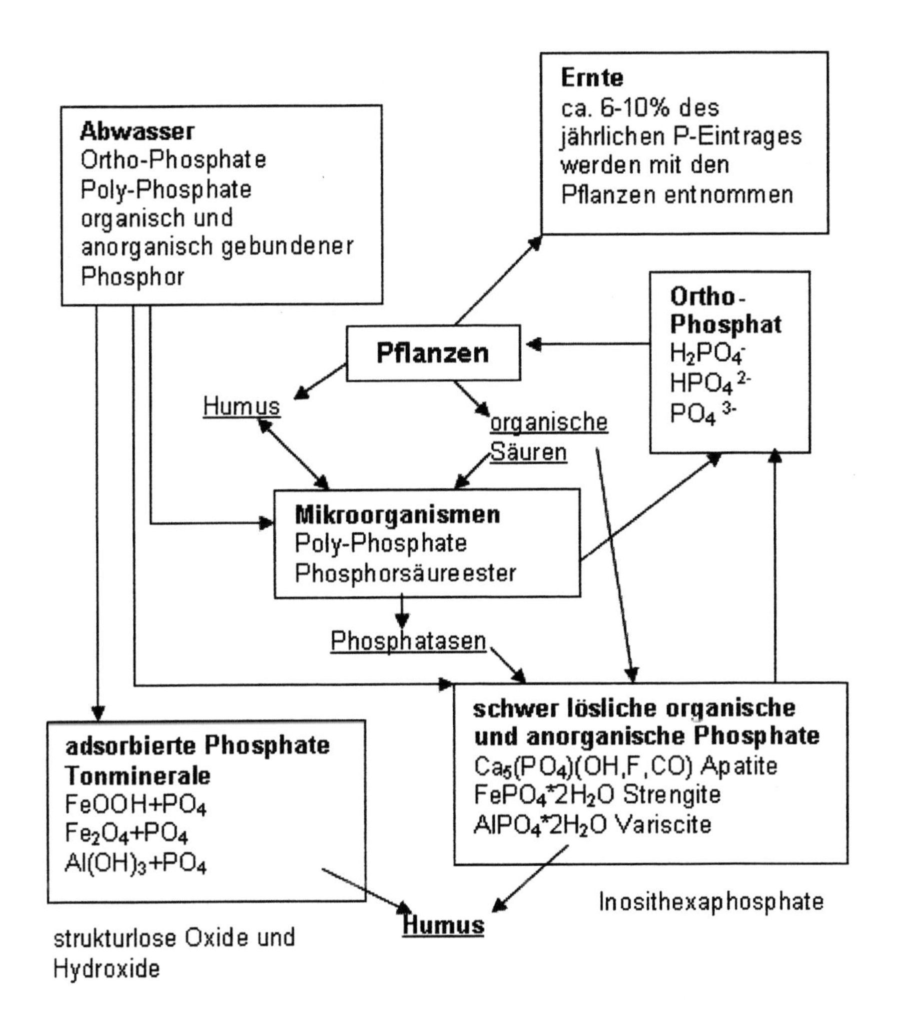

Abbildung 5: Verbleib von Phosphor im BBF (**Lüderitz u. Gerlach 2002,** Lüderitz u. Langheinrich 2006)

In Anlehnung an Psenner et al. (1984) und Hupfer (1996) entwickelten **Lüderitz u. Gerlach (2002)** ein sequenziertes Extraktionsverfahren, um die verschiedenen Bindungsformen quantitativ zu bestimmen.
Verglichen wurden mit dieser Methode drei BBF:

- ein Horizontalfilter mit einprozentigem Zusatz von mineralischem Eisen (Eisenspäne),
- ein unbewachsener Bodenfilter mit Kalkzusatz,
- ein Vertikalfilter ohne spezielle Zusätze.

Es konnte gezeigt werden, dass der Zusatz von metallischem Eisen die bei weitem effektivste Methode ist, Phosphor in Bodenfiltern zurückzuhalten (Tab. 14). Außerdem ist damit die u. a. von Börner (1992) sowie Wissing u. Hofmann (2002) aufgeworfene Frage, ob die Endstufen der Phosphorfestlegung in Pflanzenbeeten überhaupt erreicht werden, positiv beantwortet.

Tabelle 14: P-Rückhalt und P-Spezifikation in unterschiedlichen Bodenfiltern (**Lüderitz u. Gerlach 2002**)

Bodenfilter	Mittl. Reinigungs-leistung [%]	pH	labil gebundener P [%]	Al-, F-P [%]	Ca-P [%]	organischer P [%]	refraktärer P [%]
Horizontalfilter	97	4,1	3,5	59,5	13	18	6
unbepflanzter Horizontalfilter	38	5,8	2,5	31	42,5	4	20
Vertikalfilter	27	7,0	6,5	28	32,5	11,5	21,5

Kalzium scheint im Unterschied zum Eisen kein so effektiver Bindungspartner des Phosphors zu sein.
Bepflanzung hingegen führt zusätzlich zum Entzugseffekt zu einer Bildung organischer Bodenphosphate (z. B. Phytinsäure). Damit kann insgesamt etwa ein Drittel der P-Elimination auf die Pflanzen zurückgeführt werden.
Von entscheidender Bedeutung für die P-Reinigungsleistung ist weiterhin der pH-Wert: Die sehr wirksame Eisen- und Aluminiumphosphatbindung ist im sauren Bereich (pH < 5,5), die Kalziumbindung im basischen Bereich stabil. Im pH-Bereich von 5,5 bis 6,5 ist die P-Bindung am schwächsten (Olila et al. 1997).
Die Verwendung leicht saurer Sande und Kiese mit Eisenzusatz sollte deshalb bevorzugt werden. Wird Eisen in etwa einprozentiger Konzentration zugesetzt, lässt sich berechnen, dass die P-Bindungskapazität mehrere Jahrzehnte vorhalten kann. Tatsächlich zeigten sowohl Geller (1998) als auch Lüderitz et al. (2001), dass besonders Horizontalfilter mehr als 10 Jahre ohne Leistungseinbuße arbeiten können.

3. 7 Keimelimination in BBF

Von unbehandeltem häuslichem und kommunalem Abwasser geht ein gewisses Infektionsrisiko aus, das vor allem bei Direktkontakt, aber auch nach Einleitung in Oberflächengewässer zu tragen kommt (Englert u. Kulle 1999). Das Spektrum der Abwasser„keime“ umfasst eine Vielzahl zum Teil pathogener Viren, Bakterien und Parasiten, die aus Ausscheidungen des Menschen und anderer Warmblüter stammen. Zur (seuchen)hygienischen Beurteilung von Reinigungsprozessen in BBF sind die Indikatororganismen(gruppen) Fäkalstreptokokken, Enterobacteriaceae, *E. coli*, Salmonellen und Parasitendauerformen (Askarideneier) geeignet (Schwarz 2003).
Der Nachweis dieser traditionellen Indikatororganismen der bakteriellen Abwasseruntersuchung zeigt eine fäkale Verunreinigung an und gestaltet sich im Labor einfacher als der Nachweis von konkreten Krankheitserregern. Beim Vorkommen von Indikatororganismen muss auch mit deren Auftreten gerechnet werden. Zur bakteriologischen Diagnostik und zur quantitativen Erfassung der Mikroorganismen stehen DIN- bzw. ISO/EU-Vorschriften sowie für noch nicht genormte Verfahren Methoden guter wissenschaftlicher Praxis zur Verfügung (Hagendorf 2003).
Die Zahl der Mikroorganismen schwankt in einer großen Spannbreite zwischen ca. einer Million Zellen je ml im unbehandelten Abwasser und der Nachweisgrenze des jeweiligen Verfahrens (z.B. 0,3 Zellen je ml beim MPN – Verfahren). Daher werden Keimzahlen häufig logarithmisch dargestellt und ihre Verringerung als Abnahme von

Zehnerpotenzen bezeichnet. Dabei muss beachtet werden, dass Schwankungen der Keimzahlen innerhalb einer log-Stufe gerade für ein aus so unterschiedlichen Bestandteilen bestehendem Medium wie Abwasser in der Praxis innerhalb des Rahmens der Abweichungen konventioneller bakteriologischer Verfahren liegen (Schwarz 2003). Demzufolge ist erst eine Keimzahlreduktion ab zwei log-Stufen für eine hygienische Beurteilung von Bedeutung.
Der Keimgehalt des zufließenden Abwassers der BBF entspricht annähernd dem von konventionellen Anlagen, allerdings unterliegt bei letzterem die Keimzahl aufgrund des großen Sammelnetzes und größerer Homogenität geringeren Schwankungen (Schwarz 2003).
Durch die verschiedenen technischen Verfahren der Abwasserbehandlung werden pathogene Mikroorganismen in unterschiedlichem Maße reduziert (s. Abb. 6).

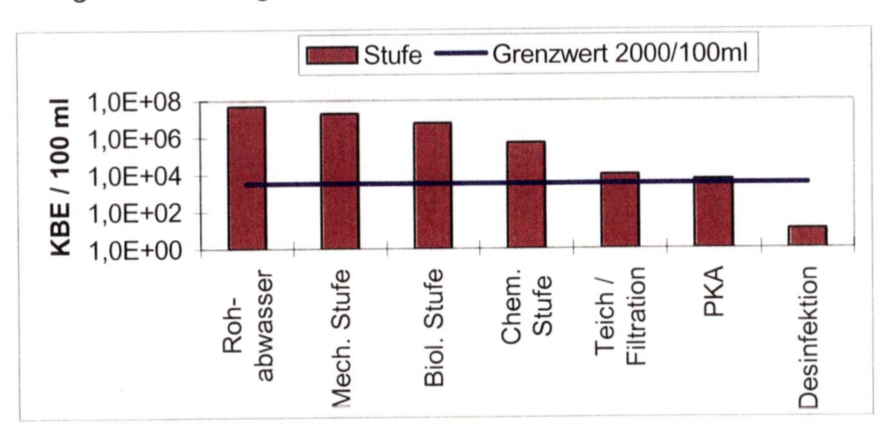

Abbildung 6: Mittlerer Gehalt an *E.coli* im Rohabwasser und nach verschiedenen Reinigungsstufen im Vergleich zum Grenzwert der EU-Badegewässerrichtlinie (veränd. nach Englert u. Kulle 1999 sowie Hagendorf 2003)

Erst eine Desinfektion (z.B. UV- oder Ozonbehandlung) führt demnach zu einer ausreichenden Abnahme der Keimzahlen. Da eine Desinfektion vom Gesetzgeber nur für spezielle Abwasserteilströme, beispielsweise aus Krankenhäusern, vorgesehen ist (ATV-M-775), gelangen noch erhebliche Keimzahlen mit dem behandelten Abwasser in die Einleitgewässer. Kommen zusätzliche Belastungen wie Abschwemmungen von landwirtschaftlich genutzten Flächen oder Tieren im und am Gewässer hinzu, ist unter Umständen mit Nutzungseinschränkungen für das Gewässer zu rechnen.

Über Hygienisierungsprozesse in BBF liegen mittlerweile eigene Ergebnisse vor (**Baumgart-Getz et al. 2006**, Lüderitz u. Langheinrich 2006) die – ergänzt durch die Ergebnisse von Hagendorf (2003) und Schwarz (2003) – den derzeitigen Kenntnisstand widerspiegeln.
Für die Elimination pathogener Bakterien kommen hier sowohl Filtrationsprozesse, Wechselwirkungen zwischen Abwasser und Biofilm, Konkurrenz als auch Interaktionen mit den Pflanzen selbst in Betracht (Hagendorf 2003). So führt die als negativer Rhizosphäreneffekt gedeutete bakteriozide Wirkung verschiedener Rhizomextrakte mehreren Autoren zufolge zur drastischen Reduzierung der Zellzahlen von *E. coli*, Enterokokken und Salmonellen (Stottmeister 2003).

Die Eliminationsraten hängen von der Zulaufkonzentration und -menge ab. Für kleinere Anlagen (max. 10 EW) konnten höhere Eliminationsraten nachgewiesen werden. Bei größeren Anlagen (50 – 990 EW) konnten bei Zulaufkonzentrationen

< 3 Zehnerpotenzen Eliminationen nicht mehr festgestellt werden (Hagendorf 2003). Der Grenzwert der Badegewässerrichtlinie wird in den meisten Fällen unterschritten. Krankheitserreger wie Salmonellen oder parasitäre Dauerstadien werden durch BBF nicht vollständig eliminiert (Schwarz 2003). Eine Gefährdung ist im Allgemeinen wegen der geringen Zahl angeschlossener Personen nicht zu erwarten. Ausnahmen sind hierbei das Vorliegen eines Seuchenfalls (auch in einem Tierbestand), die direkte Einleitung in ein Badegewässer oder in ein Gewässer mit Trinkwassernutzung. Hier ist im Einzelfall schon bei der Planung der Anlage zu prüfen, ob die im Ablauf zu erwartenden Erreger nach der Verdünnung mit der Vorflut noch in einer kritischen Menge, d.h. in erregerspezifischer Infektionsdosis, auftreten würden (Schwarz 2003). Neben dem erwähnten Verdünnungseffekt führt auch das natürliche Selbstreinigungspotential der Gewässer zu einer erheblichen Verminderung von Keimzahlen (**Heidenwag et al. 2001**). Dabei können normale Bachläufe im ländlichen Raum eine geringe Eigenbelastung mit Keimen, z.B. aus Regenwasserdrainagen von Viehweiden aufweisen. Unter Berücksichtigung der oben genannten Ausnahmen sollte es ausreichen, dass der hygienische Status des aus der BBF ausfließenden Wassers der gleiche ist wie der, der ohnehin in dem Gewässer zu erwarten wäre (Schwarz 2003).

Nach Hagendorf (2003) sind Unterschiede in der Eliminationsleistung zwischen Horizontal- und Vertikalfiltern nicht feststellbar, da diese vorwiegend von der Zulaufkonzentration abhängt. Schwarz (2003) wies für Anlagen mit oberflächlicher Beschickung und vertikalem Durchfluss schlechtere und instabilere Ablaufwerte nach. Diese Befunde konnten durch uns nicht bestätigt werden.

Bei einem vertikalen Filter wird das Wasser auf der gesamten Oberfläche verteilt, versickert durch den Bodenkörper nach unten und wird von dort abgeleitet. Damit steht als Kontaktfläche zwischen Abwasser (mit Indikatorkeimen) und biologischem Film nur die Tiefe des Filterkörpers zur Verfügung. Mit zunehmender Bodentiefe nimmt der Sauerstoffgehalt ab, so dass die Sauerstoffversorgung für die nähr- und schadstoffabbauenden Mikroorganismen im Biofilm, die in Konkurrenz zu den Indikatororganismen stehen, verschlechtert wird. Die Sauerstoffversorgung in den tieferen Bodenschichten kann durch eine intermittierende Beschickung (Sogwirkung) verbessert werden, die gleichzeitig den Abbau der Stickstoffverbindungen durch Nitrifikation und Denitrifikation fördert. Bei einer solchen Betriebsweise werden Keime innerhalb der verschiedenen Tiefenzonen wirkungsvoll eliminiert (Abb. 7).

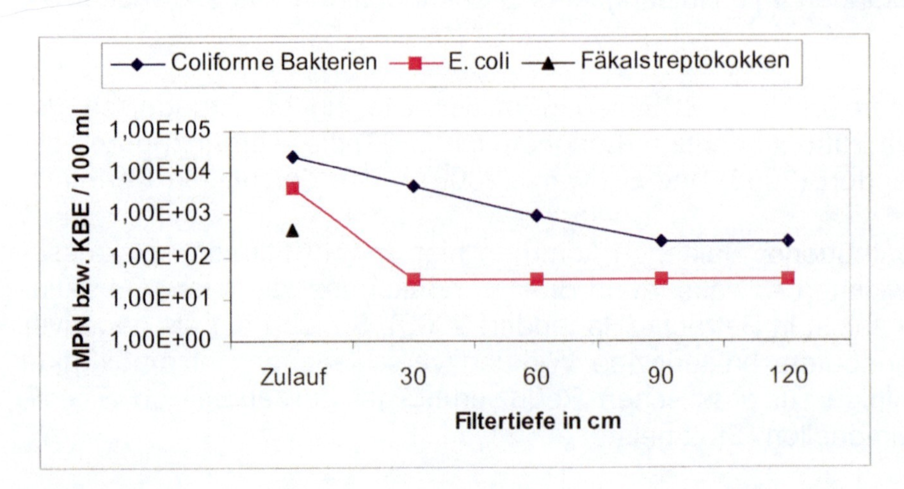

Abbildung 7: Reduzierung von Indikatorkeimen in einer vertikalen Versuchskläranlage (1 EW, Fläche 0,78 m², Tiefe 1,50 m, Beschickung mit konventionell gereinigtem kommunalem Abwasser 60 l/d, Einstauhöhe 85 cm). Fäkalstreptokokken waren in den verschiedenen Tiefen nicht nachweisbar (**Baumgart-Getz et al. 2006**)

In einem horizontalen System steht der gesamte Bodenkörper zwischen Zulauf und Ablauf zur Eliminierung von Keimen zur Verfügung (Schwarz 2003). Durch die meist geringe Tiefe erfolgt der Sauerstoffeintrag durch die Wurzeln und über Diffusion in den Bodenkörper. Die Biofilmbildung wird dadurch gefördert, die Konzentrationen der Abwasserkeime werden über die Fließstrecke ebenfalls deutlich reduziert (Abb. 8).

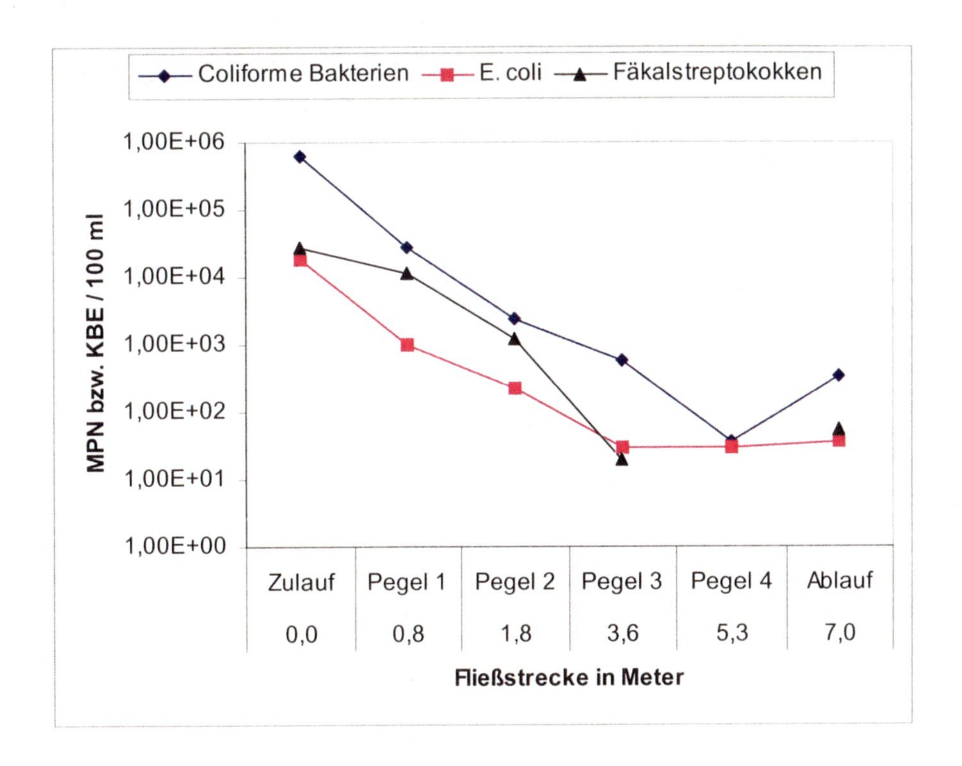

Abbildung 8: Reduzierung von Keimzahlen in einer horizontalen Anlage (Medianwerte 2003, BBF Scharfenstein); (Lüderitz u. Langheinrich 2006)

Mehrstufige Bodenfilter (Kombinationen von Vertikal- und Horizontalfiltern, Reihenschaltung mehrerer Vertikalfilter) erreichen deutlich höhere Eliminationsraten von 3 – 5 Zehnerpotenzen. Damit konnten bei ordnungsgemäßem Betrieb die Anforderungen der Beregnungs-, Bewässerungswasser- und Badegewässerrichtlinie eingehalten werden (Geller u. Höner 2003).

Reststoffe aus der Rottevorklärung (vgl. Kap. 3. 4) können bei ausreichend langer Kompostierung ebenfalls in einen hygienisch unbedenklicher Status überführt werden.
Im hier dargestellten Beispiel werden die Vorgaben der Bio-Abfallverordnung nach zehnmonatiger Lagerung unterschritten. Gesamtkeimzahl, Coliforme Bakterien und *E. coli* werden um 3 bis 4 Zehnerpotenzen reduziert. Aufgrund der stärkeren Streuung der Ergebnisse für Fäkalstreptokokken ist für diese von einer Reduzierung von 1 bis 1,5 Zehnerpotenzen auszugehen (Abb. 9).

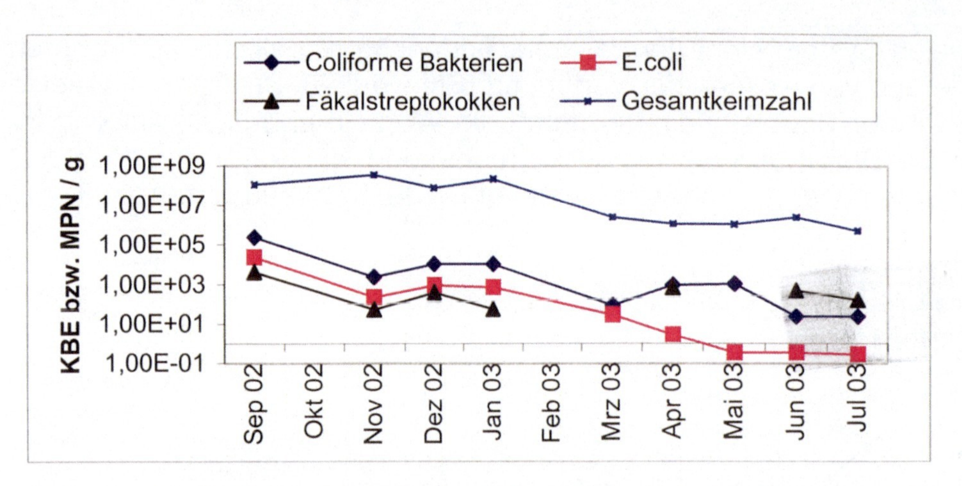

Abbildung 9: Zeitlicher Verlauf der Keimreduzierung im Rottematerial der BBF Brambach; Fäkalstreptokken zeitweise nicht nachweisbar (Lüderitz u. Langheinrich 2006)

3. 8 Kombination von BBF mit Teichanlagen

Abwasserteiche sind künstliche stehende Gewässer, die relativ flach sind und zur Reinigung von Abwasser – vor allem in ländlichen Gebieten – mit Anschlussgrößen bis etwa 5000 EW eingesetzt werden. Neben Absetzteichen, die hier nicht weiter betrachtet werden sollen, werden zwei Teichtypen unterschieden:

- Unbelüftete bzw. natürlich belüftete Abwasserteiche zum Abbau der gelösten organischen Stoffe eines mechanisch vorgereinigten Abwassers. Ihr Einsatzbereich liegt i. d. R. bei Anschlusswerten < 1000 EW.

- Belüftete Teiche wurden zunächst durch die Ertüchtigung überlasteter unbelüfteter Anlagen geschaffen und entwickelten sich in den letzten drei Jahrzehnten zum vorherrschenden Abwasserteichtyp, der bis zu einer Größenordnung von 5000 EW eingesetzt wird. Mittels geeigneter künstlicher Sauerstoffzufuhr - z. B. über flexible Belüfterketten – ist ein höherer Stoffumsatz möglich, da sich im gesamten Wasserkörper und in den oberen Schlammschichten aerobe Verhältnisse einstellen.

Aufgrund ihrer spezifischen Eigenschaften haben Abwasserteiche vor allem folgende Vorteile (Mennerich et al. 2003):

- geringe Bau- und Betriebskosten,
- geringer Wartungsaufwand,
- im allgemeinen gutes hydraulisches Puffervermögen bei Mischwasserzufluss,
- gutes Puffervermögen bei stoßweise anfallender organischer Belastung (z.B. Fremdenverkehrsgebiete),
- Möglichkeit naturnaher Gestaltung.

Diesen Eigenschaften stehen allerdings auch einige wichtige Schwächen und Nachteile gegenüber:

- Geruchsprobleme – besonders in der warmen Jahreszeit – v. a. an unbelüfteten Teichen,

- Sekundärverschmutzung durch Algenwachstum im Sommer,
- wenige betriebliche Einflussmöglichkeiten auf die Reinigungsleistung
- hoher Flächenbedarf (8 – 15 m²/EW bei unbelüfteten, 5 – 8 m²/EW bei belüfteten Teichen),
- schwankende Reinigungsleistungen durch jahreszeitliche und witterungsbedingte Einflüsse (stärker als in BBF),
- geringe Leistungen in der N- und P-Elimination.

Die von uns vorgenommenen Untersuchungen an einer modernen vierstufigen Anlage (zwei belüftete, zwei unbelüftete Teiche) bestätigen die Leistungsgrenzen von Teichanlagen sehr deutlich (Lüderitz u. Langheinrich 2006). Schon im zweiten belüfteten Teich sinkt die Reinigungsleistung deutlich ab, in den unbelüfteten Segmenten ist sie praktisch zu vernachlässigen (Abb. 10).

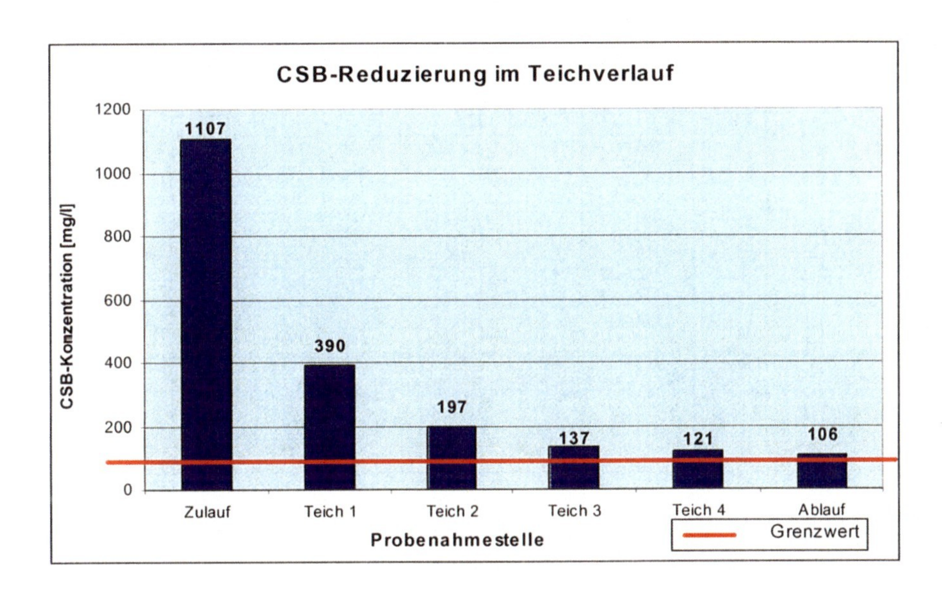

Abbildung 10 : Verlauf der CSB-Reduzierung über die Elemente der belüfteten Teichkläranlage Menz (Sachsen-Anhalt) – Ergebnisse einer Intensivmesskampagne, Mai 2003 (Lüderitz u. Langheinrich 2006)

Hinsichtlich der Nährstoffelimination sind Teichanlagen eher wenig effektiv. Wir fanden für die o. g. Anlage nur eine Reduzierung der Stickstofffracht um 35 %. Auch Barjenbruch und Erler (2003) gehen von einer Leistung nicht über 40 % aus. Verantwortlich dafür ist zum einen die noch hohe organische Belastung, so dass die Nitrifikanten durch die Heterotrophen weitgehend unterdrückt werden und zum anderen das weitgehende Fehlen einer festen Matrix, die die Ausbildung von Biofilmen wie im Falle von Bodenfiltern ermöglichen würde.
Noch geringere Leistungen sind hinsichtlich des Phosphors zu finden, wo die Reduzierung durch die von uns untersuchte Anlage nur 25 % beträgt. Barjenbruch u. Erler (2003) schlugen einige grundsätzliche Verfahren zur Optimierung der Reinigungsleistung vor, die hier kritisch beleuchtet werden sollen:

- Entschlammung der Teiche – ist nur anzuraten, wenn die Wassertiefe in den Teichen auf wenige Dezimeter abgesunken ist.
- Eine wirkliche Erhöhung der Reinigungsleistungen ist dadurch nicht zu erreichen, außerdem ist nach der Maßnahme eine längere Regenerationsphase zu veranschlagen.

- Optimierung des Durchströmungsverhaltens – z. B. Einbau von Leitdämmen und/oder kurzen Leitwänden – Gradientenbildung wird zwar gefördert, das grundsätzliche Problem der mangelnden festen Oberflächen aber nicht gelöst.
- Kombination Teich – technisches Verfahren – führt zu einer beträchtlichen Kostensteigerung, der wesentliche Vorteil von Teichanlagen wird dadurch aufgehoben.
- Maßnahmen zur Erhöhung der Biomasse, z. B. durch Umbau zu einer einfachen SBR-Anlage - entweder wenig effektiv oder kostensteigernd.
- Kombination mit einem Vertikalfilter – die Methode mit dem gegenwärtig besten Kosten-Nutzen-Verhältnis.

Bei einer vertikal durchströmten Bodenfilteranlage im Technikumsmaßstab, die mit dem Ablaufwasser der o. g. vierstufigen Teichanlage beschickt wurde und mit 100l/m²d eine sehr hohe hydraulische Belastung aufwies, konnten sehr hohe Reinigungsleistungen erzielt werden
Je nach Einstauhöhe des Filters werden zusätzliche Nitrifikationsleistungen bis zu 88%, eine Gesamt-N-Elimination von 54 %, ein CSB-Abbau von 70 % und eine Verringerung des Phosphors um 98 % erreicht. Auf diese Weise werden alle Forderungen der EU-WRRL mehr als erfüllt (Tabelle 15).

Tabelle 15: Reinigungsleistung eines Vertikalfilters (Technikumsmaßstab) bei unterschiedlicher Stärke der belüfteten Schicht; Zulauf = Ablauf einer belüfteten Teichanlage (Lüderitz u. Langheinrich 2006)

Parameter [mg/l]	CSB	NH_4^+ - N	NO_3^- - N	$N_{anorg.}$	$P_{ges.}$
Zulauf	136	54,0	8,8	66,4	8,50
Ablauf (belüftete Schicht 60 cm)	40,6	6,5	31,2	39,4	0,13
Ablauf (belüftete Schicht 20 cm)	51,4	11,4	17,9	30,9	0,14

In welchem Umfang diese bei hoher hydraulischer Belastung im Pilotmaßstab erreichten Ergebnisse in vollem Umfang auf Freilandverhältnisse übertragbar sind (Temperatur-Abhängigkeit der Nitrifikation!), müssen künftige Untersuchungen zeigen.

3. 9 Aspekte der Selbstreinigung in Fließgewässern

Die Erhöhung des Selbstreinigungsvermögens wird in vielen Fällen als Ziel von Fließgewässerrenaturierungen angegeben (Gunkel 2006). Diesem Ziel kann entgegen gehalten werden, dass die Entlastung der Gewässer natürlich nicht in diesen selbst, sondern in den Einleitungen vorgeschalteten Anlagen erfolgen soll. Andererseits ist es unrealistisch, anzunehmen, dass Abwasser zu erträglichen Kosten je in einem Maße gereinigt werden kann, das der natürlichen Hintergrundbelastung entspricht. Die Erhöhung der Selbstreinigungsfähigkeit muss deshalb hinsichtlich des

Abbaus unvermeidbarer Restbelastungen diskutiert werden. In diesem Zusammenhang konnten wir zeigen, dass eine naturnahe Gewässerstruktur einen entscheidenden Einfluss auf den Grad der Selbstreinigung hat (**Heidenwag et al. 2001**). In strukturreichen Fließgewässern werden alle chemischen und mikrobiologischen Belastungsgrößen auch unter den Bedingungen eines relativ hohen Eintrages über Fließstrecken von nur 2 km schon um 80% reduziert, wobei die Breiten- und Tiefenvarianz sowie die Substratdiversität die nachgewiesenermaßen wichtigsten hydromorphologischen Parameter sind. Gebirgsgewässer weisen eine deutlich höhere Selbstreinigungsleistung auf als Bäche und Flüsse des Flachlandes, was einerseits auf die in ersteren häufiger anzutreffenden Festsubstrate (Biofilmbildung!) und andererseits auf den durch größere Turbulenzen höheren Sauerstoffeintrag zurückzuführen ist. Morphologisch stark degradierte, verschlammte Fließgewässer weisen demgegenüber kaum eine Fähigkeit zur Selbstreinigung auf. Gegenwärtige Untersuchungen zu extrazellulären Enzymaktivitäten, denen eine zentrale Rolle beim Abbau organischer Substanzen in Gewässern zukommt, sollen die differenzierten Befunde zur Selbstreinigung erklären und genauer quantifizieren.

Dass der Gewässertyp neben der Strukturgüte einen entscheidenden Einfluss auf die Selbstreinigung hat, konnten wir anhand von Untersuchungen an hochgradig belasteten Flüssen im Grenzbereich der USA und Mexikos nachweisen (**Lüderitz et al. 2005**). In einem durch industrielle und kommunale Einleitungen hochgradig belasteten Gewässer, das anderseits über eine weitgehend naturnahe Hydromorphologie verfügt, wurde nur eine ausgesprochen geringe Selbstreinigung festgestellt. Die Gründe liegen zum einen darin, dass eine übermäßige organische Belastung Prozesse wie die Nitrifikation nicht ermöglicht. Zum anderen kann sich in sedimentübersättigten Systemen, in dem die Feinsedimente einer ständigen Bewegung und Umlagerung unterliegen, kein stabiler Biofilm herausbilden. Zur Lösung des Belastungsproblems bietet sich hier – neben der vorrangig notwendigen Quellenreduktion – der kaskadenartige Einsatz von Bewachsenen Bodenfiltern an, die den klimatischen und hydrologischen Bedingungen der Region angemessen geplant und gestaltet werden müssen. In diesem Sinne erweisen sich ingenieurökologische Ansätze erneut als ressourcensparend, aber als entwicklungsintensiv und spezifisch.

4. Ausblick

Die Ingenieurökologie bzw. Ökotechnologie ist eine Forschungsrichtung mit besonderer interdisziplinärer Komplexität und hoher praktischer Relevanz. Wie in der vorliegenden Arbeit gezeigt werden konnte, gehen Aspekte der Grundlagenforschung oft unmittelbar in einer praktischen Anwendung auf. Hier ist die Ingenieurökologie im Zeitalter der Nachhaltigkeitsdiskussion die Umsetzungsdisziplin, die es erlaubt, ganzheitliche und umfassende Lösungen auf praktisch allen umweltrelevanten Gebieten zu realisieren. Sie kann und muss maßgeblich zur Lösung der globalen Umweltprobleme

- Klimaschutz / Klimawandel,
- Erhaltung, Schutz und Nutzung der Biodiversität und
- nachhaltige Nutzung von Wasser- und Bodenressourcen

beitragen. Dabei nutzt sie ihren entscheidenden Vorteil, natürliche Prozesse nicht beherrschen und umzugestalten, sondern allenfalls moderieren und in gewünschte Richtungen lenken zu wollen.

In Fortführung und Weiterentwicklung der bisherigen Tätigkeitsfelder werden die Schwerpunkte der Arbeit des Autors auch weiterhin auf den Gebieten der Renaturierung und Sanierung von Gewässern, der damit korrespondierenden aquatischen Indikationsbiologie sowie der Erklärung von Prozessen der naturnahen Abwasserreinigung im Sinne ihrer Optimierung liegen. Dazu werden in den nächsten Jahren folgende Forschungs- und Entwicklungsvorhaben bearbeitet:

- Der von uns entwickelte Bewertungsansatz für die Erfolgskontrolle bei der Renaturierung von Fließgewässern (**Lüderitz et al. 2004, Lüderitz u. Langheinrich 2006**) wird im Rahmen laufender Projekte weiter präzisiert, um die Organismengruppe der Fische vervollständigt und hinsichtlich weiterer Fließgewässertypen geeicht.
- In Zusammenarbeit mit der Universität La Laguna (Spanien) wird eine ebenfalls komplexe Methode zur Bewertung von Fließgewässern auf Inseln unter besonderer Berücksichtigung des Endemismus entwickelt. Sie dient der Vorbereitung, Begleitung und Erfolgskontrolle bei der Renaturierung dieser teilweise vom Verschwinden bedrohten Ökosysteme.
- Im Rahmen eines vom Bundesamt für Naturschutz bewilligten Entwicklungs- und Erprobungsvorhabens wird im Rahmen einer projektbegleitenden Forschung zur Sanierung und zum Schutz von Flussaltwässern eine speziell für diesen Gewässertyp definierte leitbildorientierte Bewertungsmethode entwickelt und ein einschlägiges Handbuch verfasst.
- Für Gräben und Kanäle wird in einem in Vorbereitung befindlichen Projekt gemeinsam mit Partnern von den Universitäten Osnabrück und Oldenburg eine Klassifizierung und eine Bewertungsmethode erarbeitet, die die bisherigen Ergebnisse zu den Niedermoorgewässern (**Langheinrich et al. 2004, Langheinrich u. Lüderitz 2006**) aufnimmt und kritisch weiter entwickelt.
- Die Untersuchungen zu den Bioremediationsleistungen künstlicher Feuchtgebiete werden in unterschiedlichen Projekten und mit verschieden Stoffgruppen fortgeführt. In einem gemeinsamen Vorhaben mit der San Diego State University geht es überwiegend um den Einsatz und die Optimierung von großräumig angelegten Feuchtgebieten zur Reinigung von landwirtschaftlich geprägtem Ab- und Drainagewasser unter besonderer Berücksichtigung von Arsen, Schwermetallen und Pflanzennährstoffen. Ein ähnliches Vorhaben wird gemeinsam mit der Universität Bonn für die Region Khorezm (Usbekistan) vorbereitet. Zunächst im Maßstab von halbtechnischen Anlagen erfolgt die Untersuchung des Rückhalte- und Metabolisierungspotenzials von Bewachsenen Bodenfiltern in Hinsicht auf Arzneimittelwirkstoffe.

Es versteht sich von selbst, dass in diese Projekte auch Ergebnisse von Graduierungsarbeiten, insbesondere auf Master-Niveau, in zunehmendem Maße aber auch von Promotionen, einfließen. Die Ergebnisse der Forschungs- und Entwicklungsarbeiten dienen ihrerseits der weiteren Qualifikation der Lehre und der Weiterentwicklung von Studienprogrammen.

5. Literatur

Armstrong, J. u. W. Armstrong: Phragmites australis – a prelimniary study of soil oxidising sites and internal gas transport pathways. New Phytol 108 (1988), 373-382.

Barjenbruch, M. u. C. Erler: Abwasserteichanlagen in Sachsen-Anhalt. Forschungsbericht des Institutes für Kulturtechnik und Siedlungswasserwirtschaft der Universität Rostock, unveröffentlicht (2003).

Borchardt, D.: Kasseler Thesen zum Thema „Integraler (ganzheitlicher) Gewässerschutz in kleinen Flusseinzugsgebieten". Wasserwirtschaft 86 (1996), 264-265.

Börner, T.: Einflußfaktoren für die Leistungsfähigkeit von Pflanzenkläranlagen. In: Verein zur Förderung des Institutes für Wasserversorgung, Abwasserbeseitigung und Raumplanung der TH Darmstadt (Hsrg): Schriftenreihe WAR 58 Eigenverlag Darmstadt (1992).

Braukmann, U., R. Biss, P. Kübler u. I. Pinter: Ökologische Fließgewässerbewertung. Dt. Ges. f. Limnologie (DGL), Tagungsbericht 2000 (Magdeburg). Tutzing (2001), 24-53.

Braukmann, U. u. R. Biss: Conceptual study – An improved method to assess acidification in German streams by using benthic macroinvertebrates. Limnologica 34 (2004), 433-450.

Brix, H., B. K. Sorrel u. H. H. Schierup: Gas fluxes achieved by in situ convective flow in *Phragmites australis*. Aquat. Bot. 54 (1996), 151-163.

Engelmann, U., K. Lützner u. V. Müller: Erfahrungen beim Bau von Pflanzenkläranlagen in Sachsen. KA – Abwasser, Abfall 50 (2003), 308-320

Englert, R. u. E. P. Kulle (1999): Abwasserbehandlung mit Keimreduzierung in einem Wasserschutzgebiet. Wasser & Boden 51(1999), 13-18.

Europäische Union: Richtlinie 2000/60/EG des Europäischen Parlamentes und des Rates vom 23. Oktober 2000 zur Schaffung eines Ordnungsrahmens für Maßnahmen der Gemeinschaft im Bereich der Wasserpolitik. Amtsblatt der Europäischen Gemeinschaften L327 (2000).

Fehr, G., G. Geller, D. Goetz, U. Hagendorf, S. Kunst, H. Rustige u. B. Welker: Bewachsene Bodenfilter als Verfahren der Biotechnologie – Abschlussbericht. Texte 05/03 Umweltbundesamt Eigenverlag Berlin (2003).

Feld, C. K.: Identification and measure of hydromorphological degradation in Central European lowland streams. Hydrobiologia 516 (2004), 69-90.

Feld, C. K., S. Rödiger, M. Sommerhäuser u. G. Friedrich: Die wissenschaftliche Begleitung der Entwicklung biologischer Bewertungsverfahren – „KoBio". Typologie, Bewertung, Management von Oberflächengewässern. Limnologie aktuell 11 (2005), 1-8.

Geller, G.: Horizontal durchflossene Pflanzenkläranlagen im deutschsprachigen Raum – langfristige Erfahrungen, Entwicklungsstand. Wasser & Boden 50 (1998), 18-25.

Geller, G. u. R. Thum: Langzeitbetrieb von Pflanzenkläranlagen: Stoffanreicherung und Betriebsstabilität. Wasser & Boden 51(1999), 39-43.

Geller, G. u. G. Höner: Anwenderhandbuch Pflanzenkläranlagen. Springer-Verlag Berlin, Heidelberg, New York (2003).

Gries, C., L. Kappen u. R. Lösch: Mechanisms of flood tolerance in reed, *Phragmites australis* (Cav.). New Phytol. 114 (1990), 589-593.

Gunkel, G.: Renaturierung kleiner Fließgewässer. Gustav-Fischer-Verlag Jena, Stuttgart (1996).

Hagendorf, U.: Bewachsene Bodenfilter als Verfahren der Biotechnologie. UBA-Texte 05/03 Berlin (2003).

Hupfer, M: Bindungsformen und Mobilität des Phosphors in Gewässersedimenten. In: Steinberg, C., W. Calmano, R. D. Wilken u. H. Klapper (Hrsg.): Handburch Angewandte Limnologie. Landsberg ecomed IV-3.2 (1996).

Jüpner, R.: Hochwassermanagement. Magdeburger Wasserwirtschaftliche Hefte 1 (2005).

Kahlenborn, W. u. R. A. Kraemer: Nachhaltige Wasserwirtschaft in Deutschland. Springer-Verlag Berlin, Heidelberg, New York (1999).

Kaule, G. : Arten – und Biotopschutz. Ulmer-Verlag Stuttgart (1991).

Karathanasis, A. D., C. L. Potter u. M. S. Coyne: Vegetation effects on fecal bacteria, BOD, and suspended solid removal in constructed wetlands treating domestic wastewater. Eco.l Eng. 20 (2003), 157-169.

Kern, J. u. C. Idler: Treatment of domestic and agricultural wastewater by reed bed systems. Ecol. Eng. 12 (1999), 13-25.

Kivaisi, A.: The potential for constructed wetlands for wastewater treatment and reuse in developing countries: a review. Ecol. Eng. 16 (2001), 545-560.

Kowalewski, M.: Entwicklung von Methoden zur Bewertung von erheblich veränderten Gewässern am Beispiel von Niedermoorkanälen und –gräben. Diplomarbeit HS Magdeburg-Stendal, FB Wasserwirtschaft (2004).

Langheinrich, U. u. V. Lüderitz: Einflußfaktoren auf die Güte der Oberflächengewässer im Drömling. Wasserwirtschaft 87 (1997), 80 - 84.

Langheinrich, U., u. V. Lüderitz: Planungen zur Entwicklung des Gewässersystems im Drömling. Wasserwirtschaft. 88 (1998), 178 – 182.

Langheinrich, U., Senst, M., Braumann, F., Lüderitz, V.: Probleme der Niedermoor-regeneration im Naturpark Drömling. Natur und Landschaft 73 (1998), 450-455.

Langheinrich, U.: Vergleichende Untersuchung und kritische Einschätzung aktueller Methoden zur Bewertung von Oberflächengewässern gemäß den Vorgaben der EU-Wasserrahmenrichtlinie am Beispiel von Gewässern in Großschutzgebieten Sachsen-Anhalts. Diss. Univ. Vechta. Magdeburger Wasserwirtschaftliche Hefte Band 2 (2005). Shaker Verlag Aachen 2005.

Lantzke, I. R., D. S. Mitchell, A. D. Heritage u. K. P. Sharma: A model of factors controlling orhophosphate removal in planted vertical flow wetlands. Ecol. Eng.12 (1999), 93-105.

LAU (Landesamt für Umweltschutz Sachsen-Anhalt): Arten – und Biotopschutzprogramm Sachsen-Anhalt, Landschaftsraum Elbe. Ber. LAU 3 (2001).

Liebscher, H.-J.: Potenzielle und aktuelle Wasserkonflikte an grenzüberschreitenden Gewässern. Erfurter Geographische Studien 11 (2004), 33-42.

Lorenz, A., D. Hering, C. Feld u. P. Rolauffs: A new method for assessing the impact of hydromorphological degradation on the macroinvertebrate fauna of five German stream types. Hydrobiologia 516 (2004), 107-127.

Lüderitz, V., P. Hentschel, K. Berndt, Y. Degner u. G. Weissbach: Aspekte der Gewässerökologie im Biosphärenreservat "Mittlere Elbe". Naturschutz im Land Sachsen-Anhalt 4 (1994), 33 – 40.

Lüderitz, V., B. Berndorff, U. Langheinrich, R. Ziegler u. C. Lange: Nährstoffverhältnisse, Planktonbesiedelung und Makroinvertebratenfauna im Kühnauer See. Naturwiss. Beitr. Mus. Dessau, Sonderheft: Der Kühnauer See bei Dessau – Gebietsdarstellung zum Abschluss der Sanierung des Gewässers (1997), 85-98.

Lüderitz, V., S. Pütter, F. Heidecke u. R. Jüpner: Revitalisierung der Alten Elbe bei Magdeburg – ökologische und wasserwirtschaftliche Grundlagen. Abh. u. Ber. f. Naturkunde Magdeburg 23 (2000), 29 – 46.

Lüderitz, V. u. U. Langheinrich: Bewachsene Bodenfilter als Bestandteil nachhaltiger Abwasserentsorgung. Magdeburger Wasserwirtschaftliche Hefte 5 (2006), 129-165.

Lüderitz, V. u. U. Langheinrich: The ecological potential of artificial and heavily modified water bodies – opportunities of ecotechnology. In: Leal Filho, W., V. Lüderitz u. G. Geller: Perspektiven der Ingenieurökologie in Forschung, Lehre und Praxis. Peter-Lang-Verlag (2006).

LVWA LSA (Landesverwaltungsamt Sachsen-Anhalt): Bericht über die Umsetzung der Anhänge II, III und IV der Richtlinie 2000/60/EG für das Land Sachsen-Anhalt (C-Bericht), Magdeburg (2004).

Mennerich, A., K. Kayser u. S. Kunst: Dezentrale Abwasserreinigung - mal technisch, mal naturnah. Eine Veranstaltung der Deutschen Bundesstiftung Umwelt und dem Verbundprojekt Bewachsene Bodenfilter. Tagungsunterlagen, Osnabrück (2003).

Meulemann, A. F.M., R. van Logtestijn, G. B. J. Rijs u. J. T. A. Verhoeven : Water and mass budgets of a vertical-flow constructed wetland. Ecol. Eng. 20(2003), 31-44.

Mitsch, W. J. u. S. E. Jorgensen: Ecological Engineering. An introduction to ecotechnology. Verlag John Wiley & Sons, New York (1989).

Mitsch, W. J. u. S. E. Jorgensen: Ecological Engineering and Ecosystem Restoration. Verlag John Wiley & Sons, New York (2004).

Mitterer, G.: Hygienisch-bakteriologische Untersuchungen an Pflanzenkläranlagen. Bundesministerium für Wissenschaft, Forschung und Kunst Österreich. Graz (1995).

MLU NRW: Ministerium für Umwelt, Raumordnung und Landwirtschaft des Landes Nordrhein-Westfalen: Richtlinie für naturnahe Unterhaltung und naturnahen Ausbau der Fließgewässer in NRW; 5. völlig überarbeitete Auflage, Ministerialblatt NRW 1999, Nr. 39 vom 18.06.1999.

Mühlenberg, M.: Freilandökologie. Verlag Quelle & Meyer, Heidelberg (1993).

Odum, H. T.: Man in Ecosystem. Bull. Conn. Agr. Station 652 (1962), 57-75.

Olila, O. G., K. R. Reddy u. D. L. Stites: Influence of draining on soil phosphorus forms and distribution in a constructed wetland. Ecol. Eng. 9 (1997), 157-169.

Papenroth, K.: Floristische und faunistische Untersuchungen am Landeskulturgraben und am Kühnauer See als Grundlage für die ökologische Öffentlichkeitsarbeit im Rahmen der EXPO 2000. Diplomarbeit, Hochschule Anhalt (1999).

Pauls, S., C. K. Feld, M. Sommerhäuser u. D. Hering: Neue Konzepte zur Bewertung von Tieflandbächen und – flüssen nach Vorgaben der EU-Wasserrahmenrichtlinie. Wasser & Boden 54 (2002), 70-77.

Platzer, C.: Entwicklung eines Bemessungsansatzes zur Stickstoffelimination in Pflanzenkläranlagen. Diss. TU Berlin (1998).

Pott, R. u. D. Remy: Gewässer des Binnenlandes. Verlag Eugen Ulmer Stuttgart (2000).

Psenner, R., R. Pucsko u. M. Sager: Die Fraktionierung organischer und anorganischer Phosphorverbindungen in Sedimenten. Arch. Hydrobiol. Suppl. 70 (1984), 111-155.

Reichhoff, L.: 25 Jahre Sanierung und Restaurierung von Altwässern an der Mittleren Elbe. Naturschutz im Land Sachsen-Anhalt 40 (2003), 3 – 12.

Remy, D. Gräben und Grabensysteme Mitteleuropas – Grundzüge einer Typologie. DGL-Tagungsbericht (2001), 523-527.

Rolauffs, P., I. Stubauer, S. Zahradkova, K. Brabec u. O. Moog: Integration of the saprobic system into the European Water Framework Directive. Hydrobiologia 516 (2004), 285-298.

Schaumburg, J., C. Schmedtje u. C. Schranz: Bewertungsverfahren Makrophyten und Phytobenthos. Informationsbericht des Bayerischen Landesamtes für Wasserwirtschaft. Heft 1/05 (2005).

Schierup, H. H., H. Brix u. J. Lorenzen: Wastewater treatment in constructed reed beds in Denmark; state of the art. In: Cooper PF, Findlater BC (eds.) Constructed Wetlands in Water Pollution Control. Pergamon Press Oxford (1990), 495-504.

Schwarz, M.: Vergleichende seuchenhygienisch-mikrobiologische Untersuchungen an horizontal und vertikal beschickten, bewachsenen Bodenfiltern mit vorgeschalteter Mehrkammerausfaulgrube bzw. einem als Grobstoff-Fang dienenden Rottebehälter (Rottefilter). Dissertation FU Berlin (2003).

Steer, D., L. Fraser, J. Boddy u. B. Seibert: Efficiency of small constructed wetlands for subsurface treatment of single-family domestic effluent. Ecol. Eng. 18 (2002), 429-440.

Stottmeister, U.: Biotechnologie zur Umweltentlastung. Teubner- Verlag, Wiesbaden (2003).

Succow, M. u. H. Joosten (2001): Landschaftsökologische Moorkunde. Schweizerbart'sche Verlagsbuchhandlung Stuttgart (2001).

Tanner, C. C.: Plants for constructed wetland treatment systems – A comparison of the growth and nutrient uptake of eight emergent species. Ecol. Eng. 7 (1996), 59-83.

Tresckow, M. R. M.: Wirkungen von *Phalaris arundinacea* L. und *Glyceria fluitans* L. auf Abwasser und Sediment. Diss. Univ. Gießen (1991).

Verhoeven, J. T. A. u. A. F. M. Meulemann: Wetlands for wastewater treatment: opportunities and limitations. Ecol. Eng. 12 (1999), 5-12.

v. Felde, K., K. Hansen u. S. Kunst: Pflanzenkläranlagen in Niedersachsen – Bestandsaufnahme und Leistungsfähigkeit. Korrespondenz Abwasser 43 (1996), 1382-1392.

WHG: Wasserhaushaltsgesetz vom 19.08.2002.

Wissing, F. u. K. F. Hoffmann: Wassereinigung mit Pflanzen. Ulmer-Verlag Stuttgart (2002).

The sustainability of nature conservation in the Saxony-Anhalt State of Germany, with special reference to problems of water and wetland ecology

Volker Lüderitz and Uta Langheinrich
Department of Water Resources Management, Fachhochschule Magdeburg, Germany

Introduction - enviromental problems in Saxony-Anhalt

The State of Saxony-Anhalt is one of the five new federal states in Germany which formerly belonged to the German Democratic Republik (GDR), until the German reunification in 1990.

In terms of population and industrial structure, there are strong differences between the north and the south of Saxony-Anhalt. While the northern part is thinly populated and has less industry, the southern part has a higher population and a concentration of industry. With its varying industrial structure and population the State includes areas with extremely high air, groundwater and surface water pollution. There are also many uncontrolled dumpsites and contaminated areas inherited from the past. In addition to these environmental burdens, Saxony-Anhalt is also facing problems such as the contamination of soil by heavy metals and dioxins, the storage of hazardous materials and radioactive waste, contaminated spoil banks and the restoration of spoil left from open-cast coal mining. These examples show the broad spectrum of environmental pollution experienced in the region (Table 1).

However in 1990, the year of German reunification, a shutdown of many production units and a reduction of industrial output began. East German industry was not competive with the industry in western Germany and in the European Community generally. As a result, the "traditional" environmental problems are decreasing due to the reduction of production and pollutant output. Additionally, environmental policy encouraged the introduction of purification techniques, and the conversion of production to clean technologies.

On the one hand, traditional problems are beginning to lose their importance to a significant degree. Meanwhile, other problems which ar typical of Western Europe, are steadily increasin (Table 2).

The main difference emerging, is that th environmental problems in the former GDR wer primarily problems of **quality** of exploitation an use of natural resources, the problems now are o **quantity**. The needs of nature conservation and soi protection are becoming acute. The accelerated rat soil capping and the despoilation of the countrysid are key issues. In the old federal states, 12 % of th total land area was effectively capped or sealed fo settlement, traffic and industry. In the new federa states this is actually lower at 9.9 %, but everyda there is an additional consumption of nearly 90 h (Thomas, 1995).

The National Park Programme and the conservation strategy of Saxony-Anhalt

Despite the high degree of environmental burden i the former GDR the new federal states are a interesting area for nature conservation. There ar largely unspoiled landscapes with higher degree c biodiversity than in western Germany. Meanwhil ecologists from the old federal states often deplo the growing standardization of their countrysic (Scholle and Schrautzer, 1993). The former Feder Minister of Environment, K.Töpfer, called th ecologically valuable landscapes in easte Germany the "silverware of the Germa unification".

To avoid giving away this "silverware" the la GDR-Government created a National Pa Programme in 1990. This programme was partial accepted into the German unification contract, that by means of ordinances, 130 017 ha of easte German area got a protected status as Nation

Parks and 388 341 ha as Biosphere Reserves according to the guidelines of the Man and the Biosphere (MAB)-programme. At the present time 5 of 11 German National Parks and 6 of 7 Biosphere Reserves are located in the new federal states (Table 3).

The creation of "large protected areas" all over Germany during this period, follows the realization that the traditional conservation strategy (primarily by means of nature reserves) does not fulfil the actual needs. Although 617 000 ha (1.7 % of the whole area of Germany) is protected in 4 900 nature reserves (Thomas, 1995), 52 % of mammal, 45 % of bird, 77 % of reptile and 72 % of fish species are endangered or already eradicated. The actual nature reserves are in practice too small, too isolated and often insufficiently representative to guarantee sufficient habitats for stable populations and communities.

Large protected areas fulfil the following functions:

- **Preservation of natural areas and cultural landscapes on a large scale (biotopes and connecting systems).**
- **Avoidance of soil capping and despoilation of the countryside, especially in areas of nature conservation value.**
- **Protection and increase in area of habitats for many animal and plant species, especially those which are endangered.**
- **Creation of nutrient sinks for C, P, N.**
- **Maintenance of high quality water resources.**
- **Development of scientifically, well-founded aims for nature conservation, land-use and management.**
- **Enhancement of the understanding of environmental problems and nature conservation by a significant proportion of the human population.**
- **Creation of areas for ecotourism.**

For the federal state of Saxony-Anhalt, large protected areas are of particular importance, because it is one of the German states with the highest diversity of ecosystems. The State Office for the Environment in the landscape programme for Saxony-Anhalt (1994), described 38 landscape units. These included:

- **the Harz mountains**
- **the southern, eastern and northern foothills of the Harz mountains**
- **hilly landscapes shaped by the last Ice Age**
- **various types of woodlands**
- **heathland landscapes, for instance the Colbitz-Letzlinger Heide**
- **riverside landscapes of the Elbe, Saale, Bode and Mulde area**
- **lowland moors, for instance the Drömling.**

Due to the perceived threat to the "silverware of the German unity", the State Parliament entrusted the 1995 Government with the development of a connecting system for biotopes. The government has to evaluate, to change and eventually to prevent all projects, especially relating to road transport, which would have significant adverse effects on the functioning of biotope connecting systems.

The main elements of this programme are:

- **Improvement and enlargement of the protected area systems.**

  National Parks, Biosphere Reserves, Country Parks.
- **Increases in the percentage of nature reserves from 3 % to 5 % over the next ten years.**
- **Improvement of landscape management by the establishment of landscape conservation associations.**
- **Promotion of organic agriculture in environmentally sensitive areas, for instance on lowland moor soils .**
- **Restoration and/or diversification of water-courses and their surroundings.**

The State Act on nature conservation in Saxony-Anhalt, makes it possible to establish National Parks, Biosphere Reserves and Country Parks, along with nature and landscape reserves.

National Parks will protect natural landscapes which are only influenced to a small degree by human activity. Management will be minimal and restricted to measures for removal of disruptive factors. Economic use will not be allowed, and tourism will be organized so that conservation is not threatened.

The Hochharz National Park was established in 1990, in Saxony-Anhalt. With an area of 5 868 hectares (14 494 acres), it is one of the smallest national parks in Germany. However, it comprises an outstanding low mountain range landscape, with natural spruce woodlands, subalpine herbaceous vegetation and different types of upland moors.

The aim of biosphere reserves according to the State Conservation Act, is to preserve typical and ecologically rich natural and cultural landscapes in large areas. According to this aim, Biosphere reserves are structured into 4 protection zones (Hentschel, 1991):

- **Zone I (total reserves):**

  without management or economic use; natural succession goes on undisturbed,

- **Zone II (nature reserves):**

  all uses and management are subordinated to the needs of conservation.

- **Zone III (landscape reserves)**

  zone of harmonious cultural landscape where ecotourism, organic agriculture and ecological forest management are promoted,

- **Zone IV (developing zone :**

  restoration and renaturalization of damaged ecosystems, conversion from intensive to extensive agriculture,

The Mittlere Elbe Biosphere Reserve (central Elbe area) includes an area of 43 000 ha (106 210 acres) and is the largest protected area in the Federal State of Saxony-Anhalt. It covers the complex pattern of the riverside landscapes and their biodiversity, characterized by many endangered bird, mammal and plant species. During the last 200 years, more than 75 % of water meadow forests were destroyed or damaged, especially in the Rhine and in the Donau floodplains. The central Elbe area has the largest of these remaining woodlands. Already in 1993, the State Parliament decided to expand the Biosphere Reserve to the north and to the south and to establish a Flußlandschaft Elbtalaue biosphere reserve (stream landscape Elbe) up to the State's border. This protected area will be the "centre - piece" of conservation in the Federal State of Saxony-Anhalt, and will also connect the reserves with others in Brandenburg and Lower Saxony.

Additionally, a second Biosphere Reserve is planned in the southern part of the Harz mountains. It will be called "Gipskarstlandschaft Südharz" and will protect unique limestone rock formations.

Country Parks in western Germany are today, in contrast to the original idea, often only a label for the promotion of the economy and an excessive tourism. However, with the eastern German National Park Programme, the concept of "Country Parks as an instrument of nature conservation and landscape management" has been given a new relevance (Mueller, 1994). According to the aims determined in the State act on nature conservation, country parks have to fulfil the following tasks (Mueller, 1994)

- **nature protection and landscape management**
- **promotion of organic agriculture and ecological forest management**
- **maintenance of cultural heritage**
- **ecotourism**
- **enviromental education**

To carry out these different functions, a zoning similar to the Biosphere Reserves is necessary. The first Drömling Country Park was founded in 1990, and has an area of 25 000 ha (61 750 acres). In 1992, it was acknowledged by the Federal Government as a National Representative Conservation Project. The Drömling Country Park will protect the species and biotope diversity of wet woodlands and greenlands (Mueller, 1995). This will be by re-wetting lowland moor areas, and by various protection and management strategies. The State Parliament of the Federal State of Saxony-Anhalt has decided to develop the Drömling into a Biosphere Reserve according to the MAB guidelines.

At present, the designation of an additional six Country Parks is being realized or planned (Figure 1). The public and scientific interest in the Colbitz-Letzlinger Heide Country Park is especially high because the combination of open and forest landscape in the north of Magdeburg is unique on both a German and European scale, and its natural features and structure are in urgent need of conservation. Here we find the largest area of unspoilt countryside and the largest, cohesive, heathland landscape in Central Europe. Its oligotrophic status has been preserved by the absence of fertilizers in the former military land.

Especially in the southern part, natural succession will be encouraged in areas, which are in the early birch forest stage. The succession will lead to a natural forest (*Betulo-Quercetum roboris*). The heathland communities characterized by *Calluna vulgaris*, the dry meadow communities, and the inland dunes are to be preserved by various measures on at least 5 000 hectares (12 350 acres) (Luederitz *et al.*, 1995).

Due to their total area, and their connection with other protected landscapes, Country Parks will have a main function of stablishing biotope linkage systems. The most important of them will be the Drömling and Colbitz-Letzlinger Heide Country Parks and the Elbtalaue Biosphere Reserve. Further systems will be developed between the protected areas of the Harz mountains and between the Dübener Heide National Park and the Mittlere Elbe Biosphere Reserve.

In December 1995, the State Government of Saxony-Anhalt began to implement the Habitats Directive through the Flore-Fauna - Habitat Guidelines (FFH), developed by the European Union in 1992 (State Government press release, 12.12.95). This Directive obliges the member states of the European Union to develop a coherent ecological web by means of especially valuable protected areas.

All interventions in these reserves have to be agreed by the responsible agency in Brussels.

According to the FFH-guideline in Saxony-Anhalt 67 000 hectares (165 490 acres) (3.3 % of the State area) will be protected. Most of these biotopes are located in the large protection areas.

Contributions of water and wetland ecology, to the realization of conservation aims

Importance of waterbodies and wetlands

Flowing waterbodies, along with their bank and floodplain areas, are the main biotope connecting structures. This is due to the high degree of spread, the strong branching, and the potential of natural rivers and brooks for linking populations of endangered plant and animal species, and serving as nuclei for re-colonisation of other areas.

Waterbody systems therefore have to fulfil the following prerequisites (Loeffler, 1994):

- **Good, and especially in headwaters, very good water quality**
- **More than the minimal water quantity**
- **Natural ecomorphology (old channels floodplains, no canalization and no high weirs with a high falling distance)**
- **Bankzones, that support natural features and communities (woodland, reeds, extensive grasslands, no application of fertilizers and agri-chemicals).**
- **Avoidance of groundwater lowering.**

Stagnant waterbodies are of conservation interest, because of their connection with rivers and brooks, in terms of buffer capacity, because of their diversity, and in their different succession of status. Small ponds especially, act as refuges for many species, often as "oases" in dry landscapes.

Wetlands (biotopes that are characterised by being wet all year or at least part of the year, (Kohler, 1994) are important for species protection, flood control measures, groundwater protection and water supply, enhancement of water quality, carbon dioxide sinks, environmental education and scientific research.

Despite of, and because of, their importance for the conservation of natural resources, wet biotopes are often affected and endangered by human activity, perhaps more than other areas. These landscapes are often very interesting for human use, and in most cases distinct, frequently intensive uses, produce distinct changes in their natural status.

As a result, Korneck and Sukopp (1988) found that the most endangered plant communities are those of water and wetland areas: the vegetation of oligotrophic waterbodies, alluvial soils, and oligotrophic moors and moor forests.

Actual status of waterbodies and wetlands in the large protected areas

Since 1992, the Research Institute for Water Resources Management and Ecotechnology of the Fachhochschule Magdeburg, has worked on problems of water and wetland ecology in selected protected areas.

The aims of these investigations are:

- **To determine the kind and the degree of different threats.**
- **To develop environmental quality aims and protection strategies.**
- **To work out and realize management and development plans for waterbodies.**

The waterbodies in these areas are threatened to different degrees and by different factors (Table 4). The Hochharz National Park and the central area of the Colbitz-Letzlinger Heide Country Park come off especially well, because these areas were not, or not intensively, used during recent decades. On the other hand, acidification of waterbodies occurs nowhere so quickly and strongly as on the poorly-buffered, granite geology of this National Park. The strong to extreme acidification of small brooks, leads among other things, to an extreme leaching of aluminium and to increasing loss of species, (Heitkamp,1993; Luederitz *et al.*, in prep).

Most water biotopes in the traditional, cultural landscapes of the Drömling and the central Elbe area, must be characterized as more eutrophically and ecomorphologically threatened than the Harz brooks. Additionally, in the Mittlere Elbe Biosphere Reserve, many ponds and old meanders of the Elbe, are contaminated with pollutants such as heavy metals and chlorinated hydrocarbons (Luederitz et *al.,* 1994).

A detailed study was undertaken of the Drömling Country Park. Here, the adverse ecomorphological effects exceed those of the direct eutrophic contamination. Meanwhile from the hydrochemical and hydrobiological point of view the waterbodies in the Drömling are only slightly or moderately polluted, but their ecomorphology (in comparision with natural flowing waterbodies) is damaged to a high degree (Langheinrich and Luederitz, in prep). The watercourses are almost totally canalized, the bank structure is monotonous and many weirs and barrages adversely affect the ecological variability of the waterbodies. The macrozoobenthic communities of these watercourses are therefore characterized as relatively poor, despite the acceptable water quality.

Environmental quality aims for waterbodies and wetlands, and the necessary measures for their realization

The different aims and functions of the various kinds of large, protected areas and the diverse natural potential of these landscapes, necessitate a specific approach to their evaluation. The flowing and stagnant waterbodies require careful assesment of their ecology and any contamination and a clear definition of relevant environmental quality aims. The usual object-related orientation, linked to historical models and to the quality of resources elsewhere, is not always applicable in defining quality aims, since these models are not restorable, may be "undesirable" in the cultural landscape, or the desired resource qualities are not present elsewhere. Scientifically based models are therefore needed which favour more functional relations, such as decreases in mineralization processes, lowering of ion transport, and the facilitation of ecological permeability. An example of this approach is given in the "Management and Development Plan for the Dromling Country Park (published in a short version by the State government). Its general protection and management aims are :-

- **The preservation of remaining areas of moorland and (if possible) the stimulation of moor growth.**
- **Improvement of the water balance, by enhancement of the groundwater levels in most of the nature reserves, to restore the nutrient sink function of the moor.**
- **Development of wet woodlands and meadows to create biotopes for endangered species.**

These are also the guidelines for surface water conservation. In the past, most watercourses on the moors were constructed for drainage, and as such became the main factor responsible for moor degradation (Figure 2). The widespread watercourse system (Figure 3) is now to be converted to allow the system to be used for irrigation and biotope re-connection. The water-holding function will be enhanced by carefully implemented hydraulic engineering (Table 5). Simultaneously, the permeability of the watercoures for aquatic organisms is to be restored, or developed.

It must be emphasised that these environmental aims and the correponding measures, will not lead to a 'natural' state. Only in the relatively small 'total reserves' (Figure 3), will natural succession occur and lead to an alder carr/fen. On most other areas, extensive (as opposed to intensive) grassland utilization will be favoured, to protect the specific fauna and flora of wet grassland. Altogether, the protection and management of lowland moor and lowland moor waterbodies' will be always a compromise between different protection aims (Figure 4). On the other hand the "sink"-character of lowland moor waterbodies and very low gradients, mean that the "classic" aims of protecting waterbodies as oligotropic sites, and encouraging meander development, cannot be put into practice. Indeed, for the moorland landscape, such aims may be neither appropriate nor desirable. means these canals and ditches tend to become silted and therefore require maintenance, such as the routine removal of silt and plant biomass from the waterbody. Such measures will be used to diversify otherwise monotonous watercourses and landscapes.

Similar management and development plans are in preparation for the other large protected areas.

In conclusion, a brief overview of the main aims and strategies of these reserves is presented.

Hochharz National Park

- Conservation, and where appropriate restoration of a largely natural status by avoiding disruption and a step-by-step decrease in management; minimizing tourist impact on the waterbody and upland moor ecosystems utilizing visitor guidance and direction.
- Reduction of acidification by developing solutions for polluting emissions.

Mittlere Elbe Biosphere Reserve

- Conservation and restoration of the naturally existing, highly dynamic riverside ecosystems; avoiding further destruction of the rivers Elbe and Saale, through hydraulic engineering measures, by regrading artifical embankments to increase the floodplain area, and by re-connecting old branches to the flowing waterbodies.
- Promotion of the dynamics of succession in lakes and old channels by management (such as the removal of silt), often linked with rehabilitation measures of existing waste deposits
- Prevention of the degeneration of the water meadows landscape into steppe; by renaturalization and enhancement of flowing watercourses.
- Improvement of waste water disposal by using biotechnical systems such as reed-bed filters.

Colbitz-Letzlinger Heide Country Park

- Development and improvement of biotope connections with the Drömling area and the Elbe landscape, by renaturalization of flowing watercourses and the creation of effective waterbody protection zones.
- Restoration of upland and lowland moors and their communities by conservation and preservation of drainage.
- Conservation and eventually restoration of small ponds in the dry areas of the heath landscape, as refuges for moisture-loving plants and animals.

Summary

In Saxony-Anhalt, efforts are being made to establish a subtainable nature conservation policy and practice. The main instruments are'large protected areas, such as the Hochharz National Park, the Mittlere Elbe Biosphere Reserve and the Drömling Country Park. Additionally, the State Parliament and the State Government have decided to develop a coherent ecological web by protecting especially valuable areas and by using the properties of the flowing watercourses.

To evaluate and to enhance the role of waterbodies and wetlands in nature conservation, the different threats to these aquatic wet ecosystems in the large, protected areas were estimated. It can be shown that these ecosystems are actually threatened to very different degrees, and by different factors. The Harz Mountain brooks are mainly affected by acidic emissions. In the lowland reserves, the main influences derive from intensive arable agriculture, from drainage and from hydraulic engineering. At the present time, management and development plans for the large protected areas and especially for the aquatic and wetland ecosystems are being developed. In the case of the Drömling Country Park, a widespread artificial watercourse system will be converted to allow its use for both irrigation and biotope re-connection. By enhancement of ground water levels, the remaining moorland of the Drömling area will be protected.

References

Heitkamp, U. (1993) Zur Situation der Fließgewässer im Westharz. *Ber. Naturhist. Ges. Hannover*, **135**, 117-136.

Hentschel, P. (1991) Zielstellung und Entwicklung des Biosphärenreservates "Mittlere Elbe" - *Naturschutz im Land Sachsen - Anhalt*, **28**, 89-94.

Kohler, A. (1994) *Feuchtgebiete-Gefährdung, Schutz und Renaturierung. In: Materialien der 26.* Hohenheimer Umwelttagung, Stuttgart.

Kornek, D., and Sukopp H. (1988) *Rote Liste der in der Bundesrepublik Deutschland ausgestorbenen, verschollenen und gefährdeten Farn- und Blütenpflanzen und ihre Auswertung für den Arten- und Biotopschutz.* Schr. Reihe Vegetationskunde, 19, Bonn - Bad Godesberg.

Langheinrich, U. and V. Luederitz (in prep) Einflußfaktoren auf die Güte der Oberflächengewässer im Drömling.

Loeffler, H. (1994) *Abwasserbehandlung und Landschaftspflege als Einheit besonders in kleinen Gemeinden der neuen Bundesländer.* In: Handbuch Wasserversorgungs und Abwassertechnik. Vulkan - Verl., Essen.

Luederitz, V., D. Hentschel, D., Berndt, K., Degener, Y and G. Weissbach, G. (1994) Aspekte der Gewässerökologie im Biosphärenreservat "Mittlere Elbe". *Naturschutz im Land Sachsen - Anhalt*, **31**, 33-40.

Luederitz, V., Kunze, H., a. D. Missbach, D. (1995) Die Konzeption für den Naturpark Colbitz - Letzlinger Heide. - *Natur und Landschaft*, **70**, 302-310.

Mueller, J. (1994) Was sind, was sollen Nationalparke im Land Sachsen - Anhalt? *Naturschutz im Land Sachsen Anhalt*, **31**, 21-26.

Mueller, J. (1995) Dunkle Wolken am Horizont. *Nationalpark*, **2**, 51-56.

Quast, J. (1994) *Wechselwirkung von Feuchtgebieten und Landschaftswasserhaushalt - Analysen und Management. In: Materialien der 26.* Hohenheimer Umwelttagung, Stuttgart.

Scholle, D. a. Schrautzer, J. (1993) Zur Grundwasserdynamik unterschiedlicher Niedermoor-Gesellschaften Schleswig-Holsteins. *Zeitschrift für Ökologie und Naturschutz*, **2**, 87-98.

Thomas, V. (1995) *Umweltpolitik - Chancen für unsere Zukunft.* Hrsg. Vom Presse-und Informationsamt der Bundesregierung, Bonn.

Table 1: The Main environmental problems in Saxony-Anhalt up to 1990

Problems	Causes
air pollution with • dust • sulphur dioxide • nitrogen oxides and other miscellaneous components	excessive burning of raw ignite without waste gas purification (70% of all fuels)
contamination of soils and waterbody sediments with • heavy metals • dioxins • chlorine compounds and other miscellaneous pollutants	chemical industry with high production of out-of-date products, and without effective cleaning technology
contamination of surface water and ground water with • organic materials • nitrogen • phosphorus • salts • toxic agents	absence or inefficiency of sewage plants in industry, agriculture and municipalities; high concentration of animals in agricultural areas

Table 2: Growing environmental problems in eastern Germany since 1990

Problems	Causes
rapid development of road traffic as a growing source of air pollution.	• increase in goods transport from western to eastern Germany. • decrease in public short-distance traffic service. • drastic reduction of railway freight traffic to 30%.
accelerated soil capping and despoilation of the countryside.	• increase of road traffic. • urban sprawl. • excessive development of industrial areas, which are often not fully used.
increase of new damages to forests (about 70 % of all trees are apparently affected).	• diversity of emissions. • interactions of pollutants. • overfertilization of soils with nitrogen.
increased volumes of domestic waste and commercial waste.	• changes in the consumption pattern of people. • establishment of throw-away society.

Table 3: Percentage of 'large protected areas' in eastern and western Germany

	Whole area	**Large protected areas (National Parks, and Biosphere Reserves)**	
	area (ha)	**area (ha)**	**percentage (%) of landscape**
Federal Republic of Germany:	35 700 00	1 281 064	3.58%
West federal states:	24 900 000	762 706	3.06%
East federal states:	10 800 000	518 358	4.80%

Table 4: Causes of negative changes in water and wetland ecology in selected reserves

Causes	Degree of influence in				
	"Mittlere Elbe" Biosphere Reserve	"Hochharz" National Park	"Dromling" Country Park	"Colbitz-Ketzlinger Heide" Country Park	
				central area	peripheral area
eutrophication	high	low	high	low	medium
methods of soil cultivation	high	without	high	without	high
removal of buffer zones	medium	low	high	medium	medium
de - wetting / drainage	high	low	high	low	medium
canalization	high	without	high	without	medium
weirs and barrages	medium	low	high	low	medium
technical bank stabilization	medium	low	medium	low	medium
input of toxic substances	medium	medium	low	low	low
acidification	low	high	low	low	low
introduction of foreign species	medium	medium	low	low	high
peat cut	without	low	without	high	high

Table 5: Overview of the suggested water protection and renaturalization measures from the Management and development plan for the Country Park "Drömling"

1. Measures to enhance the water-holding function, and to decrease the drainage of water from the area

Measure	*Number*
construction of a dam	6
removal of a dam	8
construction of bottom ramps/weirs	20
linkage of ditches to flowing watercourses/filling of ditches	26
flattening out of banks	

2. Measures to improve water quality and ecomorphology

Measure	*Number*
construction of fish ladder at dams	19
planting of single trees/tree groups to improve shading of the waterbodies	30 *
reduction of waterbody management measures to one bank side	178 *
suspension of waterbody management measures	61 *
construction of ditch ponds	10 *
development / enlargement of waterbody protecting zones	27 *
construction of otter passages	15
diversification of poplar rows along banks by the planting of native trees	19 *
laying out of meander stretches	13
removal of discharges	4

* number of water sectors

Figure 1. Large protected areas in Saxony-Anhalt.

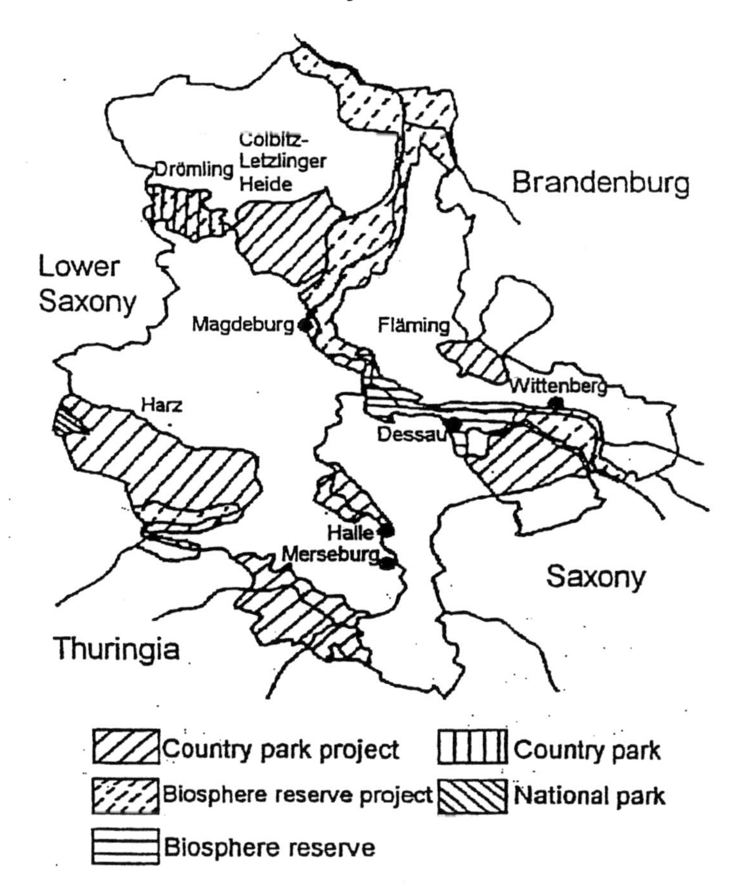

Figure 2. Development of peat thickness in the Dromling Country Park during recent centuries.

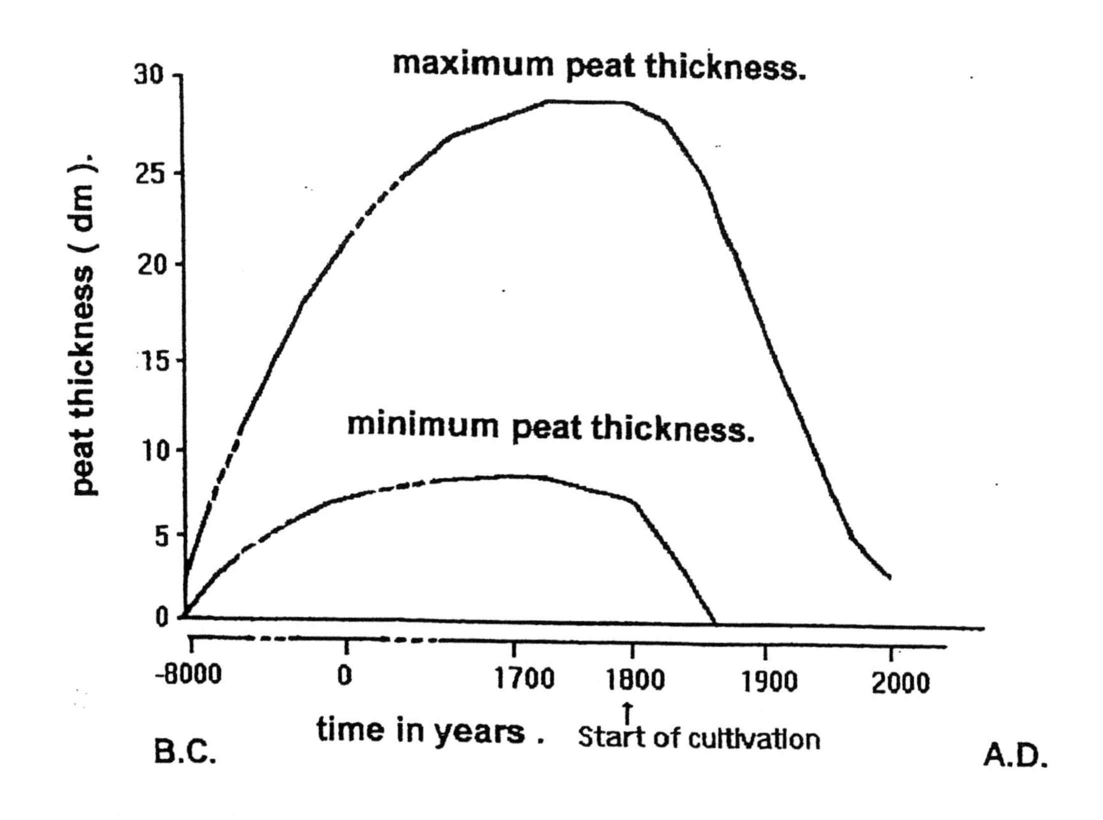

Figure 3. The zones of special protection, and surface water features of the Dromling Country Park.

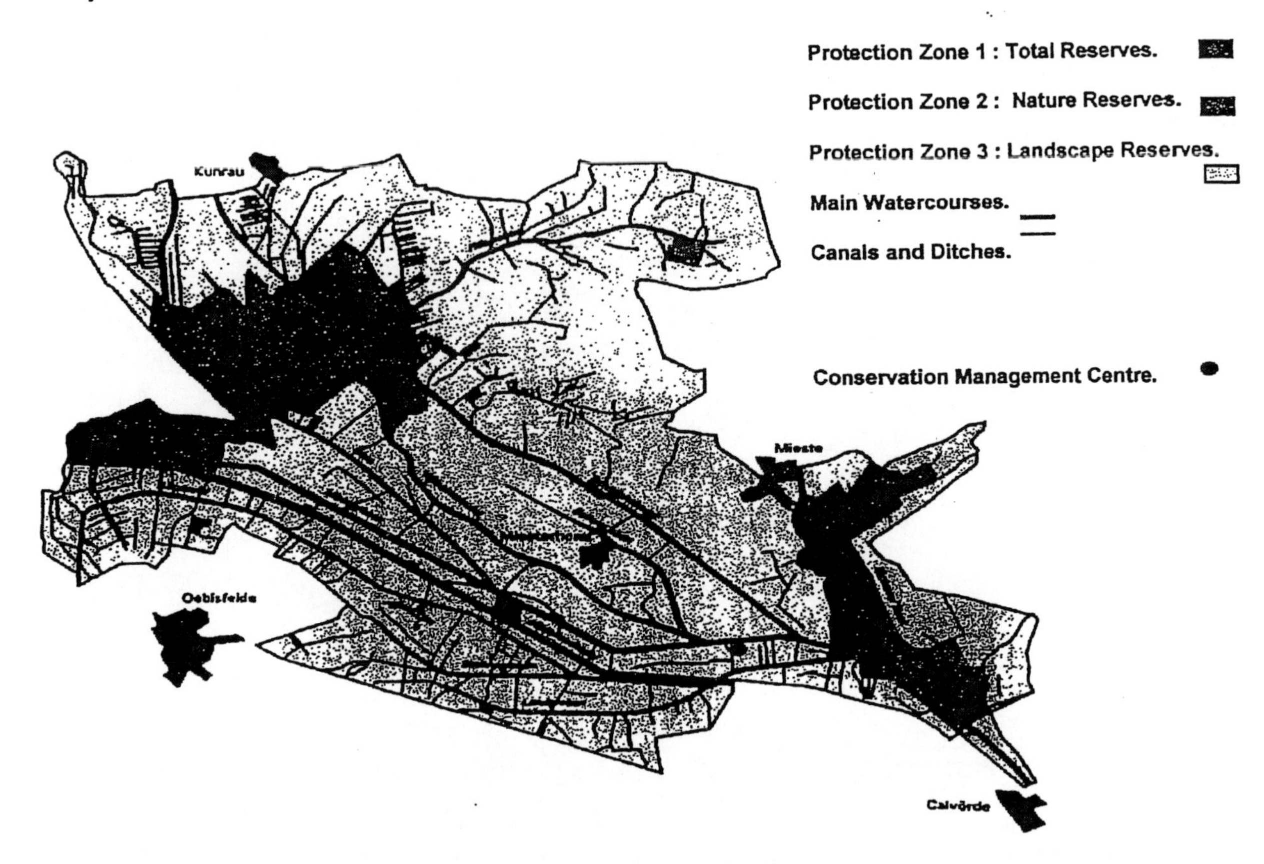

Figure 4. Conflicting aims in the management of lowland moors, with reference to site hydrology. (modified from Quast, 1994).

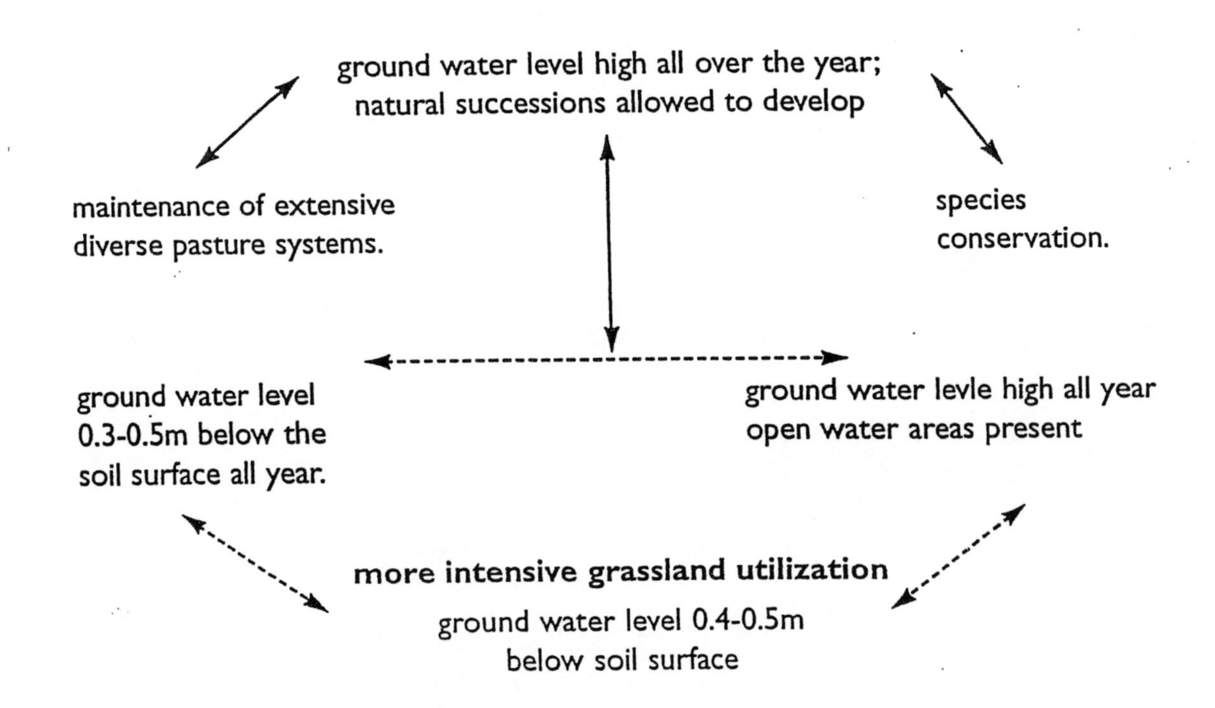

Der dornige Weg zur Nachhaltigkeit in der Abwasserbehandlung – das Beispiel Sachsen-Anhalt

Volker Lüderitz, Burkhard Kuhn, Elke Eckert und Uta Langheinrich

Schlagwörter: Abwasserbehandlung, Nachhaltigkeit, Wasserpolitik, Dezentralisierung, naturnahe Kläranlagen, Sanierung

In den letzten Jahren sind in den neuen Bundesländern beträchtliche Erfolge bei der Verbesserung der Güte von Fließgewässern erreicht worden. Dafür sind neben der massiven Stillegung von Industriebetrieben auch umfangreiche Investitionen und Maßnahmen im Abwasserbereich verantwortlich. Missmanagement, nicht eingetretene wirtschaftliche Entwicklungen, Fehlplanungen, gesetzliche und juristische Hemmnisse und eine nicht immer an den ökologischen Notwendigkeiten orientierte Förderpraxis haben auch in Sachsen-Anhalt viele Abwasserzweckverbände in eine wirtschaftlich sehr komplizierte Situation manövriert. Seit 1994 sind deshalb Schritte hin zu einer nachhaltigen Abwasserpolitik unternommen worden, die – trotz oftmals mangelnder Konsequenz – inzwischen Erfolge zeigen. Neben Gesetzesänderungen, Management-Unterstützungen für Verbände, Umschuldungen und Teilentschuldungen sowie einer Neuorientierung der Förderpraxis wirken sich besonders Überplanungen unter stärkerer Einbeziehung siedlungsspezifischer Lösungen entlastend aus. Zahlreiche regionale Eigeninitiativen unterstützen und befördern diesen Prozeß aktiv.

In the new federal states of Germany considerable results in enhancing water quality of brooks, rivers and streams were reached. Simultaneously, with the shutdown of many industrial enterprises extensive investments and measures for wastewater treatment are the reason for this development. But mismanagement, inadequate plannings and a financial promotion that was not always orientated by the ecological necessities brought the wastewater companies into a economically complicated situation also in Saxony-Anhalt. Therefore, since 1994 steps to a sustainable wastewater policy were untertaken. In spite of the lack of consequence these measures reached some effects. Among law changes, management support for companies, conversion and removal of debts and new guidelines for financial promotion especially decentralization of sewage systems has reached a significant exoneration. A lot of regional action groups active promote and support this process.

1. Situation

Nach heutigen Maßstäben konnte in der ehemaligen DDR bezüglich der Fließgewässer von Gewässerschutz kaum die Rede sein. Die Behandlung von kommunalen und industriellen Abwässern fand entweder gar nicht oder auf einem nicht einmal der ökonomischen Leistungsfähigkeit des politischen Systems entsprechenden Niveau, also nur in den wenigsten Fällen gemäß dem Stand der Technik statt. So war es nur folgerichtig, daß nach der Herstellung der staatlichen Einheit Deutschlands ein großer Teil der öffentlichen Umweltschutzinvestitionen in den kommunalen Abwasserbereich floß. Tatsächlich wurden seit 1990 erhebliche Minderungen der Gewässerbelastung erreicht (*Tab. 1* nach [1]), wofür zu Beginn der 90er Jahre allerdings mehr noch als diese Investitionen massive Stillegungen von Industriekapazitäten verantwortlich waren.

76,1 % der Bevölkerung Sachsen-Anhalts sind inzwischen an eine zentrale Kanalisation und 73,6 % an eine zentrale Kläranlage angeschlossen. Allein von 1995 bis 1997 wurde die verfügbare Klärkapazität von 1,685 Mio. Einwohnergleichwerten (EGW) um 1,054 Mio-EGW erhöht [1].

Bei ausdrücklicher Anerkennung des nachholenden Handlungsbedarfes bezüglich der Lösung der Abwasserprobleme und bereits erreichter Erfolge ist jedoch auf erhebliche Fehlentwicklungen in diesem Bereich hinzuweisen. Diese traten in den neuen Bundesländern hauptsächlich im ersten Drittel der neunziger Jahre ein; sie und ihre Folgen sind bis heute nicht überwunden. Die nachfolgenden Zahlen sprechen für sich: In den Jahren 1990 bis 1997 wurden von der öffentlichen Hand Fördermittel in einer Höhe von insgesamt 1 222 250 TDM für die Lösung der Abwasserprobleme zur Verfügung gestellt. Davon entfielen 55 % auf Landes-, 38 % auf Bundes- und 7 % auf EU-Mittel. Zusätzlich reichte die Landesregierung in den Jahren 1994 bis 1998 an in besonders großen wirtschaftlichen Schwierigkeiten befind-

Prof. Dr. *Volker Lüderitz*, Prof. Dipl.-Ing. *Burkhard Kuhn*, Dipl.-Ing. *Elke Eckert* und Dipl.-Ing. *Uta Langheinrich*, Institut für Wasserwirtschaft und Ökotechnologie, Fachhochschule Magdeburg, Am Krökentor 8, D-39104 Magdeburg.

Tabelle 1. Entwicklung der Wassergüte von Fließgewässern in Sachsen-Anhalt (Landesmeßnetz), nach [1].

Jahr	LAWA-Gewässergüteklasse									
	I, I–II (unbelastet bis gering belastet)		II (mäßig belastet)		II–III (kritisch belastet)		III (stark verschmutzt)		III–IV, IV (sehr stark bis übermäßig verschmutzt)	
	km	%	km	%	km	%	km	%	km	%
1990	30	1,9	128	8,4	498	32,7	661	43,3	208	13,7
1991	29	1,9	186	12,2	587	38,5	643	42,1	80	5,3
1992	18	1,2	208	13,6	921	60,4	274	18,0	104	6,8
1993	41	2,7	419	27,5	844	55,3	193	12,7	28	1,8
1994	44	2,9	481	31,6	940	61,6	58	3,8	2	0,1
1995	44	2,9	536	35,2	896	58,9	45	2,9	1	0,1
1996	45	2,9	496	32,6	950	62,4	22	1,4	10	0,7
1997	42	2,8	545	35,9	903	59,5	19	1,2	9	0,6

liche Abwasserzweckverbände (sogenannte „Sanierungsverbände") insgesamt 282113 TDM Sanierungs- und Liquiditätshilfe aus, die de facto als nicht rückzahlbare Kredite zu verstehen sind. Jedoch ist die Belastung der Verbände mit Zins- und Tilgungsleistungen bereits so hoch, daß letztgenannte Mittel fast ausschließlich zur Aufrechterhaltung der Liquidität ohne außerordentliche Rückführung der Verbindlichkeiten – benötigt werden. Für die Jahre 1999 bis 2003 werden nach Ermittlung der Landesregierung [2] allein zur Erhaltung der Zahlungsfähigkeit von Trägern der Abwasserentsorgung Sanierungsmittel in Höhe von rd. 228000 TDM benötigt. Der Bedarf für eine echte Sanierung der verschuldeten Verbände wird mit 868000 TDM angegeben – eine vom finanzschwachen Land Sachsen-Anhalt im Grunde genommen nicht aufzubringende Summe.

In einigen Zweckverbänden erscheint die Situation schier aussichtslos: Der Schuldenstand ist so hoch, daß allein die Zins- und Tilgungszahlungen das Gebührenaufkommen beträchtlich übersteigen. Als Beispiel sei ein Wasserverband in der Altmark genannt. Dieser Verband hat von 1991 bis 1998 25304 TDM Fördermittel und von 1994 bis 1998 63288 TDM Sanierungsmittel erhalten. Trotzdem betrug sein Schuldenstand Ende 1997 186145 TDM, an Zinsen und Tilgungen wurden 14008 TDM fällig. Das Gebührenaufkommen betrug aber nur 8574 TDM.

Etwa mit Beginn des Jahres 1993 begann die wirtschaftliche Situation der Aufgabenträger auf die Verbraucher durchzuschlagen. Von einigen Verbänden wurden Bescheide über Anschluß- und Errichtungsbeiträge in einer Höhe von bis zu 80 TDM je Wohngrundstück – 25 bis 30 TDM waren häufig – verschickt. Gebühren stiegen teilweise um das Doppelte und Dreifache auf bis zu 15 DM/m^3.

Dies rief 1993/1994 massive und berechtigte Proteste der betroffenen Bürger, die sich dazu in Bürgerinitiativen mit insgesamt mehreren Tausend Mitgliedern organisierten, hervor. Ihnen gebührt letztlich das Verdienst, die Anstöße zum Umdenken, Umplanen und Umhandeln (s. Kapitel 3 und 4) gegeben zu haben. Andererseits führten sie aber auch dazu, daß vielerorts jahrelang gar keine oder viel zu geringe Beiträge und Gebühren erhoben wurden, so daß die aufgelaufenen Verluste über Zinszahlungen nun zusätzlich die Verbände und damit zahlungspflichtige Bürger belasten.

2. Ursachen

Der vom Landtag von Sachsen-Anhalt Ende 1994 eingesetzte Ausschuß zur Lösung der Abwasserproblematik mußte feststellen, „daß die Situation im einzelnen durch folgende Mißstände und Fehlentscheidungen geprägt ist:

- In zahlreichen Gemeinden und Abwasserzweckverbänden wurden Anlagen zum Fortleiten und Behandeln von Abwasser ungenügend vorbereitet und deshalb nicht bedarfsgerecht und dabei im Regelfall weit überdimensioniert geplant und gebaut.
- Zentralen und großtechnischen Lösungen wurde auch im ländlichen Raum zu oft der Vorrang vor siedlungsspezifischen und naturnahen Verfahren eingeräumt.
- Aufgrund von technischen Fehlplanungen und Fehlinvestitionen ergaben sich für Gebühren und Beiträge im Abwasserbereich oftmals Größenordnungen, die sozial unverträglich sind" [3].

Für diese Fehlentwicklungen sah der oben genannte Ausschuß, der seine Arbeit auch in der 3. Legislaturperiode seit Oktober 1998 fortsetzt, folgende Faktoren als ursächlich an:

- „Die zu wenig differenzierte Übertragung von Lösungsstrategien aus den alten Bundesländern zur Bewältigung der gravierenden Abwasserprobleme, welche die DDR hinterlassen hatte.
- Die durch die Politik der damaligen Landesregierungen (bis 1994 – Anmerkung der Autoren) und der Bundesregierung maßgeblich beförderte Überschätzung wirtschaftlicher Wachstumseffekte von seiten zahlreicher Kommunalpolitiker.
- Die Aufkündigung einer großzügigen Förderpraxis im Abwasserbereich, welche sich in der Realität als nicht finanzierbar und nicht realisierbar erwies.
  (Die effektiven Fördersätze sanken von etwa 60% zu Beginn der 90er Jahre auf etwa 10% im Jahre 1998 – Anmerkung der Autoren).
- Die oftmals mangelnde fachliche Kompetenz in den Abwasserzweckverbänden und die Mängel in den Fach- und Kommunalaufsichtsbehörden.
- Die behördlichen Vorbehalte gegenüber siedlungsspezifischen naturnahen Lösungen aufgrund des Fehlens einschlägiger Bundes- und Landesrichtlinien."

Es kann hinzugefügt werden, daß auch der Rückgang des Wasserverbrauches von 260 l/(E · d) in der DDR auf gegenwärtig ca. 80 l/(E · d), welcher in diesem Umfang nicht voraussehbar war, zur hydraulischen Überdimensionierung von Anlagen beitrug – mit dem aus marktwirtschaftlicher und ökologischer Sicht paradoxen Effekt, daß geringere Verbrauchsmengen zu höherem Kubikmeterpreisen führen müssen, da die Frachten an Substrat unverändert bleiben.

Ausgesprochen kontraproduktiv bei der Bewältigung der Abwasserkrise wirkt die Zersplitterung der Aufgabenträger. Von diesem existieren nicht weniger als 214, davon 100 Zweckverbände und 114 Städte, Gemeinden und Verwaltungsgemeinschaften mit sehr unterschiedlicher Größe.

Von Ausnahmen abgesehen, sind sehr kleine Verbände und Gemeinden kaum in der Lage, den notwendigen qualifizierten Sachverstand aufzubringen bzw. zu finanzieren und den erheblichen Arbeitsaufwand zu erbringen.

3. Schlußfolgerungen

Im Anschluß an diese Analyse beschloß der Landtag [3] u.a. folgende abwasserpolitische Veränderungen:

- „Zukünftig ist die Ausreichung von Fördermitteln ausschließlich für solche Vorhaben vorzunehmen, die nachweislich die finanziell günstigste, wirtschaftlich effektivste und ökologisch verträglichste Variante der Abwasserbehandlung beinhalten.
- Durch die Landesregierung sind Regelungen zur Weiternutzung und Verbesserung von vorhandenen Anlagen bei Beachtung der gewässerökologischen Mindestanforderungen, der Regelung der Abwasserabgabe, der Klärung der Finanzierung von Zwischenlösungen und der Fördermöglichkeiten für die Ertüchtigung vorhandener Kanalnetze und Kläranlagen zu treffen".

Da die Ressentiments der Behörden insbesondere gegenüber dem dauerhaften Einsatz naturnaher Abwasserbehandlungsanlagen hoher und höchster Dezentralitätsgrade in der Praxis bestehen blieben, ergänzte der Landtag seinen Beschluß im Februar 1997 wie folgt [3]:

- „Die Landesregierung ist beauftragt, die restriktive Praxis bei der Genehmigung siedlungsspezifischer Abwasserbehandlungsanlagen zu beenden und dahingehenden Einfluß auf die Oberen Wasserbehörden zu nehmen.
- Siedlungsspezifische und dezentrale Abwasserbehandlungseinrichtungen sind, insofern sie dem Stand der Technik entsprechen, als dauernde Lösungen zu akzeptieren und zuzulassen.
- Die Abwasserzielplanung des Landes ist in diesem Sinne zu überarbeiten. Dabei sind gewässerökologische Anforderungen spezifischer als bisher und im Gesamtzusammenhang von Gewässergüte, Ökomorphologie sowie Natur- und Landschaftsschutz festzulegen."

Im Grunde genommen sind diese Beschlüsse Ausdruck der auf das Wasser bezogenen Nachhaltigkeitsregeln [vgl. 4; 5], die hinsichtlich der Abwasserproblematik folgendermaßen zusammengefaßt werden können:

- Stoffeinträge dürfen die Selbstreinigungskraft des Gewässers nicht übersteigen. Das bedeutet neben der Verringerung des Eintrags relevanter (d.h. besonders eutrophierender, persistierender, human- oder ökotoxischer) Stoffe auch die Notwendigkeit zur Erhöhung des Selbstreinigungsvermögens durch gezielte Revitalisierung von Fließgewässern [6; 7].
- Die Nutzung nicht erneuerbarer Ressourcen muß minimiert werden, die der erneuerbaren darf deren Regenerationsrate nicht überschreiten. Das bedeutet ein gezieltes Nährstoffrecycling, das bei einer stoffwirtschaftlichen Verwertung des Abwassers oder Klärschlammes z.B. beim Phosphor und Stickstoff gegeben ist. Eine drastische Reduzierung der Stoff- und Energieströme auch im Abwassersektor ist erforderlich [8; 9].
- Bei allen Eingriffen und Nutzungen durch den Menschen ist die biologisch-ökologische Vielfalt und Diversität aquatischer Systeme zu erhalten und zu fördern. Die Abwasserbehandlung hat dazu durch Entlastung der Gewässer, aber auch dadurch beizutragen, daß sie selbst Biotope schafft (künstliche Feuchtgebiete), statt solche zu stören oder zu zerstören (Landschaftszerschneidung, Versiegelung, Verlärmung) [vgl. 10]. Die Außerbetriebnahme von Rieselfeldern hat durchaus und nicht nur dort ökologische Nachteile bewirkt – auch unter dem Aspekt, daß sie ersetzende technische Anlagen ihre Restfrachten in Fließgewässer einleiten, ist Schaden entstanden.
- Die wasserwirtschaftlichen Lösungen müssen wirtschaftlich und sozial verträglich sein. Die Kosten müssen sich an der Zahlungsfähigkeit der versorgten Bevölkerung orientieren. Vergleichsweise führen Gebühren von 30 DM/m^3 (das wäre die Realgebühr, d.h. ohne Stützung durch das Land) bei den gegenwärtigen Verbrauchsgewohnheiten und Einkommensverhältnissen einer dreiköpfigen Familie in den neuen Bundesländern zu einer Beanspruchung von 10% des monatlichen Budgets für die Abwasserentsorgung.
- Subventionen (Fördermittel) sind nur dann gerechtfertigt, wenn der Kapitaldienst aus der Finanzkraft der Gemeinschaft innerhalb der Region gestellt werden kann [4] und nicht der Fördermittelgeber dauerhaft belastet wird.

Für die Umsetzung der aufgeführten Beschlüsse und Anforderungen ist eine Vielzahl von Maßnahmen nötig:

a) Die Aktualisierung einschlägiger Gesetze und Verordnungen gemäß Problemlage und Stand von Wissenschaft und Technik.
b) Überplanungen fehldimensionierter Abwasserableitungs- und -behandlungssysteme („least-cost-planning").
c) Die Bündelung von Verantwortlichkeiten und Kompetenzen.
d) Die umfassende Qualifikation der Aufgabenträger.
e) Die Beförderung regionaler Eigeninitiativen.
f) Ein sehr viel effizienterer Einsatz der begrenzten Landesfördermittel.
g) Die Optimierung bestehender und genutzter Ableitungs- und Reinigungsanlagen.

Der in Sachsen-Anhalt diesbezüglich erreichte Sachstand soll im folgenden Text aufgeführt und kommentiert werden.

4. Gesetzesänderungen

4.1 Landeswassergesetz

Die Novelle des Wassergesetzes für das Land Sachsen-Anhalt vom 29. Mai 1997 trägt den Nachhaltigkeitsgrundsätzen bereits in hohem Maße Rechnung [5]. Regelungen zum integralen Gewässerschutz wurden (implizit) aufgenommen, ein Renaturierungsgebot für Gewässer wurde formuliert. Für Niederschlagswasser wird die Priorität der Versickerung festgelegt. Dezentrale Abwasserbehandlungsanlagen erhalten, sofern sie auf Grundlage eines mit der Wasserbehörde abgestimmten Abwasserbeseitigungskonzeptes erreicht wurden bzw. werden, einen Bestandsschutz von 15 Jahren.

4.2 Heilungsgesetze

Im Jahre 1995 wuchs die Erkenntnis, daß eine Vielzahl der Abwasserzweckverbände nicht rechtswirksam gebildet worden war. Damit fehlte ihnen nach Auffassung der Gerichte die Eigenschaft einer juristischen Person, einer Körperschaft des öffentlichen Rechts und damit die Fähigkeit, Träger von Rechten und Pflichten der Mitgliedsgemeinden, also der Abwasserentsorgung, zu sein. Die angesichts der prekären wirtschaftlichen Situation vieler Verbände ohnehin verunsicherten Bürger und Mitgliedsgemeinden versagten diesen nun oft völlig die Mitarbeit, wodurch in vielen Fällen zusätzlicher Schaden entstand.

In dieser Situation verabschiedete der Landtag 1996 und 1997 die erste bzw. zweite Novelle zum Gesetz über die kommunale Gemeinschaftsarbeit (sog. Heilungsgesetze), mit der folgende Gründungsfehler geheilt werden sollen [2]:

- Die Beschlußfassung der Verbandsmitglieder über die Bildung des Verbandes und ihre Bekanntmachung.
- Die Vertretung der Verbandsmitglieder bei der Bildung des Verbandes.
- Der Abschluß der dem Verband zugrunde liegenden Vereinbarung über die Bildung des Verbandes zwischen den künftigen Verbandsmitgliedern.
- Die Ausfertigung der Verbandssatzung.
- Die Genehmigung der Verbandssatzung.
- Die öffentliche Bekanntmachung der Verbandssatzung und ihrer Genehmigung.

Die Heilungsregelungen gelten ausdrücklich auch für Zweckverbände, die noch unter Geltung des Kommunalverfassungsgesetzes der DDR, also noch vor Inkrafttreten des Gesetzes über die kommunale Gemeinschaftsarbeit vom 9.10.1992 gebildet worden waren.

Die quasi rückwirkende Bildung von Verbänden per Gesetz ist rechtlich allerdings sehr umstritten. Während das Landesverfassungsgericht mit einem Urteil vom 11.12.1997 das zweite Heilungsgesetz als verfassungsgemäß anerkannte, hat inzwischen eine Kammer des Verwaltungsgerichts Halle die Auffassung vertreten, dieses Gesetz verstoße u.a. gegen Artikel 28 des Grundgesetzes, der das Selbstverwaltungsrecht der Gemeinden garantiert. Deshalb wird das Bundesverfassungsgericht entscheiden müssen.

Anstelle der Verabschiedung von Heilungsgesetzen wäre auch ein anderer, rechtlich unumstrittener Weg möglich gewesen: Die ordnungsgemäße Neugründung der Zweckverbände. Nach Auffassung der Landesregierung versprach dies jedoch aufgrund der Streitigkeiten innerhalb der Verbände keinen Erfolg bzw. hätte sich über Monate und Jahre hingezogen. Dem ist aber wiederum entgegenzuhalten, daß ein rechtliches „Zusammennageln" von Gemeinden die zentrifugalen Kräfte nicht beseitigt und eine einvernehmliche Zusammenarbeit deshalb nicht befördert.

4.3 Kommunalabgabengesetz

Mit Änderungen des Kommunalabgabengesetzes in den Jahren 1996 und 1997 wurden die Gebühren und Beiträge für die Bürgerinnen und Bürger durch folgende Neuregelungen begrenzt:

- Bis zum 31.12.2000 sind Abschreibungen für leitungsgebundene Einrichtungen nur vom Anschaffungs- und Herstellungswert zulässig, nicht vom (i.d.R. höheren) Wiederbeschaffungswert. In sehr vielen Fällen wird es aus oben genannten Gründen (Über- und Fehldimensionierung) auch nach diesem Zeitpunkt kaum sinnvoll sein, vom Wiederbeschaffungswert abzuschreiben, sondern auf die künftige Anschaffung einer ökologisch und ökonomisch deutlich günstigeren Anlage hin. Auf diese Weise können sich Kosten um bis zu 20 % senken lassen.
- Mit den Änderungen des Kommunalabgabengesetzes ist es den Aufgabenträgern auch ermöglicht worden, Grenzwerte für vertretbare Gebühren- und Beitragsbelastung festzusetzen. Die Entscheidungsträger machen in der Praxis davon besonders hinsichtlich der Beiträge auch regen Gebrauch.
- Für landwirtschaftlich genutzte Grundstücke ist der Beitrag zinslos zu stunden, wenn Abwasser nicht eingeleitet wird.
- Übergroße Wohngrundstücke sind nur begrenzt zu veranlagen oder heranzuziehen. Der Beitragssatzung bleibt dabei die Definition der übergroßen Wohnungsgrundstücke und die Begrenzung vorbehalten.
- Eine Beitragspflicht entsteht erst dann, wenn das Grundstück tatsächlich an die Abwasserbehandlungsanlage angeschlossen worden ist.

An diesen Änderungen des Kommunalabgabengesetzes gibt es – auch behördlicherseits – durchaus Kritiken. Und in der Tat gehen durch Gebühren- und Beitragsbegrenzungen Einnahmen für die Verbände verloren. Andererseits werden aber extrem unsoziale Belastungen, die die Akzeptanz von Umweltschutzmaßnahmen an sich beeinträchtigen, vermieden. Außerdem entstehen Anreize für die tatsächliche Anwendung des „least-cost-planning".

4.4 Eigenbetriebsgesetz

Das Eigenbetriebsgesetz von 1997 schreibt die kaufmännische Wirtschaftsführung für alle Zweckverbände vor, die der Wasserver- sowie der Abwasser- und Abfallentsorgung dienen. Diese ermöglicht im Unterschied zu der in diesem

Bereich zuvor überwiegend üblichen kameralistischen Haushaltsführung die genaue Zuordnung von Erträgen und Aufwendungen auf einzelne Positionen und so die wesentlich einfachere Ermittlung von tatsächlichen Kosten für die Leistungserbringung.

5. Änderung der Zuständigkeiten und organisatorische Unterstützung

5.1 Aufgabenübertragung auf den Landkreis in Einzelfällen

Die Lage einer Anzahl von Abwasserzweckverbänden ist so kritisch, daß eine Aufgabenerfüllung kaum noch möglich ist. Die hohe Schuldenlast geht oft mit der Erscheinung einher, daß etliche Mitgliedsgemeinden zu keiner Form der Zusammenarbeit mehr bereit sind und über Jahre ausgehandelte und von den jeweiligen Bürgermeistern unterzeichnete Verträge binnen Tagesfrist widerrufen.

Die Landesregierung schafft deshalb gegenwärtig Voraussetzungen dafür, in Einzelfällen den Landkreis mit seiner höheren Verwaltungskraft mit der Aufgabenerfüllung betrauen zu können. Dazu ist u. a. eine entsprechende Änderung des Landeswassergesetzes nötig. Nach Erfahrung der Autoren sind Landkreise zur zumindest teilweisen Übernahme der Abwasserentsorgung bereit.

5.2 Abwassergroßverbände

Es existieren in Sachsen-Anhalt durchaus auch kleine, nicht in einem Verband organisierte Gemeinden, die das Problem der Abwasserentsorgung in vorbildlicher Weise gelöst haben bzw. lösen. Dies ist dann ausnahmslos auf das überdurchschnittliche Engagement (und die Qualifikation) der Bürgermeister und Gemeinderäte zurückzuführen. Auch einige der kleineren Abwasserzweckverbände arbeiten relativ problemlos. Insgesamt sprechen wasserwirtschaftliche und ökonomische Aspekte aber für eine Überwindung kleinräumiger organisatorischer Strukturen [2]. Eine leistungsfähige Geschäftsführung, die über ausreichenden technischen, betriebswirtschaftlichen und juristischen Sachverstand verfügt, hat ihren Preis. Mangelnder Sachverstand führt aber – wie die aktuelle Situation belegt – sehr schnell zu fehlerhaften Entscheidungen, die im Ergebnis für Bürger und Gemeinden sehr viel teurer sind. Der wünschenswerte Zusammenschluß ist dabei nicht starr an bestimmte rechtliche Formen gebunden. So kann ein Verband für einen anderen die Geschäftsführung besorgen oder es kann ein gemeinsamer neuer Zweckverband gegründet werden. Dabei besteht die Möglichkeit, getrennte Abrechnungsgebiete zu bilden, um aus der Vergangenheit herrührende unterschiedliche Lasten verursachergerecht verteilen zu können.

Die Abwasserzweckverbände sind von der Landesregierung aufgefordert worden, eigene Vorschläge für wirtschaftliche Strukturen vorzulegen [2]. Zum Teil zeichnen sich bereits konkrete und voraussichtlich dauerhafte Lösungen ab.

5.3 Aufbau einer Management-Unterstützungsgruppe

Eine durch das Landesumweltministerium derzeit im Aufbau befindliche Gruppe von im Abwasserbereich erfahrenen Fachleuten soll in Abwasserzweckverbänden mit besonderen Problemen die Geschäfts- und Betriebsführung für eine Übergangszeit ganz oder teilweise übernehmen. In dieser Zeit sollen die rechtlichen, wirtschaftlichen und technischen Grundlagen für eine kostendeckende Arbeit des Verbandes gelegt werden.

5.4 Qualifizierungen

Trotz Fürsprache einer großen Anzahl von Fachleuten und Politikern ist es weder im Landeswassergesetz von 1993 noch in der Novelle von 1997 gelungen, Qualifikationsanforderungen für Geschäftsführungen von Abwasserzweckverbänden verbindlich festzuschreiben. Fachliche Inkompetenz gepaart mit wirtschaftlicher Unerfahrenheit muß aber als eine der Ursachen der gegenwärtigen Situation angesehen werden. Mit mehreren Aktivitäten wird derzeit versucht, das Qualifikationsdefizit auszugleichen. Das Innenministerium des Landes veranstaltete ein mehrwöchiges Grundseminar für die Geschäftsführer von Abwasserzweckverbänden und führt zweimal jährlich Aktualisierungstage über rechtliche, wirtschaftliche und technische Fragen durch. Außerdem wurde von diesem Ministerium für die berufsbegleitende Qualifikation von Angestellten von Abwasserzweckverbänden ein Lehrgang entwickelt, der die erforderlichen verwaltungsrechtlichen Kenntnisse vermittelt. Die Fachhochschule Magdeburg bietet ein berufsbegleitendes Studium „Siedlungs- und Industriewasserwirtschaft" an, welches besonders innovative Aspekte der Abwasserentsorgung und -nutzung sowie des Gewässerschutzes behandelt.

6. Umschuldung und Teilentschuldung, weitere finanzielle Hilfen

Wie in Kapitel 1 gezeigt, hat die zumindest zu Beginn der 90er Jahre hohe öffentliche Förderung von Abwasservorhaben die Probleme nicht gelöst, sondern in vielen Fällen noch erhöht, weil etlichen Verantwortlichen der Zwang zu nachhaltigen Lösungen damit nicht gegeben schien. Heute besteht im politischen Raum weitgehend Einigkeit darüber, daß sich die Abwasserprobleme allein oder überwiegend durch öffentliche Förderung bzw. Subventionierung nicht lösen lassen. Nach wie vor gibt es Meinungsunterschiede darüber, in welchem Grade Landeshaushaltsmittel in diesen Sektor fließen sollen.

Während Umwelt- und Steuerzahlerverbände schon seit längerer Zeit ein Zurückfahren der Förderung und Subventionierung verlangen, um nachhaltige Lösungen durchzusetzen, will die Landesregierung die entsprechenden Summen zunächst erhöhen, um einerseits den Anschlußgrad von Gemeinden an bereits vorhandene Kläranlagen zu verbessern und zumindest eine Teilentschuldung zu erreichen. Die Sanierungshilfen sollen spätestens im Jahr 2003 auslaufen.

Die Verbände sollen bis dahin soweit wirtschaftlich gesundet sein, daß sie auf solche Hilfen nicht mehr angewiesen sind.

Derzeit werden die Kreditvolumina aller Aufgabenträger für die Abwasserentsorgung mit Zins- und Tilgungssätzen ermittelt. Danach soll über ein zentrales Umschuldungsabkommen oder eine Fondsbildung versucht werden, die derzeit günstigen Zinssätze allen Aufgabenträgern zunutze zu machen.

Nach Teilentschuldung und angestrebter Umschuldung ist ein kostendeckendes Entgelt unter voller Verantwortung der Aufgabenträger zu fordern.

7. Überplanungen und regionale Eigeninitiativen

7.1 Überplanungen

In der Schaffung von weniger kosten- und ressourcenintensiven, aber im Prinzip ebenso leistungsfähigen Lösungen liegt das größte Potential für die Etablierung einer nachhaltigen Abwasserbehandlung. Obwohl über diesen Fakt bei allen Beteiligten prinzipielle Einigkeit besteht, gibt es über den optimalen Weg der Abwasserentsorgung zwischen den Aufgabenträgern und den Behörden dennoch oftmals Meinungsverschiedenheiten und Auseinandersetzungen. Darauf soll unten noch näher eingegangen werden.

Nachdem Landtag und Landesregierung die Schwere der Probleme im Abwasserbereich erkannt hatten, wurde 1994 eine Bestandsaufnahme der im Bau befindlichen Abwasseranlagen veranlaßt und mit mehr oder weniger großem Erfolg versucht, durch verschiedene Maßnahmen sicherzustellen, daß zumindest keine neuen unwirtschaftlichen Anlagen entstehen [2; 3].

Von 1994 an durften nur noch solche Investitionen im Bereich der Abwasserentsorgung in Auftrag gegeben werden, die zuvor durch die obere Kommunalaufsicht (Regierungspräsidien) überprüft worden waren.

Mit Hilfe von externen Sachverständigen wurden ökologische und ökonomische Variantenvergleiche durchgeführt: Kann ein bestehendes Kanalnetz ertüchtigt oder umgenutzt werden, ist eine – vom Landeswassergesetz favorisierte – dezentrale Regenwasserversickerung möglich? Lassen sich zentrale durch dezentrale Lösungen preiswerter ersetzen, usw. usf.?

Es wird auf Jahreskostenbasis geprüft, wie bereits erstellte Kläranlagen und Kanäle in das zukünftige Konzept eingepaßt und damit nutzbar gemacht werden können. Sie werden soweit möglich nur dann in die zukünftigen Pläne einbezogen, wenn die Nutzung Kosteneinsparungen erbringt. So wird geprüft, ob der Anschluß einer Gemeinde an eine bereits vorhandene Kläranlage für diese Gemeinde günstiger ist als der Neubau einer oder mehrerer siedlungsspezifischer Anlagen und ob eine volkswirtschaftliche Betrachtungsweise und die wasserwirtschaftlichen Verhältnisse letzeres zulassen.

7.2 *Einspareffekte und ökologische Vorteile der Dezentralisierung*

Die wesentlichen Kosten der Abwasserentsorgung entstehen i. d. R. durch den Bau der Ortskanalisation. Für Nordrhein-Westfalen wurde diesbezüglich die Abhängigkeit zwischen der Gemeindegröße und der spezifischen Kanallänge (*Tab. 2*) eindrucksvoll belegt [11]; auf andere Bundesländer sind diese Daten prinzipiell übertragbar. Damit dürften für Ortschaften mit 100 und weniger Einwohnern dezentralere Lösungen fast immer, für solche mit 100 bis 500 Einwohnern sehr häufig die ökonomisch günstigste Lösung sein.

Tabelle 2. Abhängigkeit der spezifischen Kanallänge von der Gemeindegröße in Nordrhein – Westfalen; nach [11].

Gemeindegrößenklasse/Ortsgröße EW	spezifische Kanallänge m/EW
50	62
100	33
500	10
2000	7
2000–5000	6
>5000–10 000	8,63
>10 000–20 000	7,67
>20 000–30 000	5,80
>30 000–50 000	5,36
>50 000–100 000	4,62
>100 000–250 000	3,62
>250 000–500 000	3,72
750 000	2,49

Auch *Glücklich* (nach *Fehr* [12]) beschreibt Wasserkreisläufe, bei denen Abwasser nach der Behandlung in einer dezentralen Anlage sowie Regenwasser vor Ort versickert werden, als vom Aufwand und von den Kosten her unschlagbar günstig. Nach seiner Berechnung betragen die Jahreskosten im Vergleich zur Variante mit Regenwasserversickerung und Abwasserableitung nur etwa ein Drittel (300 DM/(EW · a)) : 1050 DM/(EW · a)).

Reckerzügl und *Bringezu* [9] zeigten auch für Gemeinden mit 10 000 bis 20 000 Einwohnern, daß ein dezentrales Abwasserentsorgungssystem (Rottevorklärung und Abwasserbehandlung im Bewachsenen Bodenfilter) einem System mit zentraler Kläranlage mit entsprechendem Kanalnetz hinsichtlich der Schonung nichterneuerbarer Ressourcen beim Bau und beim Betrieb wesentlich überlegen ist. Solche Aspekte werden allerdings beim Variantenvergleich in der Praxis bisher kaum berücksichtigt, was sich mit dem schrittweisen ökologischen Umbau des Steuersystems jedoch in absehbarer Zeit ändern dürfte.

Aus den Mindestanforderungen des Anhanges der Abwasserrahmenverwaltungsvorschrift, den örtlichen Randbedingungen und Betreibererwartungen resultieren für Kleinkläranlagen (DIN 4261) und Kleine Kläranlagen (50–500 Einwohnerwerte) fallweise verschieden hohe, kaum gleichzeitig erfüllbare Anforderungen, die maßgeblich die Verfahrenswahl und den Dezentralitätsgrad beeinflussen. Diese Anlagen sollen in Bau- und Betriebsweise einfach und robust sein, stark schwankenden hydraulischen und Frachtbelastungsstößen gerecht werden, einen geringen Steuerungs- und Wartungsaufwand haben, Schlamm in möglichst geringen Mengen einer landwirtschaftlichen Verwertung zuführen oder Schlammentstehung ganz vermeiden und Reinigungsleistungen erbringen, die Anforderungen für die Einleitung in meist abflußschwache Gewässer erfüllen oder für eine Versickerung in das Grundwasser Voraussetzung schaffen [13].

Als kostengünstige und zugleich leistungsfähige Möglichkeit der Abwasserbehandlung kommen immer häufiger naturnahe Reinigungssysteme zur Anwendung. Zum einen können bei ihnen die spezifischen Jahreskosten um 30–50 % niedriger als bei technischen Kleinkläranlagensystemen liegen [12], zum anderen können sie unter bestimmten Voraussetzungen (leistungsfähige Vorreinigung, ausreichende Dimensionierung) auch weitergehende Reinigungsanforderungen erfüllen [14; 15; 16]. Gegenwärtig gibt es in zahlreichen wissenschaftlichen Einrichtungen, u. a. an der FH Magdeburg, Bemühungen zur Leistungsoptimierung besonders von Bewachsenen Bodenfiltern.

7.3 *Regionale Eigeninitativen*

Die angespannte Situation im Abwasserbereich, insbesondere die finanzielle Misere zahlreicher Verbände rufen erfreulicherweise vor Ort immer häufiger Eigeninitiativen zur Schaffung kreativer und sozialverträglicher Formen der Abwasserbehandlung hervor. Sie gehen i. d. R. von Bürgerinitiativen, Mitgliedsgemeinden der Verbände oder Umweltorganisationen aus. Standen die Zweckverbände derartigen Vorstößen anfangs eher skeptisch gegenüber, so werden diese heute größtenteils begrüßt und konzeptionell eingebunden.

Im Oktober 1998 hat sich der Bund für Umwelt und Naturschutz Deutschland (BUND) in Zusammenarbeit mit dem Institut für Wasserwirtschaft und Ökotechnologie der Fachhochschule Magdeburg an eine Vielzahl von Trägern der Abwasserentsorgung sowie an die zuständigen Unteren Wasserbehörden mit dem Vorschlag gewandt, sie bei der Erarbeitung integrierter Gewässerschutzkonzepte zu unterstützen. Für die Gemeinden bzw. Ortschaften, die sich an dieser Initiative beteiligen, wird unter Abstimmung mit der Gesamtkonzeption des Verbandes ein „least-cost-planning"-Lösungsansatz erarbeitet. Dieser wird hinsichtlich seiner Leistungsfähigkeit optimiert.

Besondere Aufmerksamkeit wird dabei auf die Möglichkeiten des Einsatzes naturnaher Abwasserbehandlungsverfahren gelenkt.

Die wertvollen Abwasserinhaltsstoffe sollen auf verschiedene Weise (z. B. Teichwirtschaft, Rottevorklärung mit Kompostierung, Klärschlammveredung, Erzeugung nachwachsender Rohstoffe in (künstlichen) Feuchtgebieten) verstärkt genutzt werden.

Zwei Beispiele für die Umsetzung des BUND-Projektes seien hier genannt:

Die altmärkische Gemeinde Krüden (850 Einwohner) ist eine für diese Region typische weitläufige Streusiedlung. Die ursprünglich geplante zentrale Erschließung mit einem Kanalnetz von 10 km Länge und der Errichtung einer zentralen Kläranlage hätte je Einwohner einen Kostenaufwand von etwa 8000 DM verursacht. Das nun erarbeitete und in Umsetzung befindliche dezentrale Konzept, das ein Ensemble verschiedener Lösungsansätze (Kleinkläranlagen mit nachgeschalteten Pflanzenbeeten, Bewachsene Bodenfilter mit Rottevorklärung, Teichanlagen) darstellt und bereits die Zustimmung des Landesumweltministeriums gefunden hat, kommt mit um 75 % geringeren Errichtungs- und auch sehr bescheidenen laufenden Kosten aus. Durch ausreichende Dimensionierung der Bodenfilter bzw. Teiche wird zugleich ein hoher Grad der Umweltentlastung gewährleistet.

Die Gemeinde Gatersleben (3500 Einwohner) im Vorharz wird im Rahmen des BUND-Projektes ihre aus mechanischer Vorreinigung und Tropfkörper bestehende Kläranlage mit einem System von Bewachsenen Bodenfiltern nachrüsten, um weitergehenden Reinigungsanforderungen gerecht zu werden.

Als weiteres regional bedeutsames Vorhaben kann die von der Landeshauptstadt Magdeburg in Zusammenarbeit mit der Fachhochschule Magdeburg vorgesehene Wiederinbetriebnahme eines Teils der Magdeburger Rieselfelder (ca. 100 ha) genannt werden. Damit sollen Restinhaltsstoffe aus dem Abwasser entfernt, Abwasserabgaben eingespart und gleichzeitig Möglichkeiten für die Produktion nachwachsender Rohstoffe (Typha, Phragmites) geschaffen werden.

Auch im Rahmen der Weltausstellung EXPO 2000, die mit der Region Dessau–Bitterfeld–Wittenberg einen Korrespondenzstandort in Sachsen-Anhalt besitzt, wird ein wasserbezogenes Projekt („Wasserlandschaft") realisiert, das den Übergang zum nachhaltigen Umgang mit der Ressource Wasser in all ihren Formen und Funktionen forcieren und diesen Übergang zugleich in verschiedenen Ausdrucksformen nachvollziehbar und erlebbar machen soll. Dieses Projekt beinhaltet unter anderem die Etablierung lokaler und regionaler Wasserkreisläufe und die Verringerung wasserbezogener Stoffflüsse durch Anwendung material- und energiesparender Abwasserbehandlungs- und Nutzungsmethoden. So sollen in der Vergangenheit „degradierte Niedermoore als Entsorgungsräume für Nährstofffrachten" [17], also für nach der Abwasserbehandlung verbleibende Inhaltsstoffe genutzt und zugleich in ihrer Lebensraumfunktion wiederhergestellt werden. Solcherart intakte wachsende Niedermoore schützen aufgrund ihres Senkecharakters das Grundwasser sehr zuverlässig vor Schadstoffen und haben somit wenig mit klassischer Versickerung behandelten Abwassers zu tun! Trotzdem gibt es in den Wasserbehörden nach wie vor erhebliche Vorbehalte gegen solche Verwertungsformen im speziellen und naturnahe Abwasserbehandlungsverfahren im allgemeinen. Eine wichtige Aufgabe der genannten Projekte ist es, derartige Bedenken zu zerstreuen und den Nachweis anzutreten, daß auf diese Weise ein ganzheitlich nachhaltiger Umgang mit Abwasser möglich ist.

Literatur

[1] Anonymus: Umweltbericht des Landes Sachsen-Anhalt. Hrsg. vom Ministerium für Raumordnung und Umwelt des Landes Sachsen-Anhalt (1997).

[2] Anonymus: Bericht der Landesregierung an den Landtag zur aktuellen Abwassersituation in Sachsen-Anhalt. Unveröffentlicht (1998).

[3] Anonymus: Bericht zur Lösung der Abwasserproblematik. Drucksache 2/883 neu und 2/22/884 B (1995). Beschluß zur Genehmigung siedlungsspezifischer Abwasserbehandlungsanlagen. Drucksache 2/56/3168 B (1997). Landtag von Sachsen-Anhalt.

[4] *Drewes, J. E.* und *Weigert, B.:* Sustainable Development – Das neue Denken in der Wasserwirtschaft. gwf – Wasser/Abwasser 139 (1998) Nr. 11, S. 699–705.

[5] *Lüderitz, V.; Borchardt, D.; Klapper, H.* und *Eckert, E.:* Aspekte eines zukunftsfähigen Umganges mit Wasserressourcen. Wasser & Boden.

[6] *Lüderitz, V.* und *Hentschel, P.:* Umgestaltung des Landeskulturgrabens bei Dessau – ein Beispiel für den Umgang mit anthropogenen Fließgewässern. Naturschutz und Landschaftsplanung 31(1999) Nr. 1, S. 18–22.

[7] *Heidenwag, I.; Langheinrich, U.* and *Lüderitz, V.:* Self purification power of brooks in dependence on ecomorphological quality. In Vorbereitung.

[8] *Schmidt-Bleck, F.:* Wieviel Umwelt braucht der Mensch? MIPS – das Maß für ökologisches Wirtschaften. Birkhäuser Verlag Berlin, Basel, Boston, 1994.

[9] *Reckerzügl., T.* und *Bringezu, S.:* Vergleichende Materialintensitätsanalyse verschiedener Abwasserbehandlungssysteme. gwf – Wasser/Abwasser 139 (1998) Nr. 11, S. 706–713.

[10] *Trautner, J.:* Siedlungsentwässerung und Abwasserbehandlung. Aspekte des Arten- und Biotopschutzes – ein Überblick. Naturschutz und Landschaftsplanung 39 (1998) Nr. 5, S. 147–153.

[11] Anonymus: Öffentliche Wasserversorgung und Abwasserbeseitigung in Nordrhein-Westfalen. Statistische Berichte; Hrsg. vom Landesamt für Datenverarbeitung und Statistik NRW, Düsseldorf, 1990.

[12] *Fehr, G.* und *Niederste – Hollenberg, J.:* Leistungsfähigkeit und Kosten von Pflanzenkläranlagen in Niedersachsen. Materialien der Tagung des Institutes für Weiterbildung und Beratung im Umweltschutz Magdeburg zum Thema „Pflanzenkläranlagen – kostengünstige Alternative zu zentralen Kläranlagen?", Eigenverlag, Magdeburg, 1996.

[13] *Kuhn, B.:* Gewässerschutz und Wirtschaftlichkeit der Abwasserbehandlung in ländlich strukturierten Gebieten. Wie [12].

[14] *Müller, O.* und *Emme, H.:* Zur Leistungsfähigkeit von Kläranlagen bis 500 Einwohner im ländlichen Raum. Korrespondenz Abwasser 43 (1996) Nr. 1, S. 92–94.

[15] *Geller, G.:* Horizontal durchflossene Pflanzenkläranlagen im deutschsprachigen Raum – langfristige Erfahrungen, Entwicklungsstand. Wasser & Boden 50 (1998) Heft 1, S. 18–25.

[16] *Löffler, H.:* Ergebnisse zur Anwendung des naturnahen Pflanzenfilterverfahrens Phytofilt in sechs Bundesländern. Wie [12].

[17] *Pfadenhauer, J.:* Renaturierung von Niedermooren – Ziele, Probleme, Lösungsansätze. 26. Hohenheimer Umwelttagung „Feuchtgebiete – Gefährdung. Schutz. Renaturierung" (1994) S. 57–73.

(Manuskripteingang: 8.2.1999.
Überarbeitete Fassung: 15.3.1999)

Volker Lüderitz, Dietrich Borchardt, Helmut Klapper, Elke Eckert

Aspekte eines zukunftsfähigen Umganges mit Wasserressourcen

Aspects of sustainable water resources management

Zusammenfassung

Der rechtliche Rahmen für einen nachhaltigen, dauerhaft umweltgerechten Umgang mit Wasserressourcen hat sich in den letzten Jahren auf Bundes- und Landesebene verbessert. So wurden beispielsweise in Sachsen-Anhalt Gebote zur Herstellung der ökologischen Durchgängigkeit und zur Renaturierung von Fließgewässern gesetzlich festgeschrieben. Auf dieser Basis können sich integrale Gewässerschutzstrategien, die die ökologisch definierten Kompartimente von Gewässern sowie die anthropogenen Einflüsse in einem komplexen Zusammenhang betrachten und daraus begründete und quantifizierbare Umweltqualitätsziele ableiten, besser durchsetzen.

Besonders kompliziert stellt sich die Situation in den neuen Bundesländern dar, denn zu DDR-Zeiten spielte der Gewässerschutz nur eine sehr untergeordnete Rolle. In großen Teilen der neuen Bundesländer sind zudem erhebliche quantitative und qualitative Wasserprobleme zu lösen, die aus der fast zeitgleichen Stillegung zahlreicher Braunkohletagebaue resultieren. Das anzustrebende Flutungsregime stellt in der Regel einen Kompromiß zwischen der Bekämpfung der Versauerung und der Eutrophierung dar.

In der mit besonders ausgeprägten Umweltproblemen konfrontierten, aber von der Naturausstattung her zugleich reichen Region Dessau – Bitterfeld – Wittenberg wird in Vorbereitung der EXPO 2000 derzeit ein Projekt „Wasserlandschaft" umgesetzt, das anhand zahlreicher Einzelvorhaben aufzeigen soll, wie der Übergang zu einem nachhaltigen Umgang mit der Ressource Wasser gestaltet werden kann.

Summary

The legal framework for the sustainable management of water resources in Germany has been improved at Federal and Land levels over recent years. For example, legislation in Saxony-Anhalt now requires renaturalisation of flowing waters. This offers a better basis for the implementation of integrated strategies for the protection of bodies of water which take into account the complexity of anthropogenic influences and derive quantitative environmental quality aims. In the new federal Laender of east Germany the situation is particularly complicated, since the protection of bodies of water were neglected in the GDR. Additionally, the simultaneous closures of various open-cast lignite mines have caused considerable problems. The necessary flooding regime requires a compromise between the fight against acidification and the fight against eutrophication. In the area Dessau – Bitterfeld – Wittenberg, which faces particular problems but also has a rich natural potential, a "water landscape" project has been realised in preparation for the world exhibition EXPO 2000. Various single projects will demonstrate how the transition to a sustainable use and protection of water resources can be managed.

1 Problemstellung

Die Diskussion um eine nachhaltige, zukunftsfähige und dauerhaft umweltgerechte Entwicklung hat in den letzten Jahren auch die Wasserwirtschaft erfaßt [1, 2]. Dabei werden ihre unterschiedlichen Bereiche zunehmend enger miteinander verknüpft, aber gleichzeitig auch weiter differenziert.

Im Gewässerschutz und in der Abwasserbehandlung wird bzw. werden

- klassisch-mechanistisches „Vorfluter-Denken" durch integrierten Gewässerschutz ersetzt, d. h. nicht allein wenige Parameter (O_2-Gehalt, organische Belastung, Geruch) sind Zielfunktion des Gewässerschutzes, es werden vielmehr das Gewässer in seiner Gesamtheit und das gesamte Spektrum möglicher Schädigungen durch Wasserinhaltsstoffe (Säuren, Schwermetalle, Xenobiotika, Hormone etc.) betrachtet;
- Abwasserbehandlung und Naturschutz durch die Schaffung künstlicher Feuchtgebiete miteinander verknüpft, wobei auch landschaftsästhetische Gesichtspunkte Berücksichtigung finden;
- eine Minimierung der Entropieproduktion durch Dezentralisierung, Dematerialisierung sowie Orientierung auf Abwasserverwertung angestrebt und
- zunehmend soziale Aspekte berücksichtigt.

Im Wasserbau und in der Gewässerunterhaltung ist festzustellen, daß

- das Wasseringenieurwesen in Lehre und Forschung aus den Baudisziplinen, herausgelöst und zunehmend naturwissenschaftlich untersetzt wird;
- Gewässer nicht mehr in erster Linie als Wasserstraßen und „Vorfluter", sondern als Lebensadern der Landschaft mit anthropogenen Zusatzfunktionen betrachtet werden, weshalb Gewässerunterhaltung sich nicht mehr nur an der Gewährleistung des Abflusses, sondern am Schutz des Gewässers als Lebensraum orientiert;
- der Verbau von Gewässern in zunehmendem Maße „geächtet" wird – Bauwerke im und am Gewässer müssen zumindest bestimmte ökologische Anforderungen (Durchwanderbarkeit) erfüllen – und

- Renaturierung zu einem Hauptanliegen des Wasserbaus wird.

Anhand einiger aus unserer Sicht zukunftsweisender Entwicklungen aus der Umweltpolitik und -gesetzgebung, der Forschung und der wasserwirtschaftlichen Praxis sollen diese Tendenzen belegt und erläutert werden.

2 Integraler Gewässerschutz

2.1 Gesetzlicher Auftrag

Der Auftrag zur ökologisch orientierten Bewirtschaftung der Gewässer ist seit 1986 im Wasserhaushaltsgesetz für die Bundesrepublik Deutschland verankert und in der Novelle vom November 1996 verstärkt betont worden. So heißt es jetzt in § 1a WHG, daß die Gewässer als Bestandteil des Naturhaushaltes und als Lebensraum für Tiere und Pflanzen zu sichern sind. Sie sind so zu bewirtschaften, daß sie dem Wohl der Allgemeinheit dienen und jede vermeidbare Belastung unterbleiben soll.

Die Wassergesetze der Bundesländer konkretisieren diese Forderungen. Eine diesbezüglich sehr weitgehende Novelle ist im Mai 1997 in Sachsen-Anhalt in Kraft getreten. Sie enthält unter anderem folgende für eine moderne Gewässerbewirtschaftung und einen modernen Gewässerschutz wichtige Regelungen:

- Bei Errichtung oder wesentlicher Veränderung einer Stauanlage ist die ökologische Durchgängigkeit des Gewässers zu gewährleisten (§ 80a). Damit wird dem zentralen fließgewässerökologischen Umweltqualitätsziel der Durchwanderbarkeit Rechnung getragen.
- Im Gewässerschonstreifen (§ 94) wird untersagt, Grünland in Ackerland umzubrechen, Dünge- und Pflanzenschutzmittel auszubringen, wassergefährdende Stoffe, einschließlich organischer Dungstoffe zu lagern oder abzulagern, Anpflanzungen mit nicht einheimischen oder nicht standortgerechten Gehölzen vorzunehmen, nicht standortgebundene bauliche Anlagen, Straßen, Wege und Plätze zu errichten sowie eine intensive Beweidung ohne Einvernehmen mit der Naturschutzbehörde vorzunehmen. Außerdem ist die Wasserbehörde gehalten, erforderlichenfalls anzuordnen, daß Gewässerschonstreifen mit geeigneten standortgerechten Gehölzen bepflanzt oder sonst mit einer geschlossenen Pflanzendecke versehen werden. Die Umsetzung dieser Festlegungen, welche bis dahin gültige weitgehend unverbindliche Formulierungen ersetzen, wird zur schrittweisen Schaffung eines Systems von tatsächlich funktionsfähigen Gewässerschonstreifen führen.
- Die Gewässerunterhaltung (§ 102) erfährt eine erweiterte Aufgabendefinition dadurch, daß die natürlichen Lebensgrundlagen künftig nicht mehr nur zu bewahren, sondern auch zu verbessern sind. In diesem Zusammenhang wird auch ein Renaturierungsgebot formuliert.
- Erstmalig wird auch dem Wasserbau eine Renaturierungspflicht auferlegt (§ 122): Die Wasserbehörde kann bestimmen, daß der zur Unterhaltung eines Gewässers zweiter Ordnung Verpflichtete ein nicht naturnah ausgebautes Gewässer in einem angemessenen Zeitraum wieder in einen naturnahen Zustand zurückführt.

2.2. Erfordernis

In der Vergangenheit dominierten mit fortschreitender Industrialisierung und rapide ansteigender Bevölkerungsdichte in erster Linie stoffliche Belastungspfade, die mit sektoriellen technischen Gewässerschutzmaßnahmen nach dem „Emissionsprinzip" wirkungsvoll bekämpft werden konnten. Der Gewässerschutz auf der Basis technologisch begründeter Anforderungen brachte große Erfolge für die Wasserbeschaffenheit, solange stoffliche Belastungen aus kontinuierlichen Abwassereinleitungen das Hauptproblem darstellten. Inzwischen zeigt sich, daß die kontinuierlichen stofflichen Belastungen nicht mehr überall die Gewässergüte bestimmen. So zeigen umfangreiche Untersuchungen an Fließgewässern im Mittelgebirgsraum, daß nur 1 % der untersuchten Abschnitte ausschließlich Wasserqualitätsdefizite (Biologische Güteklasse > II) aufweisen (Tabelle 1). Sehr viel bedeutender sind Defizite in der Gewässerstruktur (32 % mit Strukturgüteklasse > 3) bzw. gleichzeitige Wasserqualitäts- und Strukturgütedefizite (31 %).

Ähnliche Zusammenhänge wurden auch für Harzgewässer in Sachsen-Anhalt [3] sowie für größere Fließgewässer, wie die Lahn oder die Vils mit Einzugsgebietsgrößen von mehr als 1000 km^2 festgestellt [4, 5]. Die Prioritäten im Ge-

Tabelle 1 Wasserqualitäts- und Gewässerstrukturdefizite in 109 repräsentativen Abschnitten mittelhessischer Fließgewässer gemäß Erhebungen der Jahre 1990 bis 1994 ([1] und unveröff. Daten).

Biologische Wassergüteklasse nach Saprobienindex	1	2	3	4	5	6	7
IV	–	–	–	–	–	–	–
III–IV	–	–	–		1	1	3
III	–	–	–	1	1	1	2
II–III	–	–	1	4	5	8	7
II	2	3	7	5	6	7	4
I–II	1	7	7	8	3	–	–
I	2	6	4	2	–	–	–

Gewässerstruktur-Güteklasse (Spalten 1–7)

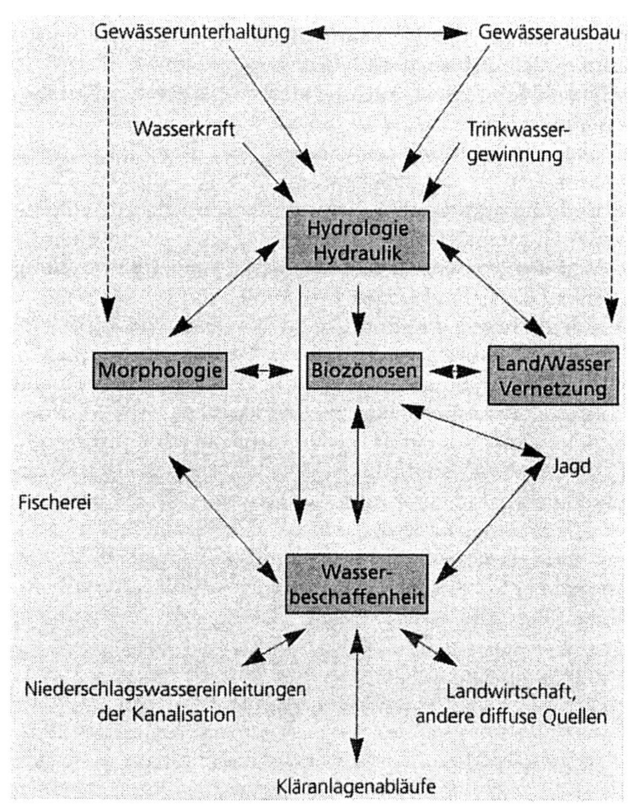

Bild 1 Kompartimente eines Fließgewässerökosystems und anthropogene Einflüsse

wässerschutz müssen daher in größerem Zusammenhang neu festgesetzt werden.

Da die Lebensgemeinschaften an zentraler Stelle im Ökosystem von Fließgewässern stehen (Bild 1) und deren Zusammensetzung als Resultat natürlicher und anthropogener Einflüsse aufgefaßt werden kann, sollten Beurteilungsverfahren für den Gewässerzustand und für Belastungen getrennt für ökologische Indikatoren und Einflußfaktoren vorgenommen werden. Nur so können ökologische Defizite nachvollziehbar benannt und Belastungen als Ansatzpunkte für Sanierungsmaßnahmen, für die letztlich auch finanzielle Mittel erforderlich werden, quantifiziert werden.

2.3. Instrumentarien

Die Konkretisierung des „integralen Gewässerschutzes" erfordert eine systematische Vorgehensweise. Hierfür bedarf es eines Instrumentariums, das in den Grundzügen vorhanden und teilweise erprobt ist (z. B. [4, 5]), aber in der endgültigen Formulierung einer Systematik zur Ermittlung von Leitbildern (= potentiell natürlicher Zustand) ökologischen Defiziten, Belastungen, Ursache-Wirkungs-Beziehungen und Bewertungsmaßstäben noch zu entwickeln ist. Erforderliche Schritte sind:

1. die **ökologische Bewertung** der aktuellen Gewässersituation (Ist-Zustand)
2. die **Quantifizierung von ökologischen Defiziten,** die den Ist-Zustand vom Entwicklungsziel trennen
3. die Bestimmung und **Quantifizierung der Belastungsfaktoren,** die die ökologischen Defizite verursachen
4. die Ermittlung und Quantifizierung von **Sanierungspotentialen** (als theoretisch möglichen Maßnahmen zur Verbesserung des Ist-Zustandes)
5. **Kosten-Nutzen-Bilanzierungen,** die in methodisch nachvollziehbarer Weise sowohl die Kosten als auch die ökologische Wirkung einzelner Maßnahmen beschreiben.

Die Ermittlung der ökologischen und ökonomischen Effizienz von Maßnahmen im Gewässerschutz ist eine Fragestellung, für die die bisher entwickelten Bewertungsverfahren nicht primär vorgesehen sind.

Die Lösung dieser Aufgabe setzt eine erweiterte Methodik voraus, die

- ökologische Defizite konsequent von den Belastungen trennt
- Beziehungen zwischen Ursachen und Wirkungen quantifiziert
- Wirkungen von Maßnahmen mit Kosten in Beziehung setzt.

Auf dem aktuellen Kenntnisstand ist es zwar für zahlreiche Belastungsfaktoren möglich, deren Bedeutung für die Gewässersituation zu quantifizieren (z. B. Massenbilanzen von Wasserinhaltsstoffen) und die Wirksamkeit von Maßnahmen in Bezug auf ein Entwicklungsziel zu prognostizieren. Erst in Ansätzen erarbeitet ist jedoch für verschiedene morphologische und chemische Parameter die Quantifizierung von Ursache-Wirkungs-Beziehungen im Ökosystem und damit die Prognose der Verbesserung in Bezug auf die Lebensgemeinschaften [4, 6]. Hierbei spielt die unterschiedliche räumliche und zeitliche Wirkung von Maßnahmen des Gewässerschutzes und die Reaktion der Lebensgemeinschaften eine zentrale Rolle.

Kosten-Nutzen-Betrachtungen müssen sich daher vorläufig vor allem auf die Prognose der Verminderung von Belastungen und die dafür aufzuwendenden Mittel beschränken. Mit einer weiter fortschreitenden Detaillierung der leitbildorientierten Gewässerbewertung wird sich allerdings auch der wissenschaftliche Kenntnisstand über Kausalzusammenhänge zwischen abiotischen und biotischen Zuständen erweitern und damit verbunden die Grundlage für die Aufstellung von ökologischen Wirkungsprognosen verbessern.

3 Konzepte zur Lösung der Wassermenge- und -güteprobleme in Bergbaufolgelandschaften

Einer nachhaltigen Bewirtschaftung von Wasserressourcen stehen namentlich in den neuen Bundesländern Probleme entgegen, die aus dem raubbauähnlichen Umgang mit dem wichtigsten Energieträger der DDR-Wirtschaft – der Braunkohle – überkommen sind. Diese Menge- und Güteprobleme sind so zu lösen, daß die vermeintlichen Lösungen nicht selbst zu neuen Belastungen, z. B. für den Wasserhaushalt benachbarter Gebiete, werden. Unter den Nachhaltigkeitsregeln gilt es hier insbesondere, die Zeitregel (d. h. das zeitliche Anpassungsvermögen von Naturprozessen nicht zu überfordern) gebührend zu beachten.

3.1. Mengenprobleme bei der Regeneration des gestörten Wasserhaushaltes

Ende der achtziger Jahre wurden in der damaligen DDR mehr als 300 Mio. t/a Braunkohle gefördert, 1,4 Mrd. m^3 Abraum bewegt und bis 1,8 Mrd. m^3 Wasser gehoben. Auf Grund des energiewirtschaftlichen Bedarfsrückganges und der Stillegung von Tagebauen ist im mitteldeutschen Revier mit 62 und im Lausitzer Revier mit 97 Tagebaurestlöchern zu rechnen. Um daraus Bergbaurestseen entstehen zu lassen, werden 3,5 bzw. 4 Mrd. m^3 Wasser benötigt. Rechnet man das noch größere Defizit an statischen Grundwasservorräten hinzu, so beläuft sich der Gesamtbedarf auf 8 plus 13 Mrd. m^3, also 21 Mrd. m^3 in beiden Revieren zusammengenommen.

Die Grundwasserabsenkung hatte 1990 fast 2500 km^2 erreicht und umfaßt gegenwärtig noch mehr als 2000 km^2. Durch die in die Flüsse abgeleiteten Sümpfungswässer hatten sich deren Abflußverhältnisse wesentlich verändert. Vor allem in der Spree gab es seit Jahrzehnten keine ausgesprochenen Niedrigwassersituationen. Der Wasserhaushalt des Spreewaldes und die Nutzungsansprüche im Großraum Berlin haben sich darauf eingestellt. Mit dem Rückgang der Sümpfungswassermengen entsprechend der Konzentration des aktiven Bergbaues auf wenige Standorte ist mit Versorgungsengpässen und ökologischen Folgen zu rechnen. Die Wiederherstellung eines ausgeglichenen Wasserhaushaltes schließt demzufolge auch speicherwirtschaftliche Maßnahmen mit ein, unter denen das Projekt Lohsa II der bedeutendste Maßnahmenkomplex für die Lausitz ist [7].

3.2 Schwerpunkte der Wassergütebewirtschaftung

Zusätzlich zu den erheblichen Wassermengenproblemen in den niederschlagsärmsten Regionen Deutschlands ergeben sich für die Restseen eine Anzahl an Qualitätsproblemen. Die folgenden werden hier kurz behandelt:

- Rolle des Füllwassers
- Morphometrie der Hohlform und Einbindung in den Landschaftswasserhaushalt
- Belastungsarten und -folgen
- Bekämpfung der Eutrophierung
- Bekämpfung der geogenen Versauerung

3.3 Rolle des Füllwassers für die künftige Beschaffenheit

In Tabelle 2 und 3 werden Vor- und Nachteile der Füllung entweder mit Grundwasser oder mit Flußwasser gegenübergestellt.

Tabelle 2 Füllung von Tagebaurestlöchern mit Grundwasser (geändert n. [8])

Vorteile	Nachteile
– Phosphorbindung an Fe^{3+}, Al^{3+}, Ca^{2+}, Tonminerale gewährleisten einen niedrigen Nährstoff- bzw. Trophie-Standard	– In großräumig entwässerten Gebieten mit zerstörten Grundwasser-Leitern zum Teil extrem lange Füllzeiten
– Hohe Eisengehalte des Grundwassers sichern die Phosphor-Festlegung im Sediment	– Höheres Grundwasserniveau gefährdet die Böschungssicherheit
– Geringe org. Last → Keimarmut	– Sulfidische Minerale im Grundwasser-Bildungsgebiet werden zu Schwefelsäure oxidiert
– Eisenhydroxid-Sedimentation entkeimt den Freiwasserraum	– Geogen schwefelsaure Gewässer sind für viele Pflanzen und Tiere nicht bewohnbar
– Langjährige „zu günstige" Trophie	– Bei pH-Werten < 3 bleibt Eisenhydroxid echt gelöst, dunkelrot; bei Sättigung des Basenbedarfes fällt es ockerfarben, trübe aus
– Neutrale bis schwach saure Restseen genügen schon bei Teilflutung hohen Qualitätsansprüchen	– Wegen der Eisenpufferung ist eine chemische Neutralisierung ökonomisch unrealistisch

In der Praxis gibt es nicht nur die Alternativen zwischen Grund- und Oberflächenfüllwasser, sondern auch alle Mischformen mit Wechselwirkungen, die für eine Gütesteuerung genutzt werden können [9]. In der Regel sollte das Oberflächenwasser nur zum Füllen verwendet werden und für die Dauer eine Nebenschlußform gefunden werden, wodurch auch später bei Bedarf pH-Korrekturen durch die Karbonathärte des Flusses möglich, wie z. B. beim Senftenberger See [10].

Tabelle 3 Füllung von Tagebaurestlöchern mit Flußwasser (geändert n. [8])

Vorteile	Nachteile
– Schnelle Füllung möglich	– Fließgewässer sind fast generell zu hoch mit Zehr-, Nähr- und Schadstoffen belastet
– In den umgebenden Grundwasser-Raum eingebrachte Zehrstoffe schaffen anaerobes Milieu, Metalle (insbes. Eisen) werden sulfidisch festgelegt	– In den ersten Jahren, bezogen auf den morphometrisch bedingten „Erwartungswert", zu schlechte Beschaffenheit
– Von Füllungsbeginn an neutrales, sulfatarmes Wasser	– Schadstoffeinbringung in den Grundwasser-Raum kann langjährige irreparable Schäden verursachen
– Höheres Oberflächenwasser-Niveau verringert die Rutschgefahr der Böschungen	– Algenmassenentwicklung im Epilimnion und Sauerstoffschwund im Hypolimnion beeinträchtigen in den ersten Jahren die Bad- und fischereiliche Nutzung
– Durch Inkorporation und Sedimentation kann zum Beispiel Phosphor ins Sediment verfrachtet werden	– Besonders in den ersten Jahren sind Ökotechnologien zur Verbesserung der Beschaffenheit des Füllwassers bzw. des Sees erforderlich
– Anspruchslose Nutzung (Wassersport ohne Körperkontakt mit dem Wasser) sehr schnell möglich	– Die Zufuhr von Flußwasser erfordert aufwendige Überleitungen sowie Entnahme- und Einleitungsbauwerke

3.4 Morphometrie der Hohlformen und daraus resultierende Einflüsse auf die Beschaffenheit

Im Vergleich zu Naturseen realisieren Bergbaurestseen zumindest in den ersten Jahren ihrer Sukzession mit gleichem Nährstoffangebot eine geringere Bioproduktion. Die äußere Beckengestaltung hat dabei einen entscheidenden Einfluß auf die Wasserbeschaffenheit. Bei dem Klassifizierungsstandard für Seen wird postuliert, daß unter „Normalbedingungen" zu jeder Morphometrie (mittlere, maximale Tiefe, Schichtung, Hypolimnion – Epilimnion-Verhältnis usw.) eine korrespondierende Trophie angenommen werden kann [11]. Soll der Bergbaurestsee einmal möglichst klares, d. h. biologisch wenig produktives Wasser haben, das auch anspruchsvollen Nutzungen gerecht wird, sollte sein Becken möglichst tief und steilufrig sein, und im Sommer sollte sich eine stabile Schichtung ausbilden. Für die Klasse I sind als mittlere und maximale Tiefe > 15 m bzw. > 30 m angegeben. Bergsicherheit und Limnologie haben einen Zielkonflikt, da die zur Böschungsstabilisierung durchgeführten Abflachungen einen immer größeren Flächenanteil des Gewässerbodens dem produktiven Epilimnion zuführen.

Wird als Leitbild für den entstehenden See weniger auf die Klarheit und Nutzbarkeit seines Wassers, sondern auf Artenmannigfaltigkeit des Ökosystems orientiert, ist auf vielgestaltige Ausformung zu achten: Der Landschafts- oder Natursee soll relativ große Litoralflächen, Wechsel von Flach- und Steilufern bis hin zu senkrechten Abbruchkanten, Inseln, Buchten, unterschiedlichen Tiefen, d. h. unterschiedlichste Habitate aufweisen. Daß diese bewußt mit hoher Bioproduktivität und reichem Arteninventar ausgestatteten Seen nach der Trophie „schlechter" eingestuft werden als steilufrige, tiefe Seen, beinhaltet eine unzulässige Wertung aus der Nutzersicht.

3.5. Belastungsarten und -folgen

Wassergüteprobleme in den Restseen der Braunkohlentagebaue erwachsen in erster Linie aus unerwünschter chemischer Zusammensetzung des Füllwassers, Auslaugungen des die Kohle umgebenden Gesteins und aus Kontaminationen mit industriellen und kommunalen Abprodukten. Das Attribut „unerwünscht" impliziert vordergründig den Nutzungsaspekt, kann aber auch rein biologisch betrachtet werden. Gerade die neu entstehenden Seen weisen nicht selten einen so extremen Chemismus auf, daß die Erstbesiedlung nur sehr zögerlich und über extremophile Pionierformen erfolgt. Je nach vorrangiger Füllung mit Grundwasser oder Oberflächenwasser ergeben sich, nach ihrer Bedeutsamkeit geordnet, folgende Hauptstressoren:

bei Grundwasserfüllung
- geogene Acidität durch Pyritoxidation und daran gekoppelte Schwermetallbelastung,
- geogene Halobität durch Liegendwässer der Salzkohle,
- anthropogene Kontamination mit Wasserschadstoffen,

bei Oberflächenwasserfüllung
- die nährstoffbedingte Eutrophierung,
- die Saprobisierung infolge organischer Belastung,
- die Infektion mit mikrobiellen Krankheitserregern.

3.6. Bekämpfung der Eutrophierung und der geogenen Versauerung

Zur Beherrschung der Eutrophierung sind viele Methoden, Strategien und Technologien verfügbar, die vor allem für den Schutz von Seen und Trinkwassertalsperren entwickelt worden sind [11] und auf deren Erläuterung an dieser Stelle verzichtet wird.

Im Unterschied dazu liegen für die Bekämpfung der geogenen Versauerung noch wesentlich weniger Erfahrungen vor.

Die schwefelsauren Seen mit pH-Werten zwischen 2 und 3 sind reich an Sulfathärte und durch hohe Eisengehalte im Sauren gepuffert. Die bei den regensauren Weichwasserseen so bewährte Kalkung ist deshalb unwirtschaftlich.

Ökotechnologische Ansätze, den bakteriell ausgelösten Versauerungsprozeß in die entgegengesetzte Richtung der bakteriellen Sulfatreduktion umzulenken, erfordert entgegengesetzte Gewässerschutzmaßnahmen wie bei der Bekämpfung der Eutrophierung! Sulfatreduzierer finden ihre Lebensbedingungen im Tiefenwasser geschichteter Seen, in Sedimenten oder in Schilfbülten. Sauerstoff ist fernzuhalten und organisches Substrat anzubieten. Soll dieses im See selbst produziert werden, kann sogar eine kontrollierte Eutrophierung nützlich sein.

Hauptweg für die Bekämpfung der geogenen Versauerung ist die Füllung des Restsees mit Flußwasser. Es enthält die neutralisierende Karbonathärte und hinreichend Pflanzennährstoffe. Für die nachhaltige Wassergütebewirtschaftung ist die Zufuhr aber zu beenden, sobald der pH-Wert im bikarbonatgepufferten Neutralbereich liegt. Mit einer Bypass-Variante bleibt der See steuerbar, wenn weiterer Säurenachschub aus der Kippe dies erfordert. Da kein See dem anderen gleicht, hat es sich als vorteilhaft erwiesen, die zu erwartende Wasserbeschaffenheit limnologisch zu begutachten, erforderliche Bewirtschaftungsmaßnahmen auszuweisen und rechtzeitig die Nutzungsprioritäten festzulegen.

Dort, wo der Bergbau noch vor wenigen Jahren tiefe Wunden und einen gestörten Wasserhaushalt verursacht hat, wird heute eine „Landschaft danach" vorbereitet, die auch erhöhten ästhetischen Ansprüchen gerecht wird. Insbesondere die großen und tiefen Seen, wie die Goitsche, der Geiseltalsee, die Restseen Nachterstedt und Cospuden haben das Potential für eine Beschaffenheit im Bereich der Güteklasse 1 und 2 [10] d. h. sie werden auch anspruchsvollen Nutzungen gerecht werden.

4 Das EXPO 2000 Projekt „Wasserlandschaft" als Beispiel für schutz- und nutzungsintegrierendes Ressourcenmanagement

Die sachsen-anhaltinische Korrespondenzregion der EXPO 2000 – das Gebiet zwischen den Städten Dessau, Bitterfeld und Wittenberg – bietet beeindruckende Möglichkeiten, die in den vorangegangenen Kapiteln aufgezeigten Probleme und Lösungsstrategien darzustellen. So war die Wassergüte der wichtigsten Fließgewässer Elbe und Mulde zu Beginn der 90er Jahre durch Einleitung großer Mengen zumeist gar nicht gereinigter Abwässer schwer beeinträchtigt. Sickerwässer aus Altlasten und barrierelosen Giftmüllkippen kontaminierten auch das Grundwasser an zahlreichen Standorten. Durch mehrere Großtagebaue waren riesige Restlöcher und Grundwasserabsenkungsgebiete entstanden.

Andererseits befinden sich in dieser Region – oft nur wenige Kilometer von den Problemgebieten entfernt – Gebiete mit einer einzigartigen Naturausstattung: Die Auenwälder, Grünländereien und Altwässer des Biosphärenreservates „Mittlere Elbe".

Deshalb hat das Kuratorium der EXPO 2000 im Sommer 1997 ein Projekt „Wasserlandschaft" beschlossen, das den Übergang zum nachhaltigen Umgang mit der Ressource Wasser in all ihren Formen und Funktionen forcieren und diesen Übergang zugleich in verschiedenen Ausdrucksformen nachvollziehbar und erlebbar machen soll. Einige Vorhaben dieses Projektes sollen kurz erläutert werden:

4.1 Trinkwassergewinnung und Naturschutz im Westfläming

Der Westfläming gehört zu den wichtigsten Trinkwasserschutz- und -gewinnungsgebieten Sachsen-Anhalts. Von hieraus werden etwa 10 Prozent der Bevölkerung dieses Bundeslandes mit Trinkwasser versorgt. Zugleich ist das glazial geprägte Fläminggebiet aufgrund seiner reichen naturräumlichen Ausstattung von Interesse für den Naturschutz. Das Land, drei Landkreise, die Gemeinden und Umweltverbände beabsichtigen die Ausweisung eines Naturparkes „Fläming" noch bis zum Jahr 2000.

Zwischen den unterschiedlichen Schutz- und Nutzungsinteressen – Trinkwasser auf der einen und Waldwirtschaft sowie Naturschutz auf der anderen Seite – gibt es sowohl Übereinstimmungen als auch Konflikte. So dient die naturschutzrechtliche Flächensicherung durch eine in der Regel vermindert intensive Nutzung auch dem großflächigen Grundwasserschutz, da eine dafür ausreichende Ausweisung von Trinkwasserschutzgebieten vor allem aus Kostengründen kaum praktikabel ist. Die im Landesentwicklungsprogramm Sachsen-Anhalts getroffene Festlegung des Westflämings als Vorranggebiet für Wassergewinnung verhindert ihrerseits, daß den Naturschutzinteressen zuwiderlaufende großräumige Nutzungen zur Geltung kommen können.

Auf der anderen Seite ist die Förderung von mehreren Zehntausend Kubikmetern Wasser täglich nicht ohne Auswirkungen auf den Naturhaushalt geblieben. In der Region wird das Trockenfallen von Wasserläufen und Teichen, die Austrocknung und nachfolgende Devastierung von Feuchtgebieten sowie der drastische Rückgang etlicher Pflanzenarten beklagt.

Im Rahmen des Vorbereitungsprozesses der EXPO 2000 kamen ihr Kuratorium, das Wasserversorgungsunternehmen TWM GmbH, die Landesbehörden, die Kommunen und die beteiligten wissenschaftlichen Einrichtungen zu folgender Übereinkunft:

- Die Fördermengen werden so eingestellt, daß der Festlegung des Landeswassergesetzes, gemäß der nur das sich langfristig erneuernde Dargebot entnommen werden darf, weitgehend Genüge getan wird.
- In den 60er und 70er Jahren durchgeführte Meliorationsmaßnahmen werden durch Fließgewässerrenaturierung und Wasserrückhaltemaßnahmen in ihrer entwässernden Funktion zum großen Teil zurückgenommen.
- Im Rahmen eines vom Versorger und den Kommunen gemeinsam erarbeiteten Konzeptes „Natur mit Grundwasserpark", welches auch in die Naturparkplanung des Landes und der Landkreise integriert wird, sollen Lösungsstrategien für die nachhaltige Sicherung der Trinkwasserversorgung in Abstimmung mit anderen Nutzungen öffentlichkeitswirksam dargestellt werden.

4.2 Naturnahe, ressourcenschonende Abwasserbehandlung

Bei den Trägern der Abwasserentsorgung gibt es aufgrund negativer Erfahrungen (zum Teil unvertretbar hohe Gebühren und Beiträge) Probleme mit der vorrangig zentralen Erschließung des ländlichen Raumes.

Deshalb wurde auf Anregung der FH Magdeburg und der EXPO 2000 Sachsen-Anhalt GmbH vom Abwasserzweckverband Zerbst beschlossen, eine für den Anschluß von 1100 Einwohnern aus sieben Dörfern an das Zentralklärwerk vorgesehene Druckrohrleitung nicht und statt dessen fünf bewachsene Bodenfilter unterschiedlicher Bau- und Funktionsweise zu errichten. Damit können auf engem Raum verschiedene Verfahren in ihrer Leistungsfähigkeit, ihren Vor- und Nachteilen und in ihrer Beziehung zum Gesamtwasserhaushalt der Region untersucht und der interessierten Öffentlichkeit vorgestellt werden.

Vergleichende Material- und Energieintensitätsuntersuchungen ergaben, daß der Material- und Energieaufwand für die Errichtung der bewachsenen Bodenfilter im Vergleich zu dem für die Druckleitung benötigten um etwa 50 % niedriger sein wird. Dazu kommen erheblich geringere Energieaufwendungen und Kosten für den laufenden Betrieb.

Bereits in der gegenwärtigen Planungs- und Vorbereitungsphase stößt das Projekt auf reges nachahmendes Interesse in anderen Regionen und Bundesländern. Damit wäre der Effekt – Stimulierung der Schaffung weitgehend geschlossener regionaler Stoffkreisläufe – im Ansatz bereits erreicht.

Im Sinne dieser Kreisläufe ist auch die versuchsmäßig mit Erfolg begonnene Verwendung von bei der Trinkwasseraufbereitung im Wasserwerk Lindau anfallenden Eisenschlämmen, die ansonsten teuer als Abfall entsorgt werden müßten, bei der Phosphorelimination im Klärwerk Zerbst sowie in der Baustoffindustrie.

4.3 Biosphärenreservat „Mittlere Elbe" und ökologisches Verbundsystem (ÖVS)

Im Programm zur Weiterentwicklung des ökologischen Verbundsystems in Sachsen-Anhalt bis zum Jahre 2005 spielt der Verbund Naturpark „Dübener Heide" – Biosphärenreservat „Mittlere Elbe" – Naturpark „Fläming" aufgrund der zum Teil beträchtlichen Größe der vorhandenen Schutzgebiete eine wichtige Rolle. Als verbindende Elemente haben die Fließgewässer dabei eine besondere Bedeutung. Mit den im ersten Kapitel genannten gesetzlichen Bestimmungen (Gewässerschonstreifenregelung, Renaturierungsgebot) und den im soeben fertiggestellten Fließgewässerprogramm des Landes Sachsen-Anhalt festgesetzten Prioritäten ergeben sich praktikable Möglichkeiten, die wichtigsten Fließgewässer dieser Region mittelfristig so zu entwickeln, daß sie der ihnen im ÖVS-Programm zugedachten Rolle auch gerecht werden können. Schon realisierte oder in Realisierung befindliche Sanierungs- und Renaturierungsvorhaben werden in ihren Ergebnissen und Auswirkungen komplex ausgewertet und bewertet sowie im Informations- und Leitsystem des Biosphärenreservats für die Öffentlichkeit aufbereitet und dokumentiert.

Die zahlreichen Akteure des Projektes „Wasserlandschaft" sind unter Moderation der EXPO 2000 Sachsen-Anhalt GmbH und der FH Magdeburg mit diesen und weiteren Teilvorhaben dabei, die „Wasserlandschaft" zu einem Modellobjekt für einen zukunftsfähigen Umgang mit Wasserressourcen zu gestalten.

Literatur

1 Borchardt, D. (1996): Kasseler Thesen zum Thema „Integraler (ganzheitlicher) Gewässerschutz in kleinen Flußeinzugsgebieten". Wasserwirtschaft 86, 264–265.

2 Schmitt, T. G. (1996): Wasser – Schutz –Mensch, eine Dreierbeziehung im Wandel. Wasserwirtschaft 86, 8–12.

3 Lüderitz, V., Gläser, J.; Kieschnik, A.; Dörge, E. (1996): Anwendung und Weiterentwicklung ökomorphologischer Kartierungs- und Bewertungsverfahren an der Selke und ihren Nebengewässern (Sachsen-Anhalt). Archiv für Naturschutz und Landschaftsforschung 35, 15–31.

4 Regierungspräsidium Gießen [Hrsg.] (1994): Die Lahn – ein Fließgewässerökosystem. Erarbeitung eines ökologisch begründeten Sanierungskonzeptes am Beispiel der Lahn. Eigenverlag.

5 Bayrisches Landesamt für Wasserwirtschaft (Hrsg.) (1996): Modellhafte Erarbeitung ökologisch begründeter Sanierungskonzepte – Fallbeispiel Vils/Opf. Schriftenreihe des Bay. CFW, H. 26, 1275.

6 Lijklema, L.; Roijackers, R. M. M.; Cuppen, J. G. M. (1992): Biological assessment of effects of combined sewer overflows and storm water discharges. In: Ellis, J. B. (ed.): Urban discharges and receiving water quality impacts. Pergamon Press.

7 Ziegenhardt, W.; Trogisch, R. (1996): Bedeutung des Speichersystems Lohsa II für die wasserhaushaltliche Sanierung im Spreegebiet. Grundwasser-Zeitschrift der Fachsektion Hydrogeologie 3–4, 142–147.

8 Glässer, W.; Klapper, H. (1992): Stoffumsätze beim Füllprozeß von Tagebaurestseen. Tagungsheft des AGF-Forschungsverbundes „Umweltvorsorge". 26. 11. 1992 Bonn, 19–23.

9 Kruspe, A.; Lüderitz, V. (1998): Maßnahmen zur Sanierung und Restaurierung des Elsterstausees bei Leipzig. Acta hydrochim. hydrobiol., 26, 362–373.

10 Klapper, H. (1995): Bergbaurestseen – Wassergüteprobleme. Vortragsband des 1. GBL-Kolloquiums 9.–10. 3. 1995 Leipzig. E. Schweizerbart'sche Verlagsbuchhandlung, 20–35.

11 Klapper, H. (1992): Eutrophierung und Gewässerschutz. G.-Fischer-Verlag Jena. 2805.

Anschriften der Verfasser

Prof. Dr. Volker Lüderitz, Dipl.-Ing. Elke Eckert, Fachhochschule Magdeburg, Institut für Wasserwirtschaft und Ökotechnologie, Am Krökentor 8, 39104 Magdeburg; Dr. Dietrich Borchardt, Universität Gesamthochschule Kassel, Fachgebiet Siedlungswasserwirtschaft, Kurt-Wolters-Str. 3, 34121 Kassel; Prof. Dr. Helmut Klapper, Umweltforschungszentrum Leipzig-Halle, Sektion Gewässerforschung Magdeburg, Am Biederitzer Busch 12, 39114 Magdeburg

The Emerald Research Register for this journal is available at
www.emeraldinsight.com/researchregister

The current issue and full text archive of this journal is available at
www.emeraldinsight.com/1477-7835.htm

Towards sustainable water resources management

A case study from Saxony-Anhalt, Germany

Volker Lüderitz
University of Applied Sciences Magdeburg, Magdeburg, Germany

Keywords *Water, Ecology, Case studies, Germany*

Abstract *The European Water Framework Directive is the basis of sustainable water resources management in the European Union. The required "good status" of waterbodies can be achieved only by encouraging the application of natural renewable-energy-driven ecological engineering. Ecotechnological methods in wastewater treatment (e.g. constructed wetlands) can remove more than 90 per cent of total N and P, and organic load. These methods also save up to 80 per cent of the cost and energy compared with central technical systems. Because ecomorphology in around 80 per cent of German streams and rivers is disturbed to a high degree, increased efforts for renaturalization are necessary. Successful control concerning first initiated measures shows that improvement of stream morphology has a remarkable positive influence on water ecology.*

Introduction

Guidelines of the European Water Framework Directive

> Water is not a common merchandise but an inherited resource which must be protected, defended, and managed sustainably (European Water Framework Directive (EU-WFD)).

In accordance with the EU-WFD, over recent years the legal framework for sustainable management of water resources in Germany has been improved at federal and state levels. This improved framework offers a better basis for the implementation of integrated strategies for protecting waterbodies which take into account the complexity of anthropogenic influences and derive quantitative environmental quality standards (Overmann, 2003).

Main elements and aims of the EU-WFD are:

- a holistic view to groundwater and surface water;
- "good status" of all waterbodies by the year 2015;
- transboundary coordinated management of waterbodies in their catchment areas;
- combined use of emission and immission approaches in assessment of disturbations; and
- transparent plans, measures, and costs.

Management of Environmental Quality: An International Journal
Vol. 15 No. 1, 2004
pp. 17-24

1477-7835
DOI 10.1108/14777830410513568

Situation in the new federal states of Germany

The demands of the EU-WFD met the new federal states of Germany, including Saxony-Anhalt, after a phase of surmounting environmental problems such as extremely high air, groundwater, and surface water pollution caused by inefficiencies in the former planned economy. Today, further improvement of environmental quality can be reached only through preventative measures. End-of-the-pipe technologies powered by fossil energy will not achieve further significant effects and become increasingly difficult to fund under the specific conditions of the east German federal states such as:

- weak economies, low incomes, and high unemployment rates;
- retreat of intensive agriculture from soils with lower fertility; and
- above-average decrease in population.

On the other hand, also:

- largely unspoiled landscapes with greater biodiversity than western Germany; and
- research institutes and environmental organizations which accept the challenges as chances for a sustainable development, mainly through ecological engineering.

Potential for ecological engineering

Ecological engineering is environmental manipulation using small amounts of supplementary energy to control systems in which main energy drives are still coming from natural sources (Odum, 1983) respectively the design of sustainable ecosystems that integrate human society with its natural enviroment to the benefit of both (Mitsch and Jorgensen, 1989). Potential applications include:

- the design of ecological systems (ecotechnology) as an alternative to manmade and energy-intensive systems to meet various human needs;
- the restoration of damaged ecosystems and the mitigation of development activities;
- the management, utilization, and conservation of natural resources; and
- the integration of society and ecosystems in built environments.

The following sections are examples for the application of ecological engineering in different fields of water resources management.

Use of ecotechnology in wastewater treatment

Sewage disposal

Through advanced purification technologies, the quality of surface waters increased markedly during the last decades. Presently, about 80 per cent of rivers and streams show only a moderate or lesser organic load, fulfilling the demands of "good status" concerning this parameter. On the other hand, plant nutrient loads (nitrogen, phosphorus) remain too high, despite significant decreases, keeping waterbodies in a eutrophic status (Table I).

Saxony-Anha[illegible]
case stu[illegible]

It is clear that:

- the majority of nitrogen comes from non-point sources (agriculture, drainage) and additional efforts for N elimination in sewage treatment have only a limited effect; and
- better removal of plant nutrients can be achieved only by using advanced technologies in smaller systems.

Until recently in Germany there were no special demands for P and N removal in systems designed for less than 5,000 population equivalences (PE). No doubt such demands are needed to reach "good status" of waterbodies, but fulfilling these demands are expensive. Fehr (2003) estimates an additional financial need of €100 billion for sewage treatment in the next 20 years. Under eastern German conditions (eastern Europe is largely comparable) it is important to use all possibilities to lower costs while maintaining high purification performances.

Unfortunately, at the beginning of the last decade many mistakes were made in wastewater treatment including, mismanagement, inadequate planning, and financial policies that were not always ecologically orientated, bringing wastewater companies into an economically complicated situation. Since 1994 steps for sustainable wastewater policy have been undertaken. Despite the lack of consequence, these measures have had some effects. Among law changes, management support for companies and new guidelines for promotion, especially decentralization has achieved a significant exoneration (Lüderitz *et al.*, 1999). Until recently, 60 per cent of all expenses for wastewater disposal were spent on the 30 per cent of the population who live in rural areas. This unhealthy rate can be lowered only by further decentralization. Studies have shown (e.g. Lüderitz *et al.*, 2001; Schumann, 2001) that decentralized and semicentralized systems can save up to 80 per cent of money and energy compared with centralized systems.

Purification performances of constructed wetlands

Constructed wetlands are one system good for decentralized use. In the last years, many studies (e.g. Lüderitz *et al.*, 2001; Steer *et al.*, 2002; Lüderitz and Gerlach, 2002; Fehr, 2003) have shown high purification performances in constructed wetlands, reaching sustainably high removal rates concerning organic load and plant nutrients (Table II).

	1985 (kt/a)	1995 (kt/a)	Percentage decrease
Phosphorus	70	40	43
P from sewage treatment	39	10	74
Nitrogen	637	481	25
N from sewage treatment	212	149	30

Source: Fehr (2003)

Tabl[illegible]
Input of P and N [illegible] waterbodies in Northern Sea catchm[illegible] area (German p[illegible]

It is clear that such high performances can only be steadily achieved by an advanced system of quality management in construction and operation (Geller and Höner, 2003). According to experience, quality management must include the following prerequisites for high removal capacity:

- An effective precleaning phase is necessary; aerobic pretreatment in rot tanks is more effective than an anaerobic digester (Lüderitz *et al.*, 2001).
- Specific treatment areas must be large enough (> $50m^2/m^3$ per day).
- To reach high N removal, advantages of vertical flow wetlands (nitrification) and horizontal flow wetlands (denitrification) should be combined, eventually in a sloped wetland (Lüderitz *et al.*, 2001). Furthermore, reed beds should be loaded intermittently (oscillation of aerobic and anaerobic conditions) and long flowing distances and contact times should be assured.
- For effective P elimination, the addition of metal iron to the substrate at pH values between 4.6 and 4.9 is most effective (Lüderitz and Gerlach, 2002).

Considering these experiences, the use of constructed wetlands in Saxony-Anhalt was promoted from 800PE in 1995 to about 10,000PE in 2002. The ultimate aim is to enhance this number by a factor of ten during this decade.

A further application of constructed wetlands is the improvement of existing aerated and unaerated sewage treatment ponds. The efficiency of such ponds is low in most cases but new results show that an additional treatment step with a vertical flow wetland can enhance the removal rate for ammonium and CSB by a factor of 4 although the hydraulic load of the reed bed is relatively high at $100L/m^2$ per day.

Stream renaturalization

Status of streams and rivers

There is no doubt that only waterbodies with a more or less natural ecomorphology can fulfil their ecological functions (Gunkel, 1996). Effective measures of renaturalization and revitalization enhance species diversity, conservation value, and self-purification (Lüderitz and Hentschel, 1999; Heidenwag *et al.*, 2001). At present the ecomorphological status of most flowing

Table II. Purification performances of advanced constructed wetlands

Parameter	Percentage removal rate	Effluent concentration (mg/l)
COD	93	25
BOD_5	95	10
NH_4^+-N	95	5
Total N	90	10
Total P	97	0.5

waterbodies in Germany is poor. Of the around 600,000 kilometers of rivers and streams existing some 80 per cent of structures are clearly, noticeably, heavily, or excessively disturbed. Braukmann *et al.* (2000) drew the conclusion that deficiencies in morphology became the most important load for flowing waterbodies.

Factors promoting and hampering renaturalization

In overcoming these deficiencies, water ecologists are supported by several laws, rules, and policies:

- The EU-WFD demands good ecological status of waterbodies by 2015. This aim can not only be reached by sewage treatment but preferably by improving morphological structures.
- Since 1997 the State Act on Water in Saxony-Anhalt contains rules for renaturalization.
- Human demands to waterbodies are changing in such a way which supports efforts in renaturalization.
- The term "renaturalization" has a positive image in public discussion.
- Extensive and detailed professional plans have been developed for renaturalization.
- Water ecology and renaturalization is an important part of curriculum in university courses on water management.

Unfortunately, there are also some serious factors that hamper efforts to improve ecomorphology:

- Unlike wastewater treatment, renaturalization is a voluntary task for local communities. In times of narrow public budgets, such tasks are often neglected.
- The ratio of public expenses for wastewater treatment and renaturalization is about 100:1. It does not correspond to the real importance of the problem, but "wastewater lobby" is strong.
- Authorities often do not use the given scope to approve measures and are still very bureaucratic. Authorities are often unable or reluctant to have a holistic and ecological view of waterbodies.
- Lining and straightening counteract efforts in improving waterbody ecology.
- Most renaturalization measures do not earn this name. In about 80 per cent of cases, prognosticated improvements are reached only to a low degree or not at all (Gunkel, 1996).

Only a small portion of the advanced stream program of Saxony-Anhalt, which contains a detailed plan for flowing distances of 1,300km, has been realized. Continuing at this rate, it would take more than 1,000 years for completion.

Therefore, non-governmental organizations like the BUND (German Association of Environmental and Nature Conservation), environmental authorities, and research institutes such as the Institute of Water Management and Ecotechnology have been created.

Activities to overcome these difficulties

Activities to overcome these difficulties include:

- Because public budgets will remain narrow, additional sources of money (EU-programmes, public and private foundations, private donations) are required. Until now, several important measures, especially in large protected areas were realized with such support.
- Meanwhile, revitalization measures, by means of traditional hydraulic engineering, cost about €500/m, enforced application of ecological engineering with use of self-dynamic waterbodies can save up to 90 per cent of these expenses.
- Joint implementation of the EU-WFD and the EU-Habitats Directive (EU-HD) brings synergetic effects because natural streams and rivers are the most important elements of European-level habitat connectivity demanded by EU-HD.
- n the framework of the project "from death stripe to life line" (Grünes Band), BUND has undertaken many activities to improve the ecology of streams.
- Ecological engineers are trained in special courses such as those available at the University of Applied Sciences Magdeburg and the Technical University of Munich.
- A system of quality assessment and success control has been developed.

Quality assessment and success control in renaturalization – an example

Our methods are based on three columns:

(1) The AQEM-method of integrated assessment systems for the ecological quality of streams and rivers throughout Europe using benthic invertebrates (Pauls *et al.*, 2002) is good for general evaluation of morphological and biological grades.

(2) A specific "Leitbild" (reference conditions) is defined for macroinvertebrate settlement by sampling undisturbed streams in the same landscape unit and by use of historical literature. The success of a measure is evaluated by the degree of correspondence between occurence of "reference species" (Leitarten) in the renaturalized reach and in reference reaches generally. Because of species redundancy, a correspondence of more than 50 per cent is very good.

Saxony-Anha
case stu

(3) Detailed ecomorphological mapping of 6 main parameters and 27 single parameters (Lüderitz *et al.*, 1996) shows concrete deficiencies in stream morphology.

Our example concerns a formerly lined and straightened reach of small lowland river Ihle whose course was moved back to the middle of its valley over a distance of 1,600m with the aim of further natural development. But some mistakes were made which reduce the value of revitalization measures. In some reaches, stream course development was too monotonous, depth of profile was too high, and ecological permeability was reduced to a steep bottom ramp that caused heavy backwater.

Holistic success control clearly showed the effects of morphological deficiencies to macroinvertebrate biocoenoses (Table III).

Compared with the old stream course, in renaturalized reach settlements reference macroinvertebrate species correspond directly with natural conditions. This relationship is caused not only by high current and substrate diversity but also by the influence of natural reaches upstream. It should be noted that fauna and multimetric indexes as indicators of general habitat quality stay relatively low because of the occurrence of many limnophilic species in reaches with unnaturally high depth and low current.

Large protected areas as refuges and model regions

Large protected areas like National Parks, Biosphere Reserves, and Nature Parks are used for the joined implementation of EU-WFD and EU-HD. For

Table
Evaluation of
renaturalization
means
AQEM-procedu
comparison w
reference conditic
and ecomorphologi
assessm

	Assessment method				
Stream reach	Fauna-index	FFG	MMI	Ecomorphological grade	Degree of correspondence (%)
Reach with high depth of profile	0.339	0.539	3 (moderate)	3.2	–
Rapids	0.462	0.585	4 (good)	2.5	–
Bottom ramp	0.441	0.406	4 (good)	–	–
Backwater upstreams ramp	−0.236	0.618	2 (poor)	4.3	–
Whole flowing distance (1,600m)	0.302	0.605	3 (moderate)	3.3	45
Old stream course	0.019	0.598	3 (moderate)	4.0	17

Notes: MMI: multimetric index; reference conditions = 5 (very good). FFG: functional feeding groups; reference conditions = 0.85 (dominance of shredders and scrapers). Fauna-index: reference conditions = +1 (dominance of ecomorphologically demanding organisms). Ecomorphological grade: reference conditions = 1 (natural status). Degree of correspondence with macroinvertebrate biocoenoses in natural streams of same landscape units: very good status >50 per cent instance, in the Elbe Riverscape Biosphere Reserve, a program for the revitalization of oxbow lakes, is in realization. Restoration towards an ecologically optimal status is achieved by removal of mud and intensive agriculture from surroundings. Previous measures were very successful, water quality increased markedly and enhanced biotope quality allowed the resettlement of endangered species so that all revitalized oxbow lakes now have a conservation value of national importance (Langheinrich *et al.*, 2002).

References

Braukmann, U., Biss, R., Kübler, P. and Pinter, I. (2000), "Ökologische Fließgewässerbewertung", Deutsche Gesellschaft für Limnologie (DGL), Tagungsbericht 2000 (Magdeburg), pp. 24-53.

Fehr, G. (2003), "Leistungsfähigkeit und Wirtschaftlichkeit naturnaher Lösungen", Verbundprojekt Bewachsene Bodenfilter, Abschlussbericht, Deutsche Bundesstiftung Umwelt, Osnabrück, pp. 23-9.

Geller, G. and Höner, G. (2003), "Qualitätsmanagement im Ingenieurwesen am Beispiel Bewachsene Bodenfilter", *Wasser & Boden*, Vol. 55 No. 3, pp. 11-15.

Gunkel, G. (1996), *Renaturierung kleiner Fließgewässer*, Fischer-Verlag, Jena.

Heidenwag, I., Langheinrich, U. and Lüderitz, V. (2001), "Self-purification in upland and lowland streams", *Acta Hydrochim. Hydrobiol.*, Vol. 29 No. 1, pp. 22-33.

Langheinrich, U., Dorow, S. and Lüderitz, V. (2002), "Schutz- und Pflegestrategien für Auenoberflächengewässer des Biosphärenreservates Mittlere Elbe", *Hercynia*, Vol. 35, pp. 17-35.

Lüderitz, V. and Gerlach, F. (2002), "Phosphorus removal in different constructed wetlands", *Acta Biotechnol.*, Vol. 22 No. 1-2, pp. 91-9.

Lüderitz, V. and Hentschel, P. (1999), "Umgestaltung des Landeskulturgrabens bei Dessau", *Naturschutz und Landschaftsplanung*, Vol. 31 No. 1, pp. 18-22.

Lüderitz, V., Gläser, J., Kieschnik, A. and Dörge, E. (1996), "Anwendung und Weiterentwicklung ökomorphologischer Kartierungs- und Bewertungsverfahren an der Selke und ihren Nebengewässern (Sachsen-Anhalt)", *Arch. Naturschutz u. Landschaftsforschung*, Vol. 35, pp. 15-31.

Lüderitz, V., Eckert, E., Lange-Weber, M., Lange, A. and Gersberg, R.M. (2001), "Nutrient removal efficiency and resource economics of vertical flow and horizontal flow constructed wetlands", *Ecological Engineering*, Vol. 18, pp. 157-71.

Mitsch, W.J. and Jorgensen, S.E. (1989), *Ecological Engineering: An Introduction to Ecotechnology*, Wiley, New York, NY.

Odum, E.P. (1983), *Grundlagen der Ökologie*, Thieme-Verlag, Stuttgart.

Overmann, K. (2003), "Zwei Jahre Wasserrahmenrichtlinie – wie geht es weiter?", *Korrespondenz Abwasser*, Vol. 50 No. 1, pp. 22-4.

Pauls, S., Feld, C.K., Sommerhäuser, M. and Hering, D. (2002), "Neue Konzepte zur Bewertung von Tieflandbächen und -flüssen nach Vorgaben der EU-Wasserrahmenrichtlinie", *Wasser & Boden*, Vol. 54 No. 7-8, pp. 70-7.

Schumann, K. (2001), "Möglichkeiten dezentraler Abwasserbehandlung in Gebieten mit hohen Grundwasserständen", Diplomarbeit, Hochschule Magdeburg-Stendal.

Steer, D., Fraser, L., Boddy, J. and Seibert, B. (2002), "Efficiency of small constructed wetlands for subsurface treatment of single-family domestic effluent", *Ecological Engineering*, Vol. 18, pp. 429-40.

Arch. für Nat.- Lands.-, 1996, Vol. 35, pp. 15–31
Reprints available directly from the publisher
Photocopying permitted by license only

ANWENDUNG UND WEITERENTWICKLUNG ÖKOMORPHOLOGISCHER KARTIERUNGS- UND BEWERTUNGSVERFAHREN AN DER SELKE UND IHREN NEBENGEWÄSSERN (SACHSEN-ANHALT)

VOLKER LÜDERITZ, JÜRGEN GLÄSER, ANKE KIESCHNIK, ELKE DÖRGE

Fachhochschule Magdeburg, Institut für Wasserwirtschaft und Ökotechnologie
Virchowstraße 24, 39104 Magdeburg, Germany

Einen großen Einfluß auf die ökologische Funktionsfähigkeit eines Fließgewässers hat die Ausprägung der ökomorphologischen Strukturen. Zwei Verfahren zur Ermittlung der Gewässerstrukturgüte, herausgegeben durch die Bundesländer Nordrhein-Westfalen und Rheinland-Pfalz, wurden anhand der Selke und ausgewählter Nebenbäche (Sachsen-Anhalt/Harz) erprobt und weiterentwickelt.

Die Verfahren unterscheiden sich in ihrem Konzept und ihrer Methodik. Mit dem nordrhein-westfälischen Ansatz werden naturraumtypische Zustände des Fließgewässers und des Umfeldes hervorgehoben. Der Kartierer muß zu Beginn die Leitbilder für den betreffenden Naturraum definieren. Sie stellen den Bewertungsnullpunkt dar, an dem das Verfahren kalibriert wird. Das Verfahren ist so aufgebaut, daß auftretende anthropogene Beeinträchtigungen das Ergebnis stark negativ beeinflussen.

Die Priorität des rheinland-pfälzischen Ansatzes liegt auf der Erfassung und Bewertung anthropogener Strukturen, die den Naturhaushalt beeinträchtigen. Das System wurde durch die Verfasser für die Gewässerkategorien kalibriert und somit die Kartierung vereinfacht. Der starre Bewertungsalgorithmus erlaubt jedoch keine Berücksichtigung von naturräumlichen Besonderheiten. Der Vergleich beider Verfahren in der Praxis ergab, daß die mit dem nordrhein-westfälischen Ansatz erbrachte Bewertung des Gewässers gleich oder höher ist als die rheinland-pfälzische, sofern keine oder nur wenige anthropogene Schadstrukturen auftreten. Ist die Ökomorphologie jedoch deutlich beeinträchtigt, wird nach dem nordrhein-westfälischen Verfahren schlechter bewertet. Dies bedeutet, daß die nordrhein-westfälische Bewertung stärker differenziert als die rheinland-pfälzische.

Aus der Kartierung des Fließgewässers nach beiden Verfahren und den erhobenen ökomorphologischen Daten werden Maßnahmen zur Gewässersanierung und -renaturierung der Selke und ihrer Nebenbäche abgeleitet

SCHLÜSSELWÖRTER: Selke, Harz, Fließgewässer, Ökomorphologie, Kartierung, anthropogene Schädigungen

APPLICATION AND DEVELOPMENT OF METHODS FOR ECOMORPHOLOGICAL MAPPING AND ASSESSMENT AT THE RIVER SELKE AND ITS TRIBUTARIES (SAXONY-ANHALT)

The state of ecomorphological structures exerts a great influence to the ecological functions of flowing waterbodies. Two methods to determine the ecomorphological quality of waterbodies published by the environmental authorities of the federal states North Rhine-Westphalia (NRW) and Rhineland-Palatinate (RP) were tested and developed on at the river Selke (Saxony-Anhalt, Harz mountains) and some of its tributaries.

The procedures differ with regard to rough draft and methodology. The method from NRW stresses the natural state of the flowing waterbody and its surroundings. Initially, the operator has to define the models for the corresponding natural area. These models represent the zero point for assessment and standardizing. The procedure is so construced that anthropogenic damages influence the result of mapping negatively to a high degree.

The priority of the method from RP lies on the registration and evaluation of anthropogenic structures affecting the natural balance adversely. This procedure was standardized by its authors to a high degree, mapping is thereby simplified in comparison with the method from NRW, but the stiff procedure does not allow the consideration of nature-spatial peculiarities. Comparing the two methods in practise it was established that the assessment of the waterbody by means of the procedure from NRW leads to the same or to better values than the procedure from RP, if no or only a few anthropogenic damages occur. But if ecomorphology is clearly affected adversely, one will get worse values with the first method. That means the procedure from NRW makes more differences in the assessment than the method from RP.

From the mapping of the waterbodies by means of both methods and from the received data measures to redevelopment and renaturalization of the river Selke and ist tributaries are deduced.

KEY WORDS: river Selke, Harz mountains, flowing waterbodies, ecomorphology, mapping, anthropogenic damages

1. ZIELSTELLUNG

Das Selkeeinzugsgebiet gehört zu einem mäßig anthropogen geprägten Fließgewässersystem im Mittel- und Unterharz bzw. im Nordöstlichen Harzvorland. Nach dem extremen Hochwasser im April 1994 rückte dieser Landschaftsraum wieder in das öffentliche Interesse.

Auf der Grundlage des vom Landesamt für Wasserwirtschaft Rheinland-Pfalz im Mai 1994 herausgegebenen Verfahrensvorschlages "Gewässerstrukturgütekartierung in der Bundesrepublik Deutschland" wurden die Selke und 16 ausgewählte Zuflüsse untersucht und bewertet. Die Bundesländer Rheinland-Pfalz (RP) und Nordrhein-Westfalen (NRW) empfehlen unterschiedliche Bewertungsverfahren für die Gewässerstrukturgütekartierung, die in diesem Projekt erprobt und verglichen wurden. Ein Hauptschwerpunkt des vom Ministerium für Umwelt, Naturschutz und Raumordnung des Landes Sachsen-Anhalt geförderten Projektes lag in der Feststellung der Gesamtstrukturgüte der Gewässerabschnitte und der Erarbeitung von Verbesserungsvorschlägen zur Handhabung der Bewertungsansätze.

Ein weiteres generelles Erfordernis bestand in der Erarbeitung ökologisch begründeter Maßnahmen zur Erhöhung des Schutzes vor Hochwassergefahren. Weiterhin wurden Vorschläge für naturnahe Wasserbau- und Unterhaltungsmaßnahmen im besonderen für die Herstellung einer ökologischen Durchgängigkeit der Fließgewässer erarbeitet und Ziele für den Schutz bzw. die Entwicklung des Gewässersystems unter der Berücksichtigung ökologisch vertretbarer Nutzungen abgeleitet.

2. BEGRIFFSERLÄUTERUNGEN

Da die aufgeführten Schlüsselbegriffe im einschlägigen Schrifttum unterschiedlich verwendet werden, sollen an dieser Stelle einige Begriffsbestimmungen vorgeschlagen werden:

Der heutige potentiell natürliche Gewässerzustand (hpnG)

Der hpnG stellt den heutigen potentiellen natürlichen Gewässerzustand unter Berücksichtigung chemischer, biologischer, ökomorphologischer und geologischer

Gegebenheiten dar. Er beschreibt den hundertprozentigen naturraumtypischen Zustand eines Gewässers, welcher sich unter heutigen klimatischen Verhältnissen und unter dem Einfluß der natürlichen Sukzession einstellt. Der hpnG bezüglich der Ökomorphologie ist, klassifiziert nach der Talform und Größenordung, die Grundlage für das nordrhein-westfälische und das rheinland-pfälzische Bewertungsverfahren.

Das Leitbild

Das Leitbild entspricht hier dem heutigen potentiellen natürlichen Gewässerzustand unter ökomorphologischen Gesichtspunkten. Im Rahmen der Verfahrenserprobung zur Gewässerstrukturgütekartierung wird das Leitbild klassifiziert nach Talform und Größenklasse.

Es beschreibt kein Entwicklungsziel. Um das Leitbild definieren zu können, ist die genaue Kenntnis aller Fließgewässer eines Naturraumes mit einhergehender Typisierung erforderlich. Die genaue Beschreibung des Leitbildes in Form der Einzelparameterausprägungen ist Voraussetzung für die ökomorphologische Zustandserfassung und Bewertung.

Das Entwicklungsziel (Umweltqualitätsziel)

Ein Entwicklungsziel vereint historische und funktionale Ansätze. Es beschreibt einen Sollzustand unter Einbeziehung der Wechselbeziehungen zwischen Mensch und Natur und sich daraus ergebende Nutzungsanforderungen an das Gewässer und das Einzugsgebiet. Die Formulierung von Entwicklungszielen erfordert integrierte Schutz- und Nutzungskonzepte für Böden und Gewässer.

Das Entwicklungsziel ist eine Grundlage für die Erstellung eines Maßnahmenkataloges. Dieser umfaßt die Bereiche der Umgestaltung von Fließgewässerökosystemen hin zu größerer Naturnähe, wobei der Arten-, Biotop- und Landschaftsschutz im Sinne der Wiederherstellung der Funktionsfähigkeit des Naturhaushaltes im Vordergrund stehen.

Diese Umweltqualitätsziele sind nicht Bewertungsgegenstand der Gewässerstrukturgütekartierung, sondern können maßgeblich aus ihr abgeleitet werden.

3. VORSTELLUNG UND BEGRÜNDUNG DES UNTERSUCHUNGSGEBIETES

Die Selke ist ein bedeutendes Fließgewässer des Landschaftsraumes Mittel- und Unterharz bzw. Nordöstliches Harzvorland. Ihr Einzugsgebiet umfaßt 485,6 km^2 (siehe Abb. 1). Sie entspringt südöstlich der Ortschaft Stiege und mündet nach einer Lauflänge von ca. 70 km unterhalb Hedersleben in die Bode.

Geologie und Hydrogeologie

Der Harz liegt in der nordöstlichen Fortsetzung des Rheinischen Schiefergebirges und stellt seiner Form nach eine Pultscholle dar. An der Nordostseite ragt sie steil heraus und ist auf das Harzvorland aufgepreßt und überschoben. Tektonische Vorgänge, langandauernde Epirogenesen und kurzfristige Orogenesen schufen zusammen mit

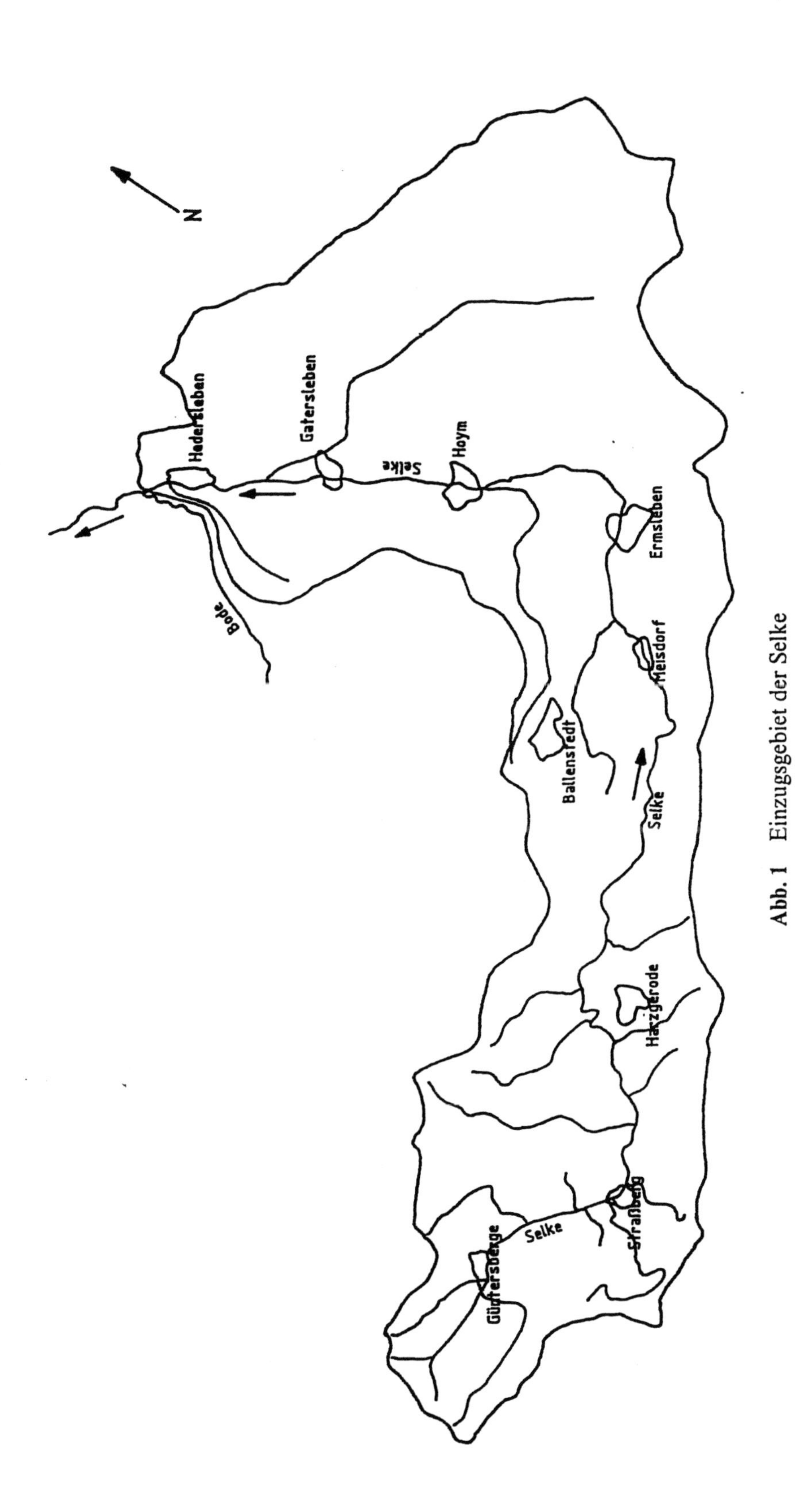

Abb. 1 Einzugsgebiet der Selke

Emporwölbung, Abtragung und Verwitterung, vereint mit dem Wechselspiel des Wasserkreislaufes die heutige Morphologie des Harzes. Die Anlage der Harztäler ist bereits im Laufe der jüngeren Tertiärzeit erfolgt. [Schriel 1954]

Der Mittelharz besteht aus der Sieber-Mulde, der Blankenburger Faltenzone mit dem Elbingeröder Komplex und dem Tanner Grauwacken-Zug. Der Unterharz wird aus der Harzgeröder Faltenzone mit Südharz- und Selke-Mulde und der metamorphen Zone von Wippra aufgebaut. [Henningsen, 1992] Das eiszeitliche Geschehen prägte das nördliche und östliche Harzvorland. Bedeutsam ist die Lößüberdeckung, die vorwiegend der letzten Kaltzeit entstammt. [Liedtke & Marcinek (Hrsg.) 1995] Hydrologische Untersuchungen des Einzugsgebiets Uhlenbach (Selkezufluß) 1995 ergaben, daß die als Hangwasserleiter wirkenden Basisschuttdecken über dem Festgestein des Mittelharzes die Ursache für den hohen verzögerten hypodermischen Abfluß der Niederschläge sind. Infolge der guten Infiltrationseigenschaften der Böden spielt der Landoberflächenabfluß eine untergeordnete Rolle [Peter & Wenk 1995]. Für das gesamte Selkeeinzugsgebiet besteht noch weiterer Bedarf, die Niederschlags - Abfluß - Verhältnisse zu untersuchen.

Klima

Von erheblichem Einfluß auf die klimatischen Verhältnisse sind die wetterwirksamen Anströmrichtungen aus Süd- bis Nordwesten. Im östlichen Leebereich des Harzes wird das maritime Klima abgeschwächt. Dies ist die Ursache für verhältnismäßig geringe Niederschläge. So wurden durchschnittliche Niederschlagssummen (Bezugszeitraum 1951–1980) im Mittelharz (Station Harzgerode) von 635 mm und im Unterharz (Station Burgsdorf) von 488 mm ermittelt [Liedtke & Marcinek (Hrsg.)1995]. Das durchschnittliche Monatsmittel der Lufttemperatur (Bezugszeitraum 1951–1980) gemessen an der Station Harzgerode beträgt im Januar -1,8 °C, im Juli 15,5 °C.

Landschaftnutzungen

Teile des Untersuchungsgebietes liegen im Landschaftsschutzgebiet (LSG) "Mittel- und Unterharz", welches insgesamt eine Fläche von 1406,0 ha aufweist. Das Naturschutzgebiet (NSG) "Selketal" umfaßt dabei 77,5 ha. Die für das Gebiet typischen Hainsimsen-Rotbuchen-Waldgebiete mußten als Folge der Bergbaumaßnahmen der vergangenen Jahrhunderte den schnell wachsenden Fichten weichen. Die zunehmende Verfichtung des Harzes betrifft 75% des Landkreis Wernigerode. Vorrangige Nutzungsart stellt in den Tälern und Talhängen des Mittelharzes intensiv bewirtschaftetes Grünland dar. Im Unterharz werden 54% der Flächen ackerbaulich genutzt, auf den restlichen dominiert Laubwald (Rotbuchen, Eichen) [Landschaftsprogramm Sachsen-Anhalt 1994].

Ein differenziertes Landschaftsbild - intensive land- und forstwirtschaftliche Nutzung, aber auch eine hohe Standortvielfalt auf engem Raum in reliefreichen Landschaftsteilen; begradigte, teilweise verrohrte und verbaute Fließgewässer mit hohem Nährstoffeintrag durch Abwassereinleitungen aus kommunalen Bereichen sowie Nutzung der Fließgewässer als Vorflut für Grubenwässer, aber auch sauerstoffreiche, oligosaprobe Gewässer mit hoher Artenzahl; Bachauen und Moorbildungen - stellt eine günstige Voraussetzung für die Verfahrenserprobung zur Gewässerstrukturgütekartierung dar.

Im Zusammenhang mit den vorliegenden Untersuchungen konnten saprobiologische Daten des Staatlichen Amtes für Umweltschutz Magdeburg, das seit mehreren Jahren an 37 Meßstellen die Selke und einige Zuflüsse untersucht, verwendet werden.

4. DIE VERFAHREN NRW UND RP

Grundlagen

Die Bundesländer NRW und RP entwickelten unabhängig voneinander zwei Bewertungsansätze, die in der Anleitung zur Gewässerstrukturgütekartierung [vgl. Verfahrensvorschlag] aufgenommen und beschrieben werden. Um die Erprobung der Verfahren praktikabel durchführen zu können, wurde vom Landesamt für Wasserwirtschaft Rheinland-Pfalz ein gemeinsamer Verfahrensvorschlag zur Gewässerstrukturgütekartierung veröffentlicht.

Beide Bewertungsverfahren sind für die Strukturgütekartierung kleiner und mittelgroßer Fließgewässer in der freien Landschaft im Bereich der Mittelgebirge, der Hügellandes und des Flachlandes geeignet. Daraus ergeben sich fünf Gewässerkategorien, in die die Fließgewässer nach der Talform eingeordnet werden. Die Breite des Gewässers hat einen großen Einfluß auf die Ausprägung der ökomorphologischen Strukturen. Aus diesem Grund werden Fließgewässer der einzelnen Kategorien in die Größenordnung 1 und 2 unterteilt. Die Größenordnung 1 umfaßt alle Fließgewässer mit einer Mittelwasserspiegelbreite von 1 bis 5 m, während der Größenordnung 2 alle Fließgewässer mit einer Mittelwasserspiegelbreite von 5 bis 10m zugeordnet werden.

Das Fließgewässer wird in Abschnitte von 100 m - an der Mündung beginnend - eingeteilt. Für jeden Abschnitt wird ein Erhebungsbogen, der beiden Verfahren zugrunde liegt, ausgefüllt. Mit dem Erhebungsbogen werden alle strukturrelevanten 27

Tabelle 1 Gewässerkategorien

Talform		*Größenordnung*	
		1(1–5 m)	2(5–10 m)
Kerb- und Klammtalgewässer	K		
Mäandertalgewässer	M		
Aue- und Muldentalgewässer allgemein	A		
Auetalgewässer mit kiesigem Sediment	Ak		
Flachlandgewässer	F		

Tabelle 2 Gewässerstrukturgüteklassen

Klasse	*Darstellung*	*Bewertung*
1	dunkelblau	kaum beeinträchtigt
2	hellblau	gering beeinträchtigt
3	dunkelgrün	mäßig beeinträchtigt
4	hellgrün	deutlich beeinträchtigt
5	gelb	merklich geschädigt
6	organe	stark geschädigt
7	rot	übermäßig geschädigt

Einzelparameter erfaßt und 6 Hauptparametern zugeordnet, die Eingangsdaten für die Bewertung darstellen. Die Hauptparameter stellen das analytische Grundgerüst der Gewässerstrukturgütebestimmung dar. Das sehr komplexe Form- und Strukturgebilde eines naturnahen Gewässers wird unter 6 verschiedenen Aspekten (Laufentwicklung, Längsprofil, Querprofil, Sohlenstruktur, Uferstruktur und Gewässerumfeld) betrachtet. Mit den Einzelparametern werden Strukturmerkmale erfaßt, die als Indikatoren für die Funktionsfähigkeit der Fließgewässer dienen (siehe Tab. 3). Beide Bewertungsverfahren bauen auf dem gleichen siebenstufigen Klassifikationssystem von

Tabelle 3 Zuordnung der Einzelparameter zu den Hauptstrukturparametern bzw. funktionalen Einheiten

Hauptparameter	*Rheinland-Pfalnz* *Einzelparameter*	*Nordrhein-Westfalen* *funktionale Einheiten*
Laufentwicklung	Laufkrümmung Krümmungserosion Längsbänke Besondere Laufstrukturen	*Beweglichkeit:* Krümmungserosion Profiltiefe Uferverbau und dessen Zustand *Krümmung:* Laufkrümmung Längsbänke Besondere Laufstrukturen
Längsprofil	Querbauwerke Rückstau Verrohrungen Querbänke Strömungsdiversität Tiefenvarianz	*natürliche Längsprofilelemente:* Strömungsdiversität Tiefenvarianz Querbänke *Wanderbarrieren*: Querbauwerke Verrohrungen
Querprofil	Profiltyp Profiltiefe Breitenerosion Breitenvarianz Durchlässe	*Profiltiefe:* Profiltiefe *Breitenentwicklung;* Breitenerosion Uferverbau und dessen Zustand *Profilform:* Profiltyp
Sohlenstruktur	Sohlensubstrattyp Sohlenverbau Substratdiversität Besondere Sohlenstrukturen	*Art und Verteilung der Substrate:* Substratdiversität Besondere Sohlenstrukturen Besondere Belastungen *Sohlenverbau:* Sohlenverbau und dessen Zustand
Uferstruktur	Ufergehölz Ufervegetation Uferverbau Uferlängsgliederung Besondere Uferstrukturen	*naturraumtypische Ausprägung:* Uferlängsgliederung Besondere Uferstrukturen Besondere Belastungen *naturraumtypischer Bewuchs:* Ufergehölz Ufervegetation *Uferverbau:* Uferverbau und dessen Zustand
Gewässerumfeld	Flächennutzung Uferstreifen Schädliche Umfeldstrukturen	*Uferstreifen:* Uferstreifen *Vorland* Flächennutzung Schädliche Umfeldstrukturen

"kaum beeinträchtigt" bis "übermäßig geschädigt" in Form von Indizes bzw. Wertzahlen und Farbindikatoren von "dunkelblau" bis "rot" auf (siehe Tab. 2).

Das rheinland-pfälzische Verfahren

Das rheinland-pfälzische Indexsystem gliedert sich in 6 Hauptparameter, denen 27 Einzelparameter unterschieden in Wert- und Schadstrukturparameter und deren Zustandsindikatoren eindeutig zugeordnet sind. Die Einzelparameterausbildungen sind in schriftlicher und bildlicher Form im Verfahrensvorschlag [vgl. Verfahrensvorschlag] beschrieben.

Der Bewertungsansatz stellt für jede der fünf Gewässerkategorien ein kalibriertes System dar, in dem Bewertungsskalen für die Strukturgüteklassen 1 bis 7 definiert wurden, die die Erfahrungen vieler Fließgewässerkartierungen in Rheinland-Pfalz repräsentieren. Die Kalibrierung der Bewertungsskalen wurde anhand realer Referenzgewässer vorgenommen, deren Charakteristik demnächst veröffentlicht wird. [vgl. Gewässertypenatlas] Das Parametersystem ist so aufgebaut, daß natürlich bedingte Gewässerdifferenzierungen (hpnG) wenig und anthropogene Beeinträchtigungen deutlich in Erscheinung treten. Mit der Vergabe des Strukturgüteindex 1 für jeden Einzelparameter wurde das Leitbild der Gewässerkategorien durch die Herausgeber bereits definiert und dokumentiert. Somit ist eine erneute Leitbilderstellung durch den Kartierer nicht erforderlich.

Die Bestandserhebung vor Ort stellt eine direkte Bewertung dar, da die angekreuzten Zustandsmerkmale einem durch das Verfahren vorgegebenen Index entsprechen. Mit der eindeutigen Merkmalsbeschreibung [vgl. Verfahrensvorschlag] wird versucht, den subjektiven Einfluß gering zu halten und eine Vergleichbarkeit der verschiedenartigen Gewässer zu ermöglichen. Aufgrund der starren Vorgehensweise in der Methodik können Veränderungen und Abweichungen vom definierten natürlichen Zustand und naturraumbedingte Besonderheiten nicht in die Bewertung eingebracht werden.

Das rheinland-pfälzische Verfahren läßt dem Bearbeiter jedoch die Möglichkeit offen, eine neue Gewässerkategorie einzuführen. Dies ist nur möglich, wenn die kartierten Gewässer nicht durch eine bereits bestehende Gewässerkategorie repräsentiert werden. Die Eröffnung einer neuen Gewässerkategorie erfordert die Kalibrierung des Systems in Fortführung der vom Herausgeber angewandten Systematik. Da die Kalibriermethode von den Verfassern nicht veröffentlicht wurde, muß die Möglichkeit der Erweiterung des Verfahrens um eine neue Kategorie angezweifelt werden. Die im Rahmen dieses Projektes kartierten Fließgewässer konnten den vorgegebenen Gewässerkategorien unproblematisch zugeordnet werden.

Die Strukturgüteklasse der Hauptparameter bzw. der Gesamtstruktur wird durch arithmetische Mittelwertbildung der Einzelparameter-Indexwerte mittels EDV-Programm oder manuell mit dem Bewertungsbogen aggregiert. [vgl. Verfahrensvorschlag].

Das nordrhein-westfälische Verfahren

Voraussetzung für die Anwendung des Verfahrens und die Reproduzierbarkeit der erhobenen Fließgewässerzustände ist der Einsatz geschulter Kartierer, die fundierte Kenntnisse über den hpnG des Naturraumes besitzen.

Der unkalibrierte Bewertungsansatz besteht aus zwei Teilen: dem Bewertungsbogen und der Plausibilitätsprüfung, die direkt am Gewässer für jeden 100 m Abschnitt ausgefüllt werden. Der Bewertungsbogen ist in 6 Hauptparameter untergliedert, die sich jeweils aus zwei bzw. drei funktionalen Einheiten zusammensetzen. Diese funktionalen Einheiten sind über prozentuale Abstufungen und verbale Beschreibungen in Relation zum naturraumtypischen Gewässerzustandes (hpnG) in sieben Klassen differenziert. Eine Ausnahme bildet die funktionale Einheit "Wanderbarrieren", welche entsprechend der Ausprägung mit einem Malus bewertet wird, der zu einer Verschlechterung des Gesamtergebnisses führt.

Um die Bewertung durchführen zu können, ist der Erstellung von Leitbildern für die Fließgewässer des betreffenden Naturraumes durch den Kartierer erforderlich. Das Aufsuchen und Kartieren von Referenzgewässern, die ein hohes Maß an Natürlichkeit repräsentieren, vereinfacht die Beurteilung der Fließgewässer und gibt dem Kartierer eine bildhafte Vorstellung vom naturraumtypischen Zustand. Jedoch stellt das Auffinden von sehr gut geeigneten Referenzstrecken eher eine Seltenheit dar. Häufig müssen für die Erstellung von zutreffenden Leitbildern geeignete historische Dokumentationen und naturraumbezogene Forschungsergebnisse herangezogen werden. Für die Festlegung der oberen Grenze, des Nullpunktes der Bewertungsskala, ist die Definition und Dokumentation des Leitbildes notwendig, in dem die potentiellen Ausprägungen der Einzelparameter in Abhängigkeit vom Naturraum beschrieben werden. Die untere Grenze der Bewertungsskala hängt vom Ziel der Kartierung ab und ist in der gleichen Form zu beschreiben. Mit der Kartierung können anthropogene Schadstrukturen und gewässermorphologische Vielfältigkeiten besonders hervorgehoben werden.

Die Ergebnisfestsetzung der Hauptparameter erfolgt durch arithmetische Mittelwertbildung der zugehörigen funktionalen Einheiten. Die Entscheidung über eine eventuelle Auf-bzw. Abrundung liegt im Ermessen des Kartierers, der seinen Gesamteindruck vom Fließgewässer und die Entwicklungstendenz in die Ergebnisfindung einbringt. Die Gesamtbewertung erfolgt ebenfalls aus der arithmetischen Mittelwertbildung der 6 Hauptparameter. Aufgrund der Aufnahme naturräumlicher Besonderheiten in die Strukturgütebewertung sind die Beschreibung und Bewertung der Zustandsmerkmale nur sehr eingeschränkt mit denen von Fließgewässern anderer Naturräume vergleichbar.

Die dreiteilige Plausibilitätsprüfung beruht auf den im Erhebungsbogen aufgenommenen Daten, wobei bestimmten Zustandsmerkmalen ganzzahlige Wertzahlen von 1 bis 7 zugeordnet werden. Die aus dem Schema der Plausibilitätsprüfung zu entnehmenden Wertzahlen und Häufigkeiten werden durch ein vorgegebenes Rechenverfahren aggregiert und ergeben somit eine Strukturgüteklasse für jede funktionale Einheit. Das Zustandekommen des Rechenverfahrens und die Gründe der Wertzahlvergabe wurden durch die Verfasser bisher nicht veröffentlicht, dies wäre jedoch für die Anwendung der Plausibilitätsprüfung notwendig, da sie ein wichtiger Bestandteil des nordrheinwestfälischen Bewertungsansatzes ist, die den Kartierer auf Fehlentscheidungen aufmerksam machen soll. Wenn es zu unterschiedlichen Ergebnissen der Plausibilitätsprüfung und des Bewertungsbogens kommt, kann der Kartierer in seine Entscheidung mit entsprechender Begründung regionaltypische Besonderheiten und Entwicklungstendenzen des Fließgewässers einfließen lassen.

In der Plausibilitätsprüfung werden die 27 Einzelparameter des Erhebungsbogens in anderer Art als im rheinland-pfälzischen Bewertungsansatz den Hauptparametern zugeordnet. Die erfaßten anthropogenen Einflüsse in Form von Uferverbau und dessen Zustand werden in der nordrhein-westfälischen Bewertung unter drei Hauptparametern (Laufentwicklung, Querprofil, Uferstruktur) berücksichtigt, jedoch im rheinland-pfälzischen Verfahren nur beim Hauptparameter Uferstruktur. Somit verschlechtert sich die nach dem nordrhein-westfälischen Verfahren ermittelte Strukturgüteklasse bei Beeinträchtigungen des Fließgewässers durch Uferverbau stärker als bei der Anwendung des Verfahrens aus Rheinland-Pfalz.

Die Plausbilitätsprüfung kann in der jetzigen unpraktikablen Form nicht mehr Bestandteil des nordrhein-werstfälischen Bewertungsansatzes sein. Das Ausfüllen der drei Teile bedeutet einen erheblichen Zeit- und Rechenaufwand, der durch das dem Ergebnis nicht zu rechtfertigen ist. Für die weitere Handhabung des Verfahrens wird vorgeschlagen, die Bewertung nach den oben beschriebenen Kriterien durchzuführen. Um dem Kartierer die Einschätzung des Grades der Natürlichkeit zu erleichtern und ihm gleichzeitig eine Kontrollmöglichkeit zu geben, wird empfohlen, neben dem Ausfüllen des Bewertungsbogens die erfaßten Einzelparameter den funktionalen Einheiten wie in der Plausibilitätsprüfung zuzuordnen (siehe Tab. 3) und bei der Bewertung die Wertzahlen einzubeziehen. Die endgültige Entscheidung für eine Strukturgüteklasse soll jedoch im Ermessen des Kartierers liegen, denn seine fundierten Kenntnisse über den hpnG des jeweiligen Naturraumes befähigen ihn, den Fließgewässerzustand beurteilen zu können.

5. ERGEBNISSE DER KARTIERUNG

Von März bis November 1995 wurden im Rahmen der Verfahrenserprobung die Selke von km 0 bis 63,6 und 16 Nebenbäche der Selke mit 78,6 km Gesamtlänge kartiert und die Strukturgüteklassen festgestellt.

Die Tabelle 4 zeigt die Strukturgüteklassen der Selke, die aus der Bewertung durch das rheinland-pfälzische Verfahren hervorgegangenen sind.

Die anthropogene Beeinflußung der Selke im Mittel- und Unterlauf zeigt sich in der Gesamtstruktur, ca. 80% des kartierten Laufes sind deutlich beeinträchtigt bis stark geschädigt (Strukturgüteklassen 4 bis 6). Die Selke weist jedoch selten starke Ufer-

Tabelle 4 Strukturgüteklassen der Selke
Verfahren Rheinland-Pfalz

Klasse	*Anzahl der Abschnitte*	*% der Gesamtlänge*
1	1	0,16
2	73	11,48
3	47	7,39
4	149	23,43
5	258	40,57
6	104	16,35
7	4	0,63
	Σ 636	

und Sohlbefestigungen z.B. in Form eines Regelprofils auf. Aus diesem Grund wurde die Strukturgüteklasse 7 nur für 4 Abschnitte ermittelt.

Die Kartierung der Selkenebenbäche wurde mit den Verfahren Rheinland-Pfalz und Nordrhein-Westfalen durchgeführt. Dabei wurden die Verfahren getrennt voneinander bewertet und die Ergebnisse verglichen (Tab. 5 und 6).

Die kartierten Zuflüsse zur Selke sind in ihren natürlichen Ausprägungen und anthropogenen Einflüssen sehr verschieden, so daß die Bewertung die gesamte Spannbreite vom kaum beeinträchtigt bis übermäßig geschädigt ergab. Die ermittelte Gesamtstrukturgüte der Nebenbäche unterschied sich größtenteils um eine Klasse, seltener war ein Bewertungsunterschied von zwei Klassen zu verzeichnen. Die nordrhein-westfälische Bewertung ergab um eine Einheit schlechtere Strukturgüteklassen gegenüber dem rheinland-pfälzischen Verfahren. Diese Abweichungen sind auf die Besonderheiten der Verfahren zurückzuführen. Sie unterscheiden sich in ihrem Konzept und ihrer Methodik (vgl. 6. Verfahrensvergleich).

Die endgültige Strukturgüteklasse wurde bei Bewertungsunterschieden durch die Kartierer festgesetzt. Dabei ist das Ergebnis des nordrhein-westfälischen Bewertungsansatzes bevorzugt worden. Aufgrund der prozentualen Aufteilung und der Wichtung anthropogener Schadstrukturen kann mit diesem Verfahren eine größere Bandbreite ökomorphologischer Ausprägungen ermittelt und bewertet werden. Dem Kartierer wird es außerdem ermöglicht, Entwicklungstendenzen des Fließgewässers in die Entscheidung für eine Strukturgüteklasse einfließen zu lassen.

Tabelle 5 Strukturgüteklassen der Nebenbäche
Verfahrin Rheinland-Pfalz

Klasse	*Anzahl der Abschnitte*	*% der Gesamtlänge*
1	12	1,53
2	113	14,38
3	164	20,87
4	125	15,90
5	132	16,79
6	102	12,98
7	138	17,56
	Σ 786	

Tabelle 6 Strukturgüteklassen der Nebenbäche
Verfahrin Nordrhein-Westfalen

Klasse	*Anzahl der Abschnitte*	*% der Gesamtlänge*
1	19	2,42
2	89	11,32
3	121	15,39
4	132	16,79
5	141	17,94
6	138	17,56
7	146	18,58
	Σ 786	

Anhand des Gewässerverlaufes wurde für jeden kartierten Abschnitt die festgesetzte Gesamtstrukturgüteklasse auf einer Karte M 1:25.000 farbig dargestellt. Sie ermöglicht einen schnellen Überblick über die Struktur eines gesamten Fließgewässersystems.

Die am Fließgewässer erhobenen Daten stellen neben der Ermittlung der Strukturgüte auch eine wichtige Informationsbasis für Maßnahmen zur Gewässerunterhaltung dar. Um eine gute Planungsgrundlage für Renaturierungs- und Sanierungsmaßnahmen in einfacher und übersichtlicher Form zur Verfügung zu stellen, wurden zusätzlich auf DIN A1-formatigem Papier Karten M 1: 10.000 erarbeitet, auf denen der Fließgewässerverlauf in Form eines verbreiterten Farbbandes und markante Querprofile abgebildet sind. Von diesem Farbband können anhand der Kilometrierung Informationen bezüglich des Ufer- und Sohlverbaus im und am Fließgewässer, Sohlensubstratarten, Beschattung, Uferstreifen, Umlandnutzungen und besondere Belastungen (Abwassereinleitungen) abgelesen werden.

Für die Selke und sechzehn kartierte Zuflüsse wurden der Fließgewässerzustand ausführlich beschrieben, Aussagen zur ökologischen Durchgängigkeit und Vorschläge zur naturnahen Umgestaltung mit Kostenschätzung unterbreitet. Die erstellten Querprofile und Fotoaufnahmen dokumentieren die schriftlichen Darlegungen.

Die Vorschläge zur naturnahen Gewässerentwicklung beinhalten: die Beseitigung von Rohrdurchlässen und Ersatz durch Brücken mit einem natürlichen Sohlensubstrat im Brückenbereich; Entfernung glatter Sohlsicherungen; Beseitigung nicht mehr erforderlicher Schützenwehre; Umwandlung von Sohlabstürzen in Sohlrampen oder -gleiten; Verlegung von Teichen in den Nebenschluß; Umgehung von Absturz- und Stauanlagen durch Fischaufstiege; Rückbau massiver Ufersicherungen und Sicherung der Böschungen durch Baumpflanzungen; Erwerb von Flächen für Gewässerschonstreifen als wichtige Voraussetzung für Profilumwandlungen.

Für die Nebenbäche der Selke ergaben sich 70 Vorschläge zur naturnahen Gewässerentwicklung:

Beseitigung von Rohrdurchlässen:	48 Maßnahmen
Umbau vorhandener Wehranlagen in Rampen:	10 Maßnahmen
Rückbau von Ufer- und Sohlverbau:	8 Maßnahmen
Teichverlegung im Nebenschluß:	4 Maßnahmen

Im Anschluß sollen zwei Maßnahmen näher erläutert werden, die zur ökologischen Durchgängigkeit beitragen. Zu diesen Vorschlägen wurden die baulichen Ausführungen erläutert, hydraulische Nachweise geführt, Baustoffmengen ermittelt und die Kosten für die Baumaßnahmen geschätzt.

Für den Bereich der Selke km 26,9 + 55,0 stellt eine feste Wehranlage der Mühle Meisdorf mit einem Höhenunterschied von ca. 2,50 m eine Barriere für Fische und Benthosorganismen dar. Die Kartierung ergab die Strukturgüteklasse 5. Der Abfluß über diesem Wehr ist nahezu null. Für den Betrieb der Mühle wird der Wasserspiegel mittels eines Streichwehres im Mühlengerinne reguliert und relativ konstant gehalten. Die örtliche Situation ließ aus Platzgründen nur die Konzeption eines Beckenfischpasses zu, um die Durchgängigkeit für Fische zu gewährleisten. Dieser Paß wurde als Trog mit einer Wandstärke von 0,30 m und mit einem Gefälle 1 von 1:10 auf einer Länge von 30 m entworfen. Nach Durchführung der vorgeschlagenen Maßnahmen

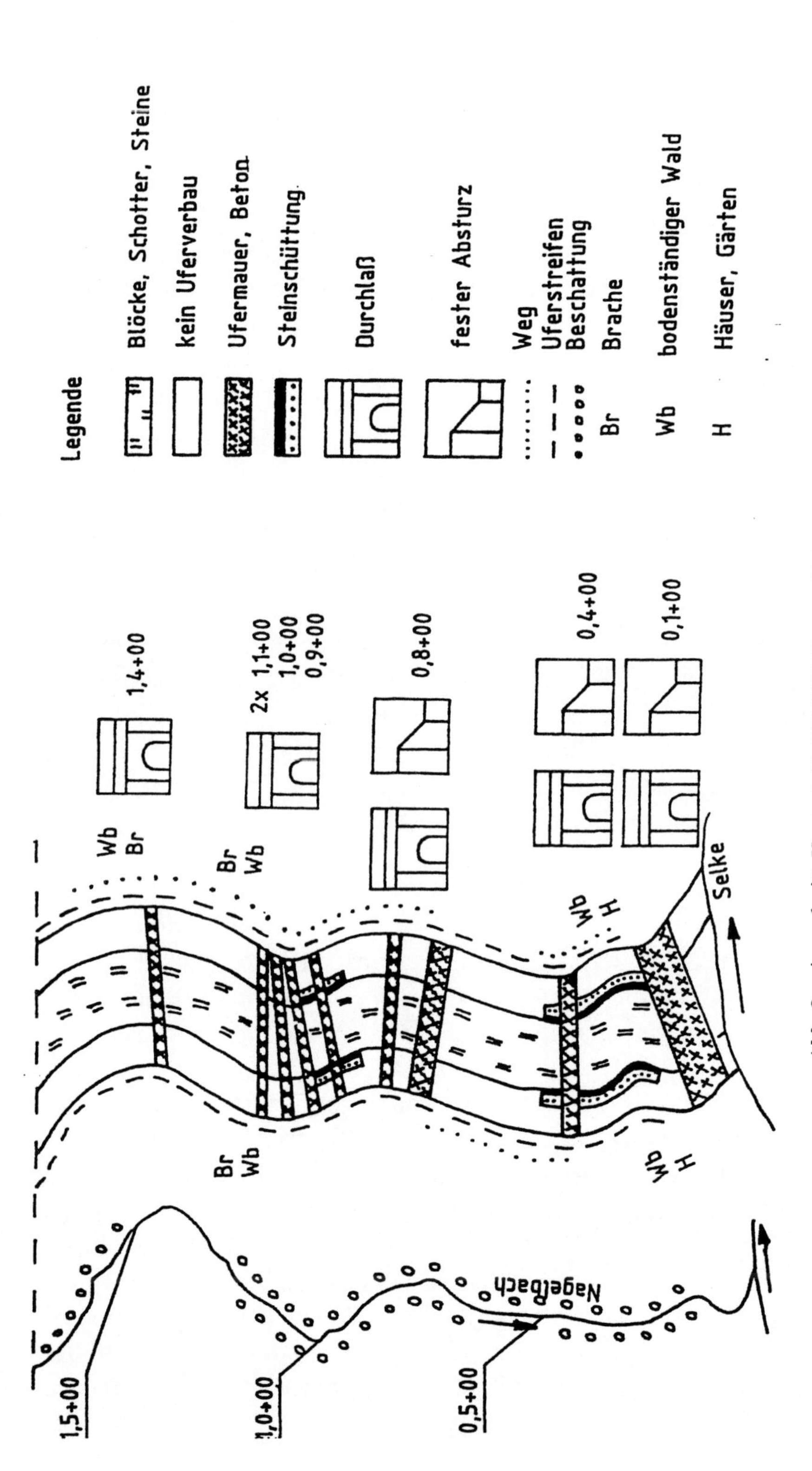

Abb. 2 Ausschnitt Karte 1:10.000 IST-Zustand Nagelbach

ist bei einer weiteren ökomorphologischen Kartierung die Strukturgüteklasse 4 zu erwarten.

Ein teilweise zerstörter Betonabsturz (h = 0,80 m) mit Auskolkungserscheinungen im Flußlauf der Selke km 21,5+08,0 beeinträchtigt die Strukturgüte, so daß durch die Kartierung des Abschnittes 216 die Klasse 5 ermittelt wurde. Der vorgeschlagene Umbau des Absturzes in eine 12,0 m lange Sohlrampe aus einer Steinschüttung wird die ökologische Durchgängkeit erhöhen, jedoch die Strukturgüteklasse nicht erheblich beeinflussen. Da die geplante Rampe (l = 1:12) sich in einer Flußkrümmung befindet, wird eine räumlich gekrümmte Ausführung gewählt. Die Hauptströmung richtet sich dadurch nicht auf den durch eine Ufermauer geschützten Prallhang. Außerdem wird durch die Rampenkrümmung bei geringen Anflüssen ein Mindestwasserstand auf geringerer Breite gewährleistet.

Zum Schutz vor Hochwassergefahren in der Region wurden neben allgemeingültigen Aussagen spezielle Vorschläge im Bereich der Selke und der Nebengewässer unterbreitet. Die Vorschläge beinhalten Maßnahmen, um die Hochwasser-Abflußspitzen im Ober- und Mittellauf der Selke zu kappen. Dazu zählen die Schaffung von Speichervolumen durch Vorentlastung von Teichen im Lauf der Selke und der Nebenbäche, die Bereitstellung von Flutungsflächen, die Erhöhung des Retentionspotentials aufgrund der Verdichtung der Auewaldflächen und der von Bau von Hochwasserrückhaltebecken.

Durch die Bepflanzung des Selketals mit bodenständigen Gehölzen, hierzu eignet sich besonders die Schwarzerle (*Alnus glutinosa*), die eine hohe Überstaudauer verträgt, tritt ein Aufstau und damit eine Retentionswirkung bei Hochwasser ein. Dies wurde für die Selke oberhalb Meisdorf km 31,8+00 rechnerisch nachgewiesen. Im Selketal sind für diese Maßnahme 3 geeignete Bereiche mit einer Fläche von insgesamt 2,7 ha vorgesehen worden. Die Grundlagen der Berechnung sind die Fließformel nach Manning/Strickler [in: Vischer & Huber 1993], die Kontinuitätsgleichung, die Ermittlung der Ersatzrauhigkeiten nach Einstein und die Berechnung der Rauhigkeit in Großbewuchszonen nach Petryk/Bosmajian [in: DVWK Heft 72 1985]. Durch eine Gehölzanpflanzung verringert sich in den vorgesehenen Gebieten der Abfluß im Mittelwasserbett der Selke bei einem Wasserstand von 2 m um ca. 40% und bei einem Wasserstand von 2,50 m um ca. 50%.

Durch die Errichtung eines Dammes (Länge = 260 m; Höhe = 1,50 m) am Sauerbach km 1,5 + 00 bis 1,8 + 00 kann eine Überflutungsfläche geschaffen werden, die 24.000 m^3 Wasser zurückhält and somit zur Kappung einer Hochwasserspitze beiträgt.

6. VERFAHRENSVERGLEICH

Beide Verfahren beruhen auf der gleichen Zielvorstellung: der Erfassung, Analyse und Bewertung ökomorphologischer Zustände von kleinen und mittelgroßen Fließgewässern in der freien Landschaft im Bereich der Mittelgebirge, des Hügellandes und des Flachlandes.

Sie unterscheiden sich jedoch in ihrem Konzept und ihrer Methodik. Während der nordrhein-westfälische Bewertungsansatz vom naturraumtypischen Zustand ausgeht, stellen im rheinland-pfälzischen Ansatz anthropogene Beeinträchtigungen des Naturhaushaltes das Leikriterium der Bewertung dar.

Im Rahmen der Verfahrensprobung wurden die beiden Verfahren hinsichtlich des Aufbaus, der Anwendbarkeit und der Repräsentativität verglichen sowie auf Gründe für die aufgetretenen Bewertungsunterschiede untersucht. Die Bewertungsgrundlage des rheinland-pfälzischen und nordrhein-westfälischen Verfahrens muß aufgrund der Vergleichbarkeit der unbeeinträchtigte Fließgewässerzustand sein. Deshalb wurde der hpnG, der durch die Indexdotierung (hpnG = Index 1) des rheinland-pfälzischen Verfahrens für die Einzelparameter der verschiedenen Gewässerkategorien vorgegeben wurde, auch für das nordrhein-westfälische Verfahren zugrunde gelegt.

Der rheinland-pfälzische Ansatz ist durch eine starre Vorgehensweise geprägt. Die Fließgewässer werden in fünf Kategorien nach Talform und Größe eingeteilt (siehe Tab. 1). Die zu erhebenden Einzelparameter sind im Anhang B des Verfahrensvorschlags [vgl. Verfahrensvorschlag] unmißverständlich beschrieben, so daß eine Entscheidung vor Ort relativ leicht fällt und die subjektiven Einflüsse des Kartierers minimiert werden. Jedoch können aufgrund der unflexiblen Erhebung mit dem rheinland-pfälzischen Verfahren gewässer- bzw. naturraumspezifische Besonderheiten nicht in die Bewertung eingehen. Mit dem Indexsystem wird jedem Merkmal eine Beeinträchtigungsstufe (Index 1 bis 7) zugeordnet. Allerdings weist nicht jeder Einzelparameter die Indexspanne von 1 bis 7 auf. An alle Schadstrukturparameter (Querbauwerke, Rückstau, Verrohrungen, Durchlässe, Sohlenverbau und Uferverbau) sowie an den Wertstrukturparameter Ufervegetation wurde der Index 1 nicht vergeben. Dies ist unverständlich, da der letztgenannte Parameter in seiner Ausprägung einen sehr wichtigen Einfluß auf die Strukturgüte ausübt und sich an jedem Fließgewässer ein potentiell naturraumtypischer Bewuchs einstellt, der den Index 1 repräsentieren könnte. Die Intervallbreiten des Parameters Profiltiefe sind zu groß gewählt, so daß ihm nur 6 Merkmale untergeordnet sind und damit der Index 4 nicht vergeben wurde.

Bei der Bewertung gemäß beiden Verfahren werden unter den funktionalen Einheiten des nordrhein-westfälischen Verfahrens bzw. den Hauptstrukturparametern des rheinland-pfälzischen Verfahrens verschiedene Einzelparameter zusammengefaßt (siehe Tab. 3). Durch diese unterschiedliche Zuordnung kommt es zu Bewertungsunterschieden. Im Rahmen der Verfahrenserprobung wurden die 27 Einzelparameter den 14 funktionalen Einheiten auf der Grundlage der Plausibilititätsprüfung zugeteilt. Für die Bewertung der funktionalen Einheiten wurden die Einzelparameter nicht arithmetisch gemittelt, sondern aufgrund des vorgefundenen Fließgewässerzustandes subjektiv gewichtet.

Die anthropogenen Einflüsse werden in beiden Verfahren unterschiedlich bewertet. Der Aufbau des rheinland-pfälzischen Systems und die konsequente Mittelwertbildung bewirken in dem Untersuchungsgebiet, daß anthropogene Beeinträchtigungen der Fließgewässer nicht deutlich in der Gesamtbewertung in Erscheinung treten, im Gegensatz zur Absicht der Urheber des Bewertungsansatzes. Wenn in einem Gewässeabschnitt keine Schadstrukturparameter erhoben werden, so gehen sie nicht in die Bewertung ein, im nordrhein-westfälischen Ansatz beeinflussen sie die Bewertung in positiver Richtung. Die Merkmale "kein Sohlverbau" und "kein Uferverbau" werden im rheinland-pfälzischen Ansatz nicht bewertet, erhalten jedoch im nordrhein-westfälischen Ansatz die Wertung 1 bzw. 2. Das führt dazu, daß die Strukturgüte der Hauptparameter Sohlstruktur und Uferstruktur des nordrhein-westfälischen Verfahrens eine bessere Klasse erhält.

Für die Bewertung nach dem nordrhein-westfälischen Verfahren wird laut Plausibilitätsprüfung der Einzelparameter "Uferverbau" drei Hauptparametern (Laufkrümmung, Querprofil und Uferstruktur) zugeordnet, hingegen im rheinland-pfälzischen Verfahren nur einmal im Hauptparameter Uferstruktur bewertet. So kommt es bei auftretendem Uferverbau in einem Kartierabschnitt zu Bewertungsunterschieden, wobei dieser Abschnitt im nordrhein-westfälischen Ansatz eine schlechtere Strukturgüteklasse erhält. Diese Tatsache wird durch die Indexvergabe des rheinland-pfälzischen Verfahrens für den Einzelparameter "Uferverbau" verstärkt. Die anthropogenen Einflüsse in Form von Steinwurf, Böschungsrasen, Holzverbau und Steinschüttung/-wurf werden zu positiv bewertet (Index 3 bis 5), sie stellen aber eine erhebliche Beeinträchtigung der Strukturgüte dar. So kann es in der jetzigen Vorlage aufgrund der zu positiven Bewertung des Schadstrukturparameters Uferverbau und der arithmetischen Mittelwertbildung zur Verbesserung des Hauptparameters Uferstruktur und damit zur Verfälschung des tatsächlichen Fließgewässerzustandes kommen. Es wird empfohlen, die Indexbewertung der genannten Merkmale auf die Klassen 3 bis 7 in Abhängigkeit der Talform zu erweitern. Im nordrhein-westfälischen Verfahren wird der technische "Uferverbau" in einer lückig bis dichten Form mit 5 bis 7 bewertet.

Daraus folgt: wenn ein Gewässerabschnitt keine Schadstrukturen aufweist, ist das Gesamtergebnis des nordrhein-westfälischen Verfahrens in der Mehrheit gleich oder besser als das des rheinland-pfälzischen Bewertungsansatzes.

Sind Schadstrukturen in einem Gewässerabschnitt vorhanden, fällt generell die Gesamtstrukturgüte des nordrhein-westfälischen Ansatzes schlechter als im rheinland-pfälzischen Ansatz aus.

Für weitere Gewässerstrukturgütekartierungen wird das nordrhein-westfälische Verfahren empfohlen. Der Einsatz geschulten Kartierpersonals ist zwingende Voraussetzung für eine sinnvolle und repräsentative Erfassung und Bewertung ökomorphologischer Strukturen der Fließgewässer. Mit dem nordrhein-westfälischen Ansatz wird eine Abstufung zum potentiell natürlichen Zustand des Fließgewässers und seines Umfeldes vorgenommen. Durch die Festlegung der oberen und unteren Bewertungsgrenze durch den Kartierer kann eine große Spannbreite und Vielfalt der Fließgewässerstrukturen erfaßt und bewertet werden. Um subjektive Entscheidungen bei der Einschätzung des Fließgewässerzustandes zu vermeiden, sollte neben dem Bewertungsbogen ein Kontrollbogen ausgefüllt werden, in dem die 27 Einzelparameter des Erhebungsbogens den funktionalen Einheiten nach der Tabelle 3 zugeordnet und die Wertzahlen der Plausibilitätskontrolle angewandt werden. Die Ermittlung der Gesamtstrukturgüte beider Bewertungen erfolgt durch arithmetische Mittelwertbildung.

Literaturverzeichnis

DVWK Schriftenreihe Heft 72.: Anwendung der Fließformeln bei naturnahem Gewässerausbau

Henningsen, D.(1992): Einführung in die Geologie Deutschlands .- 4., neu überarb. u. erw. Aufl.; Stuttgart: Enke Verlag (1985)

Jordan & Weder (Hrsg.).: Hydrogeologie: Grundlagen und Methoden. - 2., stark überarb. u. erw. Aufl.; Stuttgart: Enke Verlag (1995)

Landesamt für Umweltschutz Sachsen-Anhalt: Landschaftsprogramm Sachsen Anhalt (1994)

Landesamt für Wasserwirtschaft Rheinland-Pfalz (Hrsg.).: Gewässerstrukturgütekartierung in der Bundesrepublik Deutschland, Verfahrensvorschlag für kleine und mittelgroße Fließgewässer in der freien Landschaft im Bereich der Mittelgebirge, des Hügellandes und des Flachlandes .- Mainz (1994)

Landesamt für Wasserwirtschaft Rheinland-Pfalz: Gewässertypenaltas Rheinland-Pfalz .- In Vorbereitung; Mainz

Landesamt für Wasser und Abfall Nordrhein-Westfalen (Hrsg.).: Gewässerstrukturgüte- Kartieranleitung.- Düsseldorf (1993)

Leidtke & Marcinek (Hrsg.).: Physische Geographie Deutschlands.- 2., durchges. Aufl.; Gotha: Perthes Verlag (1995)

Peter & Wenk: Wasserhaushaltsuntersuchungen in einem landwirtschaftlich sowie in einem forstwirtschaftlich genutzten Quellgebiet und Ermittlung anthropogener Beeinflussung.- Abschlußbericht; Magdeburg (1995)

Schriel, W.: Die Geologie des Harzes.- Hannover: Wirtschaftswissenschaftliche Gesellschaft zum Studium Niedersachsen e.V. (1954)

Vischer & Huber: Wasserbau 5., vollst. überarb. und erw. Aufl.; Berlin; Heidelberg; New York: Springer Verlag (1993)

Maßnahmen zur Sanierung und Restaurierung des Elsterstausees bei Leipzig

Redevelopment and Restoration Measures for Lake Elsterstausee (Leipzig)

A. Kruspe* und V. Lüderitz**

Schlagwörter: Elsterstausee, Restaurierung, Weiterentwicklung, Entsäuerung, Biomanipulation

Zusammenfassung: Der Elsterstausee ist ein künstlicher See im Süden der Stadt Leipzig. Er wurde 1933 gebaut, hat ein gegenwärtiges Areal von 50 ha und eine Durchschnittstiefe von 2.0 m. Zwischen 1970 und 1991 wurde der See zur intensiven Fischerei benutzt. Auf Grund des Fütterns der Fische und der Versorgung des Sees mit Nährstoffen hoch angereicherten Wassers aus der Weißen Elster war das Wasser im Elsterstausee während dieser Zeit in einem polytrophen Zustand.

Die Sichttiefe überschritt selten 0.4 m, aber die pH-Werte überschritten oft pH = 9.0. Aus diesem Grund und wegen der hohen Ammoniumkonzentrationen, die zwischen 1.5 und 4.0 mg/L betrugen, gab es oft Fischsterben im See. Der Elsterstausee konnte nicht als Badesee genutzt werden, obwohl er eigentlich für diesen Zweck angelegt wurde.

1991 begann ein komplettes Programm zur Wiederentwicklung und Restauration des Sees. Die Hauptmaßnahmen waren der komplette Austausch des mit Nährstoffen angereicherten Wassers und die Zuleitung aufbereiteten Grundwassers; der drastische Rückgang der Fischpopulationen, 1991 wurden 140 t Fisch (90% Karpfen) aus dem See entfernt; die Entwicklung einer gesunden Wildfischpopulation und einer der Eutrophierung entgegenwirkenden Nahrungskette und die Entwicklung einer Röhrichtzone um den See.

Die Grundwasserbehandlung wurde zwischen 1992 und 1996 ständig verbessert. Das daraus entwickelte System funktioniert wartungsarm und effektiv. Gesümpftes Grundwasser vom Rand des Braunkohletagebaus Zwenkau und Sickerwasser der verstürzten Abraumkippen werden nach einer intensiven Belüftung im Verhältnis 1 : 1 gemischt. Das gemischte Wasser fließt durch einen 1 600 m langen Graben. Bis zu 300 m³/h werden darin aufbereitet. In dem abwechslungsreich mit Röhricht gestalteten Graben werden bis zu 90% des Eisens durch Fällungs- und Filtrationseffekte der Makrophyten und fädigen Algen entfernt. Gleichzeitig findet eine Entsäuerung durch Sulfatreduktion im Sediment statt. Während das Wasser unmittelbar nach der Vermischung einen pH-Wert von 4.6 hat, erhöht sich dieser Wert bis zum Ende der Fließstrecke auf pH = 7.3.

Die Restauration des Sees begann im November 1991 mit der totalen Entleerung des nährstoffreichen Wassers und dem Abfischen von fast allen Karpfen. 1993 wurden 4000 Stück

* Dipl.-Ing. Andreas Kruspe, Stadt Leipzig, Sport- und Bäderamt, Friedrich-Ebert-Str. 105, D-04105 Leipzig, Germany

** Prof. Dr. Volker Lüderitz, FH Magdeburg, Institut für Wasserwirtschaft und Ökotechnologie, Am Krökentor 8, D-39104 Magdeburg, Germany

Korrespondenz an A. Kruspe
E-Mail: amannel@leipzig.de

Keywords: Lake Elsterstausee, Restoration, Redevelopment, Deacidification, Biomanipulation

Summary: Lake Elsterstausee is an artificial lake in the south of the town Leipzig. It was built in 1933, has an actual area of 50 ha, and an average depth of 2 m. Between 1970 and 1991, the lake was used for intensive fishery. Because of fish feeding and supplying the lake with highly nutrient loaded water from river Elster the waterbody was in a polytrophic state during this time. Secchi depth seldom exceeded 0.4 m, but pH values often exceeded 9. Therefore and because of ammonia concentrations between 1.5 and 4.0 mg/L fish kills often occured. Lake Elsterstausee had no usability as bath waterbody although it was orginally built for this purpose.

In 1991, a complete programme for redevelopment and restoration of the lake started. The main measures were the total exchange of trophic loaded water and the only supply with treated groundwater, the drastic decrease of fish populations – in 1991 140 tons of fish (90% carps) were removed from the lake, – the development of healthy wild fish populations and of a eutrophication diminishing food chain, and the development of a reed zone almost around the lake.

The groundwater treatment was steadily improved between 1992 and 1996. Actually, the following optimized system works: Drained groundwater from the surface lignite mine Zwenkau (pH = 6.95) and percolating water from the heaps (pH = 3.01) are mixed in the proportion 1 : 1 after intensive aeration. The water flows through a ditch that is 1 600 m long and has a performance up to 300 m³/h. In the well-diversified ditch, up to 90% of the iron is removed by precipitation and filtration effect of submerged macrophytes and filamentous algae. In the same time, deacidification occurs primarily by sulfate reduction in the sediment. Meanwhile, the water has a pH of 4.64 immediately after mixing, this value enhances up to the end of the flowing distance to 7.3.

Internal restoration of the lake started in November 1991 with the total removal of loaded water and of almost all carps and white fishes. In 1993, 4000 carnivore fishes (zanders, pikes, welses) were given into the lake to keep white fish populations on a low level. Additionally, every year between 5 and 7 kg of water fleas (*Daphnia* sp.) were added. By means of this initial biomanipulation, food chain in lake Elsterstausee was stabilized. As results of the above mentioned measures, nutrient content in the waterbody decreased and secchi depth increased steadily. Between 1991 and 1997, trophy degree according to Klapper developed from 5 (hypertrophic) to 3 (eutrophic).

Raubfische (Zander, Hechte und Welse) in den See ausgesetzt, um die Weißfischpopulationen auf einem niedrigen Niveau zu halten. Zusätzlich wurden jedes Jahr zwischen 5 und 7 kg Wasserflöhe im Elsterstausee eingesetzt. Durch die Maßnahmen der Biomanipulation wurde die Nahrungskette im Elsterstausee stabilisiert. Als Ergebnis der oben genannten Maßnahmen verringerte sich der Nährstoffgehalt im Wasser, und die Sichttiefe erhöht sich ständig. Zwischen 1991 und 1997 entwickelte sich der Trophiegrad nach Klapper von der Stufe 5 (hypertroph) auf Stufe 3 (eutroph).

1 Einleitung

Der Bau des Elsterstausees bei Leipzig wurde im Zuge einer Arbeitsbeschaffungsmaßnahme im Jahr 1933 realisiert. Die Zuleitung des Wassers zum etwa 1 km^2 großen See (vgl. Bild 1) erfolgte aus einem Seitenarm der Weißen Elster (Profener Mühlgraben). Das Wasser floß nach der Passage der biologischen Reinigung im See zurück in das Bett des Mühlgrabens. Der Elsterstausee ist nicht wie die meisten uns bekannten Gewässer in das Gelände eingeschnitten, sondern auf das vor Ort anstehende Wiesengelände aufgesetzt worden. Durch die hohe Bonität des Sees kam es schnell zur Bildung eines Wildfischbestandes. Mit der Gründung staatlicher Fischereibetriebe auf dem Territorium der ehemaligen DDR wurde ab 1970 der Elsterstausee als Intensivgewässer fischereiwirtschaftlich stark genutzt.

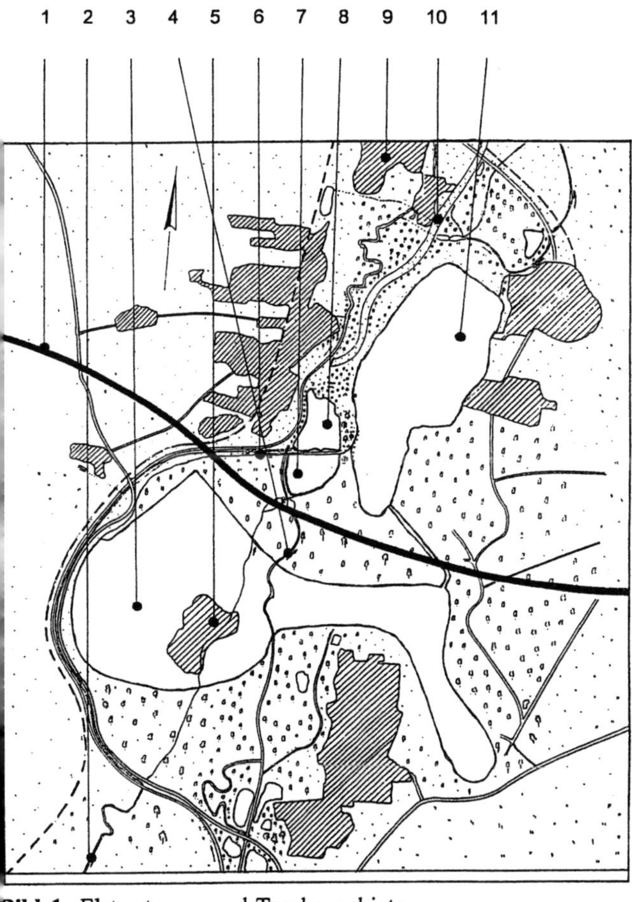

Bild 1: Elsterstausee und Tagebaugebiete.
1 Verlauf der geplanten Autobahn A 38, *2* ehemaliger Profener Mühlgraben, *3* Tagebaurestloch Zwenkau, *4* ehemaliger Elsterlauf, *5* ehemalige Ortslage Eythra, *6* Aufbereitungsanlagen des Grundwassers, *7* überbaggerter Stauseeteil, *8* verbliebener Elsterstauseeteil, *9* Leipzig – Großzschocher, *10* Hochwasserbett Weiße Elster, *11* Tagebaurestloch Cospuden.

Lake Elsterstausee and mine territories.
1 planned course motorway A 38, *2* former Profen mill-rase, *3* remainder hole of the mine Zwenkau, *4* former course of the river Elster, *5* former town Eythra, *6* refining constructions of the groundwater, *7* dredged part of reservoir, *8* remainder of the lake Elsterstausee, *9* Leipzig-Großzschocher, *10* flood bed of the river Weiße Elster, *11* remainder hole of the mine Cospuden.

2 Hydrologische Situation im Gebiet um den Elsterstausee

Im Zusammenhang mit der zunehmenden Bedeutung der Braunkohlenindustrie wurde 1976 begonnen, den Elsterstausee teilweise zu überbaggern. 50 ha des Sees und des Zulaufes fielen der Devastierung zum Opfer. Ein neu eingezogener und gedichteter Damm trennte den südlich anstehenden Tagebau Zwenkau von dem nun noch halb so großen See ab. Der See lag zur Bauzeit 6 Jahre trocken. Der Flußlauf wurde 12 km um den Tagebau herum gelegt. Die für den See notwendigen Wasserspenden mußten fortan mit einer neu gebauten Pumpstation direkt aus der Weißen Elster entnommen werden. Auf Grund der Topographie, der windexponierten Lage und des abgebaggerten Umfeldes entstanden täglich bis zu 3 500 m^3 Wasserverluste. Diese mußten aus dem Wasser des Flusses ausgeglichen werden. Die Inhaltsstoffe aus der abwasserbelasteten Weißen Elster wurden dabei nur unzureichend zurückgehalten.

3 Gewässergüte des Elsterstausees von 1983 bis 1991

Nach der Verkleinerung und Neuflutung des Gewässers wurde ab 1983 eine noch intensivere Fischproduktion am Elsterstausee geschaffen. Je Hektar Wasserfläche wurden nun bis zu 3 Tonnen Karpfen produziert! Gleichzeitig diente das Gewässer zur Naherholung und wurde als Badesee der Stadt Leipzig genutzt. Durch die anthropogene Belastung des Flußwassers, die teilweise Unverwertbarkeit des extern eingebrachten Fischfutters (bis 300 Tonnen Weizen pro Jahr) und die hohen organischen Ausscheidungen der Fische verarmte der Elsterstausee bald darauf zu einem vegetationsgefärbten, bakteriologisch hoch belasteten hypertrophen Gewässer. Messungen ergaben zwar u. a. in eutrophen Seen nach Schwoerbel [1] eine spezifische Sauerstoffproduktion von bis zu 6 g/(m^2 · d), für den Elsterstausee dominierten jedoch die anoxischen Bedingungen. Selbstbeschattungsvorgänge verhinderten die O_2-Produktion in tieferen Schichten. Alle submersen Pflanzen starben mit Beginn der intensiven Fischproduktion ab. Durch die starke Assimilation des Phytoplanktons waren nicht nur intensive Schwankungen der Sauerstoffganglinien festzustellen, auch die Kurven der pH-Werte zeigten deutlich den Entzug von anorganisch gebundenem Kohlenstoff an, wodurch die pH-Werte über pH = 9.0 anstiegen, dokumentiert durch die Bezirks-Hygieneinspektion [2]. Die Zwischenprodukte des Eiweißabbaus lagen bereits bei diesen pH-Werten im toxischen NH_3-Bereich, so daß die Fischsterben am Elsterstausee meist durch Ammoniak- und zum Teil durch Nitritvergiftung hervorgerufen wurden. Als Grenzkonzentration werden nach Baur [3] für Karpfen 0.02 mg/L NH_3 als Dauerwerte und kurzfristig 1.0 mg/L NH_3 (auch für adulte Fische) als tödlich angegeben. Kritische Nitritwerte für Cypriniden liegen bei 0.15 mg/L. Nach [3] können 0.20 mg/L bereits tödlich wirken. Die langjährigen Untersuchungen der damaligen Bezirks-Hygieneinspektion [2] zeigten, daß der Ammoniumgehalt des Wassers im Elsterstausee in der Regel zwischen 1.5 und 4.0 mg/L NH_4^+ lag. Auch Werte über 10 mg/L wurden mehrfach nachgewiesen. Weitere Auffälligkeiten waren, daß der See gegen Ende der 80iger Jahre hohe Eisen- und Mangangehalte (Analysen der Bezirks-Hygieinspektion [2]) auswies. Diese sind auf den Zusatz von unaufbereitetem Grundwassers des angrenzenden Tagebaus zurückzuführen.

Unter Verwendung des limnologischen Gutachtens vom ehemaligen Institut für Gewässerforschung Magdeburg (heute UFZ Sektion Gewässerforschung Magdeburg) wurde die Speisung des Elsterstausees ab Ende 1988 verstärkt mit den Anteilen des gesümpften Randriegelwassers des Tagebaus vorgenommen. Die Ammoniumgehalte im See gingen zurück. Die Eisen- und Manganwerte stiegen deutlich an. Die hohen BSB_2-Werte, die nach wie vor mit bis zu 10 mg/L O_2 durch die Bezirks-Hygieneinspektion [2] bestimmt wurden, sind u. a. auch auf die Verlagerung der Sedimente und auf die Respiration von Algen zurückzuführen. Da fast ausschließlich Spiegelkarpfen im Stausee produziert wurden, die im Sediment nach Nahrung suchen (*Chironomiden, Tubificiden*), konnte sich keine wirksame Sperre an der Grenzschicht Wasser/Schlamm ausbilden. Durch Ausscheidungen der Fische und den externen Futtereintrag wurden keine positiven Veränderungen der Wasserqualität trotz anteiligen Zusatzes von Grundwasser festgestellt. Erst im Zuge der politischen Veränderungen konnten effektivere Maßnahmen zur Verbesserung der Wasserqualität am Elsterstausee umgesetzt werden. Ziel war es, die EG-Richtlinien für Badegewässer am Elsterstausee zu erfüllen.

4 Material und Methoden

Im Jahre 1991 wurde vom ehemaligen Dezernat Umweltschutz und Sport der Stadtverwaltung Leipzig ein Sanierungskonzept für den Elsterstausee beschlossen. Darin wurde eine umweltverträgliche und schonende Gewässerrestaurierung festgeschrieben. Zeitlich gestaffelte Maßnahmen waren:
- die drastische Reduzierung der Fischbestände im See,
- Austausch des Wassers im See und Speisung des Sees ausschließlich durch Grundwasser,
- die Zuleitung aufbereiteten Grundwassers zum See,
- die Reduzierung des Orthophosphatgehaltes im See,
- die erweiterte Grundwasseraufbereitung,
- der Aufbau eines gesunden Wildfischbestandes im Gewässer,
- die künstliche Zirkulation im See,
- der ingenieurbiologische Verbau des Gewässers mit Röhricht und Besatz mit submersen Pflanzen,
- der Besatz des Sees mit Plankton und Feinfiltrierern,
- der Aufbau einer eutrophierungsmindernden Nahrungskaskade zur Biomanipulation.

Ende 1991 wurde der See komplett abgelassen. Ca. 140 Tonnen Fisch (zu 90% Spiegelkarpfen) wurden herausgefangen und der See erstmalig mit 1.2 hm^3 Grundwasser geflutet. Die Analysen wurden monatlich von der Landesuntersuchungsanstalt, Sitz Dresden, Standort Leipzig (ehem. Bezirks-Hygieneinstitut) angefertigt. Ab 1994 wurde durch den Erstautor zusätzlich das Wasser mit dem Analysesystem „Nanocolor" spektralphotometrisch mit einem Digitalfilterphotometer untersucht.

4.1 Vereinfachte Grundwasseraufbereitung

Zur Neuflutung des Sees wurde das Wasser über eine kurze Belüftungsstrecke und zwei Absetzbecken (vgl. Bild 2, Position 21 und 22) geleitet und dabei teilweise enteisent. Die Füllung dauerte 7 Monate. Im Zeitraum von 1992 bis Ende 1994 wurden weitere 3.5 hm^3 Grundwasser in/durch den See geleitet. Der Eisengehalt des Zulaufes wurde durchschnittlich um 60%, auf Eisengehalte zwischen 6.0 und 20.0 mg/L Gesamteisen gesenkt. Dieser verbleibende Eisenanteil diente der Nährstoffällung im See. Mit einer horizontal gestalteten Pralltellerverdüsung wurde der mitgeführte CO_2-Anteil an dem ersten der beiden Becken (Plastebecken) ausgetragen.

Die pH-Werte des in diesem Zeitraum verwendeten gesümpften Grundwassers lagen zwischen pH = 6.0 und pH = 7.0. Die bei den Protolysevorgängen frei werdenden Wasserstoffionen ließen jedoch die Säurekapazität des zur Flutung genutzten Grundwassers deutlich zurückgehen. Die pH-Werte sanken ab, und die Oxidationsraten verlangsamten sich. Nach Damrath, Cord-Landwehr [4] bewirkt die Anhebung des pH-Wertes um eine Einheit die hundertfache Geschwindigkeitssteigerung der Eisenoxidation. Basierend darauf wurde die Technologie der Enteisenung verändert. In biologisch aktiven Becken sollte eine drastische Verringerung der Eisenverbindungen erfolgen, da die Oxidationsreaktionen von Fe^{2+} und Mn^{2+} nicht nur rein chemisch ablaufen, sondern auch mikrobiell katalysiert werden können [4–8].

4.2 Erweiterte Grundwasseraufbereitung

Weil die Gefälleverhältnisse es zuließen, konnte südlich des Sees ein kleiner Vorfluter angelegt werden. Er beginnt am Tagebau Zwenkau und mündet im Vorklärbecken der Pumpstation am See. Die neue Aufbereitungsstrecke wurde auf 1 660 m ausgebaut und im Januar 1995 in Betrieb genommen. Der Vorfluter mußte teilweise verrohrt werden. Er hat vier Grabenabschnitte. Diese offenen (biologisch aktiven) Grabensegmente haben eine wirksame Gesamtlänge von 1 040 m. Insgesamt wurden 4 Stauhaltungen (scharfkantige Dammbalkenwehre) errichtet. Die wirksame Absturzhöhe des Wassers an den Wehren lag zwischen 1.0 und 1.7 m. Das Flutungssystem wurde entsprechend der Bilder 2 und 3 konzipiert. 25 Betriebsmonate, in denen mehrere Mischwasserfahrweisen erprobt wurden, werden in einer Fallstudie untersucht. Die Mischungen der Wässer unterschieden sich durch verschiedene Wasserarten und unterschiedliche Einleitpunkte im Graben. Das entstandene Mischwasser wurde nach jedem Grabenabschnitt qualitativ untersucht. Insgesamt wurden bis zu 3 Wässer unterschiedlicher Herkunft miteinander gemischt. Tabelle 1 gibt einen Überblick der Mittelwerte der verwendeten Rohwässer.

Zur Aufbereitung gelangten neben dem gesümpften Grundwasser und dem Wasser aus der Weißen Elster auch Wasseransammlungen der Abraumkippen (Wasser 3). Da für eine alternativ technische Lösung zur Aufbereitung dieser deutlich von der Pyritoxidation beeinflußten Wassermengen weit mehr als 1.5 Mio DM veranschlagt wurden (pers. Mitteilung aus der MIBRAG mbH) und die Konzentrationen der Wasserinhaltsstoffe eine unaufbereitete Einleitung in die Weiße Elster nicht zuließen, wurde das erste der insgesamt drei Versuchsprogramme (Mischwasser aus 3 Komponenten) 1995 (entsprechend Bild 3, Flutungsverfahren 1) angefahren.

Die 4 Stauhaltungen dienten der Reduzierung der Fließgeschwindigkeit im Graben und der damit verbundenen zeitlichen Abflußverzögerung. Die ersten beiden Grabenabschnitte (Graben 1 und 2) waren als Sedimentationsraum gedacht. Die Grabenbereiche 3 und 4 waren für die Schönung des Wassers und als aktiver Innenraum zur biologischen Enteisenung ausgelegt. Das Profil des

Tab. 1: Mittelwerte der insgesamt 27 Rohwasseranalysen im Zeitraum 01/95–12/96.

Average amounts of a total of 27 analyses of genuine water between January 1995 and December 1996.

Wasser	O_2 mg/L	pH	*LF* µS/cm	PO_4^{3-} mg/L	NO_3^- mg/L	SO_4^{2-} mg/L	K_S mmol/L	K_B mmol/L	Fe^{2+} mg/L	Fe^{3+} mg/L	Mn^{2+} mg/L	NH_4^+ mg/L
1	9.5	7.50	960	0.45	32.0	230.0	2.0	0.1	0.3	0.1	0.1	0.20
2	9.5	6.95	1 600	0.04	15.0	495.0	2.6	0.6	2.4	0.5	0.2	0.11
3	2.8	3.01	2 660	0.025	9.0	1 200.0	0.0	6.45	31.0	0.1	6.5	0.15

1: Wasser aus der Weißen Elster mit 40 bis 50 m^3/h
2: Wasser vom Randriegel Tagebau Zwenkau mit 80 bis 100 m^3/h
3: Wasser aus der Wasserhaltung Nordschlauch (Tagebau Zwenkau) mit 80 m^3/h

künstlich geschaffenen Vorfluters wurde als Trapezprofil konzipiert. Der durchschnittliche Fließquerschnitt betrug im Graben 1 6.0 m², im Graben 2 5.1 m², im Graben 3 4.5 m² und im Graben 4 3.3 m². Jeder Grabenbereich hatte eine Flachwasserzone von 0.3 m, die sich dann bis auf 1.7 m (unmittelbar vor dem Wehr) vertiefte. Die Längen der vier offenen Grabensegmente stehen im Verhältnis von: 320 : 160 : 320 : 240 m (vgl. Bilder 2 und 3). Am Beginn des Grabens befand sich eine Belüftungskaskade von 72 m² Fläche (Querbahnkolonne aus Holz). Dort wurden zunächst die schwefelsauren Wässer (Wasser 3) zur Sauerstoffanreicherung aufgeleitet.

1. Versuch/Versuchsbeschreibung

Im ersten Versuchszeitraum von 01/95 bis 03/95 wurden (entsprechend Bild 3, Flutungsverfahren 1) die sauren Kippenwässer erst nach einer Fließstrecke von ca. 700 m mit dem gesümpften

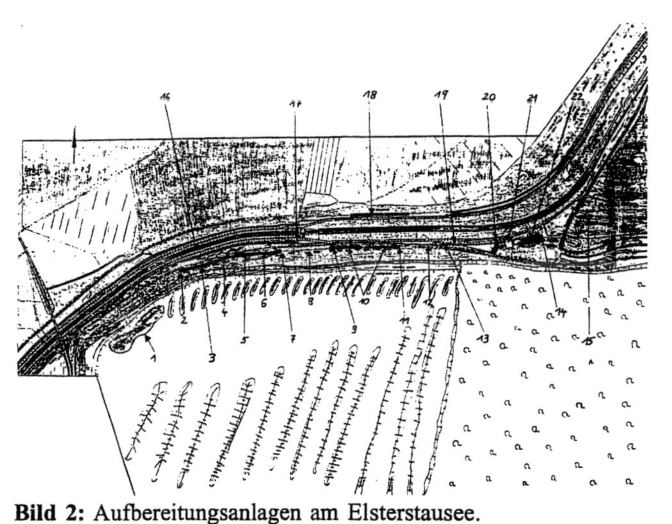

Bild 2: Aufbereitungsanlagen am Elsterstausee.
1 Wasserhaltung Nordschlauch (Wasser 3), *2* Einleitstelle Wasser 3 an der Kaskade, *3* 1. Einleitstelle Wasser vom Randriegel Zwenkau (Wasser 2), *4* Grabenabschnitt 1, *5* Wehr 1, *6* Grabenabschnitt 2, *7* Wehr 2, *8* Verrohrung DN 1 200 mm, *9* 2. Einleitstelle Wasser vom Randriegel Zwenkau (Wasser 2), *10* Grabenabschnitt 3, *11* Wehr 3, *12* Verrohrung DN 1 200 mm, *13* Einleitstelle Wasser 1, *14* Pumpstation Elsterstausee, *15* Elsterstausee, *16* Fluß Weiße Elster, *17* Gefällestufe Weiße Elster, *18* Mühlgraben Weiße Elster, *19* Grabenabschnitt 4, *20* Wehr 4, *21* Plastebecken, *22* Vorklärbecken Pumpstation.

Refining constructions of lake Elsterstausee.
1 drainage north hose (water 3), *2* place of flowing in of water 3, at the cascade, *3* 1st place of flowing in of water from bordering bolt Zwenkau (water 2), *4* trench sector 1, *5* weir 1, *6* trench sector 2, *7* weir 2, *8* pipe-line DN 1 200, *9* 2nd place of flowing in of water from bordering bolt Zwenkau (water 2), *10* trench sector 3, *11* weir 3, *12* pipe-line DN 1 200, *13* place of flowing in of water 1, *14* pumping-station lake Elsterstausee, *15* lake Elsterstausee, *16* river Weiße Elster, *17* head step Weiße Elster, *18* mill-race Weiße Elster, *19* trench sector 4, *20* weir 4, *21* plastic tank, *22* pre-settling tank pumping station.

Grundwasser aus dem Randriegel Zwenkau (Wasser 2) entsprechend dem Bild 3, Flutungsverfahren 1, Einleitstelle II gemischt. Auf Grund der geogenen Versauerung des Wassers 3 wurde in den unbepflanzten Grabenabschnitten 1 und 2 keine nennenswerte Aufbereitungsleistung festgestellt. Durch Zumischung des gesümpften Grundwassers fand später im Graben 3 eine allmähliche Entsäuerung statt. Der pH-Wert stieg von pH = 3.2 auf pH = 5.5 an. Nach einer weiteren Fließstrecke von 600 m wurde vor dem Wehr 4 (ca. 250 m vor dem Wehrüberlauf) eine zweite Einleitstelle (vgl. Bild 3, Einleitstelle I) mit den Wassermengen aus der Weißen Elster vorgesehen. Das Wasser 1 wurde in Mengen von 40 bis 50 m³/h zugegeben. Durch die Pufferkapazität des Flußwassers konnte der pH-Wert des nunmehr aus 3 Komponenten bestehenden Mischwassers weiter auf pH = 6.8 gesteigert werden. Der Gesamteisengehalt wurde bis zum Seeeinlauf um 85% und der Mangangehalt um 57% verringert. Zusätzlich konnte auch eine wirksame Mitfällung des sich im Elsterwasser befindlichen Nährstoffes Phosphor auf > 0.02 mg/L nachgewiesen werden. Bild 3 verdeutlicht den technologischen Längsschnitt des 1. Flutungsverfahrens.

2. Versuch/Versuchsbeschreibung

Mit der Versuchsphase 2 begann eine Verbesserung des Systems. Ab 04/1995 bis 02/1996 wurden zwei Einleitstellen, die ausschließlich aus Grundwasser (Wasser 2) bestanden, im Graben 1 (vgl. Bild 3, Einleitstelle III) und im Graben 3 (vgl. Bild 3, Einleitstelle II) betrieben. Eine Überleitung der Anteile von der Weißen Elster (vgl. Bild 3, Einleitstelle I) fand nicht mehr statt. In einem Zeitraum von 10 Monaten wurden Mischungsverhältnisse von 1 : 1.7 bis 1 : 3 mit bis zu 350 m³/h im Graben getestet. Das gut gepufferte Grundwasser (Wasser 2) wurde dabei im Verhältnis 1 : 1 an der ersten Einleitungsstelle (vgl. Bild 3, Einleitstelle III) zum Wasser 3 (vgl. Bild 3, Einleitstelle IV) zugesetzt. Der Graben 1 wurde mit rund 160 m³/h durchflossen. Dadurch konnte der pH-Wert im Graben 1 gegenüber dem ersten Versuch sprunghaft von pH ≈ 3.2 auf pH ⩾ 5.5 gesteigert werden. Es kam nunmehr auch zu sichtbaren Ausflockungen von Eisenhydroxid. Die Flocken wurden vor dem Wehr 1 im ersten Grabenabschnitt sedimentiert.

Durch die gute Pufferkapazität des gesümpften Grundwassers waren bei dieser Variante bereits bis zu 70% des Eisens nach einer Fließstrecke von 300 m bis zum Wehr 1 oxidiert und sedimentiert. Nach einer Gesamtfließstrecke von ca. 1 600 m waren schließlich bis zu 92% des Gesamteisens sedimentiert und pH-Werte um pH = 6.8 am Wehr 4 erreicht. Bei einem Mischungsverhältnis (Saures Wasser : gepuffertes Wasser) größer als 1 : 2 lag die Säurekapazität am Ende der Aufbereitungsstrecke durchschnittlich bei etwa 1 mmol/L. Der Gehalt an gelöstem Eisen lag zu Beginn des 2. Versuchszeitraumes (Ende Mai 1995) noch zwischen 1.7 mg/L und max. 5.0 mg/L. Gegen Ende des 2. Versuchszeitraumes (etwa ab Oktober 1995) lag der Fe^{2+}-Gehalt am Wehr 4 nur noch zwischen 0.1 und 0.6 mg/L. Die pH-Werte stiegen bis über pH = 7.0 an, und die Säurekapazitäten erreichten Werte bis über 1.5 mol/m³. Tabelle 2 gibt einen Überblick der Ergebnisse des zweiten Versuches. Bild 3, Flutungsverfahren 2 zeigt den technologischen Längsschnitt des zweiten Versuchs.

3. Versuch/Versuchsbeschreibung

Nachdem in den ersten 15 Betriebsmonaten des Grabens ca. 2.8 hm³ Wasser durchgeleitet und im Frühjahr 1996 über

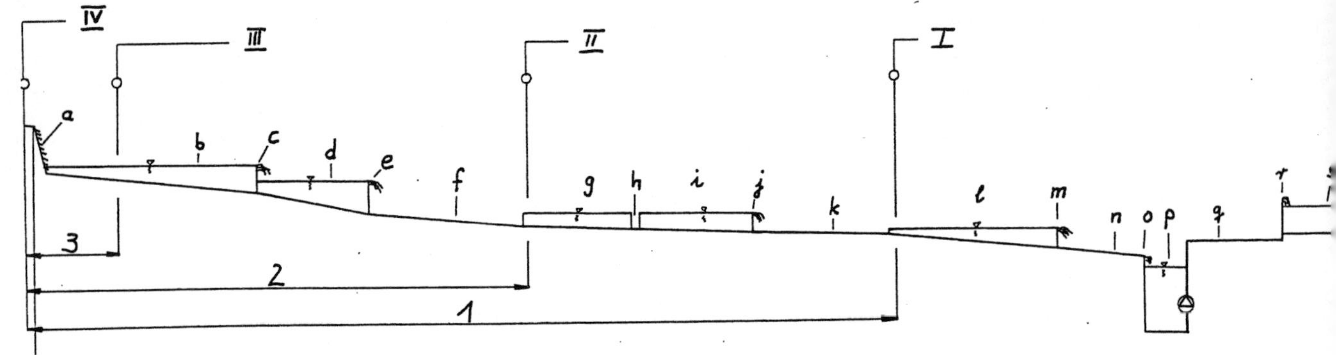

Bild 3: Technologischer Längsschnitt der Grundwasseraufbereitung.
a Belüftungskaskade, *b* Grabenabschnitt 1, *c* Wehr 1, *d* Grabenabschnitt 2, *e* Wehr 2, *f* Verrohrung DN 1 200 mm, *g* Grabenabschnitt 3, *h* Verrohrung DN 1 200 mm, *i* Grabenabschnitt 3/2, *j* Wehr 3, *k* Verrohrung DN 1 200 mm, *l* Grabenabschnitt 4, *m* Wehr 4, *n* Verrohrung D 1 200 mm...300 mm, *o* Auslauf im Vorklärbecken (VKB), *p* Vorklärbecken der Pumpstation, *q* Pumpstation und Druckrohrleitung, *r* Auslauf Elsterstausee, *s* Elsterstausee.
I Einleitungsstelle Wasser 1 (Wasser der Weißen Elster), II 2. Einleitungsstelle Wasser 2 (Wasser vom Randriegel Tagebau Zwenkau), III 1. Ei leitungsstelle Wasser 2 (Wasser vom Randriegel Tagebau Zwenkau), IV Einleitungsstelle Wasser 3 (Wasserhaltung Nordschlauch Tageb Zwenkau).
1 1. Versuch, Versuchszeitraum 1/95–2/95 (außer III, alle Einleitstellen in Betrieb), *2* 2. Versuch, Versuchszeitraum 4/95–2/96 (außer I, alle E leitstellen in Betrieb), *3* 3. Versuch, Versuchszeitraum 3/96–12/96 (außer I und II, alle Einleitstellen in Betrieb).

Technological side-view of the refining of the groundwater.
a cascade for aeration, *b* trench section 1, *c* weir 1, *d* trench section 2, *e* weir 2, *f* pipe-line DN 1 200, *g*, trench section 3/1, *h* pipe-line DN 1 2 *i* trench section 3/2, *j* weir 3, *k* pipe-line DN 1 200, *l* trench section 4, *m* weir 4, *n* pipe-line DN 1 200, *o* place of running out pre-settling ta *p* pre-settling tank pumping station, *q* pumping station and pressure pipe-line, *r* place of running out in the lake Elsterstausee, *s* lake Elsterst see.
I place of flowing in of water 1 (water of the river Weiße Elster), II 2nd place of flowing in of water 2 (water from bordering bolt mine Zwenka III 1st place of flowing in of water 2 (water from bordering bolt mine Zwenkau), IV place of flowing in of water 3 (drainage north hose m Zwenkau).
1 1st experiment, period 1/95–2/95 (except III, all places of flowing in are working), *2* 2nd experiment, period 4/95–2/96 (except I, all places flowing in are working), *3* 3rd experiment, period 3/96–12/96 (except I and II, all places of flowing in are working).

Tab. 2: Ergebnisse 2. Versuch (2 verschiedene Wässer und 3 unterschiedliche Einleitstellen).
Results of the 2nd experiment (2 different waters and 3 different places of flowing in).

zwei Einleitstellen Wasser vom Randriegel Tagebau Zwenkau mit 30 bis 350 m³/h
eine Einleitstelle Wasser aus der Wasserhaltung Nordschlauch mit 30 bis 100 m³/h

Zeitraum 04/95–02/96

	Probe Ort	O_2 %	pH	*LF* µS/cm	K_S mmol/L	K_B mmol/L	Fe^{2+} mg/L	Fe^{3+} mg/L	Mn^{2+} mg/L	Wasser 2 m³/h	Wasser 3 m³/h	Mischu Wasser Wasser
x	Wehr 1	94	5.17	1 725	0.18	1.28	11.61	1.31	2.39	197	87	2.25
s	Wehr 1	6	0.31	41	0.10	0.31	7.41	3.56	0.49	53	8	0.58
x	Wehr 4	98	6.85	1 591	1.13	0.40	1.09	0.57	1.21	197	87	2.25
s	Wehr 4	9	0.26	57	0.43	0.16	1.01	0.43	0.34	53	8	0.58
x	VKB	98	7.13	1 580	1.36	0.21	0.92	0.97	0.94	197	87	2.25
s	VKB	5	0.23	55	0.44	0.10	1.17	2.20	0.25	53	8	0.58

(Probenahmepunkte vgl. Bild 2)
Wehr 1: Probenahme im Graben 1 vor dem Wehr 1
Wehr 4: Probenahme im Graben 4 vor dem Wehr 4
VKB: Probenahme im Vorklärbecken
x: Mittelwert aus 28 Einzelproben
s: Standardabweichung

900 Tonnen ausgefällter Eisenschlamm aus dem 1. Graben entfernt worden waren, wird seit März 1996 nur noch eine Einleitungsstelle (vgl. Bild 3, Einleitungsstelle III, Flutungsverfahren 3) des Randriegelwassers betrieben. Bei der Einleitstelle III (Bild 3) handelt es sich um Wasser, dessen Säurekapazitäten über 3 mol/m³ betrugen. Es wurde dem Wasser 3 (vgl. Bild 3, Einleitstelle IV) nach 100 m zugemischt. Zur Reduzierung des gebildeten Kohlendioxides wurden neben dem Einzug zusätzlicher Wellbahnkolonnen an den Wehren 1 und 2 bewußt die natürlichen Assimilationsvorgänge von Pflanzen ausgenutzt. Die Grabenanlagen wurden dazu bepflanzt.

Das biologische System wurde auf submersen Makrophyten Röhrichten aufgebaut. Zunehmend traten auch Eisen ausfälle Organismen wie: *Leptothrix ochracea* und *Crenothrix* spec. benthische Algen in allen Grabensegmenten in Erscheinung. ingenieurbiologische Verteilung des Pflanzgutes in den Grabens menten gliedert sich dabei wie folgt:

Graben 1
– keine Bepflanzung, Sedimentationsraum, ab 1996 teilweise türliche Besiedlung durch *Typha latifolia,*

Graben 2
- hinter Wehr 1 dichte Bestände von *Typha latifolia* (Breitblättriger Rohrkolben),
- vor Wehr 2 Bestände von *Callitriche* spec. (Wasserstern, dieser wächst auch im Schatten und hat im kalten Wasser günstige Bedingungen)

Graben 3
- Bestände von *Schoenoplectus lacustris* (Teichsimse),
- dichte Bestände von *Callitriche* spec.
- sessile Algen: *Tribonema vulgare* (Gemeiner Wasserfaden) und *Chlorhormidium flaccidium* (Amphibische Schnur-Grünalge)

Graben 4
- dichte Bestände aus *Callitriche* spec.,
- dichte Bestände aus *Phragmites australis* (Schilfrohr),
- sessile Algen von *Tribonema vulgare und Chlorhormidium flaccidium,*
- *teilweise Polygonum amphibium* (Wasserknöterich),
- dichte Bestände von *Glyceria maxima* (Wasserschwaden).

Die Initialbepflanzung mit Röhricht (*Phragmites, Typha, Glyceria*) erfolgte im Frühjahr über 2 Monate. Alle submersen Arten kamen durch natürliche Verbreitung in den Graben. Die emersen Arten dienten zunächst als Filter und der Vergrößerung der inneren Oberfläche im Graben. An dem bis über 80 Pflanzen je Quadratmeter dichten Röhrichtbestand setzte sich wiederum schnell ein biologisch aktiver und sessiler Rasen auf, der u. a. die Enteisenungsprozesse bis zu einem Fe^{2+}-Gehalt von kleiner als 0.2 mg/L bewirkt hatte. Nach Liebmann [9] ist für die Entwicklung der Eisen ausfällenden Bakterien neben dem Vorkommen von Eisen auch Sauerstoff unentbehrlich. In den teilweise sauerstoffarmen Bereichen leben daher diese Bakterien mit Grünalgen quasi in Symbiose. In den Grabenabschnitten vor den Wehren 2, 3 und 4 kam es teilweise zur Entwicklung großer Algen-Eisenbakterien-Watten. Sie lebten dort u. a. mit den sessilen Algen *Tribonema vulgare, Chlorhormidium flaccidium, Diatoma elongatum, Fragilaria capucina* und *Diatoma vulgare* in Gemeinschaft. Ihre Photosynthese liefert den für die chemotrophen Bakterien notwendigen Sauerstoff. Alle Eisen ausfällenden Bakterien gedeihen nach Liebmann [9] bei Temperaturen < 10 °C am besten. Im Grabenverlauf waren sie das ganze Jahr über aktiv. Die Fließbewegung des Wassers ließ zudem keine „mineralische Verödung" eintreten, so daß *Clonothrix fusca* und *Crenothrix polyspora* auch vor den Wehren 3 und 4 anzutreffen waren, obwohl der Eisengehalt dort teilweise nur noch zwischen 0.2 und 1.0 mg/L betrug. Die Enteisenung des Wassers konnte offensichtlich dadurch weiter bis auf einen Fe^{2+}-Gehalt < 0.2 mg/L gesenkt werden. Der pflanzenunterstützte Systemaufbau im Graben besteht vom Wehr 1 bis zum Wehr 4 aus einem sequentiellen biologischen wie ingenieurbiologischen Wechsel von:
- Abpufferung der Mineralsäure durch Vermischung,
- pH-Wert-Anstieg, Eisenausfällung,
- CO_2-Desorption durch Absturz am Wehr, CO_2-Aufnahme durch Pflanzen,
- geringfügige Nachversauerung durch Protolysereaktionen,
- Abpufferung durch Hydrogencarbonat,
- weitere Enteisenung durch fädige und Eisen ausfällende Bakterien,
- Ausflockungen von Eisen und Siebwirkung durch submerse und emerse Pflanzen,
- CO_2-Aufnahme durch Algen und Pflanzen und weitere pH-Wert-Erhöhung,
- mechanische Belüftung und Eintrag von O_2 sowie Desorption des restlichen CO_2 durch Absturz am Wehr.

Die Temperatur des Wassers im Graben lag bei durchschnittlich 7...14 °C. Auch in den kalten Wintern 95/96 und 96/97 fror das Wasser in den Grabenanlagen nicht ein, so daß die submersen Pflanzen des Wassersterns, die Binsen sowie die in Gemeinschaft mit den fädigen Algen lebenden Eisen ausfällenden Bakterien auch zu dieser Jahreszeit aktiv blieben. Die Abbauraten gingen nur unwesentlich zurück. Teilweise reduzierte sich die Sedimentation der Flokken auf Grund der temperaturbedingten Zunahme der Viskosität des Wassers. Zwar starben die photosynthetisch aktiven Teile der Großröhrichte im Winter ab, jedoch blieben ihre Sprosse als „submerser Filter" und Bewuchsträger im Fließquerschnitt aktiv. Die physiologische Wuchsform der unterschiedlichen Röhrichte kann annähernd mit dem System eines Parallelplattenabscheiders verglichen werden. Dennoch handelt es sich um einen theoretisch nicht erfaßbaren Sedimentationsvorgang, der mit linearer Sedimentationskinetik nicht beschrieben werden kann, weil auch autokatalytische Reaktionen eine wesentliche Rolle spielen. In den dichten Röhrichtbeständen wird das Wasser durch die Gänge und Zwischenräume transportiert. Dabei werden einerseits die chemotrophen, sessilen Eisen ausfällenden Bakterien ständig mit gelösten Eisenfraktionen versorgt und andererseits die grobdispersen Flokken im Strömungsschatten (hydraulischer Totraum) der unter Wasser stehenden Pflanzensprosse abgelagert. Die Mikroflocken werden durch Adsorption an der der Strömung abgekehrten Seite der Pflanzen zurückgehalten. Die Akkumulationen nehmen zu und sinken später zum Grund ab. Dort werden die so gebildeten Makroflokken im Strömungsschatten (gleichbleibende Strömungsverhältnisse vorausgesetzt) sedimentiert.

Durch die sulfidische Bindung von Schwefel an Eisen kann durch sulfatreduzierende Bakterien (Desulfurikanten) wahrscheinlich schon einige Millimeter unterhalb der Schlammoberfläche (anaerobes Milieu) eine Umkehrung der Versauerung (Pyritoxidation) durch bakterielle Sulfidbildung nach Glässer, Klapper [10]; nach Klapper [11] und [12] erreicht werden. Wenige Millimeter unter den frischen Eisenablagerungen und in den Röhrichtbeständen waren die Schlämme tiefschwarz gefärbt. Tabelle 3 weist trotz ungünstigerem Mischungsverhältnis im 3. Versuch dennoch höhere Säurekapazitäten und bessere pH-Werte als der 2. Versuch aus. Gute Aufbereitungserfolge waren noch bei Durchsatzraten von 240 m^3/h bis max. 300 m^3/h festzustellen. Ab einer spezifischen Flächenbelastung von $\leq 50\ m^3/(m^2 \cdot h)$ (bezogen auf den Graben 1) kam es zur Verfrachtung von Eisenhydroxid bis auf den Grabenabschnitt 3. Im dritten Versuch wurden bis zu 450 m^3/h durch das System geleitet. Sofern diese hohen Wassermengen nur kurzzeitig durchgesetzt wurden, reaktivierten sich die submersen Pflanzen bzw. Pflanzenteile relativ schnell (zeitabhängige Abspülung von der Blattoberfläche). Eine längere hydraulische Belastung der Anlagen brachte hingegen das biotische Funktionssystem alsbald zum Erliegen. Die submersen Pflanzen verkümmerten aufgrund der ständigen mechanischen Belastung und der Hemmung der Photosynthese.

Die Tabelle 4 gibt einen Überblick über die Mischwasserfahrweisen im Graben wieder. Das Verhältnis saures Wasser : gepuffertes Wasser wird im Zeitraum von Anfang 1996 bis Ende 1996 angegeben. Zu Beginn der erweiterten Grundwasseraufbereitung war 1995 noch ein Mischungsverhältnis von bis zu 1 : 3 notwendig, um z. B. pH-Werte über pH 7.0 zu erreichen (vgl. Tab. 2). Das Mischungsverhältnis konnte nach einjähriger Betriebszeit (ab Anfang 1996) auf ein Verhältnis von 1 : 2, und nach fast zweijähriger Betriebszeit (gegen Ende 1996) sogar bis auf ein Mischungsverhältnis von ca. 1 : 1 reduziert werden (vgl. Tab. 3). Tabelle 4 zeigt die unterschiedlichen Mischwasserqualitäten. Diese wurden einerseits unter Laborbedingungen und andererseits im Feldversuch (gemessen am Wehr 4 nach einer Fließstrecke von 1 600 m) bei den Mischungsverhältnissen von 1 : 2 bis 1 : 1 analysiert. So konnte festgestellt werden, daß durch die biologische Aktivierung der jeweiligen Grabensegmente eine wesentlich effizientere Aufbereitungsleistung erreicht worden ist.

4.3 Maßnahmen des fischereilichen und biologischen Initialbesatzes im Elsterstausee

Nach erfolgter Beendigung der Berufsfischerei wurden 1991 aus dem Elsterstausee rund 140 Tonnen Spiegelkarpfen (*Cyprinus carpio*) und 3 Tonnen Silberkarpfen (*Hypophthalmichthys molitrix*) abgefischt. Durch Besatzmaßnahmen kamen im November 1992 ca. 3 500 Stück einsömmrige Zander (Z_1) [Z = Zander; 1 = einsömmrig] (*Stizostedion lucioperca*) und 20 Stück viersömmrige Welse (W_4) [W = Wels, 4 = viersömmrig] (*Siluris glanis*) hinzu. Die im Gewässer verbliebenen Fischbestände wurden artspezifisch und quantitativ anhand vieler einzelner Senknetzproben ermittelt. Der See verfügte über einen guten Flußbarschbestand (*Perca fluviatilis*). Auf Grund der von der Fischwirtschaft früher verwendeten großen Maschenweiten bis zu 2 500 mm^2 konnten sich im See übermäßige Populationen von Weißfischen wie: Plötze (*Rutilus rutilus*) und Rotfeder (*Scardinius erythrophthalmus*) halten, da sie bei den jährlichen Abfischungen durch die Maschen schlüpften. Die Be-

Tab. 3: Ergebnisse 3. Versuch (2 verschiedene Wässer und 2 unterschiedliche Einleitstellen).

Results of the 3rd experiment (2 different waters and 2 different places of flowing in).

eine Einleitung Wasser vom Randriegel Tagebau Zwenkau mit 30 bis 350 m^3/h
eine Einleitung Wasser aus der Wasserhaltung Nordschlauch mit 30 bis 100 m^3/h

Zeitraum 03/96–12/96

	Probe Ort	O_2 %	pH	*LF* µS/cm	K_S mmol/L	K_B mmol/L	Fe^{2+} mg/L	Fe^{3+} mg/L	Mn^{2+} mg/L	Wasser 2 m^3/h	Wasser 3 m^3/h	Mischung Wasser 3 Wasser 2
x	Wehr 1	91	6.61	1 641	1.85	0.82	4.83	3.48	1.91	159	95	1.93
s	Wehr 1	6	0.22	74	0.46	0.27	4.15	1.56	0.67	65	22	2.02
x	Wehr 4	94	6.92	1 608	1.69	0.49	2.78	1.39	1.49	159	95	1.93
s	Wehr 4	4	0.24	66	0.39	0.25	3.03	0.96	0.45	65	22	2.02
x	VKB	94	7.13	1 604	1.65	0.36	1.80	1.05	1.33	159	95	1.93
s	VKB	4	0.23	64	0.41	0.17	2.15	0.75	0.41	65	22	2.02

(Probenahmepunkte vgl. Bild 2)

Wehr 1: Probenahme im Graben 1 vor dem Wehr 1
Wehr 4: Probenahme im Graben 4 vor dem Wehr 4
VKB: Probenahme im Vorklärbecken
x: Mittelwert aus 28 Einzelproben
s: Standardabweichung

Tab. 4: Ergebnis gleicher Mischungsverhältnisse bei Labor- und Feldbedingungen.

Results of the same mixing proportions under laboratory and field conditions.

Anfang 1996

Mischungsverhältnis 1 : 2	pH-Wert	Leitfähigkeit µS/cm	K_S mmol/L	K_B mmol/L
Laborbedingung	5.92	1 641	0.5	1.0
Feldbedingungen (Wehr 4)	7.20	1 640	1.8	0.3

Ende 1996

Mischungsverhältnis 1 : 1	pH-Wert	Leitfähigkeit µS/cm	K_S mmol/L	K_B mmol/L
Laborbedingung	4.64	1 744	0.3	2.4
Feldbedingungen (Wehr 4)	7.30	1 550	1.8	0.2

stände verbutteten meist (blieben kleinwüchsig). Zur effektiven Umsetzung der Biomanipulation mußten diese Populationen drastisch reduziert werden. Die in den Elsterstausee eingesetzten viersömmrigen Welse und später nachgesetzten viersömmrigen Hechte wurden speziell zur Vertilgung der teilweise vorhandenen Bestände adulter Plötzen und Rotfeder (deren Massen bis zu 500 g betrugen) eingesetzt, da Zander meist nur kleine und schlanke Futterfisch bevorzugen. Der Bestand im Elsterstausee wurde sukzessive vo 1991 bis 1997 wie in Tabelle 5 dargestellt reduziert.

Des weiteren waren im Elsterstausee Gründling (*Gobio gobio* Schleie (*Tinca tinca*) und Kaulbarsch (*Gymnocephalus cernua*), di mengenmäßig eine untergeordnete Rolle spielen, vorhanden. Di Gewässerrestaurierung war mit den *in-lake*-Maßnahmen vor allen auf die erhöhte Feinfiltration des Wassers durch Daphnia-Arte ausgerichtet. Der Fraßdruck der planktivoren Fische auf das herb vore Plankton mußte durch einen ökotechnologischen Engpaß ge mindert werden. Der dafür verwendete Begriff „Biomanipulation ist heute gängig. Diese Methode wurde u. a. durch Willmitzer [13 beschrieben und in den BMFT-Projekten Talsperre Bautzen, Feld berger Haussee, Plußsee Plön, Steinbruch Restgewässer Gräfen hain und der Fuchskuhle in Neuglobsow angewandt. In allen Ge wässern wurde versucht, einen sich auf das Gewässer günstig aus wirkenden fischereilichen Faktor zu erzeugen, um eine breite Ent wicklungsmöglichkeit für das Zooplankton zu schaffen. Dies Steuerung verläuft nach Kasprzak et al. [14] und nach Benndorf e al. [15] nicht immer geradlinig. Dennoch konnte durch die Verrin gerung des Fraßdruckes auf das Plankton bei seiner gleichzeitige Verstärkung auf den verbutteten Kleinfischbestand in den vergan genen Jahren die effektiven Filterleistungen des Planktons im El sterstausee gefördert werden. 1993 wurden nochmals carnivore Fi sche (4 000 Stück vorgestreckte Welse W_V) [W = Wels; v = vorge streckt] und ca. 80 viersömmrige Hechte (H_4) [H = Hecht, 4 = vier sömmrig] gesetzt. Der Initialbesatz mit Plankton der Arten *Daphni pulex pulex*, *Daphnia magna*, *Daphnia longispina* und *Daphnia cu cullata* erfolgte von 1993 bis 1996 (Mischkultur). Jährlich wurde zwischen 5 und 7 kg dieser biologisch bedeutenden Feinfiltriere von der sich in der Nähe befindlichen Flußwasseraufbereitungs anlage in den See gesetzt. Bereits im Spätsommer des Jahres 199

Tab. 5: Fischbestandzusammensetzung für den Elsterstausee.

Composition of the fish population of lake Elsterstausee.

Bestand Ende 1991	Bestand Ende 1997	Durch Besatz hinzugekommen
30.0 Tonnen Karpfen	1.5 Tonnen Karpfen	1.0 Tonnen Wels
1.5 Tonnen Silberkarpfen	0.1 Tonnen Silberkarpfen	0.4 Tonnen Hecht
5.0 Tonnen Weißfisch	1.0 Tonnen Weißfisch	0.3 Tonnen Zander
1.5 Tonnen Flußbarsch	1.3 Tonnen Flußbarsch	
1.0 Tonnen Schleie	0.5 Tonnen Schleie	

waren aus den im Frühsommer ausgebrachten Kleinkrebsen vermutlich die ersten männlichen Tiere von *Daphnia longispina* (hervorgebrachte diploide Subitaneier) geschlüpft. Im Winter 1993/94 waren auch erstmals auffallend dichte Populationen von Ruderfußkrebsen (Copepoden) der Art *Cyclops strenuus* und *Eudiaptomus gracilis* im Gewässer nachgewiesen worden. Ab Ende April 1994 sind im Elsterstausee bereits Massenentwicklungen von Daphnien festgestellt worden. Offenbar handelt es sich dabei aus Latenzeiern des Vorjahres und später durch Parthenogenese aus Dauereiern geschlüpfte Weibchen sowie deren Jungfernzeugung. Zur Stabilisierung ihrer Populationen wurde im Herbst 1994 wiederholt fischereitechnisch eingegriffen. Die Bestände an Weißfischen (Plötze, Rotfeder) suchten stets zu dieser Zeit die windberuhigten Bereiche im Elsterstausee unter den langen Schwimmstegen auf. Mit zunehmenden Temperaturabfall des Wassers stieg im See auch die Sichttiefe schnell bis zum Grund an. Unter den Schwimmstegen gab es offensichtlich eine gute Deckung für die Fische. Durch den gezielten Fang mit Stellnetzen konnten die Populationen der zooplanktonfressenden Fische so wirkungsvoll weiter verringert werden. Unter anderem wurden im Frühjahr an nur zwei Tagen über 3 Tonnen dreijährige Plötzen aus dem See mit einer Fischsenke entfernt. Die Maßnahmen wurden Frühjahr und Herbst 1996 wiederholt. Die Bestände an Plötzen und Rotfedern sind seitdem drastisch zurückgegangen. Im Frühjahr 1995 und 1996 wurden vor allem Adultfische (drei- bis viersömmrige Plötzen) und im Herbst massenhaft Jungfischbestände (einsömmrige Plötzen) befischt. Der Raubfisch wurde zu 100% geschont. Vor allem die im See vorhandenen dichten Bestände an Flußbarsch brachten beachtliche Dezimierungserfolge unter den Kleinfischpopulationen! Zur Minimierung des Brutaufkommens wurden des weiteren im zeitigen Frühjahr auch die vielfach in das Wasser hineinreichenden feinen Adventivwurzeln der am Stausee anzutreffenden Weiden (*Salix longifolia*) noch vor dem Laichgeschäft der Fische geschnitten. Da der Elsterstausee bis 1997 keine submersen Pflanzen hervorbrachte, werden diese Haarwurzeln von den Fischen gern als „Ersatzlaichplatz" ausgewählt. Nach dem Schnitt der Wurzeln verzögerte sich das Laichgeschäft der Weißfische (Plötzen und Rotfedern) deutlich um mehrere Wochen. Im Gegensatz dazu war das Laichgeschäft der Flußbarschbestände bereits beendet, da sie zeitiger im Jahr ablaichen und ihre Eier nicht wie die Plötzen einzeln aufkleben müssen, sondern in Schnüren zum Beispiel um die Röhrichtsprosse legen. Durch diese Maßnahme konnte der Scheitel der Kleinfischkonzentration im Frühjahr stark abgeflacht und gestreckt werden. Erst 5 bis 6 Wochen später kam es zum Ablaichen der Plötzen. Die spät geschlüpfte Fischbrut kam durch den starken Fraßdruck der verbutteten Flußbarschbestände (Länge ≈ 8...12 cm) der Vorjahre kaum auf.

Im Zusammenhang mit den manipulierten Nahrungsketten und der initialen Bepflanzung traten im Elsterstausee auch Wechselwirkungen ein, die Nachteile und Disproportionen mit sich brachten. Auch die zum Ablaichen auf submersen Pflanzen orientierten Karpfen entwickelten eine Laichtechnik, die den Fortbestand ihrer Art sichern sollte. Das Laichgeschäft wurde stets im Juni eines jeden Jahres bei Temperaturen ab 22 °C begonnen. In kleinen Schulen schwammen die Tiere zu den dichteren Schilf- und Rohrkolbenbeständen. Durch das gezielte Schlagen der Schwanzflossen gegen die Sproßachsen von *Typha* spec. wurden diese sehr schnell geknickt. Lage für Lage von Schilf- und Rohrkolbensproßachsen ergaben so bald einen „submersen Bioteppich". Durch das Gewicht der oberen Lagen wurden die erstgeknickten Pflanzen immer tiefer gesenkt. An diesen künstlich angelegten Laichträgern wurden später die klebrigen Eier der Karpfen abgelegt. Auf Grund der carnivoren Fischbestände im See kamen die Populationen jedoch nicht über das Larvenstadium hinaus. 1997 wurden in der Zeit von Juni bis September nochmal 5 Abfischungen durchgeführt und dem Gewässer dabei etwa 3 Tonnen Karpfen entnommen.

Als Filtrierer mit ökosystemrelevanten Durchsatz sind nach Klapper [16] u. a. Süßwasserschwämme, Moostierchen und vor allem Muscheln zu nennen. Zur Feinfiltration im Elsterstausee wurden neben dem Initialbesatz an *Daphnia* spec. ab 1994 pro Jahr etwa 150 Stück *Anadonta cygnea* (Teichmuschel) und 500 Stück *Dreissena polymorpha* (Wandermuschel) zur Stabilisierung der Bestände im Elsterstausee ausgesetzt. Kleine Bestände an *Anadonta cygnea* waren im See bereits vorhanden. Auf Grund der hohen Härtegrade des Gewässers und der inzwischen verbesserten Trophie konnten die Populationen zunehmen. Die Glochidien, die sich in den ersten Monaten nach dem Schlüpfen an einen Wirt heften, konnten bereits als Parasit an Kiemen von Barschen im Stausee nachgewiesen werden. Des weiteren wurden im Jahr 1996 auch Wuchshilfen für den im Elsterstausee vorkommenden Süßwasserschwamm *Ephydatia fluviatilis* (Klumpenschwamm) eingebracht. Auf losen, mit Distanzstücken versehenen, aufgereihten Holzscheiben (Durchmesser ca. 0.3 m) wurden darauf schon nach 4 bis 5monatiger Senkzeit dichte Ansiedlungen beobachtet. Die Baumscheiben wurden später geteilt und einzeln im See gezielt an exponierten Strömungsbereichen versenkt.

Neben dem Fisch- und planktischen Besatz wurde das Gewässer von 1992 an systematisch mit Röhrichten bepflanzt. Dabei wurden Rhizompflanzungen, Horstpflanzungen und Legehalmvermehrungen angewandt. Über 3 500 m Uferlinie wurden in den vergangenen Jahren (seit 1992) mit einem Röhrichtgürtel aus *Typha latifolia, Typha angustifolia, Phragmites australis, Phragmites communis, Schoenoplectus lacustris* und *Juncus effusus* versehen. Nicht nur floristische und faunistische, sondern vor allem ingenieurbiologische Ziele wurden mit dieser Maßnahme verfolgt. Die meisten Böschungen des Sees die überwiegend im Winkel ⩾ 35° verlaufen, sind durch Steinschüttungen bedeckt. Durch die stark windexponierte Lage (Tagebau Zwenkau im Süden, Tagebau Cospuden im Osten) mußten in den vergangenen Jahren erodierte Böschungspassagen mehrfach mühsam nachgeschottert werden. Nach der Instandsetzung der Böschungen wurden die Röhrichte dort nach den bereits beschrieben Pflanzmethoden vorgepflanzt. Mittlerweile sind die Röhrichte bis auf 2.5 m in den See hineingewachsen. Die wasserbaulichen Maßnahmen konnten damit reduziert werden, da durch die ingenieurbiologischen Maßnahmen eine Wellenminderung eintrat und das Anlanden von Feinsediment zwischen dem Blocksteinverbau möglich war. Die Entfaltung einer Eigendynamik (partielle Verlandung) am Uferstreifen konnte damit erreicht und eine weitere Erosion vermindert werden. Durch diese Maßnahme konnte die Förderung von Selbstreinigungsprozessen mit sessilen Arten, die Vergrößerung der inneren Oberfläche und die Verringerung der von außen eingetragenen Stoffbelastungen nach [17] weiter unterstützt werden. Obwohl die Pflanzen der Röhrichtarten *Typha latifolia* (Breitblättriger Rohrkolben) und *Typha angustifolia* (Schmalblättriger Rohrkolben) die Verlandungszonen schlammiger Uferbereiche bevorzugen, sind erstaunlicherweise bis zu 90% aller gesetzten Rhizome und zu 80% der gesetzten vollentwickelten Pflanzen angewachsen. Im Pflanzzeitraum, der meist von April bis Juni eines jeden Jahres (zuweilen bei *Phragmites* spec. bis in den September hinein) lag, wurden die Pflanzen bzw. Rhizome in eine Wassertiefe von max. 0.4 m gesetzt und mit einzelnen Schottersteinen fixiert. Der Initialbesatz an Rhizomen wurde 1992 aus Teichen geborgen, die ebenso wie der Elsterstausee früher mit dem Wasser der Weißen Elster in Verbindung standen. Die Implantation war aufgrund der windexponierten Lage die einzige Möglichkeit zur Entfaltung der Röhrichte im See.

Der windgeschützte Südteil des Sees weist heute einen sequentiellen Wechsel von Schilf-, Rohrkolben-, Igelkolben- und Sumpfschwertlilien auf, während der Ostbereich von *Phragmites* spec. und *Typha angustifolia* dominiert wird. Die Verwendung von „Legehalmen" zur Ausbreitung von *Phragmites* spec. hat sich als äußerst effektive Methode erwiesen. Die bereits ab Anfang Juli im Wasser liegenden Kriechhalme waren bis zu 12 m lang. An ihnen haben sich auf einem Meter Wuchslänge bis zu 14 kleine Pflanzen entwickelt. Selbst junge Pflanzen von *Phragmites* spec. sind windresistenter als adulte Typha spec. Die Pflanzen von *Phragmites* spec. besitzen zudem kleinere Blattoberflächen als *Typha* spec. und können sich durch Torsion begrenzt der Windbeanspruchung entziehen. Mit dem durchgeführten Initialbesatz konnte so auch die stark windexponierte Ostseite des Sees mit Erfolg bepflanzt werden. Zudem reagieren die Schilfpflanzen auf Beschattung weniger empfindlich als *Typha* spec. 1996 wurden erstmals Seekanne (*Nymphoides peltata*) und Seerose (*Nymphaea alba*) im See ausgebracht. Die Pflanzen wurden in jeweils 1 Quadratmeter große, beschwerte und mit Kunststoff kaschierte Drahtsenkstücke fixiert und versenkt. Im Gegensatz zur Seerose haben sich auch an den windbeeinflußten Nord- und Ostbereichen des Sees die Bestände der Seekanne gut entwikkelt. Es kann vermutet werden, daß sich der See in den nächsten Jahren weiter in der Tendenz weg vom phytoplanktondominierten Gewässer hin zum makrophytenreichen Klarwassersee entwickelt.

5 Ergebnisse

Die über mehrere Stufen ablaufende Sanierungskonzeption des Elsterstausees zeigte in den vergangenen Jahren eine systematische Wasserverbesserung an. Im Zusammenhang der Eisenfällung konnte eine signifikante P-Reduzierung des Freiwassers über lange Zeit aufrecht erhalten werden. Die durchschnittliche TP-Konzentration betrug in den Sommern von 1994 an ungefähr 0.2 mg/L, die Orthophospatkonzentratic zwischen 0.02 und 0.04 mg/L. Ein günstigerer trophischer Zu stand wird sich im See nicht einstellen können. Das Gewäss ist dafür zu flach. Die Gewässersanierung stößt durch die noc im Sediment befindlichen Nährstoffmengen auf Grenzen. der Tabelle 6 sind die Phosphorkonzentrationen der Sedimen proben der Jahre 1992, 1993 und 1996 enthalten. Sie weise trotz der drastischen Reduzierung des Nährstoffes Phosph das Sediment dennoch als großes Nährstoffdepot aus.

Entsprechend der Verfügbarkeit der akkumulierten P-R serven kam es vor allem ab März 1992 bis Juni 1993 zu Rem bilisierungen des Phosphates und zu darauf folgenden Masse entwicklungen von Phytoplankton im Elsterstausee. Behaupt haben sich vor allem Kieselalgen (*Nitzschia* spec., *Navicu* spec.), Grünalgen (*Scenedesmus* spec., *Ankistrodesm* spec.), Kryptomonaden (*Chilomonas* spec.) und Grü monaden (*Chlamydomonas* spec.) sowie Wimpertierchen. D der Silicatgehalt des Sedimentes bis zu 88% der Trockenmass ausmacht und das Grundwasser als ständiger Silicatliefera anzusehen ist, war diese Diatomeenprägung des Sees erklärba

Tab. 6: Phosphorbelastung des Sedimentes im Elsterstausee.
Phosphorus load of the sediment in the lake Elsterstausee.

Zeitraum der Beprobung	Gesamtphosphor in mg/kg (TM)
04/1992	73 200
04/1993	632
04/1996	385

Tab. 7: Mittelwerte der Sichttiefen im Elsterstausee (Sichttiefe in m).
Mean values of the secchi depths in the lake Elsterstausee (secchi depth in m).

Jahr \ Monat	01	02	03	04	05	06	07	08	09	10	11	1[illegible]
'83–'91	0.32	0.34	0.30	0.35	0.28	0.37	0.30	0.25	0.31	0.35	0.22	0.4[illegible]
1992			0.70	0.50	0.42	0.40	0.36	0.36	0.44	0.51	0.84	0.7[illegible]
1993	0.54	0.50	0.42	0.35	0.38	0.47	0.37	0.44	0.51	0.69	1.19	1.3[illegible]
1994	0.94	0.52	0.55	0.43	0.37	0.48	0.55	0.43	0.51	0.63	0.61	0.9[illegible]
1995	1.29	0.76	0.57	0.46	0.57	0.72	0.80	0.60	0.49	0.71	1.18	1.9[illegible]
1996	1.83	1.84	1.48	0.61	0.69	0.77	0.93	0.56	0.57	1.00	0.98	1.8[illegible]
1997	2.24	1.57	0.53	0.51	0.82	0.58	0.58	0.50	0.39	0.76	1.66	1.8[illegible]

Tab. 8: Mittelwerte und Standardabweichung ausgesuchter Parameter des Elsterstausees vor und während der Restaurierung.
Mean values and standard deviation of selected parameters before and during restoration.

n	Jahr	Fe^{3+} mg/L	NH_4^+ mg/L	Mn^{2+} mg/L	SO_4^{2-} mg/L	NO_3^- mg/L	NO_2^- mg/L	$o\text{-}PO_4^{3-}$ mg/L	O_2 %	BSB_2 mg/L	$KMnO_4$-Verbrauch mg/L	pH mg/L	Sicht m
51	'82–'91												
x		0.63	2.13	0.51	337	9.1	0.22	0.06	101	4.34	32.6	8.02	0.45
s		0.77	2.57	0.53	22	8.2	0.29	0.07	27	2.53	10.7	0.40	0.37
9	1992												
x		0.23	0.24	0.35	574	5.70	0.040	0.070	103	4.5	25.0	8.23	0.52
s		0.14	0.23	0.23	92	3.90	0.045	0.050	28	2.8	6.5	0.41	0.02
6	1993												
x		0.18	0.11	0.44	671	2.40	0.013	0.020	92	3.0	12.2	7.97	0.60
s		0.19	0.21	0.15	54	2.60	0.006	0.000	22	1.0	7.7	0.31	0.38
24	1994												
x		0.23	0.18	0.51	676	1.94	0.013	0.018	97	3.4	20.6	8.12	0.58
s		0.14	0.20	0.25	37	1.40	0.014	0.016	13	2.4	7.7	0.41	0.18
24	1995												
x		0.17	0.52	0.48	630	4.19	0.056	0.026	94	1.97	22.6	8.01	0.84
s		0.15	0.35	0.31	92	1.60	0.026	0.022	11	1.7	10.0	0.40	0.59
22	1996												
x		0.10	0.15	0.48	621	5.20	0.026	0.038	94	1.57	15.0	7.99	1.09
s		0.06	0.09	0.10	18	4.20	0.017	0.026	15	0.7	6.6	0.30	0.44
8	1997												
x		0.32	0.12	0.36	614	0.71	0.012	0.027	88	1.00	3.6	8.19	1.00
s		0.21	0.16	0.10	56	0.14	0.009	0.033	7	0.4	1.2	0.14	0.60

x: Mittelwert
s: Standardabweichung

Erst im Zuge des verstärkten Abfischens im Gewässer und der Steigerung der Filterrate durch das Zooplankton konnten erstmals ab Mitte Juli 1993 (wenn auch kurzfristig) auffallend hohe Sichttiefen gemessen werden. Von Juli 1994 an waren dann die „Daphnien-Klarwasserstadien" öfter im Jahr zu beobachten. Nach Perioden guter Sichtverhältnisse folgten jedoch längere Zeiträume trüben Wassers. Die Populationen der Kleinkrebse gingen wahrscheinlich wegen Nahrungsmangel ein. Der Initialbesatz von Plankton zeigte im Jahr 1994 erstmalig eine über einen längeren Zeitraum stabile feinfiltrierende Wirkung. Eine Verbesserung der Sichttiefe war ab Ende August 1993 latent, ab 1995 deutlich zunehmend zu beobachten. Im Oktober 1996 traten Massenentwicklungen von haploiden Latenzeiern, die als Oberflächenfilm auf dem Stausee sichtbar waren, auf. Sie sind als deutliches Zeichen der Verminderung des Fraßdruckes auf die Daphnien zu werten. Die Entwicklungen von Sichttiefe, Gewässerfarbe, Wettererscheinungen und der Temperatur wurden seit März 1993, soweit dies möglich war, täglich gemessen. Die Sichttiefe des Elsterstausees ist in Tabelle 7 als Monatsmittel dokumentiert. Die durchschnittliche Wassertiefe des Sees beträgt nur etwa 2.20 m!

Auf die stark windexponierte Lage des Sees wurde bereits eingegangen. Durch die Winddynamik konnten schnell die Sedimente erfaßt werden, wodurch die Barriere aus ausgeflocktem Eisenoxidhydrat (Schlammkonditionierung) am Grund zerstört wurde. Dadurch kam es immer wieder zu Massenentwicklungen von Algen im See. Ihnen gingen oft Starkwinderereignisse voraus. Nicht zu unterschätzen ist dabei die von den Fischen her ausgehende Aktivität (Gründeln der Karpfen nach Chironomiden und Tubificiden). Sie verursachten stets eine Verlagerung der aeroben Sedimentoberfläche. Anaerobe Sedimenthorizonte werden dadurch freigelegt, so daß der Phosphor daraus schnell mit dem Interstitialwasser in Kontakt tritt. Die Nahrungskuhlen der Fische waren bis zu 5 cm tief. Da sich die Nahrungsgewohnheiten der Fische von der einst externen Weizenzufütterung auf die Aufnahme von Makrozoobenthos umstellten, haben die omnivoren Cypriniden wahrscheinlich einen erheblichen Anteil an der Remobilisierung der im Sediment vorhandenen P-Reserven, die dann explosionsartig freigesetzt werden können [18–22]. Wahrscheinlich trägt auch der carnivor lebende Wels (*Siluris glanis*) zur Phosphatremobilisierung bei. Als bodennah lebender und jagender Fisch und auf Grund seiner beträchtlichen Körpermasse muß er an der Umschichtung der Sedimente einen erheblichen Anteil haben. Der schnell in das über dem Schlammhorizont anstehende Wasser eintretende Nährstoff kann durch Eisenhydroxid nicht schnell genug ausgefällt werden und wurde zügig in Biomasse umgesetzt und fixiert. Die Phosphatgehalte des Sedimentes reduzierten sich dadurch.

Durch die geringen Überleitungsmengen von Wasser aus dem Elsterstausee in die Weiße Elster traten zwischen 1993 und 1994 keine nennenswerten Verluste durch Export von Biomasse auf. Erst über den Besatz mit Daphnien konnten zunehmend die inkorporierten Energiepotentiale in die Nahrungskette eingetragen und dort in den Stofftransport der Konsumentenkette eingebunden und verringert werden. Gleichzeitig reduzierte sich die Sedimentstärke, da durch den aeroben Abbau der organischen Substanzen die Sedimente mineralisiert und minimiert wurden. Dort, wo heute noch Sedimente im See lagern, betragen ihre Stärken durchschnittlich nur noch 0.2 m. In den letzten Jahren konnte eine signifikante Sedimentreduzierung um nahezu 50% (ca. 16 000 Kubikmeter) erzielt werden. Durch die flutungsabhängigen, hydraulischen Veränderungen im See und den gezielten Wasserdurchsatz wurden die chemischen Parameter des Gewässers verbessert. Tabelle 8 gibt einen Überblick dazu. Bakteriologisch und chemisch erfüllt das Gewässer bereits die EU-Badewassernorm.

Im Zuge einer Untersuchung des Makrozoobenthos im Elsterstausee wurden noch 1992 beispielsweise bis zu 40 Tubificiden je Quadratzentimeter Seeboden ermittelt. 1996 waren dagegen kaum noch Tubificiden feststellbar. Auch die Individuendichte an Chironomiden und der Wasserassel (*Asellus aquaticus*) ging von 1992 bis 1996 deutlich zurück. Im Zeitraum von 1983 bis 1990 lag der ermittelte Saprobienindex nach Untersuchungen der Bezirks-Hygieneinspektion [2] zwischen 2.8 und 3.2. Ab 1993 wurden im Zuge der Untersuchung der Makrofauna des Gewässers jeweils mehrere 0.2 m² große Uferbereiche am See untersucht. 1993 wurden dabei 9 bis 11 Arten mit bis zu 120 Individuen gefunden. Stark vertreten waren neben Wasserasseln und Chironomiden auch Planarien. Daraus wurde ein Makro-Index von 2.45 ermittelt. Die Untersuchungen am Gewässer 1996 ergaben bei der Erfassung von nunmehr 21 Arten ca. 160 Individuen. Daraus wurde ein Makro-Index von 1.93 abgeleitet. Aufgrund der vorgefundenen Arten wäre nach Streble und Krauter [23] noch eine eutrophe Kennzeichnung des Gewässers vorhanden. Auffallend war, daß an der Leeseite des Sees bis zu einer Wassertiefe von 0.2 m wesentlich mehr Organismen gefunden wurden als an der Luvseite. Mit etwas ansteigender Tiefe (ab 0.4 m) nahm die Siedlungsdichte des Makrozoobenthos deutlich ab. Untersuchungen an der Luvseite zeigten weiterhin eine weniger differente Migration. Vor allem die Abundanzen von Wasserasseln (*Asellus aquaticus*) waren in der wellenbewegten Flachwasserzone der Luvseite, wahrscheinlich wegen der dortigen Einschwemmung von Detritus, im Gegensatz zu anderen Zonen auffallend hoch. Für den Stausee ist die Zone bis 0.2 m vor allem durch Substratfresser und Weidegänger gekennzeichnet. Bezüglich der für Badegewässer relevanten chemischen Gewässerparameter wurde der See seit 1993 nicht mehr beanstandet. Sporadisch traten im Sommer bakteriologische Leitwertüberschreitungen auf. Sie standen offensichtlich immer im Zusammenhang mit der zu dieser Jahreszeit relativ starken Frequentierung der Uferbereiche durch Badende. Es muß sich also um lokale, fäkale Emission handeln. Bakteriologische Grenzwertüberschreitungen der EG-Richtlinie traten seit 1993 nicht mehr ein. Seitdem wird das Gewässer wieder von Badenden verstärkt genutzt. Nach Kruspe [24] wurden bereits weitere wassersportliche Nutzungen des Sees für die Zukunft untersucht.

6 Diskussion

In dem 25monatigen Versuchszeitraum zur erweiterten Grundwasseraufbereitung am Elsterstausee hat sich gezeigt, daß eine differentere Einleitung und die Volumenstromteilung (Zweipunkteinleitung nach Flutungsverfahren 2, Bild 3) zur Entsäuerung/Pufferung zwar hydraulich günstigere Verhältnisse schafft als eine zentrale Vermischung, die Grabensegmente aber durchgehend mit Eisenschlamm versetzt werden. Besser ist daher eine zentrale Mischung (Flutungsverfahren 3, Bild 3) unter Ausnutzung eines ausreichenden Sedimentationsraumes. Sofern die hydraulische Beanspruchung der Grabensegmente bei Durchsatzraten $< 50\ m^3/(m^2 \cdot h)$ lag, wirkte sich dies deutlich positiv auf den Absetzvorgang aus. Die spezifische Flächenbelastung der Absturzkaskaden hinter den Wehren wurde reduziert. Der Strippungseffekt und der Wirkungsgrad der Desorption konnte verbessert werden. Unterschiede bezüglich der Entsäuerungs- und Sedimentationsprozesse waren zwischen Sommer und Winter feststellbar. Da mit sinkender Temperatur Dichte und Viskosität des Wassers zunahmen, wurde der Auftrieb der Eisenflocken damit verbessert. Beim Absturz des Wassers an den Wehren wurden die bis dahin nicht sedimentierten Flocken zertrümmert. Damit kam es zur spezifischen Masseverkleinerung der Flocken, so daß die spezifische Absetzwirkung noch weiter abnahm.

Die Grundüberlegung zur Aufbereitungstechnologie war, dem Säurepotential (Wasser des Nordschlauches mit seinen zweiwertigen Eisen- und Manganionen) eine entsprechend hohe Pufferkapazität entgegenzusetzen, um die primäre Mineralsäure und die durch die Protolysevorgänge sekundär frei werdenden H^+-Ionen abzupuffern. In Kombination von Hydraulik und Ingenieurbiologie konnten wirksame Bedingungen geschaffen werden. Das Verhältnis der Konzentration der Hydroniumionen zum Hydrogencarbonat lag am Ende des Untersuchungszeitraumes der Fallstudie bei durchschnittlich 0.85 : 3.20 mmol/L, was einem Verhältnis von ungefähr 1 : 4 entspricht. Bei einer Einleitmenge von 100 m^3/h saurem Wasser müßte zur stöchiometrichen Umsetzung auch etwa nur ein Viertel (genau 26.6 m^3/h) gepuffertes Wasser aus der Randriegelleitung beigemischt werden. Das Hydrogencarbonat setzt sich nach Rohmann [25] mit den Hydroniumionen in Kohlensäure um, diese zerfällt, wobei etwa 0.7% des gebildeten Kohlendioxids im Wasser als Kohlensäure gelöst werden. Etwa 99% gasen aus. Die Pufferkapazität des Wassers 2 würde bei diesem Mischungsverhältnis stöchiometrisch bereits vollends verbraucht werden. Im Zusammenhang mit den Protolysereaktionen (Oxidation von gelösten Eisen- und Manganverbindungen) müßten stündlich nochmals mindestens rund 35 m^3/h gepuffertes Grundwasser zugesetzt werden, da die Reaktion pro Mol Eisen und Mangan nach Rohmann [25] jeweils zwei Mol Hydrogencarbonat verbraucht. Der stündliche Säureschub betrug bei pH-Werten von 3.07 etwa 85.1 mol, durch die acidotrophe Kennung (Mineralsäure aus Pyritverwitterung) des sauren Wassers aus dem Kippenmassiv des Tagebaus Zwenkau. Zuzüglich werden 110.3 mol durch die Umsetzungen der zweiwertigen Eisen- und Manganionen (Protonendesorption) im Graben frei, wenn durchschnittlich Fe^{2+}-Gehalte von 25 mg/L und Mn^{2+}-Gehalte um 7 mg/L vorliegen und diese zu 100% oxidiert werden. Unter diesem Gesichtspunkt wird deutlich, daß bei der Entsäuerung pyritgekennzeichneter Sickerwässer mit diesen Verfahren nicht nur die hohen Basekapazitäten des verwendeten sauren Wassers, sondern vor allem auch dessen minerogene Überprägung bei einer Mischung berücksichtigt werden muß.

In der Fallstudie wurden je Stunde 195.4 mol Hydrogencarbonat des Wassers 2 (Randriegel Tagebau Zwenkau) verbraucht. Das Wasser 2 liefert gegen Ende des Untersuchungszeitraumes bei einer Menge von 100 m^3/h ca. 320 mol/h Hydrogencarbonat. Um der Festlegung gerecht zu werden, daß am Ende der Mischung ein Wasser vorliegt, das eine Pufferkapazität von 1...2 mol/m^3 aufweist, mußte zu Anfang des Versuches noch die dreifache Menge des ausreichend gut gepufferten Wassers (Wasser 2) gegenüber dem sauren Wasser (Wassers 3) zugesetzt werden. Infolge der Steigerung der Effektivität der Grundwasseraufbereitung konnte das Mischungsverhältnis von 1 : 3 auf 1 : 1 reduziert werden. Gleichzeitig wurde die Pufferkapazität im Mischungswasser erhöht. Unterstützend wirkte sich dabei offensichtlich die mikrobielle Sulfatreduktion/Entsäuerung des Wassers durch sulfidische Bindung von Eisen an Schwefel und der Besatz des Grabens durch Röhrichte aus. Die Röhrichtbestände vergrößern die innere Oberfläche im Graben und schaffen Ansatzflächen für Eisen ausfällende Bakterien. Röhrichte sind Lieferant der organischen Kohlenstoffverbindungen, die für die mikrobielle Sulfatreduktion essentiell sind. Im Mischwasser wurden zu Beginn des 1. Versuches Säurekapazitäten von 0.9 bis 1.4 mol/m^3 analysiert. Das Mischungsv hältnis (Wasser 3 : Wasser 2) lag dabei bei rund 1 : 2 bis 1 : 3. I folge der biologischen Aktivierung des Grabens genügte gegen Ende der Fallstudie (3. Versuch) nur noch e Mischungsverhältnis von rund 1 : 1 anzuwenden und dabei d Pufferkapazität auf rund 1.8 mol/m^3 zu erhöhen.

Im Gegensatz zu den im Labor ermittelten Werten zeig die Befunde der Feldversuche (vgl. Tab. 4) eindeutig besse Aufbereitungsergebnisse an. Beispielsweise konnte der p Wert im Feldversuch bei gleichen Mischungsverhältnis u rund 1.3 bis 2.7 pH-Einheiten gegenüber dem Laborversu verbessert werden. Die Verwendung von Wässern mit vorzug weise hohen Carbonathärten ist für das Einfluten in zukünfti Tagebaurestseen in Hinblick auf seine neutralisierende Wi kung überaus wünschenswert. Durch die beschriebene Aufb reitungstechnologie werden die gekoppelten Entsäuerungsvo gänge (Mischung der Wassermengen) und Versauerungsvo gänge (Protolysevorgänge) noch vor dem Einfluten in die Tag baue weitestgehend abgeschlossen. Über diese Verfahren kö nen in Zukunft auch saure Kippenwässer als flutungswirks mes, qualitätsicherndes Zusatzwasser für die großen anstehe den Flutungsaufgaben des Leipziger Südgebietes qualitätsg recht herangezogen werden, sofern Grundwassermengen n guten Pufferungseigenschaften in der Nähe gesümpft werde Für Flutungsaufgaben des Leipziger Nordraumes können sau Wässer bei Zumischungen zu nährstoffbeladenem Flußwass im Zusammenhang mit notwendiger Fremdflutung der Tag baue qualitätsverbessernde Effekte erzielen.

Im Versuchszeitraum von über zwei Jahren hat sich gezeig daß das System stabil, zuverlässig und wartungsarm betrieb werden kann. Durch die Erhöhung des Wirkungsgrades bei d Desorption des CO_2 (Einzug zusätzlicher Querbahnkolonn hinter dem Wehr 1 und Wehr 2), der geförderten biogenen Ko lenstoffverwertung und der mikrobiellen Sulfatreduktion wu de bei einem Mischungsverhältnis von etwa 1 : 1 (saures Wa ser : gepuffertes Wasser) ein durchschnittlicher pH-Wert vo pH $\approx$ 7.3 nach einer Flutungsstrecke von etwa 1.6 km erreich Der Eisengehalt wurde durch die Mischwasserfahrweise (Ox dation/Flockung) und die mikrobiellen Umsetzungen durch E sen ausfällende Organismen bis auf 0.2 mg/L Eisen gesenk Die Calcit-Lösekapazität lag im tolerierbaren Bereich mit g ringem Calcit-Lösevermögen. Das Wasservolumen des Elste stausees wurde in den Jahren von 1992 bis Ende 1996 durch u terschiedliche Aufbereitungstechniken rund sieben Mal ausg tauscht, ohne daß Versäuerungs- oder Verockerungsersche nungen eintraten oder gar Fische und das Makrozoobenth geschädigt wurden. Die trophischen Verhältnisse haben sich i Elsterstausee durch den Zusatz des aufbereiteten Grundwa sers verbessert, und die Sichttiefen sind angestiegen.

Literaturverzeichnis

[1] *Schwoerbel, J.:* Sauerstoffgehalt und Sauerstoffhaushalt d Gewässer. In: *Schwoerbel, J.* (Hrsg.): Einführung in die Lin nologie. 6. Auflage, Gustav-Fischer-Verlag, Stuttgart, 198

[2] Anonym: Analytik des Elsterstausees. Bezirks-Hygieneinstit Leipzig, Analysensammlung, 1983–1990.

[3] *Baur, W. H.:* Ammonium und Ammoniak. In: *Baur, W. H.* (Hrsg. Gewässergüte bestimmen und beurteilen. 2. Auflage, Verlag Pa Parey, Hamburg, 1987.

[4] *Damrath, H., Cord-Landwehr, K.:* Physikalische, chemische u biochemische Grundlagen der Eisen- und Manganentfernung. I *Damrath, H., Cord-Landwehr, K.* (Hrsg.): Wasserversorgun 10. Auflage, B. G. Teubner Verlag, Stuttgart, 1992.

] *Liebmann, H.:* Biologie der Eisen- und Manganbakterien. In: *Liebmann, H.* (Hrsg.): Handbuch der Fischwasser- und Abwasserbiologie, Band 2. Gustav Fischer Verlag, Jena, 1960.
] *Klee, O.:* Organismen des Grundwassers. In: *Klee, O.* (Hrsg.): Angewandte Hydrobiologie, 2. Auflage, Georg Thieme Verlag, Stuttgart, 1991.
] *Rathsack, U.:* Die Entmanganungsfiltration Teil 1, Wasserwirtsch. Wassertech. *3/95*, S. 23–30 (1995).
] *Hässelbarth, U., Lüdermann, D.:* Die biologische Enteisenung und Entmanganung, Vom Wasser *38*, S. 233–253 (1971).
] *Liebmann, H.:* Die Leitorganismen für Eisen. In: *Liebmann, H.* (Hrsg.): Handbuch der Fischwasser- und Abwasserbiologie, Band 1. G. Fischer Verlag, Jena, 1962.
] *Glässer, W., Klapper, H.:* Stoffumsätze beim Füllprozeß von Tagebaurestseen (Entscheidungsvorbereitung). Boden, Wasser, Luft, 19–23 (1992).
] *Klapper, H.:* Ökotechnologisch nutzbare Naturpotentiale zur Verbesserung der Wasserbeschaffenheit in Bergbaurestseen. UFZ Bericht 4/95, Beiträge zum Workshop „Braunkohlebergbaurestseen“ aus dem Vortrag vom 24.–25.11 in Bad Lauchstädt, 14–25 (1994).
] *Klapper, H.:* Bergbau Restseen Wassergüteprobleme. GBL-Gemeinschaftsvorhaben Nr. 1, Hannover, 20–35 (1995).
] *Willmitzer, H.:* Biomanipulation zur Sanierung von Seen und Talsperren. Wasserwirtsch. Wassertech. *3/95*, 20–22 (1995).
] *Kasprzak, P., Ronneberger, D., Krienitz, L.:* Biomanipulation am Feldberger Haussee: Langzeitveränderungen eines Gewässerökosystems (1978–1990) mit besonderer Berücksichtigung der Zooplanktongemeinschaft. In: Deutsche Gesellschaft für Limnologie e.V. (Hrsg.): Erweiterte Zusammenfassung der Jahrestagung 1991 in Mondsee. Dissertations- und Fotodruck Frank GmbH, München, 1991.
] *Benndorf, J., Schulz, H., Benndorf, A., Meltzer, B.:* Möglichkeiten und Grenzen der Steuerung der Planktonsukzession durch Biomanipulation. In: Arbeitsgemeinschaft Trinkwassertalsperren (Hrsg.): Trinkwasser aus Talsperren. München, 1991.
] *Klapper, H.:* Steuerung der tierischen Nahrungsketten. In: *Klapper, H.* (Hrsg.): Eutrophierung und Gewässerschutz. Gustav Fischer Verlag, Jena, 1992.
[17] *Bauer, G.:* Ökologische Gliederung und Anforderungen des Naturschutzes und der Landschaftspflege. In: Deutscher Verband für Wasserwirtschaft und Kulturbau e.V. (Hrsg.): Uferstreifen an Fließgewässern. DVWK Schriften, Heft Nr. 90, Paul Parey Verlag, Hamburg, 1990.
[18] *Hollan, E.:* Wenn der Bodensee aufgewühlt wird. Umschau *74*, 152–154 (1974).
[19] *Robbins, J. A.:* Stratigraphic and dynamic effects of sediment reworking by Great Lakes zoobenthos. Hydrobiologia *92*, 611–622 (1982).
[20] *Rippey, B., Jewson, D. H.:* The rates of sediment – water exchange of oxygen and sediment bioturbation in Lough Neagh, Northern Ireland. Hydrobiologia *92*, 377–382 (1982).
[21] *Kamp-Nielsen, L., Mejer, H., Jorgensen, S. E.:* Modelling the influence of bioturbation on the vertical distribution of sedimentary phosphorus in L. Esrom. Hydrobiologia *91*, 197–206 (1982).
[22] *Hupfer, M.:* Bindungsformen und Mobilität des Phosphors in Gewässersedimenten, In: *Steinberg, Ch., Calamo, W., Klapper, H., Wilken, R. D.* (Hrsg.): Handbuch angewandte Limnologie. 2. Ergänzungslieferung, ecomed Verlag, 1996.
[23] *Streble, H., Krauter, D.:* System der Gewässergütegliederung. In: *Streble, H., Krauter, D.* (Hrsg.): Das Leben im Wassertropfen, 8. Auflage. Franckh-Kosmos-Verlag, 1988.
[24] *Kruspe, A.:* Planungsunterlage zur Raftingstrecke am Elsterstausee Knauthain. Stadt Leipzig, Ämtervorlagen, Nutzung des Elsterstausees und allgemeine sportliche Gesamtnutzung. 1995 und 1996.
[25] *Rohmann, U.:* Grundlagen des Kalk-Kohlensäure-Gleichgewichts. In: DVGW Deutscher Verein des Gas- und Wasserfaches e.V. (Hrsg.): Wasserchemie für Ingenieure, Band. 5. Oldenbourg Verlag, München, 1993.

eingegangen am 2. März 1998
angenommen am 22. Juli 1998

Umgestaltung des Landeskulturgrabens bei Dessau

Ein Beispiel für den Umgang mit anthropogenen Fließgewässern

Von Volker Lüderitz und Peter Hentschel

Zusammenfassung

Anfang 1994 wurden am Landeskulturgraben bei Dessau umfangreiche Ausbaumaßnahmen mit dem Ziel einer deutlichen ökomorphologischen Aufwertung dieses Gewässers durchgeführt. Durch diese Maßnahme verbesserte sich die Strukturgüteklasse in der siebenstufigen Skala von 4,5 auf 2,5. Eine Erhöhung der Selbstreinigungskraft und die damit zusammenhägende Verbesserung der Wassergüte von II–III (kritisch belastet) auf II (mäßig belastet) konnten in den Folgejahren 1995 und 1996 beobachtet werden. Die Artenzahl der gefundenen Makroinvertebraten erhöhte sich im Untersuchungszeitraum von 38 auf 85, bei den Wasser- und Uferpflanzen nahm die Artenzahl um 27 zu.

Summary

Recultivation of the 'Landeskulturgraben' in Dessau as an Example of the Treatment of Anthropogenic Water Bodies

The 'Landeskulturgraben' is a small canal in the Biosphere Reserve 'Mittlere Elbe', the ecological functionality of which had been severly disturbed. In 1994 the canal bed structures were ecologically enhanced by different measures. By creating meanders, stillwater coves, course widenings, separated ponds and flattened banks the eco-morphological grade increased from 4.5 to 2.5. Water quality improved from class II – III (critically loaded) in 1994 to class II (moderately loaded) in 1995/1996. The number of macroinvertebrate species increased from 38 to 85, the number of water and amphibic plant species grew by 27.

1 Problemstellung und Objekt

Der Landeskulturgraben durchfließt im Biosphärenreservat „Mittlere Elbe" das Gebiet der Kapenniederung zwischen Dessau und Oranienbaum. Das Gewässer wurde Ende der 70er-Jahre angelegt, um das Feuchtgebiet „Saurer Kapen" zu entwässern, Bergbauwässer aus dem Raum Gräfenhainichen abzuführen und in diesem Zusammenhang den weitgehend parallel verlaufenden, schon vor etwa 300 Jahren geschaffenen wesentlich größeren Kapengraben zu entlasten.

Der Verlauf des Landeskulturgrabens wurde ursprünglich geradlinig dem bereits vorhandenen Weg angepasst, das trapezförmige Regelprofil entsprechend der angestrebten Entwässerungsfunktion bis zu 2,5 m tief gelegt. Damit entsprach seine ökom phologische Situation von Beginn an d ausgebauter Fließgewässer, die nur in se eingeschränktem Maße Lebensraum- u landschaftsökologische Funktionen erfüll können (KONOLD 1994): Es fehlen die dur Uferstrukturen, Strömung und Substrat b dingten differenzierten Kleinlebensräum Die Artenvielfalt ist gering, und die Selbstr nigungsleistung nimmt ab (NEUMANN 197 Hinzu kommen im Falle des Landeskult grabens die durch seine drastische Entwäs rungsfunktion bedingte Verockerung und d für anthropogene Fließgewässer in Feuch gebieten charakteristische Verlandungste denz.

Im Rahmen der gewässerökologisch Pflege- und Entwicklungsplanung im Bio phärenreservat „Mittlere Elbe" (LÜDERITZ al. 1994b, LÜDERITZ & LENZ 1996) war prinzipiell drei Möglichkeiten in Erwägu zu ziehen:

- ▶ Erhaltung des ursprünglichen ökomorph logischen Zustandes bei Beibehaltung ein erheblichen jährlichen Unterhaltungsau wands;
- ▶ Einstellung der Gewässerunterhaltung, Z lassung natürlicher Sukzessions- und dan

landungsprozesse mit der Konsequenz
er weitgehenden Verlandung und Wieder-
ässung in einem Zeitraum von etwa 20
en;
aßnahmen zur Erhöhung der ökomor-
logischen Wertigkeit mit der Konse-
nz, dass auch künftig quantitativ einge-
änkte, dafür aber stark differenzierte
ge- und Unterhaltungsmaßnahmen nötig
werden.
ufgrund der im bezeichneten Teilgebiet
Biosphärenreservats angestrebten kul-
andschaftlichen und Artenschutzziele
chied die Reservatsverwaltung im Einnehmen mit den Eigentümern und zu-
digen Behörden, die Strukturvielfalt des
wässers durch gezielte Baumaßnahmen
rhöhen.

urchführung der Maßnahmen

finanzieller Unterstützung verschiede-
Sponsoren (DER-Reisebüro Frank-
/M., ehemalige Dessauer Ingenieur-
ellschaft, Meliorationsgenossenschaft
nienbaum u.a.) und mit Unterstützung
Förder- und Landschaftspflegevereins
sphärenreservat Mittlere Elbe e.V. wurde
ang 1994 ein 950 m langes Teilstück
Landeskulturgrabens in eine mäander-
ge Form gebracht. Dadurch erhöht
die Fließstrecke in diesem Abschnitt
etwa 50 %. Weiterhin wurden einige
faufweitungen, Stillwasserbuchten und
n Grabenlauf getrennte Tümpel und Gra-
taschen angelegt. Diese entstanden
ch unvollständige Verfüllung des alten
benverlaufs. Außerdem wurden aus
nden einer höheren Naturnähe und zur
teneinsparung keine Faschinen zur Ufer-
stigung eingesetzt, keine Grasansaat
kein Abtransport des Aushubs der Stub-
und Steine vorgenommen, sondern die
hubmassen zur Reliefgestaltung am
r eingesetzt. Betondurchlässe konnten
ch Holzbrücken ersetzt und Gehölz-
flanzungen am Ufer vorgenommen
den.
s erfolgte in diesem Zusammenhang
erdem in den Ausbauabschnitten eine
chungsabflachung von 1 : 1,5 auf 1 : 2.
Bereich der Mäanderschleifen wurden
n wesentlich flachere Ufer (1 : 3) ange-

ls kurzfristig nicht lösbar stellte sich das
blem der Eintiefung des Gewässers dar.
gen der abgesenkten Grundwasserstände
n der Graben gegenwärtig nur in seiner
en Lage existieren, eine Ausprägung als
sches Flachlandgewässer wird aufgrund
er anthropogenen Entstehung auch künf-
nicht möglich sein. Wohl aber zeigt sich
pp drei Jahre nach Durchführung der
maßnahmen, dass der Landeskulturgra-
mit seinen hydraulisch-hydromechani-
en Eigenschaften (Mittelwassermenge
= 0,049 m³/s, Fließgeschwindigkeit
0,22 m/s) durchaus eine gewisse Eigen-
amik entfaltet und eine bescheidene
lerhöhung, die im April 1998 an drei
sstellen mit ca. 10 cm ermittelt wurde,
icht.

3 Ökologische Effekte

3.1 Ökomorphologie

Die ökomorphologische Erfassung und Bewertung des Gewässers erfolgte mit einem vom Landesamt für Wasser und Abfall Nordrhein-Westfalen (Anonymus 1993) erarbeiteten und von LÜDERITZ et al. (1996) modifizierten Verfahren. Da die heute angewandte Methode im Jahre 1993 noch nicht zur Verfügung stand, wurden die damals erhobenen Daten 1996 neu aufgearbeitet und mit den aktuellen Erfassungsergebnissen verglichen.

Das Verfahren ordnet dem ökomorphologischen Zustand der Fließgewässer sieben Gewässerstrukturgüteklassen zu (Tab. 1). Dabei werden 27 strukturrelevante Einzelparameter erfasst und sechs Hauptparametern zugeordnet (Tab. 2). Bewertungsmaßstab (Leitbild) ist dabei der heutige potenzielle natürliche Gewässerzustand (hpnG, LÜDERITZ et al. 1996), der in der Praxis an einer weitestgehend naturbelassenen Referenzstrecke ermittelt wird. Im gegebenen Fall erfolgte diese Eichung an einer entsprechenden Strecke des Kemberger Flieths, welches seinen Lauf ebenfalls durch die Elbauenlandschaft nimmt.

Der Bewertungsvergleich (Tab. 2) belegt, dass die Ökomorphologie durch die beschriebenen Ausbaumaßnahmen eine Aufwertung erfährt: Eine deutlich beeinträchtigte bis merklich geschädigte Strukturgüte (Abb. 1) wird durch einen nur gering bis mäßig beeinträchtigten Zustand abgelöst. Die Laufentwicklung sowie das Längs- und Querprofil verbessern sich besonders deutlich (Abb. 2).

Tab. 1: Gewässerstrukturgüteklassen.

Klasse	Bewertung
1	kaum beeinträchtigt
2	gering beeinträchtigt
3	mäßig beeinträchtigt
4	deutlich beeinträchtigt
5	merklich beeinträchtigt
6	stark beeinträchtigt
7	übermäßig beeinträchtigt

Tab. 2: Bewertung des ökomorphologischen Zustandes des Landeskulturgrabens 1993 und 1996.

Hauptparameter	Bewertung	
	1993	1996
Laufentwicklung	6	2
Längsprofil	5	2
Querprofil	6	4
Sohlenstruktur	3	2
Uferstruktur	3	2
Gewässerumfeld	4	3
Gesamtbewertung	**4,5**	**2,5**

3.2 Gewässergüte und Selbstreinigung

Gemäß den von der Länderarbeitsgemeinschaft Wasser (LAWA 1980) festgelegten Kriterien zeigte der Landeskulturgraben 1993 auf der gesamten untersuchten Fließstrecke eine kritische Belastung (Tab. 3). Stärkere Verschlammung und Verockerungserscheinungen waren ebenso charakteristisch wie nächtliche O_2-Minima von etwa 1 mg/l. Als Charakterart des Makrozoobenthos trat demzufolge die Wasserassel *(Asellus aquaticus)* in hohen Abundanzen auf.

Da die hohe Saprobität des Fließgewässers autochthon, durch interne Biomasseproduktion, bedingt ist, fand eine Selbstreinigung zu diesem Zeitpunkt nicht statt.

Nach den 1994 durchgeführten Maßnahmen, die außer zu einer Diversifizierung der Ökomorphologie auch zu einer Entschlammung führten, veränderte sich diese Situation deutlich. Während oberhalb der Ausbaustrecke keine merklichen Veränderungen zu beobachten waren, die „Input"-Belastung also gleich blieb, konnte am Ende dieser Strecke eine deutlich geringere Belastung (Güteklasse II) beobachtet werden. Die laut LAWA (1980) mit den entsprechenden Saprobienindices korrespondierenden hydrochemischen Größen deuten sogar auf eine nur noch geringe Belastung (Güteklasse I–II) hin: Bedingt durch den verbesserten Sauerstoffstatus und die diesbezüglich verringerten Tag-Nacht-Schwankungen werden sowohl die aus dem Oberlauf eingetragenen organischen Substanzen schnell mineralisiert als auch die Eisen- und Phosphorionen, Letztere vorwiegend als Eisenphosphate, ausgefällt.

Dass die saprobiologisch bestimmte Güte hinter der hydrochemischen Indikation zurückbleibt, hat zwei Ursachen: Zum einen bedeutet die Diversifizierung der Gewässermorphologie auch, dass durch die Schaffung von Stillwasserpools und Lee-Zonen auch solche Organismen Habitate finden, die an eine etwas höhere organische Belastung angepasst sind. Andererseits weist das DIN-Verfahren der Saprobienindex-Bestimmung an sich bei seiner Anwendung im Flachland einen wesentlichen Nachteil auf: Die meisten der als oligosaprob eingestuften Organismen sind an stark strömende, sommerkühle Gewässer mit heterogener, im Wesentlichen durch groberes Gesteinsmaterial geprägter Sohle gebunden (BRAUKMANN 1987). Das bedeutet, dass Flachlandbäche in der DIN-Klassifizierung die Güteklasse I nicht, die Güteklasse I–II meist nur auf begrenzten Teilstrecken erreichen können. Die ausgeglichene β-Mesosaprobie stellt in diesem Fall den potenziellen natürlichen Gewässerzustand dar.

3.3 Makroinvertebraten-Fauna

Die Makroinvertebraten-Fauna sowie die Vegetation (vgl. Kapitel 3.4) wurden in drei jeweils 90 m langen Gewässerabschnitten erfasst. Der Fang der Tiere erfolgte in beiden Untersuchungszeiträumen durch möglichst lückenloses und zugleich schonendes Durchsieben (Maschenweite 1 mm) der

Abb. 1: Landeskulturgraben, Altzustand 1993.

Abb. 2: Umgestalteter Bereich des Landeskulturgrabens mit Steinschüttung und Mäanderbildung.
Fotos: Verfas

Wasservegetation und der obersten Sedimentschicht sowie durch Absammeln vorhandener Strukturelemente (Steine, Totholz). Die gefundenen Arten wurden in ihrer Häufigkeit in Analogie zur Methode der Saprobitäts-Bestimmung halbquantitativ ermittelt.

Von 1993 bis 1996/97 ist eine Erhöhung der Artenzahl von 38 auf 85 festzustellen (Tab. 4). Dominierten 1993 ubiquitäre Arten mit einer weiten ökologischen Potenz noch ganz überwiegend, siedelten sich in den auf die Diversifizierungsmaßnahmen folgenden Jahren typische Elemente einer rheophilen Fauna an. Besonders deutlich wird das bei den Köcherfliegenlarven (Trichoptera), welche 1993 lediglich mit den euryöken Arten *Anabolia nervosa* und mit *Phryganea grandis*, die pflanzenreiche, stehende Gewässer bevorzugt, vertreten waren. Während nun von den 1996 neu aufgefundenen Arten *Hydropsyche siltalai* in den elbnahen Fließgewässern häufiger auftritt (LÜDERITZ et al. 1994a), überrascht das – wenn auch nur sehr vereinzelte – Vorkommen von *Plectrocnemia conspersa*, denn diese Art wird bevorzugt in Gebirgsbächen gefunden.

Unter den Libellen neu nachgewiesen konnten insbesondere die für Fließgewässer typischen Zygopteren-Arten Gebänderte Prachtlibelle *(Calopteryx splendens)* und Blauflügel-Prachtlibelle *(C. virgo)*. Die Anisopteren Zweigestreifte Quelljungfer *(Cordulegaster boltoni)* und Gemeine Keiljungfer *(Gomphus vulgatissimus)* – letztere Art ist vom Aussterben bedroht – sind nicht nur Indikatororganismen für eine hohe Wassergüte, sie treten zudem auch nur bei naturnahen ökomorphologischen Verhältnissen auf.

Bei den Eintagsfliegen (Ephemeroptera) blieben die für pflanzenreiche Gewässer typischen Vertreter der Baetidae auch 1996 dominierend. Dazu gesellten sich mit der Gemeinen Eintagsfliege *(Ephemera danica)* und *Ephemerella ignita* jedoch ebenfalls Arten, die an nur gering bis mäßig belastete fließende Wässer angepasst sind. Unter den Krebstieren (Crustacea) war eine deutliche Verschiebung der Dominanzverhältnis zu beobachten. Während die Abundanz der Asseln deutlich zurückgingen, wurd die Flohkrebse (Gammaridae) zur au insgesamt quantitativ bestimmenden Org nismengruppe. Strudelwürmer (Turbell ria) konnten 1993 nicht nachgewiesen we den.

3.4 Vegetation

Der ehemalige Grabenlauf wurde bis zu d Umgestaltungsmaßnahmen 1994 im Uferb reich von dichten Röhrichten des Wasse schwadens (Glycerietum maximae) und d Rohrglanzgrases (Phalaridetum arunc naceae) bestimmt (vgl. Arten-Beispiele Tab. 5). In der schmalen Fließstrecke ken zeichneten Laichkräuter *(Potamoget lucens, P. crispus)* neben den Flutenden Wa serschwaden *(Glyceria fluitans)* die Veg tation. Wegen erheblicher Abflussverzög rung wurden die Röhrichte jährlich einm einseitig geschnitten und beräumt. Im Ra

Tab. 3: Entwicklung der Gewässergüte des Landeskulturgrabens von 1993 bis 1996; die Meßwerte (mit Standardabweichung) resultieren jeweils aus drei Tagesmittelwerten im April, Juni und August. Meßstelle 1 oberhalb der Ausbaustrecke, Meßstelle 2 am Ende der Ausbaustrecke.

Parameter	Meßstelle 1			Meßstelle 2		
(mg/l)	1993	1995	1996	1993	1995	1996
BSB_5	5,56 ± 1,1	6,1 ± 1,5	5,7 ± 1,3	6,01 ± 0,9	1,1 ± 0,1	0,9 ± 0,2
TOC	12,5 ± 2,2	10,7 ± 1,9	11,9 ± 1,1	12,3 ± 2,1	4,9 ± 1,7	5,2 ± 1,9
O_2	5,5 ± 1,2	5,8 ± 0,9	6,2 ± 1,3	4,5 ± 0,8	7,9 ± 0,2	8,1 ± 0,9
NH_4^+-N	0,15±0,03	0,13 ± 0,01	0,18 ± 0,04	0,14 ± 0,02	0,08 ± 0,02	0,08 ± 0,02
NO_3^--N	1,1 ± 0,4	1,4 ± 0,3	1,3 ± 0,3	0,9 ± 0,6	0,32 ± 0,12	< 0,2
PO_4^{3-}-P_{ges}	0,05 ± 0,011	0,040 ± 0,014	0,051 ± 0,011	0,06 ± 0,01	0,018 ± 0,008	0,010 ± 0,006
Fe	4,30 ± 3,12	4,00 ± 2,71	4,21 ± 2,70	4,81 ± 2,9	0,25 ± 0,09	0,28 ± 0,12
Saprobienindex	2,45 ± 0,08	2,40 ± 0,08	2,37 ± 0,09	2,45 ± 0,08	2,12 ± 0,11	2,16 ± 0,06

n der Maßnahmen blieben zahlreiche Ab-
nitte des alten Grabenverlaufs als Fließ-
:cke erhalten, andere wurden durch die
ıbenverlegung von der Fließstrecke ab-
chnitten, so dass sich verlandende Still-
sserbereiche mit Wasserschlauch-Schwe-
-Gesellschaften (Lemno-Utricularietum
garis) mit Großem und Kleinem Wasser-
lauch *(Utricularia vulgaris, U. austra-*
, Dreizipfliger Wasserlinse *(Lemna tri-*
ca), Sumpfschachtelhalm *(Equisetum*
viatile) und Froschbiss *(Hydrocharis mor-*
-ranae) entwickeln konnten. Die verlan-
en Flachuferbereiche wurden in relativ
zer Zeit von Kleinröhrichten wie Sumpf-
senröhricht (Eleocharietum palustris),
ilkraut-Igelkolben-Röhricht (Sagittario-
ırganietum emersi) und Rohrkolbenröh-
ıt (Typhetum latifoliae) besiedelt. Die
lreichen Grabenaufweitungen und die an
alte Fließstrecke angeschlossenen blin-
Enden des alten Grabens haben sich mit
en Langsamfließstrecken vor allem durch
ssenentwicklung des Schwimmenden
chkrauts *(Potamogeton natans)* von der
eßstrecke selbst abgesetzt. Vor allem aber
ch die Schaffung künstlicher Grabenab-
nitte in Mäanderform wurden vegetati-
arme, ganzjährig mäßig oder schneller
ßende Bachstrecken mit kiesig-sandigem
tergrund neu geschaffen. Diese Erhöhung
Standort- und Gewässerdiversität hatte
Folge, dass sich die Wasserhahnenfuß-
sellschaft (Ranunculetum aquatilis) mit
sserstern *(Callitriche palustris),* Wasser-
er *(Hottonia palustris)* und Wasserpest
odea canadensis) sowie an den Ufern
sen-Arten *(Juncus articulatus, J. effusus,*
acutiflorus), Flammender Hahnenfuß
nunculus flammula) und Gifthahnenfuß
nunculus sceleratus) ausbreiten konnte.
llenweise wurden im Graben sogar Rein-
tände der Stern-Armleuchteralge *(Nitel-*
sis obtusae) beobachtet.
uffallend war die Besiedlung des kiesig-
digen, grundwassernahen Aushubsub-
ts mit Arten wie Brenndolde *(Cnidium*
bium), Gelber Wiesenraute *(Thalictrum*
vum), Wiesensilge *(Selinum caroifolium)*
Waldsumpfkresse *(Rorippa sylvestris)*
en Massenbeständen des Huflattichs
ssilago farfara).
nsgesamt haben die Umgestaltungsmaß-
men eine erhebliche Erhöhung der Ge-
sservielfalt, vor allem hinsichtlich sandig-
siger Fließstrecken, sehr langsam
ßender Grabenabschnitte und neuer Still-
sserbereiche mit sich gebracht. Der Nach-
s von 27 im Jahr 1997 neu aufgefundenen
anzenarten der Wasser- und Ufervegetati-
spiegelt diese Erhöhung der Gewässer-
l Standortvielfalt gut wider.
Eine regelmäßige Gewässerunterhaltung
d solange notwendig sein, wie die zuge-
eten Wassermengen aus Bergbau und
dwirtschaftlichen Entwässerungssyste-
n abzuführen sind. Diese Maßnahmen der
wässerunterhaltung sollen gemäß den Be-
nmungen des Landeswassergesetzes im
eresse eines effektiven Arten- und Bio-
schutzes gleichzeitig mit zur Erhöhung
Gewässer- und Standortvielfalt beitra-
ı.

Tab. 4: Makroorganismen des Benthos und des Freiwasserraums im Landeskulturgraben im Mai/August 1993 und im August 1996/Mai 1997. Häufigkeitsangaben in Abundanzziffern: 1 = Einzelfund, 2 = selten, 3 = wenig häufig, 4 = verbreitet, 5 = häufig, 6 = sehr häufig, 7 = massenhaft.

Gruppe	Art	deutsche Bezeichnung	Häufigkeit 1993	Häufigkeit 1996/97
Turbellaria	*Dugesia lugubris*	Planarie		2
	Dendrocoelum lacteum	Milchweiße Planarie		2
Gastropoda	*Bithynia tentaculata*		3	3
	Physa fontinalis	Quellen-Blasenschnecke		4
	Radix ovata		4	4
	Radix peregra			3
	Radix auricularia	Ohr-Schlammschnecke		2
	Lymnea stagnalis	Große Schlammschnecke	3	3
	Galba truncatula	Leberegelschnecke		2
	Lithoglyphus naticoides			3
	Anisus vortex		3	4
	Anisus spirorbis		2	2
	Planorbarius corneus	Posthornschnecke	2	3
	Planorbis planorbis	Tellerschnecke		2
	Viviparus viviparus			2
	Gyraulus albus	Fluß-Deckelschnecke		3
	Bathyomphalus conturtus			1
Lamellibranchiata	*Sphaerium corneum*	Kugelmuschel	2	3
	Pisidium subtruncatum	Erbsenmuschel		5
Oligochaeta	*Tubifex* spec.		5	2
	Eiseniella tetraedra			3
Hirudinea	*Glossiphonia complanata*	Großer Schneckenegel	4	4
	Helobdella stagnalis		2	2
	Hemiclepsis marginata			3
	Piscicola geometra	Fischegel		3
	Erpobdella octoculata	Hundeegel	3	3
Crustacea	*Asellus aquaticus*	Wasserassel	6	3
	Orconectes limosus	Amerikanischer Flußkrebs		2
	Gammarus pulex	Bachflohkrebs	2	6
Ephemeroptera	*Cloeon dipterum*	Fliegenhaft	5	5
	Cloeon simile		3	3
	Baetis rhodani		5	3
	Baetis vernus			3
	Ephemerella ignita			3
	Ephemera danica	Gemeine Eintagsfliege		3
	Caenis spec.		3	3
Odonata	*Calopteryx splendens*	Gebänderte Prachtlibelle		3
	Calopteryx virgo	Blauflügel-Prachtlibelle		2
	Platycnemis pennipes	Gemeine Federlibelle	2	3
	Pyrrhosoma nymphula	Frühe Adonislibelle		2
	Ischnura elegans	Große Pechlibelle		3
	Enallagma cyathigerum	Becher-Azurjungfer		2
	Coenagrion puella	Hufeisen-Azurjungfer		2
	Lestes virides	Weidenjungfer		2
	Cordulia aenea	Gemeine Smaragdlibelle	2	1
	Somatochlora metallica	Glänzende Smaragdlibelle		3
	Gomphus vulgatissimus	Gemeine Keiljungfer		1
	Anax imperator	Große Königslibelle	2	2
	Aeshna cyanea	Blaugrüne Mosaikjungfer	3	3
	Cordulegaster boltoni	Zweigestreifte Quelljungfer		1
Megaloptera	*Sialis fuliginosa*	Schlammfliege	2	3
	Sialis lutaria	Schlammfliege		4
Coleoptera	*Dytiscus marginalis*	Gelbrand	2	3
	Agabus bipustulatus	Schnellschwimmer		4
	Agabus biguttatus	Schnellschwimmer		3
	Agabus spec.	Schnellschwimmer	2	4
	Platambus maculatus			3
	Hyphydrus ovatus	Kugelschwimmer	4	2
	Orectochilus villosus	Bachtaumelkäfer		5
	Gyrinus substriatus	Taumelkäfer		3
	Haliplus spec.	Wassertreter		3

Tab. 4: – Fortsetzung –

Gruppe	Art	deutsche Bezeichnung	Häufigkeit 1993	Häufigkeit 1996/97
Trichoptera	*Plectrocnemia conspersa*			2
	Neureclipsis bimaculata			4
	Hydropsyche siltalai			2
	Phryganea grandis		3	4
	Molanna angustata			2
	Anabolia nervosa		2	3
	Limnephilus flavicornis	Gemeine Köcherfliege	2	2
	Limnephilus rhombicus		3	3
	Halesus radiatus			2
Diptera	*Anopheles bifurcatus*	Fiebermücke		3
	Culex spec.	Gemeine Stechmücke	3	3
	Simulium spp.	Kriebelmücke		3
	Chironomus thummi-Gr.	Zuckmücke	4	2
	Tabanus spec.	Bremse		2
	Tipula maxima	Riesenschnake		3
	Dixa spec.	Tastermücke		3
	Ptychoptera spec.	Faltenmücke	3	2
Heteroptera	*Gerris lacustris*	Wasserläufer	4	4
	Nepa rubra	Wasserskorpion	3	2
	Hydrometra stagnorum	Teichläufer	3	4
	Velia caprai	Bachläufer		3
	Ranatra linearis	Stabwanze	3	
	Corixa punctata	Ruderwanze		2
	Naucoris cimicoides	Schwimmwanze		2
	Notonecta glauca	Rückenschwimmer	3	3

4 Diskussion und Ausblick

Biosphärenreservate dienen nach § 19 des Naturschutzgesetzes von Sachsen-Anhalt vor allem „dem Schutz, der Pflege und der Entwicklung von einzigartigen Kulturlandschaften mit reicher Naturausstattung". Das bedeutet in der Praxis, dass im Unterschied zu Nationalparken, in denen der natürlichen Sukzession breiter Raum geboten werden soll, differenzierte Schutz- und Entwicklungsstrategien zum Tragen kommen. In der Pflege- und Entwicklungsplanung für das Biosphärenreservat „Mittlere Elbe" wird Biotopvielfalt als ein entscheidendes Ziel betrachtet; zugleich sollen aber das Retentionsvermögen der Landschaft für Wasser und seine Inhaltsstoffe erhöht, kulturhistorische Aspekte beachtet, Bildungsmöglichkeiten geschaffen und ein höherer landschaftsästhetischer Wert erreichen werden. Damit ist die „Wasserlandschaft" des Biosphärenreservats geeignet, Teil des gleichnamigen Projektes zur EXPO 2000 zu werden, bei dem Fragen des Landschaftswasserhaushalts sowie des Schutzes von Gewässerbiotopen eine zentrale Rolle spielen sollen. Folgende Schutz- und Entwicklungsstrategien kommen dabei zur Anwendung:

a) weitestgehender oder völliger Verzicht auf Maßnahmen insbesondere in Totalreservaten und Naturschutzgebieten, z.B. in Hangsickerwasserseen (Sarensee), einem Großteil der Altwässer und solchen Gewässern, die kulturhistorischen Wert besitzen (z.B. Kapengraben bei Dessau);

b) Entschlammung einiger, meist anthropogen besonders stark beeinflusster Altwässer (z.B. Kühnauer See bei Dessau) und Sanierungsmaßnahmen im Einzugsgebiet mit dem Ziel der Rückkehr in ein früheres Sukzessionsstadium mit gleichzeitiger Erhöhung der aktuellen Mehrfachnutzung (HENTSCHEL et al. i.Dr.);

c) Sohlerhöhung bei bisher weitgehend der Entwässerung von Niedermoorgebieten dienenden Fließgewässern und Gräben vorrangig durch Errichtung rauer Gleiten zum Zweck der Erhöhung der Grundwasserstände in Niedermoorgebieten, hier vor allem an der Taube und dem Landgraben im Gebiet des Wulfener Bruchs;

d) Renaturierung von Fließgewässern relativ hoher Wasserführung und Geschwindigkeit mit geringem Aufwand unter gezielter Nutzung der gewässerintensiven Eigendynamik durch Einbau vereinzelter Steinschüttungen und Strömungslenker, z.B. am Flieth bei Wörlitz;

e) technische Ausbaumaßnahmen hin zu größerer Strukturvielfalt (Diversifizierung) an Gewässern, deren Eigendynamik aus unterschiedlichen Gründen (Ausbaugrad, Wasserführung) keine Verbesserung des ökomorphologischen Zustandes erwarten lässt.

Während (a) und (d) unter Naturschutzpraktikern als unumstritten gelten können und auch (c) hier (nicht immer unter Landwirten) weitgehend akzeptiert wird, rufen die unter (b) und (e) aufgeführten, mit mehr oder weniger starken technischen Eingriffen verbundenen Maßnahmen durchaus Widerspruch hervor. Deshalb ist ihr Einsatz mit der gesamten Pflege- und Entwicklun planung des jeweiligen Schutzgebietes, allem mit den betroffenen Nutzern, Eiger mern und großen Teilen der interessie Bevölkerung, abzugleichen.

Wie die am Landeskulturgraben und Kühnauer See (HENTSCHEL et al. i.Dr.) zielten Resultate allerdings beweisen, w den momentane anthropogene Störungen reits kurzfristig durch einen steigen Artenreichtum und eine erhöhte Selbstrei gungskraft überkompensiert. Solange in intensiv genutzten Landschaft außerhalb v Schutzgebieten und selbst in Landscha schutzgebieten ein effektiver Fließgewäss schutz nur schwer möglich ist – Gewässerschonstreifenregelung des Lan Sachsen-Anhalt und erst recht die Verbes rung des ökomorphologischen Zustandes weisen sich bei den begradigten und auf A fluss getrimmten Bächen und Flüssen äußerst kompliziert umsetzbar –, müss Fließgewässer in Großschutzgebieten Refugien und Träger eines Verbundsyste erhalten und entwickelt werden.

Literatur

ANONYMUS (1993): Gewässerstrukturgüte-Kar rung. Landesamt für Wasser und Abfall No rhein-Westfalen, Hrsg., Düsseldorf.

BRAUKMANN, U. (1987): Zoozönologische und probiologische Beiträge zu einer allgemei regionalen Bachtypologie. Arch. Hydrobi Beih. 26, 1-355.

HENTSCHEL, P., REICHHOFF, L., NEUHAUS, C., LÜ RITZ, V. (i.Dr.): Altwassersanierung im B sphärenreservat „Mittlere Elbe" am Beispiel Kühnauer Sees. Natur und Landschaft.

KONOLD, W. (1994): Renaturierung von Fließgew sern – Grundlagen, Probleme, Erfahrungen. G und Wasserfach 135, (9), 512-522.

LAWA (Länderarbeitsgemeinschaft Wasser, Hrs 1980): Die Gewässergütekarte der Bundesre blik Deutschland. Stuttgart.

LÜDERITZ, V., FEUERSTEIN, B., BERNDT, K., GÖHL C. (1994a): Grunddatenermittlung zum Zust ausgewählter Fließ- und Standgewässer im B sphärenreservat „Mittlere Elbe" als Voraussetzu für Schutz-, Renaturierungs- und Bewirtsch tungsmaßnahmen. FH Magdeburg, unver Forschungsber.

–, HENTSCHEL, P., BERNDT, K., DEGNER, Y., WEI BACH, G. (1994b): Aspekte der Gewässerökolo im Biosphärenreservat „Mittlere Elbe". Nat schutz im Land Sachsen-Anhalt 31 (2) 33-40.

–, GLÄSER, J., KIESCHNIK, A., DÖRGE, E. (1996): A wendung und Weiterentwicklung ökomorpho gischer Kartierungs- und Bewertungsverfahren der Selke und ihren Nebengewässern (Sachs Anhalt). Arch. f. Naturschutz und Landscha forsch. 35, 15-31.

–, LENZ, K. (1996): Monitoring-Programm für a gewählte Fließ- und Standgewässer im B sphärenreservat „Mittlere Elbe". FH Magdebu unveröff. Forschungsber.

NEUMANN, H. (1979): Auswirkungen wasserbau cher Maßnahmen auf die aquatischen Leber gemeinschaften und das Selbstreinigungsv mögen von Fließgewässern. Osnabrücker natur Mitt. 6, 187-206.

Anschriften der Verfasser: Prof. Dr. Volker Lüder Fachhochschule Magdeburg, Fachbereich Wass wirtschaft, Am Krökentor 8, 39104 Magdebu Prof. Dr. Peter Hentschel, Rosenburger Straße 1 06846 Dessau.

Limnologica 32, 309–321 (2002)
© Urban & Fischer Verlag
http://www.urbanfischer.de/journals/limno

LIMNOLOGICA

Streams in the Harz National Parks (Germany) – a hydrochemical and hydrobiological evaluation

Uta Langheinrich[1]*, Dirk Böhme[2], Uwe Wegener[3], Volker Lüderitz[1]

[1] Hochschule Magdeburg – Stendal, Fachbereich Wasserwirtschaft, Magdeburg, Germany
[2] Hydroprojekt Ingenieurgesellschaft, Erfurt, Germany
[3] Hochharz National Park Administration, Wernigerode, Germany

Received September 9, 2002 · Accepted October 18, 2002

Abstract

Between 1995 and 2001, 16 measuring points at small and medium sized brooks in the Harz National Parks were sampled. The samples have been evaluated by means of hydrochemistry and macroinvertebrate biology. Although nearly all streams are largely uncontaminated by oxygen-consuming substances, they are settled only by a small number of macroinvertebrate species. There is a clear correlation between this number and pH. The reduction in species number with decrease of pH is mainly caused by the absence of most Ephemeroptera, some Coleoptera and Trichoptera. Comparing biological evaluation of acidity with physico-chemical measurements, a unacceptable underestimation was found. The reason could be that different sensitivities to acidification between regional populations seem to exist.
Despite of the low species number, there is a very specific macroinvertebrate fauna that emphasizes the conservation value of the Harz National Parks.

Key words: Harz – National Parks – streams – acidification – macrozoobenthos

Introduction

The mountain Brocken (1142 m) and its surrounding area are of biogeographical, ecological, geological, historical, and cultural importance. The area is the habitat of the largest coherent natural mountain spruce forest in northern Germany. This spruce forest contains subalpine rock heaps and mountainous heaths. It also contains slope bogs and raised bogs where a high number of mountain brook springs can be found.

This natural heritage was acknowledged by the foundations of the Hochharz National Park (Saxony-Anhalt) in 1990 and the Harz National Park (Lower Saxony) in 1994.

Due to its high elevation, the Brocken region is an area of high precipitation. Therefore it works as a "rain catcher". The annual precipitation is about 1600 mm per year (Karste & Schubert 1997). The bedrock of the mountain Brocken consists of electrolyte-poor granite which promotes acidification.

The territories of the two national parks underlie various harmful external influences. These factors start to effect the quality of the environment and endangering biotopes in Harz National Parks (Raths et al. 1995):

- former military activities (state border until 1990),
- forestry,
- intensive tourism (since 1990 the Brocken has been the main touristic attractor in the Harz Mountains),

***Corresponding author:** Uta Langheinrich, Hochschule Magdeburg – Stendal, Fachbereich Wasserwirtschaft, Breitscheidstraße 2, D-39114 Magdeburg, Germany, Phone: +49 391 8864370, e – mail: Uta.Langheinrich@Wasserwirtschaft.HS-Magdeburg.de

0075-9511/02/32/04-309 $ 15.00/0

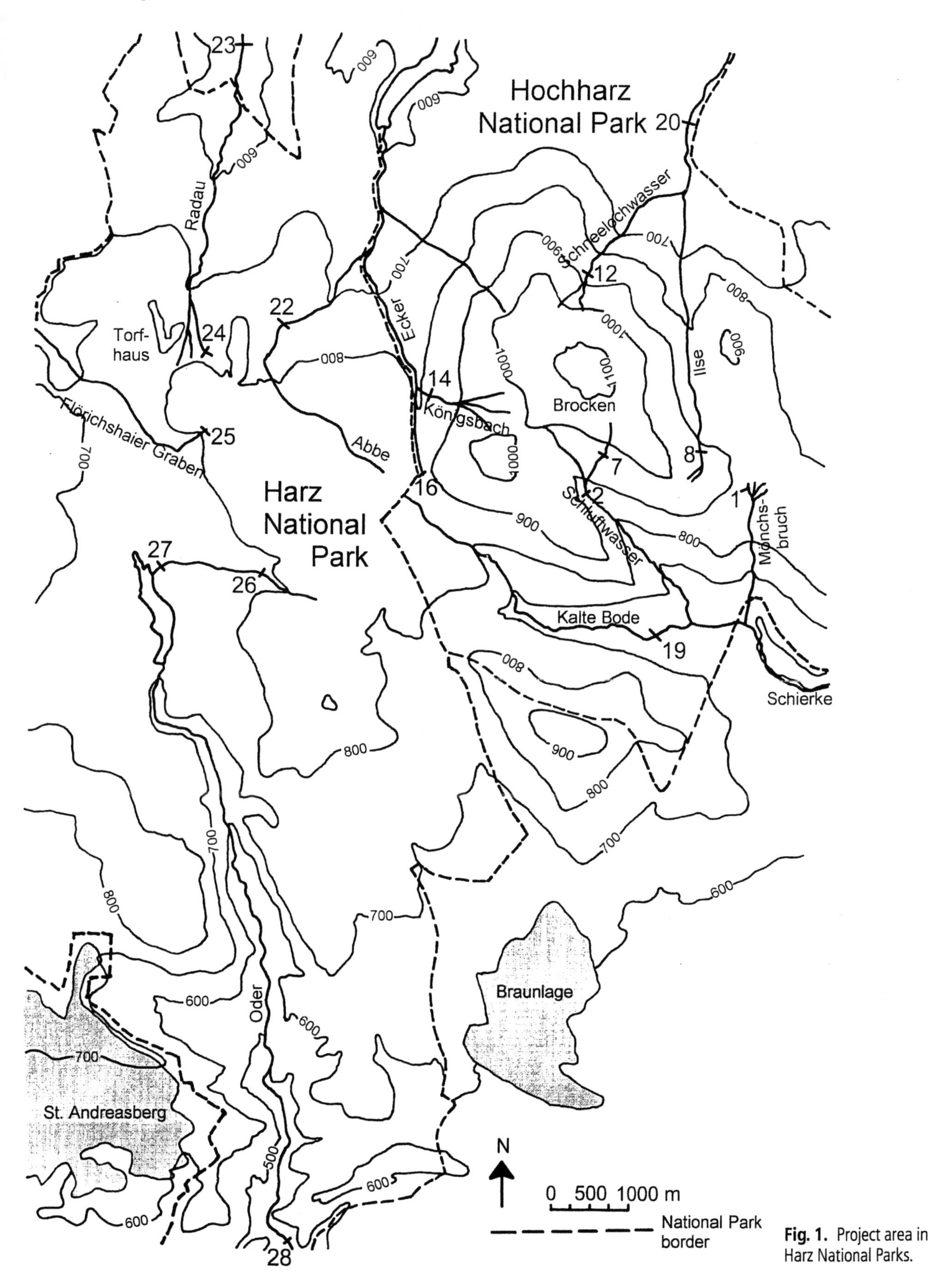

Fig. 1. Project area in Harz National Parks.

- industry and automobile emissions of nitrogen oxides and sulphur dioxide.

The Harz National Park (Lower Saxony) is additionally exposed to stronger anthropogenic influences such as settlement, street transportation, street runoff and the long-term effects of former intensive peat mining.

Between 1949 and 1989, present Harz National Parks were located at the former border between East and West Germany. With the closing of the border in 1961, also collecting of scientific data became impossible in the eastern part. Thats why, with the foundation of the Hochharz National Park a complex environmental monitoring programme started as prerequisite of the national park management.

Since 1994, the Hochschule Magdeburg-Stendal has conducted hydrochemical and hydrobiological investigations of running waters. The monitoring programme has the following components:

- Quantify the effect of seasonal influences on water quality.
- Observe the disturbance to the brooks caused by tourism and traffic.
- Indicate the lengthwise development of acidification in selected brooks.
- Assess the macroinvertebrate communities in reference to water quality.

This paper summarizes the main results of the monitoring programme until 2001. Different anthropogenic disturbances to water ecology are quantified and evaluated. Special attention will be directed to the influence of acidification on macroinvertebrate communities. Our results are compared with with findings from other regions. Finally, conclusions are drawn for priorities in further protection and development.

Materials and Methods

Study area

The national parks contain the upper parts of Harz Mountains. With areas of 8.900 ha (Hochharz National Park) respectively 15.800 ha (Harz National Park) they are located between Wernigerode, Bad Harzburg, St. Andreasberg, Braunlage and Schierke (see Fig. 1)

Every year, the national parks attract about 4 Mio. visitors. Although national park administrations undertake a lot of efforts for an environmentally compatible development of tourism, such a high number of visitors may stress ecosystems in the protected areas.

Harz national parks are part of the watershed between River Elbe (with the tributary Kalte Bode) and River Weser (with the tributaries Ilse, Ecker, Radau and Oder). Our sampling area contains the upper reaches of these streams. These waterbodies are characterized by more or lesser high flow velocities up to 2 m/s. Their temperature never exceeds 8 °C at elevations of 800 m and very seldom 12 °C at 420 m. Streams show in almost all cases a natural morphology without anthropogenic disturbances.

Sampling points/frequency of sampling

From 1994 to 2001, 9 measuring points at small and medium sized brooks in the Hochharz National Park were sampled. In 1995, 7 measuring points in Harz National Park were included in this monitoring programme (Fig. 1). The locations cover altitudes from 420 m to 880 m and represent locations where different types of human disturbances are believed to influence the quality of the environment. The following sites were selected:

- near a highway (site 25),
- near a railway line (site 2),
- near trails (sites 1, 16, 19, 20, 22, 24, 26, 27, 28),
- without direct human influence (sites 7, 8, 12, 14, 23).

These sites belong to following streams (Fig. 1):

- Kalte Bode (site19) – Schwarzes Schluftwasser (sites 2 and 7) – Mönchsbruch (site 1)
- Ilse (sites 8 and 20) – Schneelochwasser (site12)
- Ecker (site16) – Königsbach (site14)
- Abbe (site 22) – Radau (sites 23 and 24)
- Oder (sites 26, 27 and 28) – Flörichshaier Graben (site 25).

From 1994 to 1996, between the month of April and November, hydrochemical parameters of the brooks were analyzed monthly. Estimation of pH at these points was continued in 1997 and 1998 over the same period of the year. In 2000 and 2001, estimation of pH and hydrochemical parameters were provided at the 10 most representative sites 1, 7, 8, 19, 20, 22, 23, 24, 25 and 26. These sites contain flowing water all over the year, they are well-spread over the whole sampling area and they include all degrees of acidification.

Furthermore, pH lengthwise profiles of the rivers Ilse and Kalte Bode, were mapped 6 times in different seasons of the year (Fig. 2).

To test the influence of hard rain and snowmelt to pH and aluminium concentration, we sampled site 19 (Kalte Bode) seven times during such weather circumstances over a period of 42 hours.

Hydrochemical and physico-chemical methods used are given in Table 1.

Macroinvertebrates

For biological sampling, a handnet with a mesh size of 0.5 mm was used. Macroinvertebrates were collected twice a year between 1994 and 2001. They were collected at 16 stream sampling sites, and in 3 natural ponds, which are steadily flowed by streams at sites 1 (Mönchs-

Table 1. Measured parameters and correspondig methods.

Parameter	Formula	Unit	Method
Water temperature	T	°C	measuring instrument WTW 196/197
Conductivity	χ	µS/cm	measuring instrument WTW 196/197
pH-value	pH		measuring instrument WTW 196/197
Phosphate-phosphorus	o-PO_4-P G-PO_4-P	mg/l	EN 1189
Nitrate-nitrogen	NO_3-N	mg/l	DIN 38404 (LCK 339)*
Ammonium-nitrogen	NH_4-N	mg/l	DIN 38406 part 5 (LCK 304)*
Sulfate	SO_4^{2-}	mg/l	nephelometric/photometric method **
Chloride	Cl^-	mg/l	DIN 38405 part 1
Calcium	Ca^{2+}	mg/l	DIN 38406 part 3
Magnesium	Mg^{2+}	mg/l	DIN 38406 part 3
Ferric/iron	Fe^{3+}	mg/l	DIN 38406 part 1 (LCK 521)*
Aluminium	Al^{3+}	mg/l	LCK 301*, **
Total organic carbon	TOC	mg/l	EN 1484
Biochemical oxygen demand (depletion)	BOD	mg/l	EN 1899 - 2

*Dr. Lange-test procedure.
**DIN-method is inapplicable to our samples.

Table 2. Mean values, minimum and maximum values of water quality parameters in 16 streams of the Harz National Parks.

Parameter	Unit	Min	Max	Mean
Temperature	°C	0.1	15	7.3
pH	–	3.60	8.46	5.22
Conductivity	µS/cm	24	168	65
O_2	mg/l	3.9	18.0	10.3
O_2	%	54	152	101
o-PO_4-P	mg/l	< 0.003	0.116	< 0.009
G-PO_4-P	mg/l	< 0.003	0.128	< 0.016
NO_3-N	mg/l	0.26	2.66	1.10
NH_4-N	mg/l	< 0.015	1.50	0.076
SO_4^{2-}	mg/l	8	84	22
Cl^-	mg/l	1.89	26.01	5.38
Ca^{2+}	mg/l	1.16	9.72	3.92
Mg^{2+}	mg/l	n.d.	6.81	1.64
Fe^{3+}	mg/l	0.01	3.60	0.40
Al^{3+}	mg/l	0.01	0.83	0.33
BOD	mg/l	0.01	2.90	0.90
TOC	mgl	0.7	40.2	9.0

n.d. = not detectable.

bruch), 16 (Ecker) and the head water of river Kalte Bode. Thats why they can be regarded as part of stream continuum.

Stream sections of approximately 100 m were sampled during different seasons (March to November). We combined kick sampling with hand net, sieving of gravel, and hand collection covering all substrate types. All collected organisms were preserved and brought into laboratory for further estimation.

The abundance of species was classified on a scale of one to seven: 1 = one individual; 2 = rare; 3 = rare to common; 4 = common; 5 = common to frequent; 6 = frequent,;7 = abundant, predominant. Organisms were determined according to Aubert (1959), Illies (1955), Rauser (1980), Zwick (1967, 1993a, 1993b), Studemann et al. (1992), Zelinka (1980), Waringer & Graf (1997), Freude et al. (1971/1979), Müller-Liebenau (1969), Schmedtje & Kohmann (1992), Bellmann (1993), and Bauernfeind (1994).

Evaluation of acidification

Physico-chemical and biological evaluation of acidification was done according to Braukmann (2000 and 2001) who suggests a four-group classification scheme for acidity: 1 = never acid; 2 = episodically acid; 3 = periodically critically acid; 4 = permanently to very acid. The physico-chemical evaluation did cover the complete sampling period. The spring and autumn samples from 1996, 1998 and 2000 have been used for biological evaluation.

Results

The majority of streams was nearly uncontaminated by oxygen-consuming waste. Due to the direct influence of highway 4, site 25 was the exception. Water quality data are shown in Table 2. Fortunately, our search discovered no negative impacts of tourism on the waterbodies. Neither intensive hiking, nor railway tourism have any obvious influence upon the quality of these waterbodies.

This may be due to the large quantity of runoff and good guiding system for tourists.

The high degree of acidification has the largest negative influence on waterbodies. The acidification is caused by atmospheric deposition and land use for spruce forestry.

In the headwaters of the river Bode and the river Ilse, we found a steady decrease of pH corresponding with increasing altitude. The river Ilse was found to be more acid than the river Bode.

In the river Ilse, acidic pH values occur at elevations of about 400 m while the river Kalte Bode is almost neutral from 650 m (Fig. 2). As expected, pH does not remain throughout the year. Clear seasonal oscillations of pH and dissolved substances (Fig. 3) were found at both acidic and not so acidic sites. In early spring, pH reaches minimum values. The concentrations of nitrate and aluminium (Al^{3+}) are at maximum values. During dry summer months, pH increases while nitrate and aluminium concentrations decrease. Due to its dilution from the melting of snow, total organic carbon content (TOC) of the sites was found to have relatively low concentrations. The TOC increases in the summer months.

Fig. 4 shows the influence of snowmelt and hard rain on pH and aluminium concentration. With increasing runoff, pH decreases at the episodically acidic site 19 by nearly one order of magnitude. Simultaneously, aluminium concentration doubles.

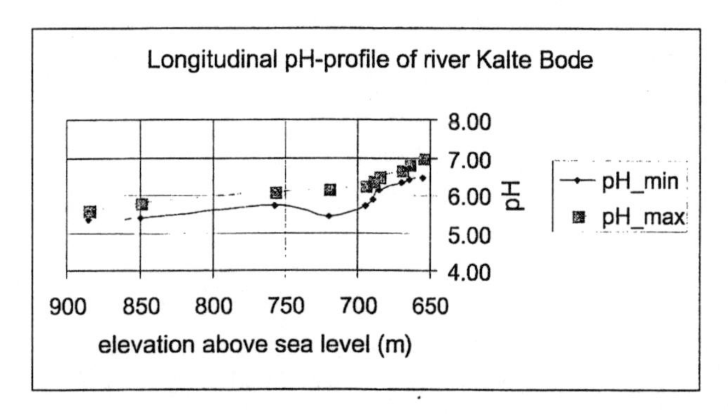

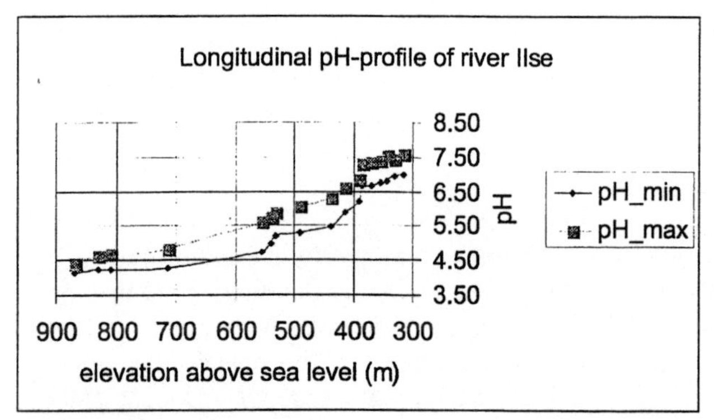

Fig. 2. Longitudinal pH-profile of rivers Kalte Bode and Ilse in dependence on elevation.

The results of direct pH measurements show that of our 16 sampling sites, eight are permanently acidic (sites 2, 7, 8, 12, 14, 22, 24, 26), five are periodically acidic (sites 1, 16, 20, 25, 27), two are episodically acidic (sites 19 and 28) and one is never acidic (site 23). In acidic streams, we find enhanced concentrations of Al due to of the leaching effect. A positive correlation between pH and free aluminium was observed (Fig. 5).

Deriving a linear regression function, we found no significant trend in mean pH values from sites within the same acidity class over a period of seven years. Fig. 6 shows the time series of pH from all class 4-acidity sites over seven years. In this figure, we see the results of high natural climatic variation between the different years with respect the time and intensity of snow melting and precipitation. Therefore, we need a monitoring programme implemented over a long period of time to detect any significant trends. Unfortunately – like mentioned above – research had no access to wide areas of Hochharz National Park between 1961 and 1990. The only measurement found was a pH measurement taken in 1961 at the river Kalte Bode (site 19) which had a recorded value of 6.1, approximately the same value as found today (archive of National Park Management Wernigerode, unpubl.).

The biological evaluation method according to BRAUKMANN (2001) indicates better results than a physico-chemical approach. In Table 3, this bias is presented for the seven permanently to very acid sites (class 4). With a summary threshold value of 5, as discussed by BRAUKMANN (2000), we found only slightly better correlation.

The difference between biological and physico-chemical evaluation results from steady or frequent occurrence of a few species classified by BRAUKMANN (2001) as "acidotolerant" (indicators of acid class 3): *Amphinemura sulcicollis, Leuctra hippopus, Capnia vidua, Siphlonurus lacustris, Elmis aenea* and *Hydraena gracilis.*

Acidity is the limiting factor for species richness in small streams and brooks of our sampling area. We found a positive correlation between the pH and the number of species identified (Fig. 7). For example, the rivers Ilse (site 20) and Radau (site 23) are comparable in size. Both have a natural hydroecomorphology. However, in the river Radau (pH = 7.2) 40 macroinvertebrate species were identified, whereas in the river Ilse (mean pH = 4.79) only 12 macroinvertebrate species were found. The decrease of species number is mainly caused by the absence of most Ephemeroptera (except *S. lacustris*) and of some Coleoptera and Trichoptera species (Table 4). HEITKAMP et al. (1985) and LESSMANN (1993) presented similar results from the western part of Harz mountains.

Under acidic conditions *Leuctra pseudocingulata, Leuctra nigra, Leuctra inermis, Leuctra rauscheri, Protonemura auberti, Amphinemura sulcicollis, Nemoura cinerea and Nemoura cambrica* were the dominant species

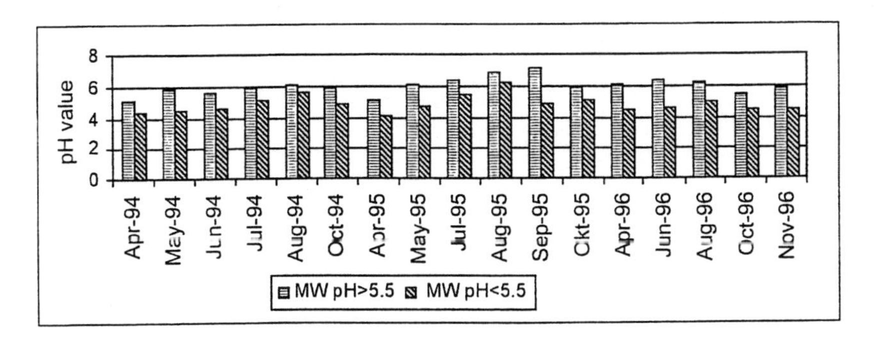

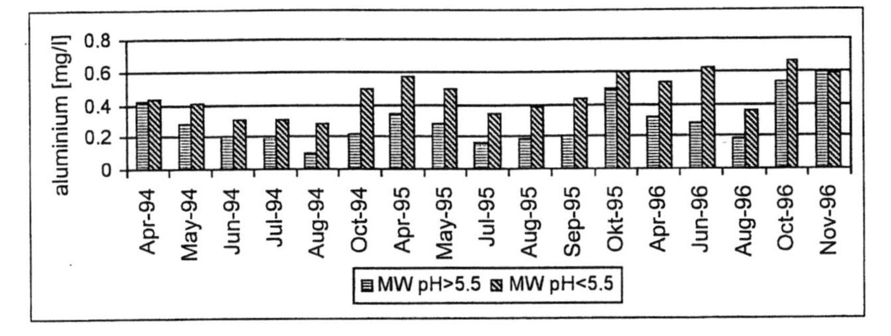

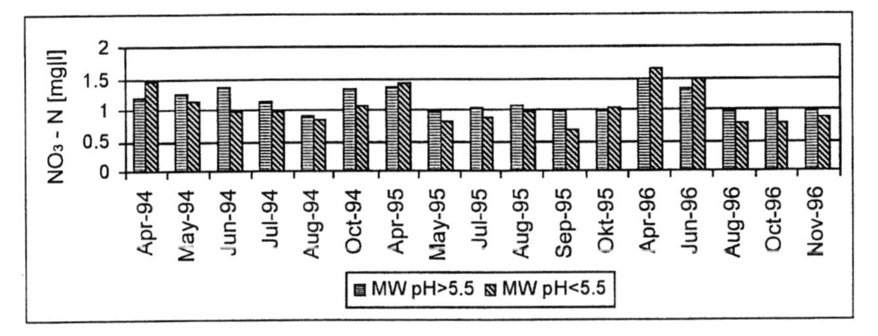

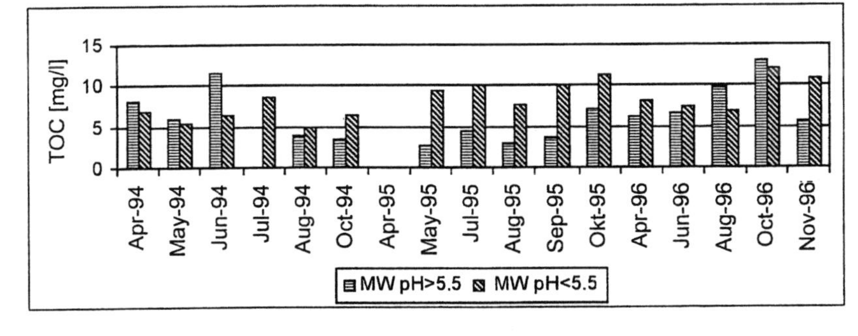

Fig. 3. Seasonal oscillation of pH and relevant chemical parameters in 16 brooks of Harz National Parks.
Mean value pH > 5.5: sites 16, 19, 20, 23, 25, 28.
Mean value pH < 5.5: sites 1, 2, 7, 8, 12, 14, 22, 24, 26, 27.

observed among stoneflies. In the order of Trichoptera, *Plectrocnemia conspersa*, *Rhyacophila* cf. *dorsalis*, *R.* cf. *nubila*, *Drusus annulatus* and *Chaetopterygopsis maclachlani* were the most frequently found (Table 5). On the other hand, 10 Trichoptera families and the large genus *Limnephilus* were absent in all sampled waterbodies.

20% of all caddiesfly species, 26% of all mayfly species and 56% of all stonefly species that occur in the Harz Mountains (HAASE & SCHINDEHÜTTE 2000; BÖHME 1997a, 1997b; TAPPENBECK & BÖHME 1997; HOHMANN & BÖHME 1999) were found in our study area. All four Odonata species, three of 11 Ephemeroptera species, 10 of 26 Plecoptera species and 9 of 23 Trichoptera species are included in any of the red lists of Germany, Saxony-Anhalt and Lower Saxony. However, the red lists of Saxony-Anhalt and Lower Saxony require revision. The higher altitudes of Harz Mountains are the main and possibly only habitat in Saxony-Anhalt for dragonfly species *Aeshna subarctica* (RL 1) and *Somatochlora alpestris* (RL 1). *Aeshna juncea* (RL 2) and *Cordulegaster boltoni* (RL 1) also inhabit these areas of the Harz Mountains in large populations.

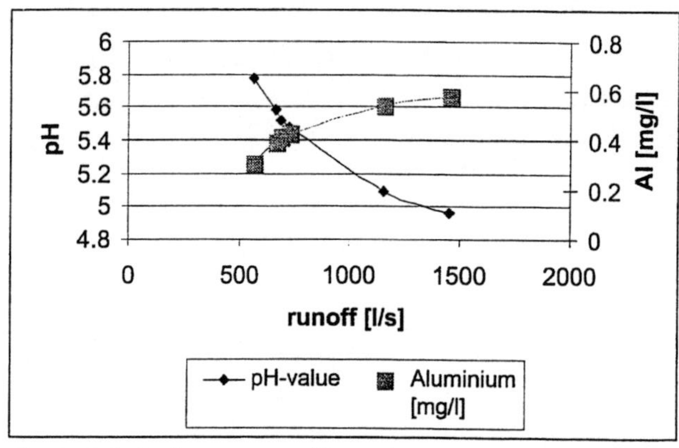

Fig. 4. Relation between runoff, pH-value and aluminium concentration in river Kalte Bode (site 19) under hard rain conditions and snow melt conditions.

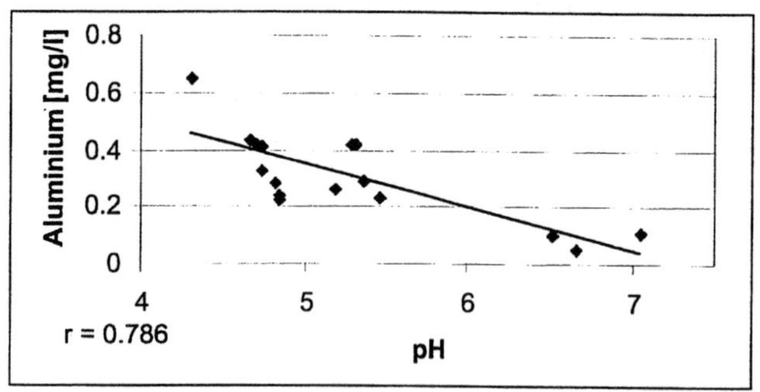

Fig. 5. Correlation between pH and aluminium-concentration in the 16 Hochharz streams.

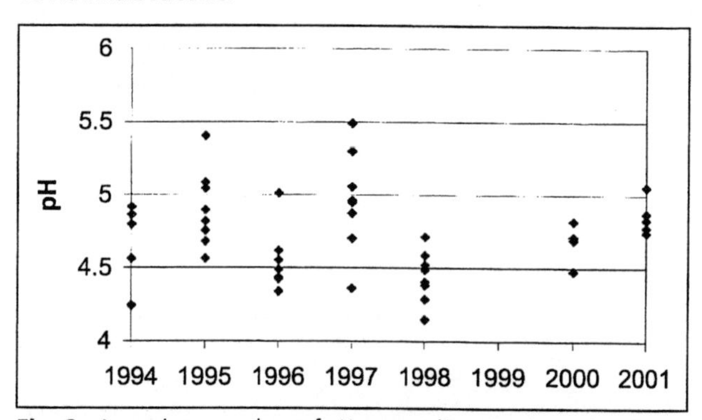

Fig. 6. Annual mean values of pH at sampling sites in acidity class 4 (sites 2, 7, 8, 12, 14, 22, 24, 26).

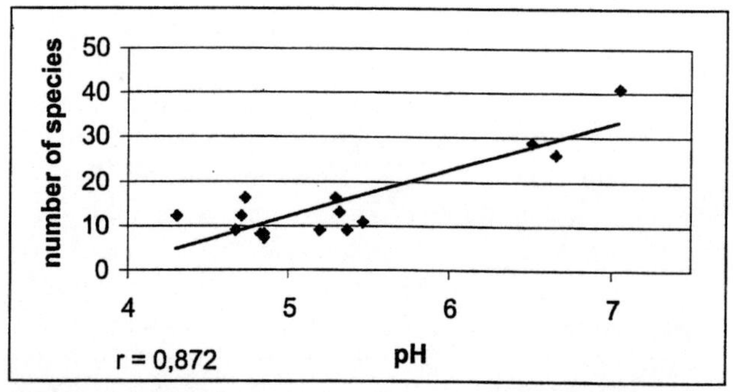

Fig. 7. Correlation between pH and macroinvertebrate species number at the 16 sites.

Table 3. Comparison of physico-chemical and biological evaluation (BRAUKMANN 2000) of acidity in Hochharz streams.

With summary threshold value 3:

Site	Physico-chemical grade of acidification	Degree of acidification		
		1996	1998	2000
		Biological grade (summary treshold value = 3)		
2	4	3	3	3
7	4	3	3	3
8	4	3	3	3
12	4	4	3	3
22	4	3	3	3
24	4	4	4	4
26	4	3	3	3
number of deviations		***5***	***6***	***6***

With summary treshold value 5:

Site	Physico-chemical grade of acidification	Degree of acidification		
		1996	1998	2000
		Biological grade (summary treshold value = 5)		
2	4	3	3	3
7	4	3	3	3
8	4	3	3	3
12	4	4	4	3
22	4	4	3	3
24	4	4	4	4
26	4	3	3	3
number of deviations		***4***	***5***	***6***

Discussion

High flow velocities, great differences in runoff, rough stream bottoms with a substrate of rocks, stones and gravel, low water temperatures, oxygen saturation, and low electrolyte contents characterise the streams of the Hochharz Mountains. Low loading and good hydro-eco-morphological structures result normally in a rich aquatic fauna. Because of the acidification of most sampling sites, we found only a few sites with such fauna. Currently, in both national parks most elevations above 300 to 400 m are affected by acidification. Above 600 to 700 m, most of running waters are permanently acidified. The streams sampled in our study show species deficiencies of about 70 to 80%. HEITKAMP (1993) reported a amount of 60 to 70% for brooks in Harz mountains of

Table 4. Macroinvertebrate species from the Harz National Parks: Sensitivity to acid milieu.

Taxon	Total number of species	Number of species per class (sensitivity to acid milieu, BRAUKMANN 2001)					Number of red lists species	
		sensitive	moderate sensitive	tolerant	resistant	not ranked	Saxony-Anhalt and/or Lower Saxony	Germany
Ephemeroptera	11	1	6	2	–	2	3	2
Coleoptera	10	–	1	2	4	3	2	–
Plecoptera	27	–	2	8	12	5	10	3
Trichoptera	24	–	5	4	11	4	9	–
Odonata	4	–	–	–	–	4	4	3
Crustacea	1	–	1	–	–	–	–	–
Gastropoda	1	–	1	–	–	–	–	1

Lower Saxony. It is evident in the presence of acidic waterbodies and with the extinction of mayflies, microphytophageous scrapers and filter feeders among the Trichoptera that the grazing stonefly species capitalize on these vacant niches and use them to increase their densities (HEITKAMP et al. 1985; LESSMANN et al. in MATSCHULLAT et al.1994). BALTES (1998) found in a study of southwestern German streams a shift in the proportion of scrapers and filter feeders versus predators and wood debris feeders with increasing acidity.

Although the list of biological indicators of stream acidity (macrozoobenthos) by BRAUKMANN (2001) contains 56 taxa which tolerate a critical acidity periodically and 64 taxa that tolerate permanently acid conditions – at permanently acid sites in the Black Forest (Baden-Württemberg) – only about 10 taxa similar to our case occur. Compared with other, non-acid and unpolluted streams in Harz Mountains like the river Selke and the river Wipper, where up to 87 taxa from the same taxonomic groups were present (TRÖSTLER & LÜDERITZ 2000), Hochharz streams taxa counts were very low. Benthic communities with a relative high taxonomic diversity and a functional integrity were confined to sites 23 (Radau) and 28 (Oder). They represent catchments with more suitable hydrogeological conditions, like the remarkable influence of greenstone and Devonian slate. Similar results were reported by LESSMANN (1993) for the western part of Harz Mountains. The low pH found in the most waters of the Harz National Park is a direct result of the low buffering capacity of the bedrock. Due to the geological variability, less effected waterbodies can be found in low distances from strongly acidified sites. BRANDT et al. (1999) gave an example for sites around Braunlage at the southern part of the Harz National Park. These marginal and isolated sites are essential for recolonisation of disturbed waterbodies after decreasing acid loads.

Comparing the biological evaluation of acidity with physico-chemical measurements, we found a significant lack of permanent to very acid conditions. These results are contradictory to the fundamental idea of BRAUKMANNs method: biological evaluation cannot indicate a better acidity class than physico-chemical sampling. The benthic community as integrative monitor is exposed to all flow situations over the complete year, including acid waves in snowmelt and storm runoff. In physico-chemical investigation without continuous measurement, only the single values at sampling date and time were recorded. So one can expect that biological indication will also detect short extreme situations between the single measurements. However, we assume that standardizing of physico-chemical and biological evaluation up to a total correspondence was done for the specific conditions of the Black Forest Area in southwest Germany. Different sensitivities to acidification seem to exist between regional populations of some species. Our results indicate for the species *Amphinemura sulcicollis, Leuctra hippopus*, *Capnia vidua, Siphlonurus lacustris, Elmis aenea* and *Hydraena gracilis* a lower sensitivity to acidification than it was stated by BRAUKMANN (2001). One possible reason is the genetic divergence in sensitivity to acid conditions between postglacial isolated populations. Another reason may be some taxonomical confusion in former studies according to obsolete keys (*Siphlonurus lacustris/aestivalis, Elmis aenea/maugetii, Hydraena gracilis/palustris* et div. spec., HAASE & SCHINDEHÜTTE 2000).

BRAUKMANN's list of indicator species should be modified with regard to the sampling region as presented (Table 6). This will lead to a better fit between physico-chemical measurements and biological indication of acidity.

A very specific macroinvertebrate fauna justifies the conservation value of the Harz National parks. Despite

Table 5. Macroinvertebrate species in streams and ponds of the Harz National Parks with special mention of red list organisms.

Taxon	Sites	NI / HB (H)	ST (B)	Germany
Ephemeroptera				
Ameletus inopinatus	19	2		2
Baetis alpinus	23		3	
Baetis rhodani	23			
Baetis vernus	19; 27; 28			
Centroptilum luteolum	28			
Ecdyonurus venosus	23; 28		P	
Electrogena ujhelyii	28	V		3
Epeorus sylvicola	23; 28			
Habroleptioides confusa	23			
Seratella ignita	23			
Siphlonurus lacustris	1; 7; 16; 19; 20; 22; 26; 27	2	2	
Odonata				
Aeshna subarctica	ponds		1	
Aeshna juncea	ponds		1	3
Cordulegaster boltoni	23		1	3
Somatochlora alpestris	ponds		2	1
Coleoptera				
Agabus biguttatus	1; 2; 7; 12; 20; 22; 23; 24; 26; 27; 28	3	3	
Agabus bipustulatus	1			
Agabus guttatus	1; 16; 19; 22; 23; 25; 28			
Anacaena globulus	1; 16; 20; 22; 23; 28			
Elmis aenea	1; 7; 19; 20; 23; 26; 27; 28			
Esolus parallelipedus	23; 28	1	3	
Gyrinus substriatus	19; 23; 28			
Hydraena gracilis	25			
Hydroporus erythrocephalus	26			
Platambus maculatus	1; 16; 19; 22; 23; 24; 26; 28			
Plecoptera				
Amphinemura standfussi	19		P	
Amphinemura sulcicollis	1; 2; 8; 14; 20			
Amphinemura spp.	16; 22; 24			
Brachyptera seticornis	2; 12; 19		P	
Capnia vidua	1; 2; 8; 12; 19	2	2	3
Dinocras cephalotes	23	2	2	
Diura bicaudata	19; 22; 24; 26; 27	3	3	
Isoperla spp.	19; 23; 26			
Leuctra albida	1		P	
Leuctra braueri	28		P	
Leuctra hippopus	2; 19; 23			
Leuctra inermis	2; 7; 8; 20	3	P	
Leuctra nigra	20; 25			
Leuctra pseudocingulata	8; 12; 14; 16; 20; 24	2	3	3
Leuctra rauscheri	2; 8	2	3	
Nemoura avicularis	12; 19	2	2	
Nemoura cambrica	2; 7; 8			
Nemoura cinerea	1; 7; 19; 25			
Nemoura marginata	2; 7		P	
Nemurella picteti	1; 2; 7; 8; 12; 14; 16; 20; 22; 24; 28			
Perlodes microcephalus	23; 26	3	3	
Protonemura auberti	2; 7; 8; 12; 16; 20		P	
Protonemura hrabei	19	2	2	3
Protonemura intricata	19		P	

Table 5. (Continued).

Taxon	Sites	NI / HB (H)	ST (B)	Germany
Protonemura meyeri	19		3	
Protonemura nitida	19; 23		P	
Protonemura praecox	19; 27		P	
Trichoptera				
Agapetus fuscipes	19; 23			
Allogamus uncatus	12	3	3	
Chaetopterygopsis maclachlani	22; 24; 25	2	2	
Chaetopteryx villosa	12			
Drusus cf. annulatus	2; 20; 22; 25		P	
Glossosoma conformis	23		P	
Halesus digitatus	28			
Hydatophylax infumatus	23	V	3	
Hydropsyche angustipennis	23			
Hydropsyche dinarica	23	3	1	
Odontocerum albicorne	19; 23; 28		P	
Philopotamus montanus	23		P	
Plectrocnemia conspersa	all			
Polycentropus flavomaculatus	23; 28			
Pseudopsilopteryx zimmeri	1; 2; 7	2	3	
Rhyacophila dorsalis	2; 7; 23; 28			
Rhyacophila evoluta	19; 20; 26	2	0	
Rhyacophila fasciata	2			
Rhyacophila nubila	16; 19; 25; 28			
Rhyacophila obliterata	14; 23		3	V
Rhyacophila praemorsa	12	V	3	
Rhyacophila tristis	23		3	
Sericostoma cf. personatum	19; 23			
Silo pallipes	19; 23			
Diptera				
Atherix ibis	23; 28			
Chironomus spp.	24; 25			
Liponeura spp.	23			
Prosimulium hirtipes	1; 12; 16; 19; 23; 27			
Simulium spp.	20			
Tipula maxima	16; 19; 23; 24; 26; 27; 28			
Bivalvia				
Pisidium subtruncatum	23			
Gastropoda				
Ancylus fluvialtilis	23			2
Oligochaeta				
Eiseniella tetraedra	23			
Crustacea				
Gammarus fossarum	23; 26; 28			
Tricladia				
Dendrocoelum lacteolum	16; 28			

NI / HB (H): Red lists of Lower Saxony and Bremen (hills).
ST (B): Red lists of Saxony-Anhalt (mountains).
Germany: Red lists of whole Germany.

Table 6. Regional adjustment of BRAUKMANN's indicator list of acidity to the Harz Mountains.

Species	Class of sensitivity to acid milieu		pH Mean	pH Min	Reference
	BRAUKMANN (2001)	Harz Mountains			
Siphlonurus lacustris	3	4	5.3	4.1	LESSMANN (1993)
			5.28	3.65	Hochschule Magdeburg, FB Wasserwirtschaft (1994–2001)
Amphinemura spp.	3	4	5.02	3.94	Hochschule Magdeburg, FB Wasserwirtschaft (1994–2001)
Amphinemura standfussi	3	4	4.2	3.7	LESSMANN (1993)
			5.3	4.5	BÖHME, unpubl. data. Wurmbach/eastern Harz mountains
			6.44	4.16	Hochschule Magdeburg, FB Wasserwirtschaft (1994–2001)
Amphinemura sulcicollis	3	4	5.2	4.0	LESSMANN (1993)
			5.3	4.5	BÖHME, unpubl. data. Wurmbach/eastern Harz mountains
			5.01	3.60	Hochschule Magdeburg, FB Wasserwirtschaft (1994–2001)
Leuctra hippopus	3	4	6.1	4.9	LESSMANN (1993)
			5.3	4.5	BÖHME, unpubl. data. Wurmbach/eastern Harz mountains
			6.05	4.16	Hochschule Magdeburg, FB Wasserwirtschaft (1994–2001)
Capnia vidua	3	4	4.6	3.7	LESSMANN (1993)
				4.4	BÖHME & TAPPENBECK (1994)
			5.3	4.5	BÖHME, unpubl. data. Wurmbach/eastern Harz mountains
			5.14	3.60	Hochschule Magdeburg, FB Wasserwirtschaft (1994–2001)
Hydraena gracilis	3	4	6.1	4.9	LESSMANN (1993)
			5.32	4.00	Hochschule Magdeburg, FB Wasserwirtschaft (1994–2001)
Elmis aenea	3	4	6.6	4.2	LESSMANN (1993)
			5.62	3.65	Hochschule Magdeburg, FB Wasserwirtschaft (1994–2001)

of the low species number, the specific fauna is concentrated in bog ponds and headwater channels. Remarkable elements of these fauna are dragonflies (this study) and some rare water beetles (SPITZENBERG 1994). Main attributes of these fauna are tyrphophilic, acidotolerant/acidophlic, and cold stenothermic. Some of these species have in general an arctic-alpine distribution. We interpret their isolated Harz populations as glacial relicts. For instance, this is shown by the occurrence of the dragonfly species *Aeshna subarctica*, *A. juncea* and *Somatochlora alpestris.* Their preferred habitats are small bog ponds and puddles. They are adapted to high loads of huminic acids and low pH. Effects of anthropogenic acidification on these species are unknown. There is no doubt that acid conditions occur naturally in the upper reaches of streams in Hochharz region above 800 m. Runoff is naturally acidified by slightly buffered granite, acid bogs, and spruce forests, which are main elements of the headwater catchments.

The problem is that acid-sensitive elements of the fauna started to decrease at lower altitudes where they are normally common. This trend began in previous centuries when spruce forestry was extended to the lower altitudes of the Harz Mountains. Approximately 100 years ago, the drastically enhanced input of acid contaminants from the atmosphere (primarily sulphuric and nitric acids) struck a region with depleted buffer capacity. The "acid wave" was able to move downstream (RAPHAEL et al. in MATSCHULLAT et al. 1994). This so-called "combing effect" (atmospheric acids and needle-bearing trees) is considerable (BRAUKMANN 2001). It can often result in acid inputs five times greater than that found in beech forests (WILPERT et al. 1996). The prognosis of HEITKAMP (1993) emphasized for the running waters of the Harz Mountains would be gloomy. On the basis of his investigations from the eighties and early nineties of the last century and in the absence of a drastic reduction in the acid deposition, he expected that all brooks in the

Harz Mountains would be acidified by the middle of this century, accompanied by severe degradation of the biocoenosis. But fortunately, the emission of atmospheric acids has decreased considerably due to progress in emission control in industry and traffic during the last decade. In this period SO_2-concentrations were reduced by 80% (WILPERT, person. commun.), while NO_x-concentrations have remain at a high level. Following these trends, in other regions like the Black Forest a slight improvement of the biological conditions in some streams was found by BRAUKMANN (2001) during the last years. He showed that the number of the most acid sites (class 4) decreased from 32 in 1992 to 25 in 1998, a reduction of 37%; and during the same period the number of class 3 streams declined from 49 to 31, also a reduction of about 37%. We did not find a corresponding development during the period of our investigations. The reason for the difference in findings may be due to the extreme exposure of the Hochharz region to emissions, which remain very high. The unavoidable geological situation provided by the very poor buffering capacity of granite as well as the monotonous spruce forestry adds to the observed problems.

How can one evaluate and counteract the recent acidification? The geological situation cannot be changed. A possible application of limestone to acidified catchments would be very expensive, but not sustainable. The bogs and several hundred hectares of spruce forests (Calamagrostio-Piceetum, Anastrepo-Piceetum, Betulo carpaticae-Piceetum) belong to the natural vegetation of the upper mountainous region. They cover a major part of the strongly protected zones of the national parks, without human activities. Human intervention into natural processes of these zones is not planned. However, an ecological change of forest structures outside of the strongly protected zones should be an aim for the next decades. The promotion of alder, ash, maple-tree and willow species in the presently spruce dominated lower regions would greatly reduce the combing effect. Re-settlement potentials for aquatic organisms, i.e. non-acidified streams at the margin of the national parks, should be strictly protected. Management of these streams must be focused on longitudinal passableness and ecological integrity.

Nevertheless, we must expect that acidification will continue to be a major problem for waterbodies in the Harz National Parks for a long time to come.

Acknowledgements

We acknowledge the technical assistance of Christine Göhler and the support of our former students Katrin Hartmann, Nicole Briest, Silke Gutsell and Susan Lustig in field and laboratory work.

References

AUBERT, J. (1959): Plecoptera. In: Schweizer Entomologische Gesellschaft (Hrsg.), Insecta Helvetica **1**: 1–144.

BALTES, B. (1998): Bewertung des Einflusses der Gewässerversauerung auf Rhithral-Biozönosen im nördlichen Saarland. Dissertationsschrift, Philosoph. Fak. d. Univ. d. Saarlandes. Verlag Pirrot, Saarbrücken. 208 S.

BAUERNFEIND, E. (1994): Bestimmungsschlüssel für die österreichischen Eintagsfliegen (Insecta, Ephemeroptera). Wasser und Abwasser, Schriften der Bundesanstalt f. Wassergüte. Wien.

BELLMANN, H. (1993): Libellen beobachten – bestimmen. Naturbuch-Verlag, Augsburg.

BÖHME, D. (1997a): Eintagsfliegen (Ephemeroptera). In: Arten- und Biotopschutzprogramm Sachsen-Anhalt. Landschaftsraum Harz. Ber. d. Landesamtes f. Umweltschutz Sachsen-Anhalt, Sonderheft 4/1997: 171–176.

BÖHME, D. (1997b): Köcherfliegen (Trichoptera). Ebenda.

BÖHME, D. & TAPPENBECK, L. (1994): Zu Vorkommen, Ökologie und Gefährdung der Gattung *Capnia* PICTET, 1841 (Insecta, Plecoptera) in Sachsen-Anhalt. Abh. Ber. Mus. Heineanum **2**: 109–114.

BRANDT, S., FAASCH, H. & SCHMIDTKE, R. (1999): Bemerkenswerte Eintagsfliegenfunde (Insecta: Ephemeroptera) im südlichen Niedersachsen. Lauterbornia **37**: 163–175.

BRAUKMANN, U. (2000): Hydrochemische und biologische Merkmale regionaler Bachtypen in Baden-Württemberg. Landesanstalt f. Umweltschutz Baden-Württemberg (Hrsg.), Reihe „Oberirdische Gewässer, Gewässerökologie" **56**: 1–501.

BRAUKMANN, U. (2001): Stream acidification in South Germany – chemical and biological assessment methods and trends. Aquatic Ecology **35**: 207–232.

FREUDE, H., HARDE, K. W. & LOHSE, G. A. (1971, 1979): Die Käfer Mitteleuropas, Vol. 3 und 6. Goecke-Evers, Krefeld.

HAASE, P. & SCHINDEHÜTTE, K. (2000): Die Ephemeroptera, Plecoptera, aquatische Coleoptera (partim) und Trichoptera des niedersächsischen Harzes: Faunistik und ökologische Anmerkungen. Braunschweiger Naturkundliche Schriften **6** (1): 85–102.

HEITKAMP, U. (1993): Zur Situation der Fließgewässer im Westharz. Ber. Naturhist. Ges. Hannover **135**: 117 – 136.

HEITKAMP, U., LESSMANN, D. & PIEL, C. (1985): Makrozoobenthos-, Moos- und Interstitialfauna des Mittelgebirgssystems der Sieber im Harz (Süd-Niedersachsen). Arch. Hydrobiol., Suppl. **70**: 279–364.

HERRMANN, R. (1994): Die Versauerung von Oberflächengewässern. Limnologica **24**: 105–120.

HOHMANN, M. & BÖHME, D. (1999): Checkliste der Eintags- und Steinfliegen (Ephemeroptera, Plecoptera) von Sachsen-Anhalt. Lauterbornia **37**: 151–162.

ILLIES, J. (1955): Steinfliegen oder Plecoptera. Die Tierwelt Deutschlands **43**: 1–150. Gustav Fischer Verlag, Jena.

LESSMANN, D. (1993): Gewässerversauerung und Fließgewässerbiozönosen im Harz. Ber. d. Forschungszentrums Waldökosysteme Göttingen, Reihe A, Bd. **97**: 1–247.

KARSTE, G. & SCHUBERT, R. (1997): Sukzessionsuntersuchungen zur Renaturierung subalpiner Mattenvegetation auf der

Brockenkuppe (Nationalpark Hochharz). Arch. für Natur-Landschaftsschutz **36**: 11–36.

MATSCHULLAT, J., HEINRICHS, H., SCHNEIDER, J. & ULRICH, B. (1994): Gefahr für Ökosysteme und Wasserqualität – Ergebnisse interdisziplinärer Forschung im Harz. Springer Verlag, Berlin-Heidelberg-New York.

MÜLLER-LIEBENAU, I. (1969): Revision der europäischen Arten der Gattung *Baetis* LEACH, 1815 (Insecta: Ephemeroptera). Gewässer und Abwässer **48/49**. Göttingen.

RATHS, U., RIECKEN, U. & SYSMANK, A. (1995): Gefährdung von Lebensraumtypen in Deutschland und ihre Ursachen – Auswertung der Roten Liste gefährdeter Biotoptypen. Natur u. Landschaft **70** (5): 203–212.

RAUSER, J. (1980): Rad posvatky – Plecoptera. In: ROSKOSNY, R. (Hrsg.), Klic vodnich larev hmyzu, pp. 86–132. Prag (translation TU Dresden).

SCHMEDTJE, U. & KOHMANN, F. (1992) : Bestimmungsschlüssel für die Saprobier-DIN-Arten (Makroorganismen). Bayer. Landesamt f. Wasserwirtschaft. München.

SPITZENBERG, D. (1994): Faunistisch-ökologische Untersuchungen der Wasserkäferfauna (Coeloptera, Hydradephaga et Palpicornia) ausgewählter Moore des Nationalpark Hochharz. Abh. Ber. Mus. Heineanum **2**: 115–124.

STUDEMANN, D., LANDOLT, P., SARTORI, M., HEFTI, D. & TOMKA, I. (1992): Ephemeroptera. In: Schweizer Entomologische Gesellschaft (Hrsg.), Insecta Helvetica **9**: 1–175.

TAPPENBECK, L. & BÖHME, D. (1997): Steinfliegen (Plecoptera). In: Arten- und Biotopschutzprogramm Sachsen-Anhalt. Landschaftsraum Harz. Ber. d. Landesamtes f. Umweltschutz Sachsen-Anhalt. Sonderheft 4/1997, pp. 176–181.

TRÖSTLER, I. & LÜDERITZ, V. (2000): Morphologische, biologische und chemische Typologie kleiner Fließgewässer in ausgewählten Landschaftseinheiten Sachsen-Anhalts. Unveröff. Forschungsbericht, Hochschule Magdeburg-Stendal.

WARINGER, J. & GRAF, W. (1997): Atlas der österreichischen Köcherfliegenlarven. Facultas-Universitätsverl. Wien.

WILPERT, K. V., KOHLER, M. & ZIRLEWAGEN, D. (1996): Die Differenzierung des Stoffhaushalts von Waldökosystemen durch die waldbauliche Behandlung auf einem Gneisstandort des Mittleren Schwarzwaldes. Ergebnisse aus der Ökosystemfallstudie Conventwald, Abschlussbericht OFO-Projekt Nr. 55–90–15. Mitt. Forstl. Versuchs- u. Forschungsanstalt Baden-Württemberg **4**. Freiburg.

ZELINKA, M. (1980): Rad jepice – Ephemeroptera. In: ROSKOSNY, R. (Hrsg.), Klic vodnich larev hmyzu, pp. 39–67 (translation TU Dresden).

ZWICK, P. (1967): Revision der Gattung *Chloroperla* NEWMAN (Plecoptera). Mitt. Schweiz. Entomol. Ges. **XL**: 1–26.

ZWICK, P. (1993a): Anmerkungen zu ILLIES (1955), Plecoptera, In: F. DAHL, Die Tierwelt Deutschlands (unpubl. manuscript).

ZWICK, P. (1993b): Überarbeitete und ergänzte Fassung des Schlüssels von Rauser (1980). Unpubl. manuscript.

Red Lists informations from:

JEDICKE, E. (ed.) (1997): Die Roten Listen. Verlag Eugen Ulmer Stuttgart.

Informationsdienst Naturschutz Niedersachsen (1996): Rote Liste der in Niedersachsen und Bremen gefährdeten Wasserkäferarten. Heft 3/1996, Hannover.

Informationsdienst Naturschutz Niedersachsen (2000): Rote Liste der in Niedersachsen und Bremen gefährdeten Eintags-, Stein- und Köcherfliegenarten. Heft 4/2000, Hannover.

LAU (1993): Berichte des Landesamtes für Umweltschutz Sachsen-Anhalt: Rote Liste der Eintags-, Stein- und Köcherfliegen des Landes Sachsen-Anhalt: Heft 9, Halle.

LAU (1998): Berichte des Landesamtes für Umweltschutz Sachsen-Anhalt: Rote Liste der Wassermollusken des Landes Sachsen-Anhalt. Heft 30, Halle.

MÜLLER, J. (1996): Zoogeographische und ökologische Analyse der Libellen-Fauna (Insecta, Odonata) des Landes Sachsen-Anhalt. Abh. und Ber. Naturk., Bd. **19**, S. 3–11, Magdeburg.

Rote-Listen-Online (Stand 30.6.1998) des V.I.M.-Verlages für interaktive Medien GbR. Gaggenau (www.redlist.org/rlonline/index.html).

Schutz- und Pflegestrategien für Auenoberflächengewässer des Biosphärenreservates „Mittlere Elbe“*

Uta LANGHEINRICH, Silke DOROW und Volker LÜDERITZ

5 Abbildungen und 6 Tabellen

ABSTRACT

LANGHEINRICH, U.; DOROW, S.; LÜDERITZ, V.: Strategies for protection and conservation of surface waters in floodplain landscapes of the Middle Elbe Biosphere Reserve. - Hercynia **35**: 17-35.

The landscape along the middle reaches of the Elbe river contains a diverse and ecologically-rich mix of floodplain and riverine habitats. Dynamic processes are constantly altering the face of this landscape – some natural, others result from human activities. To ensure the conservation of biocoenoses in the Middle Elbe region, and the sustainable use of its resources, intervention into the altered and natural processes shaping the landscapes is necessary. Current problems on the Elbe include erosion of the river bed in certain stretches, loss of existing backwaters through successional processes and prevention of the development of new backwaters due to the artificial stabilization of the river banks.

All of these problems have led to a reduction or even loss of natural floodplain structures and processes especially to a loss of backwaters in early stadiums of succession. Actually, in the Middle Elbe Biosphere Reserve only a few backwaters remained in a natural and ecologically rich status. Such waterbodies like lake Sarensee and lake Crassensee are evaluated with a conservation index of 9 (nationally important). They serve as refuges for re-settlement of restored waterbodies. In our case, restoration was done by removal of mud from lake Wallwitzsee and lake Kühnauer See and by diversifying hydroecomorphological structures in the ditch Landeskulturgraben. Beginning from the revitalization that led to an important increase of water quality, species number of macroinvertebrates and plants increased steadily. Actually, 45 % of mayflies, 54 % of caddisflies, 74 % of dragonflies, and 78 % of water snails that occur in the Elbe landscape are also present in the five natural or restored waterbodies of this study. Among them there are altogether 91 endangered species. 18 of them are endangered by extinction. Conclusions from these former measures were used in 2001 to restore the backwater Alte Elbe near Klieken and to reconnect a former Elbe meander to the river.

Keywords: trophy, monitoring, biosphere reserve, floodplain, shallow lakes, oxbow lakes, conservation value

1 EINLEITUNG

Das Biosphärenreservat „Mittlere Elbe“ (BRME) wurde im Jahr 1990 ausgewiesen und umfaßt ein Gebiet von 43.000 ha. Gegenwärtig befindet sich die Neuverordnung eines Biosphärenreservates „Flußlandschaft Elbe“, das mit ca. 110.000 ha den größten Teil der Elbauenlandschaft einnehmen und in dem das bisherige Biosphärenreservat aufgehen wird, im Verfahren.

Wegen der auf natürlicher Eigendynamik eines Fließgewässers beruhenden Standortdynamik, der damit verbundenen starken Biotopdifferenzierung u. a. in feuchte und trockene Standorte, stellen Auen einzigartige und besonders artenreiche Lebensräume dar. In den Schweizer Auen sind beispielsweise auf 25 % der gesamten Landesfläche 40 % der in der Schweiz vorkommenden Pflanzenarten vertreten (WAGNER et WEISSMANN-ZEH 1998). Auf Grund der Entkopplung dieser bestehenden Wechselwirkungen durch

* *Dieser Beitrag ist dem Andenken von Prof. Dr. Peter HENTSCHEL gewidmet. Ohne seine Anregungen und seine Unterstützung hätte es dieses Projekt nicht gegeben.*

flußbauliche und entwässerungswirksame Maßnahmen ist heute bei einem Großteil dieser ökologisch wertvollen Biotope der auentypische Charakter verlorengegangen (KONOLD 1998). Durch Eingriffe in die Auenstrukturen, vor allem aufgrund der Dammbauten zur Flußregulierung sind heute lediglich noch ca. sechs Prozent der ehemaligen Auenlandschaften in Deutschland als naturraumtypisch zu bezeichnen, wobei nur zwei Prozent naturraumtypische Lebensgemeinschaften aufweisen (COLDITZ 1994). Ausgedehnte mehr oder weniger naturraumtypische Auenbereiche existieren in Deutschland noch am Oberrhein, an der Donau mit ihren Nebenflüssen Iller, Lech, Isar und Inn, am Niederrhein, der Ems, Weser, Aller und an der Elbe (VOLKERS 1998).

Der Prozeß der anthropogenen Beeinflussung begann bereits vor ca. 1.000 Jahren, intensivierte sich jedoch in den vergangenen 100 Jahren erheblich. Zunächst extensiv genutzte landwirtschaftlich Flächen wurden durch Regulierung der Fließgewässer über das gesamte Jahr hin nutzbar und reichen heute zum Teil bis direkt an die Gewässer heran. Durch die Eindeichung der Fließgewässer und der damit einhergehenden Eindämmung bzw. dem Wegfall der Retentionsfunktion bei Hochwasser gehen auch die mit der Schwebstoffablagerung innerhalb der Überflutungsflächen verbundenen Nährstoffanreicherungen für die einst dadurch so fruchtbaren Auen verloren. Zudem erhöhen sich durch den Verlust der Retentionsfunktion die Hochwasserspitzen im Fließgewässer selbst und bewirken die heute zum Teil starke Ausmaße annehmenden Überschwemmungen bewohnter Gegenden.

Weitere einschneidende Eingriffe in das Ökosystem Aue waren die Abholzung der bodenständigen Auenwälder sowie das Anlegen von monoton strukturierten Entwässerungsgräben zur Urbarmachung von Feuchtgebieten für die landwirtschaftliche Nutzung. Die dadurch erreichte Wasserabführung aus dem Gelände ermöglicht eine landwirtschaftlich intensive Nutzung, bewirkt eine Grundwasserabsenkung, läßt die einstigen Feuchtwiesen trockenfallen und drängt die naturraumtypische Artenzusammensetzung von Fauna und Flora durch die grundsätzliche Veränderung des Auencharakters zurück.

Für den Natur- und Wasserhaushalt von Auengebieten spielen die in ihnen befindlichen Oberflächengewässer - im BRME sind das immerhin insgesamt über 1.000 Seen, Teiche, Bäche und Gräben (LÜDERITZ et al. 1994) - eine entscheidende Rolle. Durch die direkte Verbindung über das Grundwasser beeinflussen sich Auenlandschaft und die Gewässer gegenseitig.

Zusätzlich zu den o. g. Strukturveränderungen der Auen wirken die anthropogen bedingten Nährstoffeinträge auf die Gewässer und beeinträchtigen diese zunehmend in ihrer ökologischen Funktion sowie in ihrer für Auengewässer typischen hohen biologischen Vielfalt.

Zur Ermittlung des Zustandes und der Gefährdung der Gewässer im BRME, vor allem aber zur Vorbereitung, wissenschaftlichen Begleitung und Erfolgskontrolle von Sanierungs- und Revitalisierungsmaßnahmen wird im BRME seit 1992 ein gewässerökologisches Monitoringprogramm an ausgewählten Stand- und Fließgewässern mit den Schwerpunkten Wasserchemie, -vegetation, Makroinvertebratenfauna und Plankton durchgeführt.

Durch diese Untersuchungen konnten wir (LÜDERITZ et al. 1994, LÜDERITZ et al. 1997, LÜDERITZ et al. 2000) zeigen, daß etwa 90 % der Altwässer im Mittelelbegebiet stark eutrophiert sind. Zugleich sind gerade viele Altwässer noch immer „hot spots“ der aquatischen Biodiversität. REICHHOFF et WARTHEMANN (1997) konnten dies für die Vegetation des Kühnauer Sees bei Dessau belegen. In der Alten Elbe bei Magdeburg konnten wir 227 Arten bzw. Taxa von Makroinvertebraten, davon 37 Arten der Roten Listen, nachweisen (LÜDERITZ et al. 2000). Jedoch konzentriert sich der Artenreichtum auf Klar- und Flachwasserbereiche, die nur noch einen kleinen und durch die eutrophierungsgetriebene Verlandung zugleich abnehmenden Teil der Gesamtwasserflächen ausmachen.

Im Rahmen der vorliegenden Untersuchungen sollte festgestellt werden, wie sich Sanierungs- und Renaturierungsmaßnahmen auf den Gewässerzustand auswirken und welche Schlußfolgerungen für Schutz- und Pflegestrategien abzuleiten sind.

2 MATERIAL UND METHODEN

2.1 Auswahl der Untersuchungsgewässer

Die Auswahl der untersuchten Gewässer im Rahmen des langfristigen Monitoring-Programms erfolgte unter dem Gesichtspunkt, möglichst umfassend die Gewässertypen und -entwicklungsstufen im Biosphärenreservat zu erfassen bzw. Grunddaten als Vorbereitung für Renaturierungsmaßnahmen zu ermitteln. Deshalb wurden Fließ- und Standgewässer aus allen vier Schutzzonen mit unterschiedlichstem Grad anthropogener Beeinflussung ausgewählt. Insgesamt erfolgten Untersuchungen an 25 Stand- und 5 Fließgewässern im Zeitraum zwischen 1992 bis 1998. Die Ergebnisse aus den Jahren 1992 bis 1996 sind bei LÜDERITZ et al. (1994), LÜDERITZ et al. (1997) sowie LÜDERITZ et HENTSCHEL (1999) zusammengefaßt.

Auf der Grundlage dieser Erhebungen wurden sechs Stand- und ein Fließgewässer für ein Intensivprogramm ausgewählt:

- der Sarensee und der Crassensee als anthropogen relativ wenig beeinflußte, naturnahe Altwässer,
- der Altarm am Matzwerder (Kurzer Wurf) und die Alte Elbe bei Klieken als hochgradig eutrophierte Altwässer,
- der Kühnauer See und der Wallwitzsee als sanierte Altwasserseen sowie
- der Landeskulturgraben (LKG) als revitalisiertes anthropogenes Fließgewässer.

Die Lage dieser Gewässer ist aus Abb. 1 ersichtlich.

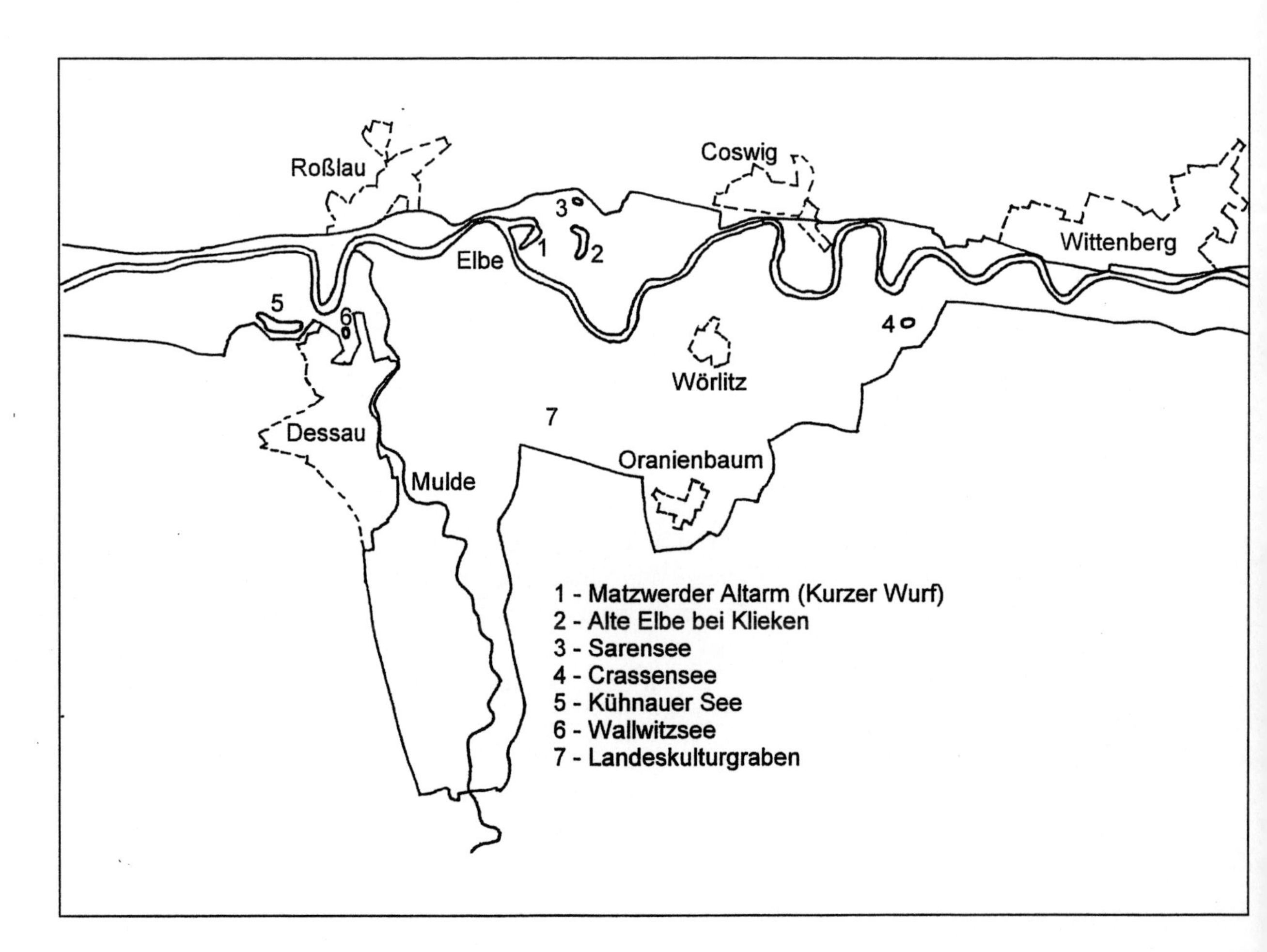

Abb. 1: Lage des Untersuchungsgebietes und der untersuchten Gewässer

2.2 Hydrochemisch-hydrophysikalische Bewertung

Die o. g. Gewässer wurden im Jahr 1998 sechsmal (April, Mai, Juni, Juli, September, Oktober) auf die gütebestimmenden chemischen und physikalischen Parameter hin untersucht. Die Bewertung der Trophie erfolgte nach KLAPPER (1992) durch Ermittlung der Trophiestufe sowie nach CARLSON (1977) durch Bestimmung des Trophic State Index (TSI), welcher durch die Wichtung von Phosphorgehalt, Chlorophyll-a-Konzentration und Sichttiefe eine Gütebewertung im kontinuierlichen Spektrum von 0 (extrem nährstoffarm) bis 100 (polytroph) möglich macht.

Die Analyse der Wasserproben erfolgte im Labor des Fachbereichs Wasserwirtschaft der Hochschule Magdeburg-Stendal schnellstmöglich nach der Probenahme, nachdem vor Ort bereits der pH-Wert, der O_2-Gehalt und die Leitfähigkeit mit Hilfe des Kompaktmeßgerätes WTW (LF 197, OXI 197, pH 197) bestimmt wurden.

Die Analysen wurden entsprechend den einschlägigen DIN-/EN-Methoden durchgeführt.

2.3 Biologische Bewertung

Als Summenparameter für die Phytoplanktondichte wurde die Chlorophyll-a-Konzentration bestimmt. Die Abschätzung der arten- bzw. gruppenmäßigen Zusammensetzung des Phyto- und Zooplanktons erfolgte nur qualitativ.

Untersuchungen zur Makroinvertebratenfauna erfolgten im Mai und Juli 1998. Dazu wurden an jedem Gewässer vier 100 Meter lange Gewässerabschnitte mit Hilfe von Sieben beprobt. Jeder Gewässerbereich wurde dabei etwa 15 Stunden lang untersucht, so daß von einer weitgehend vollständigen Aufnahme ausgegangen werden kann.

Für die sanierten Gewässer Kühnauer See, Wallwitzsee und Landeskulturgraben wurde diese Beprobung im Mai und Juli 2000 wiederholt.

Die Bestimmung der Organismen erfolgte nach FITTER et MANUEL (1994), FREUDE et al. (1971, 1979), BELLMANN (1993), WARINGER et GRAF (1997), STUDEMANN et al. (1992), SCHMEDTJE et KOHMANN (1992), SCHÖNEMUND (1930), BAUERNFEIND (1994), MÜLLER-LIEBENAU (1969) sowie GÖLLNER-SCHEIDING (1989). Sie erfolgte in der Regel bis zur Art, lediglich bei den Diptera-Larven und einigen Oligochaeten nur bis zur Familie bzw. Gattung.

Die Häufigkeit der aufgefundenen Arten wurde halbquantitativ in folgenden Stufen (analog zur Saprobitätsbestimmung in Fließgewässern) eingeschätzt: 1 = Einzelfund, 2 = selten, 3 = wenig häufig, 4 = gemein, 5 = häufig, 6 = sehr häufig, 7 = massenhaft.

Bei der Erfassung der Gewässerflora wurden die vorhandenen Pflanzengesellschaften (SCHUBERT et al. 1995) sowie die Arten der Roten Liste (JEDICKE 1997) bestimmt. Eine flächengenaue Kartierung nach BRAUN-BLANQUET erfolgte nicht.

Mit Hilfe der Gesamtzahl der aufgefundenen gefährdeten Arten wurde der Conservation Index nach KAULE (1991) berechnet, der ein Maß für den Naturschutzwert des entsprechenden Biotops darstellt.

3 ERGEBNISSE STANDGEWÄSSER

3.1 Überblick

In den sechs untersuchten Altwässern fanden wir von den insgesamt im Landschaftsraum Elbe nachgewiesenen Arten (LAU 2001) 45 % der Eintagsfliegen, 54 % der Köcherfliegen, 74 % der Libellen, 27 % der wasserbewohnenden Käfer, 78 % der Schnecken und 45 % der Muscheln (Tab. 1). Allerdings sind der Gesamtartenreichtum und das Vorkommen besonders schützenswerter Arten sehr unterschiedlich auf die verschiedenen Gewässer in folgender Reihenfolge verteilt (Abb. 2):

- weitgehend ungestörte, naturnahe, eutrophe, makrophytenreiche Altwasserseen mit einem Conservation Index von 9 (national bedeutend), (Tab. 2),

Tab. 1: Artenzahlen ausgewählter Makroinvertebraten im Untersuchungsgebiet und im Landschaftsraum Elbe

	Deutsch-land	LSA	Landschaftsraum Elbe	Untersuchungs-gebiet	Rote-Liste-Arten
Plecoptera	119	60	1	0	0
Ephemeroptera	81	34 (T)	20	9	0
Trichoptera	314	124 (T)	76	41	11
Odonata	80	63	53	39	18
Coleoptera (wasserbewohnend)	413	247	149	40	7
Wassermollusken					
Gastropoda	68	47	37	29	8
Bivalvia	30	24	22	10	6

T: Tiefland

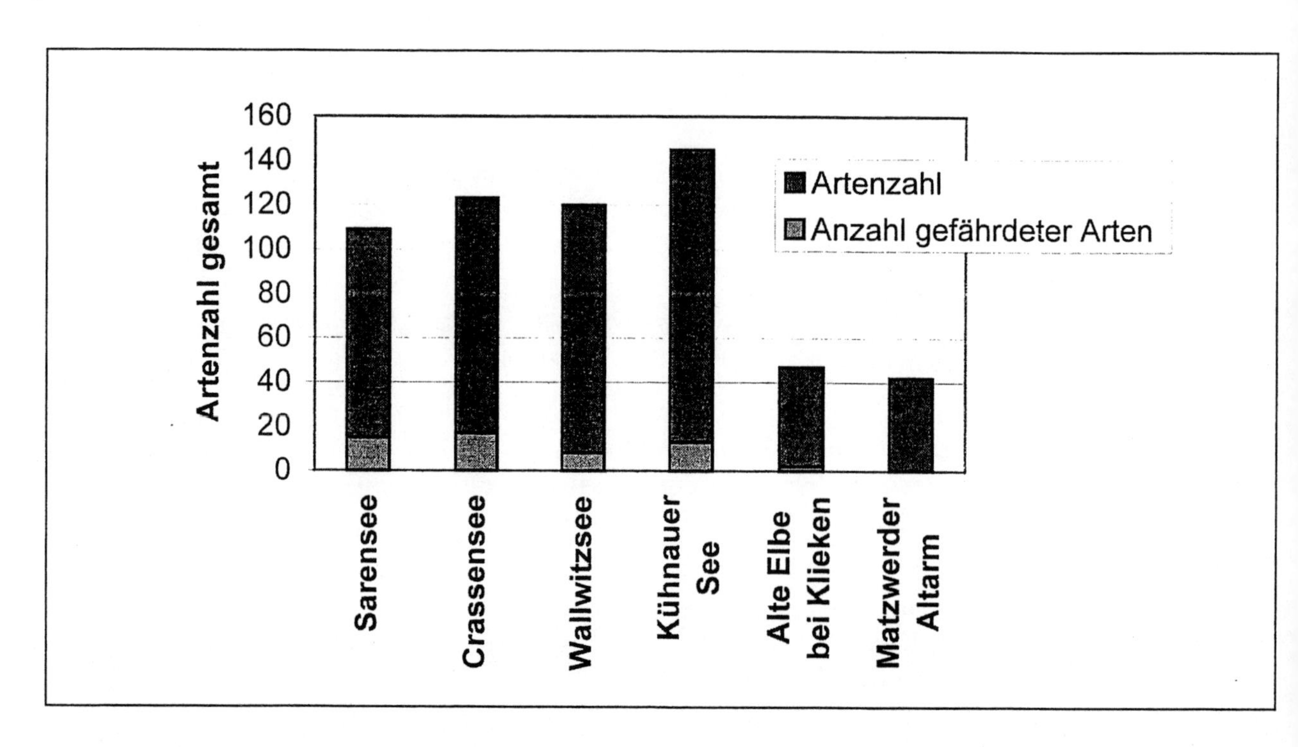

Abb. 2: Artenzahlen des Makrozoobenthos der Altwässer

- restaurierte, meso- bis eutrophe Gewässer mit einem Conservation Index von 8 (überregional bedeutend),
- hocheutrophe bis polytrophe Gewässer mit einem Conservation Index von 5 (verarmt).

Das Besiedelungspotential der restaurierten Gewässer ist dabei augenscheinlich noch nicht ausgeschöpft. Mehrjährige Untersuchungen zeigen eine kontinuierliche Zunahme der Artenzahl des Makrozoobenthos (Tab. 3) vor allem in den Flachwasserzonen, in denen sich artenreiche submerse und emerse Makrophytenbestände entwickeln (Reichhoff et Warthemann 1997, Papenroth 1999).

3. 2 Naturnahe Gewässer

3.2.1 Sarensee

Der Sarensee westlich der Gemeinde Klieken liegt innerhalb des Naturschutzgebietes „Saarenbruch". Die Speisung des Sees erfolgt, in Abhängigkeit vom Wasserstand der Elbe, überwiegend durch Grund-

Tab. 2: Vergleich der Altwässer hinsichtlich trophischer und Naturschutzkriterien

	naturnahe Seen		sanierte Seen		stark belastete Seen	
Chemische Parameter	Sarensee	Crassensee	Wallwitzsee	Kühnauer See	Alte Elbe bei Klieken	Matzwerder Altarm
	Mittelwert ± Standardabweichung					
BSB_5 [mg O_2/l]	5,7 ± 6,3	4,5 ± 3,2	1,9 ± 0,8	2,3 ± 0,9	9,81 ± 6,4	5,5 ±1,7
[µS/cm]	426 ± 24,6	514 ±11,6	1537 ± 11,8	750 ± 24,3	515 ± 26,7	546 ± 38
NH_4^+-N [mg/l]	0,105 ± 0,1	0,025 ± 0,02	0,036 ± 0,01	0,022 ± 0,007	0,61 ± 0,76	0,075 ± 0,06
NO_3^--N [mg/l]	0,29 ± 0,09	0,49 ± 0,06	<0,23	<0,23	0,53 ± 0,4	0,44 ±0,4
PO_4^{3-}-P [mg/l]	0,093 ± 0,046	0,119 ± 0,04	0,033 ± 0,01	0,066 ± 0,03	0,52 ± 0,4	0,746 ±1,01
o-PO_4^{3-}-P [mg/l]	0,006 ± 0,003	0,021 ±0,03	<0,003	0,011 ± 0,03	0,22 ±0,5	0,044 ± 0,04
Chlorophyll-a [µg/l]	12,6 ± 6,7	27 ±13,5	5,7 ±4,3	11,1 ±5,8	128,6 ± 57,9	69 ± 18,9
Trophic State Index	63 ±3,1	65 ±4,2	52 ±4,3	59 ±3,6	80 ± 8,9	76 ±4,3
Trophiestufe	eutroph	eutroph	mesotroph	mesotroph/ leicht eutroph	hocheutroph/ polytrophe Tendenz	hocheutroph
Conservation Index	9	9	8	8	6	6

Tab. 3: Anzahl der Makroinvertebraten und Pflanzengesellschaften der Altwässer

	Sarensee	**Crassensee**	**Wallwitzsee**		**Kühnauer See**		**Alte Elbe bei Klieken**	**Matzwerder Altarm**
	1998	1998	1998	2000	1998	2000	1998	1998
Makroinvertebraten								
Artenanzahl	109	123	96	120	125	145	47	42
Anzahl gefährdeter Arten	15	17	8	8	10	13	2	0
Coleoptera-Arten	15	23	13	23	17	34	6	6
Odonata-Arten	21	24	16	16	27	27	4	3
Trichoptera-Arten	15	13	13	21	18	24	5	1
Ufer- und Wasservegetation								
Anzahl der Pflanzengesellschaften	10	12	9		25		10	4
Anzahl gefährdeter Pflanzenarten	9	12	5		23		3	1

wasser und durch Sickerwasser aus den Schichtquellen des östlichen Steilhanges. Zudem befinden sich ein Zulaufgraben in östlicher und ein (wasserreicherer) Ablaufgraben in südwestlicher Richtung, so daß ein Stoffexport aus dem See gegeben ist.

Auf Grund seines hohen Huminstoffanteils kennzeichnet den See ein ausgeprägter Niedermoorcharakter und läßt ihn eine Sonderstellung bei den untersuchten Gewässern einnehmen. Bedingt durch die vollständige Umwaldung mit Erlenbruch sowie (in geringem Umfang) Kiefernanpflanzungen und den damit verbundenen Laubeintrag erfolgt eine starke Huminstoffbildung. Die Verlandung der Uferbereiche ist bereits weit fortgeschritten. Der See hat mit einem durchschnittlichen TSI-Wert von 64 einen leicht eutrophen Charakter. Ihn kennzeichnet ein enormer floristischer und faunistischer Reichtum mit einem hohen Anteil (insgesamt 24) bedrohter Arten (Tab. 3, 4, 5). Es existieren Bestände der Sumpf-Calla (*Calla palustris*) (Rote Liste (RL) 1) und in kleinen Buchten neben dem für Niedermoorgewässer typischen Sumpffarn (*Thelypteris palustris*) größere Vorkommen von Froschbiß (*Hydrocharis morsus-ranae*) (RL 2). Besonders bemerkenswert ist die Ausbreitung der Wassernuß (*Trapa natans*), die in diesem See lange Zeit deutschlandweit eines ihrer wenigen Refugien fand und die 1998 weite Teile (ca. 1/3) der Gewässeroberfläche bedeckte.

Unter den Libellen sind die Vorkommen der euryöken Moor-Arten Kleine Binsenjungfer (*Lestes virens*) und Große Moosjungfer (*Leucorrhinia pectoralis,* Art nach Anhang II der Fauna-Flora-Habitat (FFH) - Richtlinie) sowie der Moor-See-Art Keilflecklibelle (*Aeshna isosceles),* die alle als stark gefährdet (RL 2) gelten, hervorzuheben. Besonders bemerkenswert ist der Fund eines Exemplars des Breitrandkäfers (*Dytiscus latissimus),* einer weiteren Art nach Anhang II der FFH-Richtlinie, die bundesweit vom Aussterben bedroht ist und in Sachsen-Anhalt als verschollen gilt (Grill et al. 2001), von uns jedoch auch in der Alten Elbe bei Magdeburg (Lüderitz et al. 2000) nachgewiesen wurde.

Als in Sachsen-Anhalt vom Aussterben bedroht gilt die Köcherfliege *Beraeodes minutus,* eine xylobionte Art, die von uns aber auch an anderen Stellen, vor allem im Grabensystem des Drömling (unveröff. Ergebnisse) gefunden wurde.

Durch die relativ schlechte Zugänglichkeit und nur geringe anthropogene Beeinflussung entwickelt sich das Gewässer weitestgehend naturnah und ist daher aus gewässerökologischer Sicht als besonders wertvoll einzuschätzen. Mit einem Conservation Index von 9 (national bedeutend) wäre eine Zuordnung zur Schutzzone I sinnvoll.

3.2.2 Crassensee

Der Crassensee liegt linksseitig der Elbe im gleichnamigen Naturschutzgebiet. Eine Einleitung belasteter Wässer existiert nicht. Die Speisung erfolgt überwiegend aus dem Grundwasser. Der ehemalige Prallhang des Altwassers, das Südufer, ist größtenteils von Auenbruchwald umgeben. Das Nordufer geht allmählich in Auenwiesen über.

Der leicht eutrophe Charakter des Sees (Tab. 2) und die ausgeprägten Flachwasserzonen bieten einer Vielzahl von Pflanzen und Tieren optimale Lebensbedingungen. Durch die teilweise Lage im Totalreservat verläuft die Entwicklung der Vegetation und Tierwelt des Crassensees relativ ungestört und natürlich. Einzigartig im Biosphärenreservat „Mittlere Elbe“ ist das Vorkommen einer großflächigen Krebsscherengesellschaft (*Stratiotetum aloides*), welche die gesamte westliche Verlandungszone des Crassensees ausfüllt. In ihr konnte sich die bisher in der Roten Liste Sachsen-Anhalts als „vom Aussterben bedroht“ aufgeführte und an in ihrem Lebenszyklus an diese Pflanzengesellschaft gebundene Grüne Mosaikjungfer (*Aeshna viridis*) in größerer Zahl ansiedeln. Die Art besitzt hier ihr größtes Vorkommen in Sachsen-Anhalt. Mit ihr gemeinsam, jedoch in geringeren Abundanzen, kommt die gleichfalls vom Aussterben bedrohte Östliche Moosjungfer (*Leucorrhinia albifrons*) vor. Weiterhin ist auf den Fund des Kolbenwasserkäfers (*Hydrous aterrimus)* und des Gauklers (*Cybister lateralimarginalis*) (beide RL 2) hinzuweisen.

Durch die relativ gute Sichttiefe des Gewässers existiert im Crassensee eine ausgeprägte submerse Wasservegetation. Unter anderem kommen hier Bestände der Wassernuß (*Trapa natans*) (RL 1), des Schwimmfarns (*Salvinia natans)* (RL 2) und des Gift-Wasserschierlings (*Cicuta virosa*) (RL 2) vor.

Insgesamt ist der Crassensee aufgrund seiner floristischen und faunistischen Vielfalt sowie des Vorkommens von 29 gefährdeten Arten und Gesellschaften als ökologisch besonders wertvoll einzuschätzen.

3.3 Gewässer, an denen Sanierungsmaßnahmen durchgeführt wurden

3.3.1 Wallwitzsee

Der Wallwitzsee ist Bestandteil des im Norden Dessaus gelegenen Beckerbruchparks. Vor 1990 war der See soweit verlandet, daß er kaum noch eine Wasseroberfläche besaß. Deshalb wurde er zwischen 1990 und 1991 durch Entschlammungsmaßnahmen saniert und besitzt heute mit einem durchschnittlichen TSI von 52 mesotrophen Charakter (Tab. 2). Durch seine geringe Trophie, seine hohe Wasserhärte sowie den sandig-kiesigen Untergrund haben sich spezifische Vegetationseinheiten ausgebildet. Unter diesen gelten die Laichkrautbestände (Potamogetonetum perfoliati, Potamogetonetum lucentis) und die Teichrosengesellschaft (Myriophyllo-Nupharetum luteae) als gefährdet (SCHUBERT et al. 1995).

Der Versuch, die Wassernuß (*Trapa natans*) im Gewässer anzusiedeln, mißlang. Gründe dafür sind sicher der mit durchschnittlich 38,6 °dH relativ hohe Härtegrad und die hohe Leitfähigkeit des Wassers (Tab. 2). Die Pflanze bevorzugt zwar nährstoffreiches, aber kalkarmes Wasser und gilt zudem als salzempfindlich.

Unter den Makroinvertebraten sind besonders die Vorkommen des Kleinen Granatauges (*Erythromma viridulum*), der Westlichen Keiljungfer (*Gomphus pulchellus*) und des Kolbenwasserkäfers (*Hydrous piceus*) zu erwähnen (Tab. 4). Wie ein Vergleich der in den Jahren 1998 und 2000 erfaßten Artenzahlen (Tab. 3) zeigt, ist die Besiedelung des Gewässers ein längerer Prozeß und anscheinend noch nicht abgeschlossen.

Der Beckerbruchpark hat vor allem aus erholungswirksamer Sicht durch die Neuanlage des heute als Angel- und Badegewässer genutzten Sees enorm gewonnen.

3.3.2 Kühnauer See

Der Kühnauer See liegt nordwestlich der Stadt Dessau und ist Bestandteil des Naturschutzgebietes „Saalberghau" und des Landschaftsschutzgebietes „Mittlere Elbe". Am westlichen Ufer besitzt der See einen Zulauf durch den Bruchgraben.

Der durch eine plötzliche Flußlaufverlagerung durch Hochwasser der Elbe und Mulde im Jahre 1316 entstandene See wurde durch jahrhundertelange Entkrautung in einem mesotrophen, leicht eutrophen Zustand gehalten (REICHHOFF et WARTHEMANN 1997). Ab 1950 verschlammte und verlandete er durch die Errichtung eines etwa mittig verlaufenden Dammes aus Trümmerschutt und durch die hinzukommende fischereiwirtschaftliche Nutzung, eine Geflügelmastanlage in der Nähe sowie die intensive landwirtschaftliche Nutzung des Umlandes zusehends. Der Gütezustand des Gewässers erreichte 1993 schon einen polytrophen Zustand. Die im Zeitraum vom 01. 07. 1993 bis 30. 06. 1997 erfolgte Entschlammung des Sees, einschließlich der vollständigen Entfernung des Dammes, konnte ein „Umkippen" des Gewässers verhindern. Mit der gezielten und ökologisch verträglichen Entschlammung in Teilabschnitten und dem Aussparen kleinerer Bereiche des Sees als Refugien, beispielsweise von Abschnitten der Ufervegetation, konnte ein beträchtlicher Teil der vorhandenen Pflanzen- und Tierarten als Wiederbesiedelungspotential erhalten bleiben. Nach der Sanierung, die zu einer deutlich besseren Wasserqualität führte (Tab. 2), erhöhte sich das Arteninventar ständig: Fanden wir bei jeweils gleicher Beprobungsintensität und -lokalität im Jahre 1996 80 Arten der betrachteten Makroinvertebraten-Gruppen (LÜDERITZ et al. 1997), so waren es 1998 bereits 125 und 2000 145 Arten, so daß der See heute das diesbezüglich größte Arteninventar aufweist. Neben der Tatsache, daß er mit 30 ha bedeutend größer ist als die zuvor betrachteten Gewässer, ist dafür zweifellos auch die Anlage von ausgedehnten Flachwasserbereichen im Zuge der Sanierung verantwortlich, welche von einer großen (Arten-)Zahl habitatbildender Makrophyten besiedelt werden. Dies verschafft dem Gewässer zunehmend den Charakter eines makrophytenreichen Klarwassersees. Die Aufwertung der Vegetation am Kühnauer See läßt sich beispielsweise durch die innerhalb der sanierten Bereiche von REICHHOFF et WARTHEMANN (1997) nachgewiesenen, auf der Roten Liste Sachsen-Anhalts als "vom Aussterben bedroht" geführten Arten Kleines Nixkraut (*Najas minor*) und Wassernuß (*Trapa natans*) erkennen. Bis zum Jahr 1998 konnte sich auch im südlichen Uferstreifen im Bereich der vormaligen Trockenentschlammung, bei der die Ufervegetation entfernt werden mußte, bereits wieder ein naturraumtypischer Vegetationsgürtel mit Kalmus (*Acorus calamus*), Wasserminze (*Mentha aquatica*), gefolgt von einer Rohrglanzgrasgesellschaft (Phalaridetum arundinaceae) und anschließenden Zwergbinsen- bzw. Simsengesellschaften (Eleocharito ovatae-Caricetum bohemicae, Eleocharitetum acicularis, Eleocharitetum palustris) ausbilden. Die letztgenannten Kleinröhrichte sind jedoch ausgesprochen konkurrenzschwach und werden ohne Pflegemaßnahmen in absehbarer Zeit durch artenärmere Großröhrichte (v. a. Phragmitetum australis) verdrängt. Eine extensive Nutzung (Fischerei

Tab. 4: Rote-Liste-Arten des Makrozoobenthos im Untersuchungsgebiet

		Grad der Gefährdung		höchste Abundanz				
				Sarensee	Crassensee	Wallwitz-see	Kühnauer See	Landes-kultur-graben
Taxonomische Gruppe / Familie	Art	Rote Liste D	LSA					
Odonata								
Aeshnidae	*Aeshna isosceles*	2	2	2				
	Aeshna viridis	1	1		5			
	Anax parthenope	-	3	4				
	Brachytron pratense	3	-					3
Calopterygidae	*Calopteryx splendens*	-	3					3
	Calopteryx virgo	3	1					2
Coenagrionidae	*Coenagrion hastulatum*	3	3				2	
	Erythromma viridulum	-	2			2		
Cordulegastridae	*Cordulegaster boltoni*	3	1				1	1
Corduliidae	*Somatochlora flavomaculata*	2	3	3				
Gomphidae	*Gomphus pulchellus*	-	3			2		
	Gomphus vulgatissimus	2	1					2
Lestidae	*Lestes virens*		2	2	2			
Libellulidae	*Leucorrhinia albifrons*	1	1		3			
	Leucorrhinia pectoralis	2	2	2				
	Libellula fulva	2	1					1
	Orthetrum coerulescens	2	2				1	
	Sympetrum pedemontanum	3	3	2				
Coleoptera		k.A.						
Dytiscidae	*Agabus biguttatus*		3					3
	Cybister lateralimarginalis Dytiscus		2		1			
	latissimus		1	1				
	Graphoderus zonatus		3	1				
Haliplidae	*Haliplus fulvus*		2		1			
Hydrophilidae	*Hydrous aterrimus*		2	2	2	2	2	
	Hydrous piceus		2				2	

Fortsetzung Tab. 4

Trichoptera								
Beraeidae	*Beraeodes minutus*	-	1	2				
Leptoceridae	*Oecetis furva*	3	-	4				
Limnephilidae	*Limnephilus elegans*	2	3	2			3	
	Limnephilus decipiens	-	-				2	2
	Limnephilus nigriceps	3	2	2	1		2	
	Limnephilus subcentralis	3	3		2		1	
	Limnephilus vittatus	-	1			2		3
	Phacopteryx brevipennis	3	-	2				2
	Stenophylax vibex	3						3
Phryganeidae	*Oligostomis reticula*	3	1		4		4	
	Oligotricha striata	-	3		2			
Gastropoda								
Bithynidae	*Bithynia leachi*	2	3	2				
Lymneidae	*Myxas glutinosa*	1	0		2			
	Stagnicola fuscus	3	-				1	2
Planorbidae	*Anisus spirorbis*	2	2		2			2
	Gyraulus leavis	1	1		2			
	Planorbis carinatus	3	3					2
Viviparidae	*Viviparus contectus*	3	3	3	3			
	Viviparus viviparus	2	2		3	2	2	2
Bivalvia								
Sphaeriidae	*Pisidium amnicum*	2	-		2			
	Pisidium obtusale	-	3			3	3	
	Pisidium tenuilineatum	2	1			3		
Unionidae	*Anodonta cygnea* *	2	3	4	4			
	Unio pictorum	3	3		2			
	Unio tumidus	2	2			2		

*einzige Rote – Liste – Art an Meßstelle „Alte Elbe“ (Abundanz: 4) sowie an Meßstelle „Matzwerder Altarm“ (Abundanz: 3) mit periodischer segmentweiser Entkrautung) würde sich deshalb als Unterhaltungsmaßnahme anbieten, allerdings sollten ausgedehnte Bereiche vor allem im östlichen Teil der ungestörten Entwicklung überlassen werden.

Mit 25 nachgewiesenen Pflanzengesellschaften und 23 Arten der Roten Liste ist der Kühnauer See aus botanischer Sicht ein sehr wertvolles Gewässer (Tab. 5). Angesichts von 13 Rote-Liste-Arten unter den Makroinvertebraten gilt diese Aussage sicher auch für den zoologischen Bereich, jedoch mit der Einschränkung, daß überwiegend euryöke Arten vorkommen. Mit der weiteren Ausdifferenzierung des Lebensraums ist aber auch die Ansiedlung einer größeren Zahl von Spezialisten zu erwarten.

Begünstigt wird die ökologische Entwicklung zweifellos durch die Entwicklung der Wasserqualität, die sich seit 1994 ständig verbessert hat (LÜDERITZ et al. 1997). Der Chlorophyll-a-Gehalt und der Gehalt an organischem Kohlenstoff (TOC), beide ein Maß für die Biomasseentwicklung, gingen seit der Sanierung des Gewässers ebenso deutlich zurück wie der Eisen- und der Phosphatgehalt (Abb. 3). Durch die Verbesserung der Sauerstoffversorgung seit der Entschlammung werden Fällungsprozesse begünstigt, durch die Phosphor an Eisen gebunden und aus dem Freiwasser entfernt wird.

Massenentwicklungen von Phytoplanktern, insbesondere von Cyanobakterien, wie sie noch im August 1996 vorkamen (LÜDERITZ et al. 1997), traten 1998 nicht auf und sind auf Grund der Nährstoffsituation auch nicht zu erwarten.

Abb. 3: Vergleich chemischer Parameter des Kühnauer Sees vor (1995) und nach (1998) der vollständigen Entschlammung

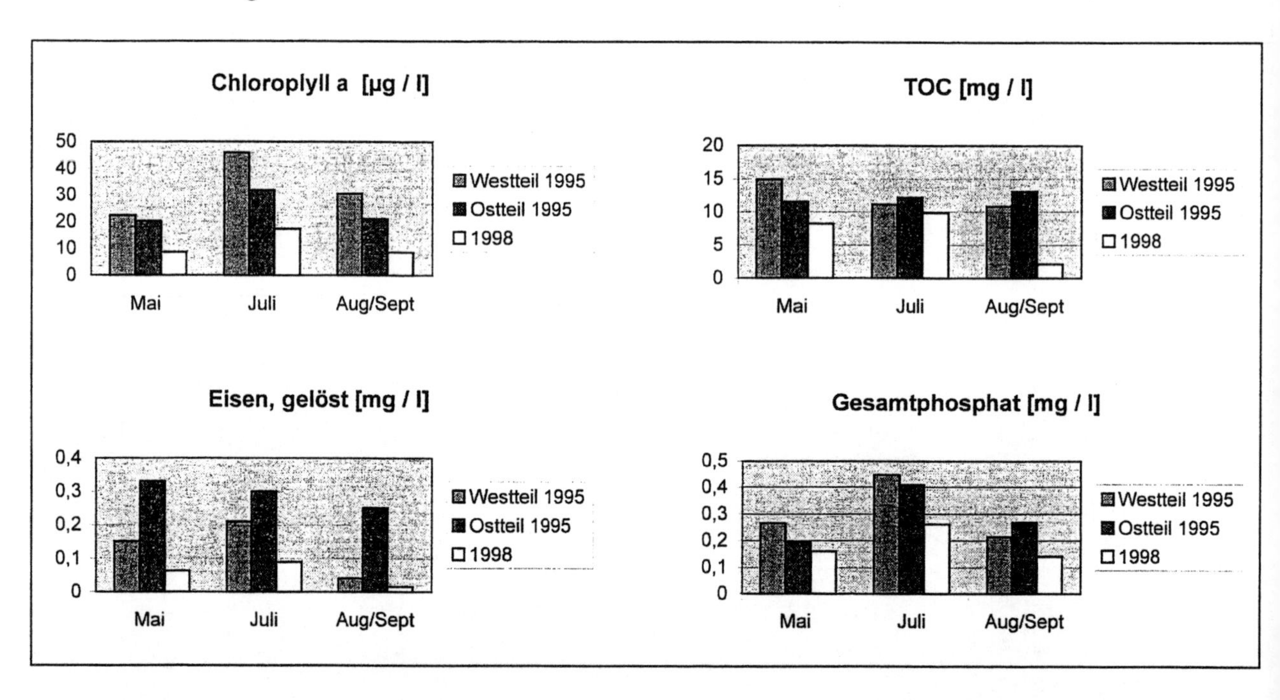

3.4 Stark anthropogen beeinflußte, nährstoffreiche Gewässer mit gegenwärtig stark eingeschränktem ökologischem Wert

3.4.1 Alte Elbe bei Klieken

Das Altwasser Alte Elbe, südwestlich der Ortschaft Klieken (Abb. 1), ist eine ehemalige Mäanderschleife der Elbe. Ein Damm teilt das Gewässer in einen nördlichen und einen südlichen Bereich. Über eine Brücke stehen beide Teile des Wasserkörpers im ständigen Austausch.

Das Gewässer weist durch die jahrelange Einleitung von Abwässern aus einer unmittelbar angrenzenden Stallung sowie den Nährstoffeintrag aus intensiv ackerbaulich genutzten Flächen eindeutige polytrophe Tendenzen und großflächige Verlandungszonen auf. Über weite Bereiche beträgt die Gewässertiefe we-

Tab. 5: Rote-Liste-Arten unter den in und an den Untersuchungsgewässern gefundenen Wasser- und Uferpflanzen

Pflanzen			Sarensee	Crassensee	Kühnauer See	Wallwitzsee	Landes-kulturgr.
lateinischer Name	deutsche Bezeichnung	RL					
Achillea ptarmica	Sumpf-Schafgarbe	3					+
Calla palustris	Sumpf-Calla	1	+				
Callitriche palustris	Sumpf-Wasserstern	3			+		+
Cardamine pratensis	Wiesen-Schaumkraut	3					+
Carex flava	Gelbe Segge	3					+
Cicuta virosa	Wasserschierling	2			+		
Cnidium dubium	Sumpf-Brenndolde	2			+		
Eleocharis acicularis	Nadel-Sumpfsimse	3			+		
Eleocharis ovata	Eiförmige Sumpfsimse	2					+
Euphorbia palustris	Sumpf-Wolfsmilch	3			+		
Hottonia palustris	Wasserfeder	3	+			+	+
Hydrocharis morsus-ranae	Froschbiß	2	+	+	+	+	+
Limosella aquatica	Schlammkraut	3	+				+
Lysimachia thyrsiflora	Straußblütiger Gilbweiderich	3	+		+		
Myriophyllum spicatum	Ähriges Tausendblatt	3	+		+	+	+
Myriophyllum verticillatum	Quirliges Tausendblatt	3		+	+		+
Najas minor	Kleines Nixkraut	1			+		
Nitellopsis obtusa	Stern-Armleuchteralge	3					+
Peucedanum palustre	Sumpf-Haarstrang	3		+	+		+
Potamogeton acutifolius	Spitzblättriges Laichkraut	3			+		

niger als einen Meter. Die extreme Überdüngung bleibt auch nach Einstellung der Einleitung belasteter Abwässer aufgrund der unter anaeroben Verhältnissen begünstigten Phosphorremobilisierung aus dem Sediment bestehen. Der hohe Eutrophierungsgrad spiegelt sich deutlich in der Artenarmut der Ufer- und Wasservegetation, des Makrozoobenthos sowie in der über den gesamten Untersuchungszeitraum anhaltenden Massenentwicklung von Cyanobakterien (überwiegend *Limnothrix redeckei, Planktothrix agardhii, Anabaena solitaria* sowie *Microcystis aeruginosa*) wider. Bei den Makroinvertebraten traten fast ausschließlich gegenüber Wasserverschmutzung unempfindliche Arten, z.B. Chironomiden, Tubificiden, Asseln, Egel und Schlammschnecken auf.

Im Rahmen eines EU-LIFE-Projektes wurde im Jahr 2001 durch Entnahme von 200.000 m³ Schlamm ein großer Teil der organischen Ablagerungen aus dem Gewässer entfernt. Da die Entschlammung jedoch nicht so vollständig wie im Falle des Kühnauer Sees durchgeführt wurde und so ein großes internes Reeutrophierungspotential fortbesteht, bleibt der Erfolgsgrad dieser Maßnahme abzuwarten. Wesentlich für den Erfolg der Restaurierungsmaßnahme ist auch die bestmögliche Verringerung der anthropogen bedingten Nährstoffeinträge v. a. durch die Einrichtung eines Gewässerschonstreifens, auf dem sich eine bodenständige Vegetation entwickeln kann.

3.4.2 Matzwerder-Altarm

Der Matzwerder-Altarm liegt südwestlich der Ortschaft Klieken. Er besitzt stromabwärts eine direkte Verbindung mit der Elbe und wird daher in seiner Wasserqualität von ihr stark beeinflußt. Das Gewässer

Fortsetzung Tab. 5

Potamogeton lucens	Spiegelndes Laichkraut	3		+		+	+
Potamogeton polygonifolius	Knöterich-Laichkraut	1					+
Potamogeton praelongus	Gestrecktes Laichkraut	0					+
Potamogeton pusillus	Kleines Laichkraut	3			+	+	
Ranunculus lingua	Zungenblättriger Hahnenfuß	2					+
Rumex aquaticus	Wasserampfer	3		+			
Sagittaria sagittifolia	Gewöhnliches Pfeilkraut	3		+	+		+
Salvinia natans	Gemeiner Schwimmfarn	2		+	+		
Sanguisorba officinalis	Großer Wiesenknopf	3			+		
Selinum carvifolia	Kümmelblättrige Silge	3			+		+
Senecio paludosus	Sumpf-Greiskraut	1					+
Sium latifolium	Breitblättriger Merk	3	+	+	+		+
Sparganium emersum	Einfacher Igelkolben	3			+		+
Stratiotes aloides	Krebsschere	2		+	+		
Thalictrum flavum	Gelbe Wiesenraute	3			+		+
Thelypteris palustris	Sumpffarn	3	+	+			
Trapa natans	Wassernuß	1	+	+	+		
Utricularia vulgaris	Gemeiner Wasserschlauch			+	+		
Utricularia australis	Übersehener Wasserschlauch	2					+
Utricularia minor	Kleiner Wasserschlauch	2					+
Veronica scutellata	Schild-Ehrenpreis	3					+

befindet sich in einem hocheutrophen mit Neigung zum polytrophen Zustand. Unmittelbar an das Gewässer grenzen Grünlandflächen. Das östliche Ende des Altarms unterliegt starker Verlandung. Den übrigen Bereich kennzeichnet eine noch relativ große Gewässertiefe.

Hinsichtlich der Vegetation besitzt der Altarm von allen hier untersuchten Gewässern das geringste Artenspektrum. Eine Ufervegetation ist auf Grund des weitreichenden Uferverbaus durch Steinschüttungen nur kümmerlich ausgebildet.

Durch alleinige Verbesserung der Wasserqualität der Elbe können der beschleunigte Verlandungsprozeß nicht unterbunden und die ökologische Verarmung nicht aufgehoben werden, da die eutrophierend wirkenden Nährstoffe durch geringe Fließgeschwindigkeiten im Matzwerder-Altarm im Kreislauf eingebunden bleiben. Massenentwicklungen von Cyanobakterien (*Microcystis aeruginosa, Limnothrix redekei, Planktothrix agardhii*), wie sie im Untersuchungszeitraum 1993 auftraten (Lüderitz et al. 1994), wurden 1998 zwar nicht festgestellt, was jedoch durch zufällige Faktoren bedingt sein kann. Im Rahmen des o. g. EU-LIFE-Projektes wurde der Altarm im vergangenen Jahr über einen südlichen Zulauf wieder an die Stromelbe angebunden. Dadurch wurde ein teilweiser Fließgewässercharakter wiederhergestellt und die Verweilzeit eutrophierend wirkender Nährstoffe verringert. In welchem Umfang der erhoffte Erfolg – die Wiederbesiedelung mit auentypischen Arten – erreicht wird, soll in den kommenden Jahren ermittelt werden. Für eine biogene Habitatdifferenzierung durch Ausbildung einer amphibischen und aquatischen Vegetation wird zusätzlich auch die weitgehende Beseitigung der Uferbefestigung und eine Abflachung der Uferböschung erforderlich sein.

Am Beispiel des heutigen Zustandes des Matzwerder-Altarms kann die Auswirkung von möglichen Elbstaustufen exemplarisch dargestellt werden. Deren Errichtung innerhalb der Elbe würde eine drastische Verringerung der Fließgeschwindigkeit bewirken und damit die Eutrophierungsprobleme wie Algenmassenentwicklungen und Sauerstoffzehrung drastisch verstärken.

4 ERGEBNISSE FLIEẞGEWÄSSER

4. 1 Überblick

Die bisher untersuchten Fließgewässer im BRME kennzeichnet über weite Strecken eine recht monotone Struktur. Vor allem die zur Urbarmachung von landwirtschaftlichen Nutzflächen in den Auen angelegten Gräben prägt ein ihrer Funktion entsprechend geradliniger Verlauf mit tief liegender Gewässersohle und zum Teil verbauten Ufern (LÜDERITZ et al. 1994). Die vielerorts großflächige Beseitigung des Ufergehölzstreifens sowie die teilweise bis direkt an die Gewässer reichende Acker- und Grünlandnutzung stellen wesentliche ökologische Mängel dar.

Vor allem die geringe hydromorphologische Vielfalt bedingt gemeinsam mit der oft intensiven Gewässerunterhaltung und der Nährstoffbelastung durch Abwässer oder Dränagewässer eine meist geringe Artenvielfalt von Fauna und Flora mit der Dominanz ubiquitärer und anspruchsloser Arten (LÜDERITZ et al. 1996).

Um ein Beispiel für einen möglichen Umgang mit anthropogenen Fließgewässern zu schaffen, wurde im Jahr 1993 der sogenannte Landeskulturgraben bzw. Saure Kapen bei Dessau mit Methoden des naturnahen Wasserbaus umgestaltet. Nachfolgend sollen die Ergebnisse dieser Revitalisierungsmaßnahme dargestellt werden.

4.2 Ökologische Entwicklung des Landeskulturgrabens

Der Landeskulturgraben (LKG) wurde Ende der 70er Jahre des 20. Jahrhunderts zur Entlastung des parallel dazu fließenden Kapengrabens angelegt. Letzterer diente bereits vor ca. 300 Jahren dem Zweck der Urbarmachung landwirtschaftlicher Nutzflächen.

Seiner Entwässerungsfunktion entsprechend wurde der Landeskulturgraben geradlinig und tief angelegt. Eine Selbstreinigung innerhalb des Fließgewässers konnte durch seine Strukturarmut nur stark eingeschränkt erfolgen, die Ufer- und Wasservegetation war ausgesprochen artenarm (LÜDERITZ et HENTSCHEL 1999). Durch seinen gefällearmen, geradlinigen Verlauf neigte der Landeskulturgraben wie alle Gräben dieses Typs zur Verschlammung und Verlandung und bedurfte daher einer ständigen Entkrautung. Um diese aufwendigen Maßnahmen einzuschränken und den Gütezustand des Gewässers zu verbessern, initiierte die Biosphärenreservatsverwaltung das o. g. Revitalisierungsprojekt. Ende 1993/Anfang 1994 wurden entlang eines ca. 950 m langen Teilabschnittes morphologische Differenzierungsmaßnahmen, wie die Schaffung von Mäandern, Flachwasserzonen, Laufeinengungen und - weitungen vorgenommen. Ein Problem blieben die durch den ursprünglichen Zweck des Gewässers und den niedrigen Grundwasserstand bedingte Gewässereintiefung und die dadurch sowie durch die Einleitung von Tagebausümpfungswässern bedingten Verockerungserscheinungen. Im April 1998 konnte jedoch durch eine gewisse Eigendynamik des Fließgewässers eine Sohlaufhöhung von ca. 10 cm nachgewiesen werden. Mit der Fertigstellung der Tagebausanierung im Raum Gräfenhainichen und der Einstellung der Sümpfungswassereinleitung in den Landeskulturgraben im Jahr 1998 verringerte sich auch das Problem der Verockerung deutlich.

Die in Tabelle 6 gegenübergestellten chemischen Parameter zeigen, daß eine enorme Wasserqualitätsverbesserung durch eine höhere morphologische Strukturierung und die damit verbundene Steigerung der Selbstreinigungsleistung in kurzer Zeit erreicht werden konnte. Gleichzeitig kam es auch zu einer bedeutenden Vergrößerung des Arteninventars (Tab. 4, 5).

In den Abbildungen 4 und 5 ist die Selbstreinigungswirkung des LKG über die Revitalisierungsstrecke vor und nach den Maßnahmen dargestellt. Nahm der Sauerstoffgehalt 1993 (Abb. 4) in diesen 950 Me-

Tab. 6: Entwicklung der Gewässergüte des Landeskulturgrabens von 1993 bis 1998

Parameter [mg/l]	1993*	1995*	1996*	1998
BSB_5	6,01 ± 0,9	1,1 ± 0,1	0,9 ± 0,2	0,5 ± 0,3
TOC	12,3 ± 2,1	4,9 ± 1,7	5,2 ± 1,9	4,3 ± 0,2
O_2	4,5 ± 0,8	7,9 ± 0,2	8,1 ± 0,9	7,8 ± 1,1
NH_4^+-N	0,14 ± 0,02	0,08 ± 0,02	0,08 ± 0,02	0,02 ± 0,01
NO_3^- -N	0,9 ± 0,6	0,32 ± 0,12	<0,023	<0,23
PO_4^{3-}-P_{ges}	0,06 ± 0,01	0,018 ± 0,008	0,010 ± 0,006	0,02 ± 0,004
Fe	4,81 ± 2,9	0,25 ± 0,09	0,28 ± 0,12	0,28 ± 0,28

*Werte aus LÜDERITZ et HENTSCHEL (1999)

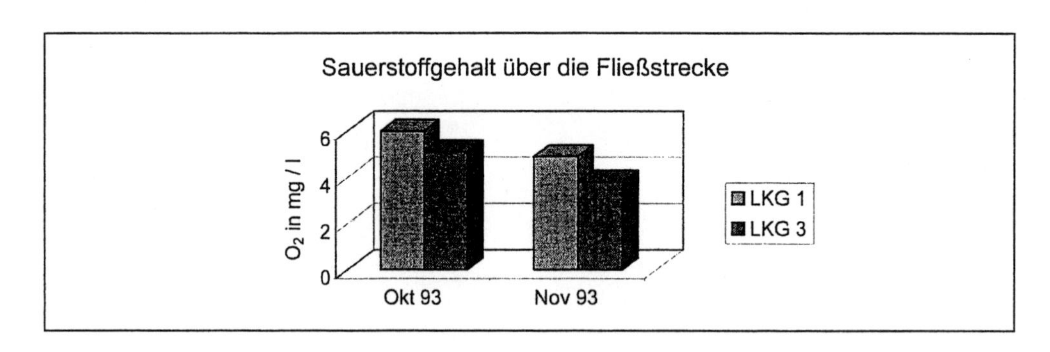

Abb. 4: Darstellung der Entwicklung des Sauerstoffgehaltes entlang der Fließstrecke des Landeskulturgrabens 1993: LKG 1 oberhalb, LKG 3 unterhalb der späteren Revitalisierungsstrecke

tern eindeutig ab, konnte 1998 ein eindeutiger Anstieg des Sauerstoffgehaltes über diese Fließdistanz festgestellt werden (Abb. 5).

Kamen 1993 fast ausschließlich ubiquitäre Tier- und Pflanzenarten vor, hatte sich 1996 und noch mehr 1998 diese Situation grundlegend geändert: Insgesamt konnten 25 Pflanzenarten der Roten Listen bestimmt werden, darunter das Knöterich-Laichkraut (*Potamogeton polygonifolius*) (RL 1) und das bislang in Sachsen-Anhalt als verschollen geltende Gestreckte Laichkraut (*Potamogeton praelongus*) (RL 0). Grössere Bestände bilden die Wasserhahnenfuß-Gesellschaft (Ranunculetum aquatilis) mit Wasserstern (*Callitriche palustris),* Wasserfeder (*Hottonia palustris)* und Wasserpest *(Elodea canadensis).* Im Bereich der Laufweitungen entwickelten sich große Bestände des schwimmenden Laichkrautes (*Potamogeton natans).* Eine Überraschung war die Ansiedlung von Reinbeständen der Stern-Armleuchteralge (*Nitellopsis obtusa).*

Mit insgesamt 85 Arten des Makrozoobenthos, darunter 14 der Rote-Listen, weist der revitalisierte Abschnitt des Landeskulturgrabens auch aus faunistischer Sicht eine gute Ausstattung auf. 1993 konnten lediglich 38 ubiquitäre Arten nachgewiesen werden. Besonders bemerkenswert ist das Vorkommen von allein 19 Trichoptera-Arten mit zum Teil hohen Abundanzen. Dazu gehören die in Sachsen-Anhalt bislang als verschollen geltende Art *Limnephilus decipiens* und die vom Aussterben bedrohten Art *Phacopteryx brevipennis*. Unter den 17 Libellenspezies finden sich mit den fließgewässertypischen Arten *Gomphus vulgatissimus, Libellula fulva, Calopteryx virgo und Cordulegaster boltoni* vier vom Aussterben bedrohte Arten .

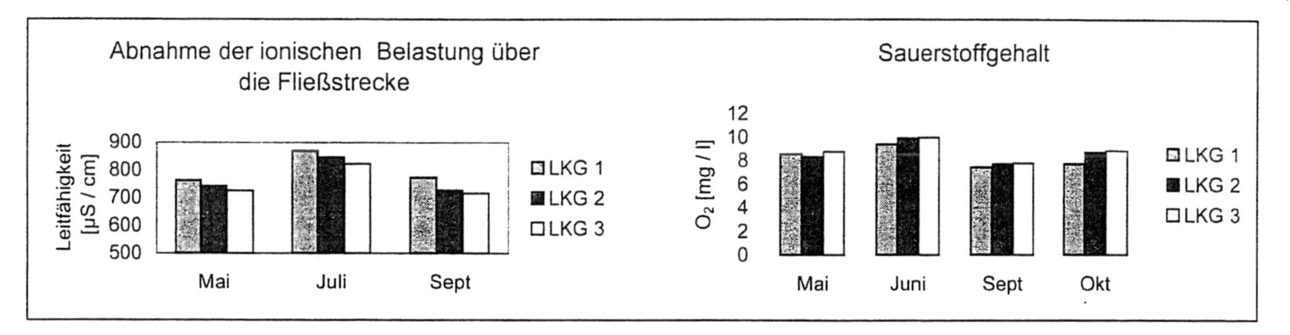

Abb. 5: Verlauf von ionischer Belastung und Sauerstoffgehalt im Landeskulturgraben nach der Revitalisierung (1998)

Bei allen positiven Ergebnissen der Revitalisierung war die Schaffung eines Flachgewässers, das keiner Unterhaltung bedarf, aufgrund der künstlichen Entstehung des Landeskulturgrabens jedoch nicht möglich. Zur Erhaltung der sehr vielfältigen Strukturen werden Entkrautungs- und Entschlammungsmaßnahmen in mehrjährigem Abstand nötig sein.

Anhand dieser Ausbaustrecke des Fließgewässers läßt sich die positive Wirkung von Diversifizierungsmaßnahmen an künstlich angelegten Entwässerungsgräben erkennen. Bemerkenswert ist vor allem, in welch kurzem Zeitraum und in welchem Umfang sich die faunistische und floristischen Artenvielfalt und auch die Selbstreinigung des Gewässers lediglich aufgrund günstigerer morphologischer Gegebenheiten erhöht. Die innerhalb dieses Monitoringprogrammes diesbezüglich gesammelten Erfahrungen können für weitere Projekte von großem Nutzen sein.

Die Erfahrungen am Landeskulturgraben geben wichtige Hinweise für die durch die EU-Wasserrahmenrichtlinie geforderte Definition des maximalen ökologischen Entwicklungspotentials künstlicher Gewässer. Es zeigt sich hier, daß dieses Potential unter günstigen naturräumlichen Bedingungen sehr hoch sein kann und sich bezüglich der Habitat- und Selbstreinigungsfunktion nicht wesentlich von dem natürlicher Gewässer unterscheiden muß.

5 DISKUSSION UND SCHLUßFOLGERUNGEN

Die Bedeutung von Altwässern für die Funktionsfähigkeit von Auenökosystemen wird durch die vorliegenden Untersuchungen unterstrichen. Sie sind nach unseren bisherigen Ergebnissen (vgl. auch LÜDERITZ et al. 2000) die artenreichsten Gewässerökosysteme zumindest im mitteldeutschen Raum. Mit insgesamt 91 gefährdeten Arten in nur fünf der untersuchten Gewässer einschließlich des Landeskulturgrabens erfüllen diese gegenwärtig eine außerordentlich wichtige Refugialfunktion. Diese ist jedoch an bestimmte Voraussetzungen wie eine nicht zu hohe Trophie, gewässerschützende Umfeldgestaltung und die Vielfalt hydromorphologischer Strukturen (also einen nicht zu hohen Verlandungsgrad) gebunden. Solche Gewässer existieren aus o. g. Gründen aber auch im BRME nur noch in geringer Zahl ausschließlich in Totalreservaten und NSG. Ob diese wenigen Gewässer mit oft kleinen Populationen das genetische Potential bedrohter Arten auf Dauer erhalten können, ist mehr als zweifelhaft (BEGON et al. 1998). Da Auenaltwässer in der Kulturlandschaft aufgrund des Flußausbaus, der Eindeichung und vielfältiger Nutzungsansprüche heute bestenfalls in Ausnahmefällen entstehen können, sind Revitalisierungsmaßnahmen wie die hier beschriebenen alternativlos. Der dargestellte Erfolg dieser Maßnahmen, vor allem die kontinuierliche Wiederbesiedelung auch durch gefährdete Arten, die nur in Einzelfällen wie bei der Wassernuß durch direktes menschliches Zutun erfolgte, dürfte Kritiken an solchen Eingriffen (zahlreiche persönliche Mitteilungen an die Autoren) zumindest teilweise entkräften.

Die Revitalisierungsmaßnahmen haben einige der von KONOLD (1998) genannten Funktionen von Auen deutlich verbessert, und zwar die Rolle als:

- Retentionsraum und Speicher für Wasser,
- „Überlaufbehälter“ für den Grundwasserkörper,

- heterogene, arten- und biotopreiche Lebensräume sowie
- Ausbreitungswege, Orientierungslinien und Rastplätze.

Mit dem Ansatz und den Ergebnissen unserer Untersuchungen an ausgewählten Gewässern wurde neben der Zustandserfassung typischer Oberflächengewässer im Biosphärenreservat „Mittlere Elbe“ die Möglichkeit für eine Effizienzkontrolle von Naturschutz- und Sanierungsmaßnahmen geschaffen. Anthropogen wenig beeinflußte Gewässer, wie in diesem Fall Saren- und Crassensee, dienen hierbei im Sinne eines Leitbildes als Vergleichsbiotope für die Bewertung von mittel- und langfristigen Entwicklungen der Wasser- und Ufervegetation, des Makroinvertebratenbestandes sowie der Planktonentwicklung in Abhängigkeit von der trophischen Belastung. Anhand von Ergebnissen der Entschlammungsmaßnahmen am Kühnauer See und Wallwitzsee konnten Rückschlüsse auf Ausführung und Wirkung von nachfolgenden Sanierungsvorhaben, wie beispielsweise an der Alten Elbe bei Klieken, gezogen werden. Resultierend aus den Ergebnissen bisheriger Untersuchungen können folgende Schlußfolgerungen und Strategien für die Pflege und Entwicklung von stehenden und fließenden Gewässern in Auenlandschaften abgeleitet werden:

- Strukturgüteverbesserungen dürfen auf keinen Fall an der Wasserlinie enden. Abflußdynamische Wechselbeziehungen zwischen der Aue und den Gewässern müssen berücksichtigt und ggf. wieder hergestellt werden. Dazu gehört beispielsweise, daß Überflutungsräume nicht eingeengt werden und den Gewässern, wo immer die Möglichkeit dazu besteht, ein gewisses Maß an Eigendynamik zugestanden wird.
- Gewässer, die sich in einem relativ stabilen trophischen Zustand befinden und zudem einen hohen ökologischen und Naturschutzwert (z.B. Saren- und Crassensee) besitzen, sollten so weit wie möglich vor anthropogener Beeinflussung geschützt werden, beispielsweise durch Festlegung von Totalreservaten. Diese müssen durch ausreichende Pufferstreifen zudem vor schädlichen Einflüssen weitestgehend abgegrenzt sein.
- Gewässer mit kulturhistorischem Wert, wie beispielsweise der Kapengraben im Dessau-Wörlitzer Gartenreich, sollten durch Unterhaltungsmaßnahmen wie schonende Entkrautung und durch Vermeidung schädigender Stoffeinträge in ihrem ursprünglichen Zustand erhalten bleiben.
- Eine „Verjüngung“ trophisch bereits stark belasteter Gewässer ist nur durch Entschlammungsmaßnahmen, welche sauerstoffzehrende Substanzen, Pflanzennährstoffe und Schadstoffe aus dem Gewässer entfernen, möglich.
- Durch die Aussparung von Teilbereichen mit höherem ökologischen Potential kann, wie das Beispiel des Kühnauer Sees zeigt, anschließend von einer schnelleren Wiederbesiedelung des Gewässers ausgegangen werden.
- Der Erhalt der Auenstandgewässer wird auf Grund fehlender Möglichkeiten der Neubildung und ihrer natürlich bedingten und anthropogen beschleunigten Alterung immer gezielte Eingriffe in grösseren Zeitabschnitten (mehrere Jahrzehnte bis Jahrhunderte) erfordern. Zu beachten bleibt dabei, daß nur beim Nebeneinander der verschiedenen natürlichen Entwicklungsstadien der Altgewässer auch die Mannigfaltigkeit der Biotope und der auentypischen Lebensgemeinschaften gegeben ist.
- Durchgreifende und teure Restaurierungsmaßnahmen wie Entschlammung haben nur einen Sinn, wenn in ihrem Zuge künftige Nutzungsstatuten festgelegt werden. Dazu gehören eine ökologische Bewirtschaftung des Umlandes sowie die o. g. Schonstreifen.
- Durch extensive Befischung von Standgewässern wird Biomasse aus dem Wasserkörper entfernt. Der damit erreichte Nährstoffentzug verzögert den Verlandungsprozeß, besonders wenn er mit gelegentlichen Entkrautungen von Teilbereichen einhergeht .
- Naturnahe Ausbaumaßnahmen sollten zur morphologischen Aufwertung kleinerer und mittlerer Fließgewässer, deren Eigendynamik zur Revitalisierung auf Grund ihrer künstlichen Entstehung und ihres Ausbauzustandes nicht ausreichen würde, ergriffen werden. Durch Schaffung naturnaher Gewässerstrukturen (Mäander, Stillwasserzonen, Totholzansammlungen etc.) konnte sich im Landeskulturgrabens in kurzer Zeit eine rasante quantitative und qualitative Entwicklung der Lebensgemeinschaften vollziehen und die Selbstreinigungsleistung des Gewässers erheblich verbessert werden.
- Durch den Wiederanschluß von Altarmen an den Hauptstrom können polytrophe Zustände im Gewässer durch die erhöhten Fließgeschwindigkeiten und den damit einhergehenden Abtransport tro-

phieerhöhender Nährstoffe nach gewisser Zeit beseitigt werden. Am Beispiel des Matzwerder Altarms, der im vergangenen Jahr wieder an die Stromelbe angeschlossen wurde, sollen in den nächsten Jahren wichtige Erkenntnisse über den Erfolg einer solchen Maßnahme gewonnen werden.
- Öffentlichkeitswirksame Maßnahmen sind nötig, um Verständnis und Interesse für naturraumtypische, ökologische Zusammenhänge innerhalb der Aue und sich daraus ergebenden Schutz- und Sanierungsanforderungen zu erreichen. Das ist beispielsweise durch Errichtung von Naturlehrpfaden und Rundwanderwegen an Gewässern, die erholungswirksam genutzt werden, möglich. Im Rahmen der EXPO 2000 wurden solche Möglichkeiten an bestimmten Bereichen des Landeskulturgrabens und des Kühnauer Sees geschaffen und genutzt.

6 ZUSAMMENFASSUNG

LANGHEIRICH, U; DOROW, S.; LÜDERITZ, V.: Schutz- und Pflegestrategien für Auenoberflächengewässer des Biosphärenreservates „Mittlere Elbe". - Hercynia **35**: 17-35.

Die Landschaft entlang des Mittellaufes der Elbe ist durch einen Wechsel vielfältiger und ökologischer wertvoller Überflutungsflächen und Flußlebensräume gekennzeichnet. Das Gesicht dieser Landschaft wird ständig durch natürliche und anthropogen verursachte dynamische Prozesse verändert. Zum Schutz der Lebensräume im Bereich der Mittleren Elbe und zu ihrer nachhaltigen Bewirtschaftung ist ein Eingreifen in diese Prozesse notwendig. Gegenwärtige Probleme bestehen in der streckenweisen Tiefenerosion in der Elbe, der beschleunigten Verlandung von bestehenden Altwässern und dem Unterbinden der Bildung neuer Altwässer durch Uferbefestigung und -verbau.

Diese Probleme führten zur Verringerung von Überflutungsflächen und beschleunigten den Verlust von Altwässern im frühen Sukzessionsstadium. Zur Zeit sind im Biosphärenreservat Mittlere Elbe nur wenige naturnahe und ökologisch vielfältige Altwässer erhalten. Solche Gewässer wie der Sarensee und der Crassensee können mit einem Conservation Index von 9 (national bedeutsam) bewertet werden. Sie dienen als Refugien für die Wiederbesiedlung sanierter oder zu sanierender Gewässer. In unserem Beispiel erfolgte die Sanierung zweier Auenstandgewässer (Wallwitzsee und Kühnauer See) durch eine Entschlammung. Im Landeskulturgraben als fließendem Gewässer wurden vielfältige hydromorphologische Strukturen geschaffen. Die Restaurierungsmaßnahmen führten zu einer merklichen Verbesserung der Wasserqualität und zum steten Anstieg der Artenzahlen des Makrozoobenthos und der Pflanzen. An den 5 naturnahen bzw. sanierten Gewässern unserer Untersuchungen finden sich 45 % der Eintagsfliegen, 54 % der Köcherfliegen, 74 % der Libellen und 78 % der Wassermollusken des gesamten Landschaftsraumes Elbe. Unter insgesamt 91 gefährdeten Arten kommen 18 vom Aussterben bedrohte Arten (RL 1) vor.

Die Erfahrungen der Sanierungsmaßnahmen wurden im Jahr 2001 bei Projekten zur Sanierung der Alten Elbe bei Klieken und des Wiederanschlusses eines Elbealtarms (Kurzer Wurf) an die Stromelbe genutzt.

7 DANKSAGUNG

Wir danken Frau Christine GÖHLER für die Unterstützung bei der Probennahme und den Wasseruntersuchungen.

8 LITERATUR

BAUERNFEIND, E.(1994): Bestimmungsschlüssel für die österreichischen Eintagsfliegen.- Wasser und Abwasser, Suppl. 4/94.

BEGON, M. E.; HARPER, J. L.; TOWNSEND, C . R. (1998): Ökologie. - Heidelberg, Berlin.

BELLMANN, H. (1993): Libellen beobachten - bestimmen. – Augsburg.

CARLSON, R. E. (1977): A trophic state index for lakes. - Limnol. Oceanogr. **22**: 361-369.

COLDITZ, G. (1994): Auen, Moore, Feuchtwiesen. Gefährdung und Schutz von Feuchtgebieten. - Basel.

FITTER, R.; MANUEL, R. (1994): Lakes, rivers, streams & ponds. - London.

FREUDE, H.; HARDE, K. W.; LOHSE, G. A. (1971, 1979): Die Käfer Mitteleuropas, Bd. 3 u. 6. - Krefeld.

GÖLLNER-SCHEIDING, U. (1989): Heteroptera. – In: STRESEMANN, E. (Ed.): Exkursionsfauna für die Gebiete der DDR und BRD , Bd. 2/1 Wirbellose, Teil 1 Insekten. - Berlin.

GRILL, E.; MALCHAU, W.; NEUMANN, V.; SCHORNACK, S. (2001): Coleoptera (Käfer). - In: Die Tier- und Pflanzenarten nach Anhang II der Fauna-Flora-Habitatrichtlinie im Land Sachsen-Anhalt. – Naturschutz Sachsen-Anhalt **38**, Sonderheft.

JEDICKE, E. (1997): Die Roten Listen. – Stuttgart.

KAULE, G. (1991): Arten- und Biotopschutz. - Stuttgart.

KLAPPER, H. (1992): Eutrophierung und Gewässerschutz. - Jena.

KONOLD, W. (1998): Landnutzung und Naturschutz in Auen - Gegensatz oder sinnvolle Kombination? - Wasser & Boden **50**: 50 - 54.

LAU (Landesamt für Umweltschutz Sachsen-Anhalt, 2001): Arten- und Biotopschutzprogramm Sachsen-Anhalt, Landschaftsraum Elbe. - Ber. d. LAU 3 / 2001.

LÜDERITZ, V.; HENTSCHEL, P.; BERNDT, K.; DEGNER, Y.; WEISSBACH, G. (1994): Aspekte der Gewässerökologie im Biosphärenreservat „Mittlere Elbe". – Naturschutz Sachsen-Anhalt **4** (2): 33-40.

LÜDERITZ, V.; LANGE, C; ZIEGLER, R. (1996): Ergebnisse des gewässerökologischen Monitoring-Programms im Biosphärenreservat „Mittlere Elbe". - Unveröff. Forsch.ber. Hochschule Magdeburg-Stendal.

LÜDERITZ, V.; BERNDORFF, B.; LANGHEINRICH, U.; ZIEGLER, R.; LANGE, C. (1997): Nährstoffverhältnisse, Planktonbesiedelung und Makroinvertebratenfauna im Kühnauer See. - Naturwiss. Beitr. Mus. Dessau, Sonderh.: Der Kühnauer See bei Dessau – Gebietsdarstellung zum Abschluss der Sanierung des Gewässers.

LÜDERITZ, V.; HENTSCHEL, P. (1999): Umgestaltung des Landeskulturgrabens bei Dessau – ein Beispiel für den Umgang mit anthropogenen Fließgewässern. - Naturschutz u. Landschaftsplanung **31** (1): 18 - 23.

LÜDERITZ, V.; PÜTTER, S.; HEIDECKE, F.; JÜPNER, R. (2000): Revitalisierung der Alten Elbe bei Magdeburg – ökologische und wasserwirtschaftliche Grundlagen. - Abh. u. Ber. f. Naturkunde **23**: 29-46.

MÜLLER-LIEBENAU, I. (1969): Revision der europäischen Arten der Gattung *Baetis* LEACH, 1815 (Insecta: Ephemeroptera). - Gewässer u. Abwässer (Göttingen) **48/49**.

PAPENROTH, K. (1999): Floristische und faunistische Untersuchungen am Landeskulturgraben und am Kühnauer See als Grundlage für die ökologische Öffentlichkeitsarbeit im Rahmen der EXPO 2000. - Dipl.-Arb. FH Anhalt Bernburg.

REICHHOFF, L.; WARTHEMANN, G. (1997): Flora und Vegetation des Kühnauer Sees. – Naturwiss. Beitr. Mus. Dessau, Sonderh.: Der Kühnauer See bei Dessau – Gebietsdarstellung zum Abschluss der Sanierung des Gewässers.

SCHMEDTJE, U.; KOHMANN, F. (1992): Bestimmungsschlüssel für die Saprobier-DIN-Arten (Makroorganismen). - Bayer. Landesamt f. Wasserwirtschaft, München.

SCHÖNEMUND, W. (1930): Eintagsfliegen oder Ephemeropteren. – In: DAHL, F. (Ed.): Die Tierwelt Deutschlands. 19, 6. - Jena.

SCHUBERT, R.; HILBIG, W.; KLOTZ, S. (1995): Bestimmungsbuch der Pflanzengesellschaften Mittel- und Nordostdeutschlands. - Jena.

STUDEMANN, D.; LANDOLT, P.; SATORI, M.; HEFTI, D.; TOMKA, I. (1992): Ephemeroptera. Insecta Helvetica Fauna 9. - Schweiz. Entomol. Gesell.

VOLKERS, S. (1998): Gewässer- und Auenentwicklungskonzept der Ilm. - NNA-Ber. 1 /98.

WAGNER, T.; WEISSMANN-ZEH, H. (1998): Auenschutz im Kanton Aargau – ein Sachprogramm. - natur + mensch **4**, 2 - 9.

WARINGER, J.; GRAF, W. (1997): Atlas der österreichischen Köcherfliegenlarven. – Wien.

Manuskript angenommen: 27. März 2002

Anschrift der Autoren:
Dipl.-Ing. Uta Langheinrich
Dipl.-Ing. Silke Dorow
Prof. Dr. Volker Lüderitz
Hochschule Magdeburg-Stendal
Institut für Wasserwirtschaft und Ökotechnologie
Breitscheidstr. 2
39114 Magdeburg
e-mail: Uta.Langheinrich@wasserwirtschaft.hs-magdeburg.de

Altwassersanierung im Biosphärenreservat „Flusslandschaft Elbe" am Beispiel des Kühnauer Sees

Restoration of the Kühnauer See oxbow lake in the Flusslandschaft Elbe (Elbe Riverscape) Biosphere Reserve

Peter Hentschel, Volker Lüderitz, Carola Schuboth & Lutz Reichhoff

1 Problemstellung

Altwasser gehören neben den Auenwäldern, Auenwiesen und dem Fluss selbst zu den charakteristischen Landschaftsbestandteilen der großen Flussauen. Der besondere Wert der Altwasser für den Naturschutz wird durch das Vorkommen zahlreicher spezieller Biotoptypen, Pflanzen- und Tiergesellschaften und vor allem bestandsgefährdeter Tier- und Pflanzenarten deutlich. Die Ursachen dafür sind in erster Linie darin zu suchen, dass Altwasser in der Vergangenheit oft der natürlichen Entwicklung überlassen blieben oder nur extensiv genutzt wurden (z. B. durch Fischerei, Angeln, Baden) im Gegensatz zu den als Schifffahrtsweg mit Buhnen und versteinten Ufern ausgebauten Flüssen. Die größere Naturnähe der Altwasser stellt jedoch gleichzeitig das Problem dar: Altwasser entwickeln sich natürlicherweise durch Verlandungsprozesse zu Flachmooren und Wäldern. Dies geschieht um so schneller, je stärker der Verlandungsprozess durch Nährstoffeintrag beschleunigt wird und Ausspülungen der organischen Sedimente durch Hochwasser nachlassen. Da mit der Regulierung aller größeren Flüsse in West- und Mitteleuropa vor allem durch Eindeichungsmaßnahmen und Festlegung des schiffbaren Stromstrichs keine neuen Altwasser auf natürlichem Wege mehr entstehen können, ist die Erhaltung der vorhandenen eine entscheidende Aufgabe, um den Wert der Auen hinsichtlich Arten- und Biotopmannigfaltigkeit zu erhalten.

Am Beispiel eines der größten Altwasser (37,6 ha) im Biosphärenreservat „Flusslandschaft Elbe", dem Kühnauer See (Stadtkreis Dessau), der Teil des Naturschutzgebietes Saalberghau ist, sollen die Problematik der Altwassersanierung und deren Notwendigkeit für Naturschutz, Denkmalpflege und Erholungswesen demonstriert, die rechtlichen und technischen Möglichkeiten vorgestellt und die ökologischen Folgen betrachtet werden. Mit den Ergebnissen sollen gleichzeitig methodische Erfahrungen für die Sanierung von Altwassern verallgemeinerungsfähig vermittelt werden. Darin wird ein Beitrag zur Erfüllung der Aufgabenstellung der Biosphärenreservate als Modellgebiete für eine umweltverträgliche Nutzung und Gestaltung geleistet (Hentschel 1995).

Schließlich soll verdeutlicht werden, dass derartig kosten- und planungsintensive Arbeiten nur in enger Zusammenarbeit zwischen den verschiedenen Behörden sowie mit der Biosphärenreservatsverwaltung und den Planungs- und Ausführungsbetrieben möglich sind. Ganz besonders soll die von der „Allianz-Stiftung zum Schutz der Umwelt" ausgehende Initiative und umfangreiche finanzielle Förderung des Projektes neben den umfangreichen Aufwändungen des Landes Sachsen-Anhalt und der Stadtverwaltung Dessau als beispielhaft herausgestellt werden.

2 Begründung für die Sanierung des Kühnauer Sees

Die Begründung des Vorhabens beruht auf grundsätzlichen landschaftsgenetischen, ökologischen, denkmalpflegerisch-landschaftsästhetischen, erholungsfunktionalen und wasserwirtschaftlich-fischereiwirtschaftlichen Aspekten.

- **Grundsätzliche landschaftsgenetische Begründung:**
  Altwasser entstehen infolge der morphologischen Dynamik des natürlichen Flusslaufes. Durch Eindeichung und den Ausbau des Flusses wird die natürliche Dynamik unterbunden und es entstehen keine neuen Altwasser mehr. Mit der Verlandung der Altwasser würde dieser Lebensraumtyp aus der Aue verschwinden. Nur durch Sanierung bestehender Altwasser, d. h. ihre Entschlammung nach ökologischen Grundsätzen, kann dieser Lebensraum als essenzieller Bestandteil des Ökosystems Aue erhalten werden kann (Reichhoff 1992; Leyser 1995).
- **Ökologische Begründung:**
  Unter der Voraussetzung, dass Altwasser in der Aue erhalten bleiben, kann die volle ökologische Ausschöpfung des Lebensraums Altwasser nur erfolgen, wenn die einzelnen Phasen seiner Existenz – die Initialphase, d Optimalphase und die Terminalphas – nebeneinander in ausreichender Fl che und Verteilung vorhanden sin Heute befinden sich die Altwass überwiegend in der Terminalphas Hinzu tritt die anthropogene Eutr phierung, die eine vorschnelle Alt rung der Gewässer auslöst. In pol trophen Gewässern findet nur noc eine geringe Anzahl von wertvolle Arten Lebensmöglichkeiten (Kalb 1996). Deshalb verbindet sich bei Sa nierungsmaßnahmen an Gewässer mit den gewässermorphologische und -dynamischen Vorhaben imm auch die Zielstellung des Nährstof entzugs. Im Kühnauer See tritt als we teres Problem die Schüttung eines Se dammes nach 1945 auf. Dadurch wu den die Strömungsverhältnisse im Se bei Hochwasser wesentlich veränder was zu einer beschleunigten Verlar dung vor allem des Ostteils des Se beitrug.
- **Denkmalpflegerisch-landschaft ästhetische Begründung:**
  Der Kühnauer See ist Bestandteil d Landschaftsparks Großkühnau, d zum historischen Dessau-Wörlitz Gartenreich gehört (Valteich 1986 Infolge flächigen Gehölzaufwuchse auf den ufernahen Verlandung flächen wurde die erlebbare Bezi hung zwischen Park und See nahez völlig unterbunden. Erst durch d Rückführung von Verlandungsfl chen zu Wasserflächen und die He stellung eines lockeren, durchscha baren Ufergehölzstreifens kann d gestalterische Gesamtkonzept d Parks wiederhergestellt werden. Ein völlige Veränderung in denkmalpfle gerischer Sicht wurde durch d Schüttung des Seedamms erzeug (Reichhoff 1993a).
- **Erholungsfunktionale Begründung:**
  Der Kühnauer See ist mit dem Küh nauer Park und der umgebenden A enlandschaft ein bedeutender Erh lungsraum für die Stadt Dessa Weiterhin besteht die Notwendigke zur Verbesserung der Wassergüte f die Nutzung des Gewässers als Bad

gewässer (Freibad Kühnauer See) in dessen Westteil.

- **Wasserwirtschaftlich-fischereiwirtschaftliche Begründung:**
  In wasserwirtschaftlicher Sicht ist eine Sanierung des Gewässers durch Entschlammung und Haltung hoher Wasserstände durch geeignete Staumaßnahmen erforderlich. Infolge Verschlammung und Verlandung war die fischereiliche Nutzung seit Mitte der 1980er-Jahre nicht mehr möglich (REICHHOFF et al. 1986). Mit der Sanierung des Gewässers würde auch eine fischereiwirtschaftliche Nutzung in Abstimmung mit den Anforderungen des Naturschutzes wieder ermöglicht.

Die dargelegte Zielstellung und Begründung für eine Sanierung des Kühnauer Sees durch Entschlammung steht z. T. im Gegensatz zu der grundsätzlichen Position des DVWK (1991), in deren Merkblättern formuliert ist, dass „die Unterbrechung der biologischen Entwicklung im Rahmen einer ökologisch orientierten Sanierung in der Regel nicht vertretbar ist".

3 Die historische Entwicklung des Kühnauer Sees

Aus den ersten Jahrzehnten des 14. Jahrhunderts sind starke Hochwasser der Elbe und Mulde urkundlich erwähnt. Bei einem dieser Hochwasser kam es zwischen 1314 und 1325 zu einer Laufänderung der Elbe. In dieser Zeitspanne wurde der Kühnauer See vom Hauptstrom abgetrennt. Aus der Zeit zwischen 1350 und 1700 fehlen weitere Nachrichten. LINDAU (1905) schließt jedoch aus bestimmten Zusammenhängen, dass der See ständig verpachtet war. Mit der Nutzung der Fische und der Wassernüsse (*Trapa natans*), die noch zu Beginn des 19. Jahrhunderts verkauft wurden, war die Pflicht zur „Reinigung" (d. h. Krautung) des Gewässers verbunden. Diese Pacht- und Nutzungsverhältnisse bestanden bis zur Mitte des 19. Jahrhunderts. Auf die permanente Krautung verweist auch der Umstand, dass noch 1854 das Brachsenkraut (*Isoetes lacustris*) im Kühnauer See wuchs (SCHWABE 1865). Dies bedeutet: Der Kühnauer See war bis Mitte des 19. Jahrhunderts ein klares mesotroph-eutrophes Gewässer mit kiesig-sandigem Grund. Ursache dafür war die Krautung, die das Gewässer in einem initialen Zustand verharren ließ. Erst mit Einstellung der Krautung im ausgehenden 19. Jahrhundert setzte die Alterung durch Verlandung und Sedimentation von Faulschlamm ein, so dass der Kühnauer See nachfolgend in einen eutrophen Zustand versetzt wurde.

Merkliche Einflüsse auf das Altwasser erfolgten im 19. Jahrhundert vor allem durch den Bau der Hauptdeichlinie der Elbe. Obgleich es weiterhin im Überflutungsbereich lag, änderten sich die Durchströmungsverhältnisse bei Hochwasser. Zu Beginn des 20. Jahrhunderts wurde im Westteil das Freibad angelegt. Der wohl schwerste Eingriff erfolgte nach 1945: Aus Trümmerschutt wurde ein Damm durch den See geschüttet. Zunächst waren die beiden Gewässerteile durch einen schmalen Durchlass verbunden, der später aber zunehmend undurchlässiger wurde. Bei strömendem Hochwasser wirkte der Damm nun als Sedimentfalle. Die Folge davon war, dass seit Mitte des 20. Jahrhunderts u. a. die Massenbestände der Wassernuss (*Trapa natans*) zurückgingen und der See von Massenentwicklungen der Gelben Teichrose (*Nuphar lutea*) und der Weißen Seerose (*Nymphaea alba*) sowie artenarmen Schilfröhrichten beherrscht wurde.

In den 1960er- und 1970er-Jahren wurde im Ostteil des Kühnauer Sees eine Enten-Freiwassermast betrieben. Dies führte zur weiteren Eutrophierung. Hinzu trat nördlich des Sees die Umwandlung von Grünland in Ackerland. Mitte der 1980er-Jahre konnten maximale Schlammmächtigkeiten von 3 m festgestellt werden. Weitere Einflüsse erfolgten in den 1970er-Jahren mit dem Bau der Dessauer Kläranlage durch Einleitung von stark eisenhaltigem Grundwasser in den See. Mit der Erhöhung der Förderkapazität von Trinkwasser in den 1980er-Jahren südlich des östlichen Teilgewässers bildete sich ein erheblicher Grundwasserabsenkungstrichter aus. Das damit verbundene zeitweilige Trockenfallen des östlichen Teils führte zu ersten Entschlammungsversuchen des Sees (HEISE 1986). Von 1990 bis 1996 wurde das Gewässer stellenweise durch Entnahme von Schlamm und Kies vor allem im Westteil vertieft. Erst ab 1993 wurde es möglich, eine Gesamtlösung für die Sanierung des Sees einzuleiten und durchzusetzen.

Abb. 1: *Sicht über den Kühnauer See von Osten, die Sanierung der Abschnitte b und c ist abgeschlossen, der Seedamm zerschneidet noch den See* (Fotos 1 und 2: P. Ibe)

Fig. 1: *View from the east over the Kühnauer See oxbow lake. Restoration of sections b and c has been completed. The causeway still divides the lake.*

4 Rechtliche Grundlagen

Die Sanierung des Kühnauer Sees durch Entschlammungsmaßnahmen ist mit der wesentlichen Umgestaltung eines Gewässers oder seiner Ufer verbunden und bedarf der vorherigen Durchführung eines Planfeststellungsverfahrens mit integrierter Umweltverträglichkeitsprüfung. Das Wassergesetz des Landes Sachsen-Anhalt regelt in § 97 die Nutzungseinschränkungen und Verbote in Überschwemmungsgebieten. Aus Hochwasserschutzgründen konnte eine dauerhafte Schlammverbringung und Einarbeitung auf Ackerflächen, die an den See angrenzen, nicht erfolgen. Die Sanierungsmaßnahmen stellen gleichzeitig Eingriffe in Natur und Landschaft gemäß § 8 (1) des Naturschutzgesetzes des Landes Sachsen-Anhalt dar, die in Naturschutzgebieten gemäß § 17 (2) grundsätzlich verboten sind. Da aber die Entschlammung des Sees und die Herausnahme des Dammes als Pflegemaßnahmen zu betrachten sind, die nach einem bestätigten Pflege- und Entwicklungsplan für das Naturschutzgebiet durchgeführt werden, bedarf es einer Befreiung von den Verboten dieses Gesetzes (§ 4). Mit dieser Befreiung wurden gleichzeitig Auflagen zur Erhaltung von speziellen Verlandungsbereichen sowie zur Einhaltung von Terminen zum Schutz und zur Umsiedlung vorhandener Pflanzen- und Tierarten auf der Grundlage eines Fachgutachtens ausgesprochen. Außerdem mussten die Bestimmungen nach § 29 des Naturschutzgesetzes des Landes Sachsen-Anhalt zur Erhaltung von Hecken, Gebüschen, Schilfbeständen und von Höhlenbäumen sowie zum Schutz von Reptilien, Lurchen, Fischen, Vögeln und Kleinsäugern Beachtung finden.

Auch die Schutzverordnungen für das Biosphärenreservat, der für die Anlage notwendiger Aushubdeponien und für Be- und Entladungsmaßnahmen von Schüttgütern geltende Abstandserlass sowie die Richtlinie für die Entsorgung von Bauabfällen (Schlamm- und Schüttdammverwertung) mussten berücksichtigt werden.

5 Planungsgrundlagen und Projektdurchführung

5.1 Naturschutzplanung und technische Ausführungsplanung

Der Ostteil des Kühnauer Sees ist Teil des Naturschutzgebietes Saalberghau. Für dieses Naturschutzgebiet wurde ein Pflege- und Entwicklungsplan erarbeitet (Reichhoff 1991, Reichhoff 1993a, Reichhoff & Seelig 1992). Anlass für die darin vorgeschlagene Sanierungsabsicht war die extreme Eutrophierung und Verschlammung des Sees, der im Ostteil stellenweise über Monate trockenfiel. Unter Berücksichtigung der klaren Anforderungen von Naturschutz und Denkmalpflege im Pflege- und Entwicklungsplan (Reichhoff 1993b) wurde ein Projekt zur Entschlammung in Auftrag gegeben.

Abb. 2: *Sicht von Süden auf den sanierten Abschnitt b mit einzelner Insel und den 10 Inseln am Nordufer, dahinter die Fläche mit den z. T. geräumten zeitweiligen Sedimentablagerungen*

Fig. 2: View from the south of the restored section b with a single island and 10 islands off the north shore. The temporary storage area for dredged mud is visible in the background.

Grundlage dafür war die genaue Kenntnis der Schlammmächtigkeiten, die bis zur kiesigen Sohle von 0,5–1 m in der Flutrinne des Sees bis zu durchschnittlich 2,3 m in den Verlandungsbereichen wechselte. Entsprechend der Vorgaben aus dem Pflege- und Entwicklungsplan wurde der Kühnauer See in 6 Abschnitte mit unterschiedlichen Sanierungsmaßnahmen untergliedert:

Abschnitt a:
- Wasserbecken östlich des Seedammes
- Entschlammung und Erhaltung der vitalen Röhrichte
- Entnahme von 42 000 m³ Schlamm und Entlandungsmassen über Nassbaggerung

Abschnitt b:
- Hechtzug, östlicher Teil, einschließlich Bereich der 10 Inseln
- Restauration der 10 Inseln und Herstellung der Sichtbeziehung zwischen Park und See
- Entnahme von 45 000 m³ Schlamm bis auf den kiesigen Seegrund durch Trockenbaggerung

Abschnitt c:
- Gewässerabschnitt südlich der Fischerinsel mit den 3 Inseln
- Umwandlung des Verlandungsbereiches in eine Wasserfläche und Erhaltung des Schilfröhrichts südlich der Fischerinsel
- Restauration der 3 Inseln
- Entnahme von 57 100 m³ Schlamm und Sedimenten durch Trockenbaggerung

Abschnitt d:
- Gewässerbereiche nordöstlich der Fischerinsel bis zur Ostspitze des Sees
- Entschlammung bis auf den Seegrund und Erhaltung der Wasserschwaden-Rohrkolben- und Schilfröhrichte
- Entnahme von 24 400 m³ Schlamm durch Trockenbaggerung

Abschnitt e:
- Neubau von Bruchgrabensiel und -stau zur op-

timalen Wasserhaltung im See

bschnitt f: – Seedamm
– Beseitigung des Seedammes zur Schaffung einer ganzheitlichen Seefläche und Abtransport des Bauschutts
– Entnahme von 13 000 m³ Bauschutt und Angleichung der Gewässerprofile im Ost- und Westteil des Sees

.2 Umweltverträglichkeitsstudie und landschaftspflegerischer Begleitplan

ie Umweltverträglichkeitsstudie (Reichoff & Seelig 1993; Reichhoff 1994; eichhoff et al. 1995, Reichhoff et al.)96) ging davon aus, dass der Kühauer See sich durch verschiedenartige ingriffe und Störungen in ein polyophes, stark gestörtes und an Arten erarmtes Altwasser verwandelt hatte, as durch den Einbau des Seedammes usätzlich schwer geschädigt wurde. Das ewässer konnte damit die Naturschutzelsetzung und die denkmalpflegerihen Anforderungen nicht mehr erfüln. Die Sanierung musste unter strenger eachtung ökologischer Kriterien erfolen. Davon ausgehend wurden folgende edingungen für die Projektdurchfühung formuliert:

- Die Sanierung des Kühnauer Sees soll nicht mit einer einzigen Maßnahme, sondern abschnittsweise über einzelne Bauabschnitte und mehrere Jahre erfolgen;
- die Entschlammung erfolgt nur bis zum oberen Kiesgrund, d. h. es wird keine Vertiefung des Gewässers vorgenommen;
- Seeteile nördlich der Fischerinsel werden nicht entschlammt, sondern bewusst in der Altersphase zur Sicherung des Artenpotenzials – u. a. mit Krebsschere, Froschbiss und Schwimmfarn – erhalten;
- vitale Röhrichte und Riede werden insgesamt erhalten; nur im unmittelbaren Kontaktbereich zum Park werden Uferbänke mit Röhrichten beseitigt;
- die Sanierung erfolgt abschnittsweise alternativ durch Trocken- oder Nassbaggerung; die Trockenbaggerung erfolgt durch Ausspundung und kurzfristige Trockenlegung. Nach Ziehung der Spundwände wird der sanierte Bereich wieder an die nicht betroffenen Seeteile angeschlossen;
- vor der Trockenbaggerung werden in den ausgespundeten Bereichen die Fische, Muscheln und wertvollen Wasserpflanzen gesichert;

Abb. 3: *Trockene Entschlammung in den Abschnitten b und c (Fotos 3 und 4: L. Reichhoff)*

Fig. 3: Dry dredging in sections b and c

- bei einer Nassbaggerung durch schwimmende Saugbagger werden die wertvollen Wasserpflanzen vor der Sanierungsmaßnahme umgesetzt, erreichbare Muscheln werden geborgen, zwischengehältert bzw. umgesetzt;
- die entnommenen Schlamm- und Verlandungsmassen werden nach Entwässerung aus dem Auengebiet transportiert;
- die Trümmermassen des Seedammes werden mit geeignetem Gerät restlos aus dem Gewässer entfernt,
- die denkmalpflegerischen Elemente im Uferbereich (Nordufer: 10 Inseln; Südufer: 3 Inseln) werden restauriert.

Folgende Ersatz- und Ausgleichmaßnahmen wurden im Rahmen des landschaftspflegerischen Begleitplans (Reichhof et al. 1996) in das Projekt eingeordnet:

- Rekonstruktion von 2 Stauanlagen zu verbesserten Wasserhaltung im Se und zur Vernässung des Unterbruch (18 ha) nördlich des Kühnauer See (Sicherung des größten Tüpfelrallen brutplatzes Sachsen-Anhalts);
- Sanierung bzw. Neuanlage von zwe Kleingewässern als Lebensräume vo Laubfrosch und Rotbauchunke;
- Rückbau von Wegen am Nordufer de Kühnauer Sees zur Beruhigung de Naturschutzgebietes und Ausbau ei nes vom See entfernten nördliche Rundwanderweges;
- Pflanzung von Baumreihen, Solitärbäumen und Baumgruppen am Seeufer, a

Abb. 4: *Rückbau des Seedamms*

Fig. 4: Dismantling the causeway

Wegen und auf Wiesen zur landschaftlichen Gestaltung im Sinne des historischen Dessau-Wörlitzer Gartenreichs;

- Entwicklung der zeitweiligen Schlammspülfelder zu Auenwiesen nach Abtransport der abgetrockneten Sedimente.

5.3 Projektdurchführung

Die hohe finanzielle Unterstützung der „Allianz-Stiftung zum Schutz der Umwelt" gestattete zunächst nur die Sanierung und Restauration der für Naturschutz bzw. Denkmalpflege wichtigsten Bereiche des Kühnauer Sees – die Abschnitte b und c. Die Sanierung dieser Gewässerteile wurde abschnittsweise in den Herbst- und Wintermonaten 1993/94 durchgeführt. Die Seeteile wurden abgespundet, anschließend das Wasser aus dem zu entschlammenden Teil in die noch Wasser führenden Bereiche gepumpt. Während des Abpumpens erfolgte das Umsetzen der Wasserpflanzen, insbesondere des gefährdeten Schwimmfarns. Gleichzeitig wurde das Abfischen und Umsetzen des u. a. aus Steinbeißer, Bitterling und Moderlieschen bestehenden wertvollen Fischbestandes und der Teichmuscheln vorgenommen. Der Abschnitt c zeigte bereits einen sehr hohen Verlandungsgrad mit einer äußerst geringen Wasserführung (max. 20 cm Wasserstand in kleinen Restflächen), so dass hier ein Abfischen nicht erforderlich war. Nach dem Abpumpen des Wassers und der Beseitigung der Weidensträucher auf den Verlandungsflächen wurden von der Nordseite her Baustraßen angelegt. Am Südufer beginnend, erfolgten rückschreitend das Ausbaggern und der Abtransport der Sedimente. Dabei wurden auch die für die Parkgestaltung bedeutsamen Inseln wiederhergestellt. Das entnommene, z. T. bereits stark mineralisierte Torf-Schlamm-Sand-Gemisch konnte auf einer ehemaligen Spülfläche zum weiteren Entwässern für kurze Zeit zwischengelagert werden, bevor es abtransportiert wurde. Nach Beendigung der Sanierungsarbeiten (Abschnitt b in 11 Wochen, Abschnitt c in 6 Wochen) wurden die Spundwände gezogen, so dass die Gewässerteile nach kurzer Zeit wieder Wasser führten.

In den Wintermonaten 1996/97 erfolgte – u. a. nach Klärung der technischen Möglichkeiten zum Dammrückbau und mehreren öffentlichen Aussprachen mit den Bürgern der anliegenden Ortsteile sowie Pressemitteilungen zur Notwendigkeit des Vorhabens – der Rückbau des aus Trümmerschutt bestehenden Dammes. Die Eisdecke auf dem See brachte im Winter 1996/97 die Arbeiten zeitweilig zum Stillstand. Im Spätsommer 1997 konnte die Entschlammung von Abschnitt a durch Nassbaggerung abgeschlossen werden. Der Abtransport der Schlämme erfolgte nach Abtrocknung in den Poldern im Herbst 1997. Nach Nassbaggerung von Abschnitt a wurden 1998 außerdem zur besseren Wasserhaltung im Kühnauer See Bruchgrabensiel und -stau rekonstruiert.

6 Ergebnisse der Sanierungsmaßnahmen

Die Sanierungsmaßnahmen dienten Zielen des Naturschutzes, der Denkmalpflege, des Erholungswesens und der Fischerei (HENTSCHEL 1997). Dabei wurden die Wasserfläche wesentlich erweitert, das Volumen des Gewässers durch Entschlammung (181 500 m^3 Entnahmemassen im Ostteil) erhöht (maximale Wassertiefe 2,5 m in der Flutrinne und 1 m in den Flachwasserzonen), die Wassergüte durch Nährstoffentzug verbessert, die Durchströmung des Sees durch Herausnahme des Dammes wiederhergestellt und die denkmalpflegerisch wertvollen Uferbereiche an Nord- und Südufer wieder erlebbar gemacht. Zu den wertvollen Ergebnissen der Seesanierung gehören auch die Erkenntnisse aus der naturschutzfachlichen und wissenschaftlichen Begleitung. Dazu gehören solche über den heftig umstrittenen Einsatz des Nass- oder Trockenbagger-Verfahrens, die Auswirkungen beider Verfahren auf Flora, Fauna, hydrochemischen und limnischen Status des Gewässers und die Auswirkungen der Maßnahmen auf das Landschaftsbild und den denkmalgeschützten Park.

Aus den vorliegenden Ergebnissen der trockenen Baggerungen sind folgende Ergebnisse aus der Effizienzkontrolle abzuleiten:

Die hydrologisch/hydrobiologischen Untersuchungen von BERNDORFF (1994) und LÜDERITZ et al. (1997) zeigen:

- Mit der trockenen Baggerung der Abschnitte b und c wurde eine deutliche Verbesserung der Wassergüte erreicht (vgl. Tab. 1). Ein Vergleich der entschlammten mit den nicht entschlammten Bereichen macht deutlich, dass die Phosphorbelastung des Wasserkörpers wesentlich gesenkt wurde. Noch klarer erkennbar wird der Sanierungseffekt bei der Betrachtung des Sauerstoffhaushalts. Während die nächtliche Sauerstoffzehrung in den verschlammten Bereichen anoxische Zustände erreicht, bleibt die O_2-Sättigung im restaurierten Teil des Gewässers in einem für leicht bis mäßig eutrophierte Gewässer typischen Bereich.

Tabelle 1: Ausgewählte hydrochemische Parameter des Kühnauer Sees im Frühjahr und Sommer 1994

Table 1: Selected hydrochemical values of the Kühnauer lake in spring and summer 1994

Parameter	Entschlammter Teil		Nicht entschlammter Teil	
(in % Sättigung)				
O_2-Mittagsmaximum April – August	133		126	
O_2-Mittagsminimum 1994 (Stichprobenmittelwerte von 10 Messungen im Zeitraum April – August 1994)	75		38	
O_2-Sättigung vor Sonnenaufgang (einmaliger Stichproben-Mittelwert vom 14. 7. 1994)	51		3	
(in mg/l) (Stichprobenmittelwerte mit Standardabweichungen von 10 Messungen im Zeitraum April – August 1994)				
Ortho-Phosphat-P	0,0116	0,0046	0,0354	0,0264
Gesamt-Phosphat-P	0,0495	0,0260	0,0718	0,0731
Ammonium	0,230	0,168	0,559	1,020

Die Zusammensetzung des Makrozoobenthos und des Planktons der trocken entschlammten Gewässerabschnitte war von den nicht entschlammten Bereichen nur unwesentlich verschieden. Damit ist eine sehr schnelle Wiederbesiedlung der Gewässerabschnitte bewiesen.

sgesamt ergibt sich für die Abschnitte b d c schon ein Jahr nach der Trocken-ggerung der teilweise schon völlig rlandeten Gewässerteile ein hydrolo-sch-limnologisch zufrieden stellender ıstand.

Die Konzentrationen der Pflanzen-ihrstoffe, insbesondere die Phosphor-halte, liegen im unteren Bereich des trophen Zustandes (BERNDORFF 1994). assenentwicklungen einzelner Phyto-anktonarten, insbesondere solche von aualgen, die in anderen Gewässern im osphärenreservat häufig auftreten (LÜ-RITZ et al. 1994), konnten im Kühnauer e weder im Jahre 1994 noch in den Jah-n 1995 und 1996 nachgewiesen werden. att dessen ist im gesamten Jahresver-uf ein artenreiches Phytoplankton an-treffen (KALBE 1996). Eine Untersu-ung des Makrozoobenthos im Sommer 96 erbrachte 80 Arten, was für derarti-Standgewässer einen sehr guten Wert rstellt. Organismengruppen, die eine he organische Belastung des Sedi-ents anzeigen (*Tubifex* spp., *Chironomus* p.), wurden fast ausschließlich im cht entschlammten Teil angetroffen.

Faunistische Untersuchungen bele-n, dass eine Beeinträchtigung der Avi-una durch die Entschlammungsmaß-hmen nicht erfolgte (PATZAK 1997). Die irderung der Röhrichtregeneration und e Ausbildung von neuen Wasserröh-hten lässt eine zunehmende Besied-ng des Kühnauer Sees durch Wasser-gel erwarten.

Die Vorkommen der Froschlurche urden durch Maßnahmen der Ent-hlammung nicht gefährdet. Im Früh-hr und Sommer nach der Sanierung nnte das gesamte Artenspektrum wie-r nachgewiesen werden.

Die Untersuchungen der Fischfauna ırch ZUPPKE (1997) vor und nach der ockenbaggerung bewiesen, dass die siedelung der trocken entschlammten ewässerabschnitte durch Fische denen r nicht entschlammten entsprach.

Libellenarten, die durch die Maßnah-en gefördert wurden, sind nach FEDER-HMIDT (1997): Kleines Granatauge *rythromma viridulum*), Gemeine Win-libelle (*Sympecma fusca*), Plattbauch *ibellula depressa*), Großer Blaupfeil (*Or-etrum cancellatum*). Die ersten beiden rten werden auf Grund des Entstehens ıcher, sich schnell erwärmender Ufer-schnitte gefördert. Die beiden anderen finden infolge der nach der Entschlammung entstandenen vegetationsarmen Uferabschnitte zusagende Bedingungen. Arten, die durch die Maßnahmen zeitweise zurückgedrängt wurden, sind: Gemeine Binsenjungfer (*Lestes sponsa*), Hufeisen-Azurjungfer (*Coenagrion puella*), Fledermaus-Azurjungfer (*Coenagrion pulchellum*), Südliche Mosaikjungfer (*Aeshna affinis*), Gefleckte Heidelibelle (*Sympetrum flaveolum*).

Die vegetationskundlich-floristischen Untersuchungen von REICHHOFF & WARTHEMANN (1997) zeigen, dass die Entwicklung der Wasserpflanzengesellschaften in den trocken entschlammten Gewässerteilen sehr schnell erfolgte und selbst als verschollen eingestufte Arten, wie Kleines Nixkraut (*Najas minor*), aber auch Quirliges Tausendblatt (*Myriophyllum verticilatum*) und Gemeiner Wasserschlauch (*Utricularia vulgaris*) erneut zur Entwicklung kamen und die Ansiedlungsversuche mit der Wassernuss (*Trapa natans*) in den entschlammten flachen Gewässerabschnitten sehr erfolgreich verliefen (BOLENDER et al. 2001).

Mit der Sanierung des Kühnauer Sees wurde auch die Wiederherstellung der räumlichen Beziehungen zum historischen Park und damit eine wesentliche Verbesserung des Landschaftsbildes erreicht.

Mit dem Rückbau des Seedammes wurde der Kühnauer See als Ganzes wieder bei Hochwasser durchspülbar, die künstliche Zerteilung aufgehoben und die Weite des Gewässers erlebbar. Dies bewirkte auch, dass der Zusammenhang von Park sowie Schloss und Kirche Großkühnau in seiner historischen Raumbeziehung wiederentstand.

Mit der Entschlammung und der verbesserten Einstaumöglichkeit des Hochwassers wurden die sommerlich trockenfallenden Schlammbänke beseitigt. Die entscheidende Verbesserung erfolgte mit der Entschlammung der Ausbaubereiche b und c. Hier besteht die engste Verbindung zwischen Park und See. So konnten die 10 Inseln am Nordufer und die 3 Inseln am Südufer rekonstruiert werden und die Fischerinsel wurde wieder vom Park aus sichtbar.

Diese Ergebnisse lassen den Schluss zu, dass die trockene Entschlammung eine fallweise vertretbare Vorgehensweise ist, wenn:

- sich die Entschlammung innerhalb eines Jahres nur auf Teilabschnitte eines Gewässers bezieht und damit das Regenerationspotenzial insgesamt erhalten bleibt,
- die Wasserhaltung technisch leicht realisiert werden kann,
- während der Phase der Wasserabsenkung Fische, Muscheln und ausgewählte Wasserpflanzenarten umge setzt werden,
- Teilabschnitte und ökologisch intakt Uferabschnitte mit Röhrichten un Wasserschwebern zur Revitalisierun der entschlammten Abschnitte unbe rührt bleiben,
- die Maßnahme zeitlich in die Phas der geringsten Störung für Flora un Fauna gelegt wird,
- die Gewässerabschnitte vor der Maß nahme hinreichend für eine Beweis sicherung untersucht werden und ein Erfolgskontrolle durchgeführt wir (SCHERFOSE 1994).

Eine nasse Entschlammung durch Ab saugen des Schlammes und nachfolger der Austrocknung in Poldern ist dan notwendig und sinnvoll, wenn

- die Gewässerabschnitte großflächi sind,
- die Entschlammung nur in einem län geren Zeitraum möglich sowie die An lage von Spülflächen ökologisch un kostenmäßig vertretbar ist und
- breite Uferbereiche mit wertvolle Röhrichten und Wasserschweberbe ständen erhalten bleiben müssen.

7 Zusammenfassung

Der 37,6 ha große Kühnauer See im NV von Dessau (Sachsen-Anhalt) ist eine der größten Altwasser im Biosphärer reservat „Flusslandschaft Elbe", welche sich durch Nährstoffeintrag, Störunge in der Durchströmungsdynamik un Absenkung des Grundwasserspiegel großflächig und schnell in Verlandun befand. Damit verbunden war der Ve lust der Nutzbarkeit für Erholung un Fischerei, aber auch der Rückgang wer voller Tier- und Pflanzenarten (z. E der Wassernuss). Auf Initiative der Bio sphärenreservatsverwaltung und mit e ner großzügigen Anschubfinanzierun durch die „Allianz-Stiftung zum Schut der Umwelt" wurde der Kühnauer See i den Jahren 1993–1998 abschnittsweis im Nass- und Trockenbaggerverfahre komplett saniert. Die wissenschaftlich Begleitung des Projekts belegt, dass be Erhaltung ungestörter Regenerationsab schnitte und jährlicher Bearbeitung nu von Teilbereichen eine sehr schnelle Be siedlung auch der trocken gebaggerte Teilbereiche durch Wasserorganisme gegeben ist. Daneben konnte der Erho lungs- und denkmalpflegerisch-ästhet sche Wert des Sees erheblich aufgebes sert werden.

Summary

Kühnauer See, located to the northwes of Dessau in the German regional state c

Saxony-Anhalt, is one of the largest oxbow lakes (37.6 ha) in the Flusslandschaft Elbe (Riverscape Elbe) Biosphere Reserve. Due to nutrient loading, local hydrological disruption and a dropping groundwater table, the lake was suffering from rapid eutrophication and sedimentation. This was leading to a loss of recreational and fishing uses of the lake, as well as to a decline in many plant and animal species (e.g. the water chestnut). The administration of the biosphere reserve, supported by generous sponsoring on the part of the Allianz Environmental Foundation, began to restore the lake completely in 1993. The project ran until 1998. Restoration was accomplished in sections using wet and dry dredging engineering methods. Scientific teams demonstrated that the dry-dredged sections are recolonized quickly by aquatic organisms if neighbouring sections are preserved in an undisturbed condition and only selected sections of the lake are restored in each year. The restoration will have the further benefit of securing the recreational and aesthetic value of the lake for the future.

8 Literatur

BERNDORFF, B. (1994): Limnologische und sediment-stratigraphische Untersuchungen am Kühnauer See (Ostteil). Diplomarbeit, Mskr. Fachhochschule Magdeburg.

BOLENDER, E.; PRUME, C.; STEINHAUSER, A. & TROTTMANN, R. (2001): Wiederansiedlung stark gefährdeter amphibischer und aquatischer Pflanzengemeinschaften (Wassernuss- und Schlammlingsfluren) unter Nutzung des natürlichen Diasporenpotenzials benachbarter Standorte im Gebiet der Mittleren Elbe. Natur und Landschaft 76 (3): 113–119.

DVWK (1991): Ökologische Aspekte bei Altgewässern. DK 627.4 Altwasser. DK 574 Ökologie. Verlag Paul Parey. Hamburg–Berlin. 219 S.

FEDERSCHMIDT, A. (1997): Die Libellen des Kühnauer Sees. Naturw. Beitr. Museum Dessau. Sonderheft: 78–84.

HEISE, U. (1986): Der Kühnauer See – ein bedeutendes Altgewässer im Gebiet der Mittelelbe. Mittelelbe und angrenzende Landschaften. Naturw. Beitr. Museum Dessau. 3.

HENTSCHEL, P. (1995): Das Biosphärenreservat Mittlere Elbe. –In: Biosphärenreservate in Deutschland. Leitlinien für Schutz, Pflege und Entwicklung. Springer-Verlag: Berlin–Heidelberg–New York–Barcelona–Budapest–Hongkong–Mailand–Paris–Tokyo: 213–239.

HENTSCHEL, P. (1997) Die zukünftige Entwicklung des Kühnauer Sees bei Dessau. Zum Beispielsprojekt im Biosphärenreservat Mittlere Elbe. Naturw. Beitr. Museum Dessau. Sonderheft: 135–142.

KALBE, L. (1996): Zur Stabilität von limnischen Ökosystemen. Limnologica 26 (3): 281–291.

LEYSER, T. (1995): Entschlammung von Gewässern in sensiblen Landschaftsräumen. Landschaftsarchitektur 5: 12–14.

LINDAU, G. (1905): Zur Geschichte der Spitznuss und des Kühnauer Sees bei Dessau. Ein Beitrag zur Landeskunde von Anhalt. Verhandlungen des Botanischen Vereins der Provinz Brandenburg. Berlin 47: 1–19.

LÜDERITZ, V.; HENTSCHEL, P.; BERNDT, K.; DEGNER, Y. & WEISSBACH, G. (1994): Aspekte der Gewässerökologie im Biosphärenreservat Mittlere Elbe. Naturschutz im Land Sachsen-Anhalt 4 (2): 33–40.

LÜDERITZ, V.; BERNDORFF, B.; LANGHEINRICH, U.; ZIEGLER, R. & LANGE, C. (1997): Nährstoffverhältnisse, Planktonbesiedelung und Makroinvertebratenfauna im Kühnauer See. Naturw. Beitr. Museum Dessau, Sonderheft: 85–98.

PATZAK, U. (1997): Die Vögel des Kühnauer Sees. Naturw. Beitr. Museum Dessau. Sonderheft: 12–23.

REICHHOFF, L. (1991): Pflege- und Entwicklungsplan für das Naturschutzgebiet Saalberghau bei Dessau – Diagnose und Prognose. Mskr. Dessau.

REICHHOFF, L. (1992): Ökologischer Status, Sanierungsbedarf und Sanierungsmöglichkeiten von Flussaltwassern. Referate der ersten Naturschutzkonferenz des Landes Sachsen-Anhalt 27.–28. 11. 1992. Ministerium für Umwelt und Naturschutz des Landes Sachsen-Anhalt. Magdeburg.

REICHHOFF, L. (1993a): Die Sanierung des Kühnauer Sees unter Gesichtspunkten des Naturschutzes und der Denkmalpflege. Tagungsbericht vom Anhaltischen Naturschutztag vom 19. 11. 1993. Regierungspräsidium Dessau: 5–13.

REICHHOFF, L. (1993b): Vorschläge zur Sanierung des Kühnauer Sees – Weiterführende Betrachtungen zum Pflege- und Entwicklungsplan des Naturschutzgebietes Saalberghau. Mskr. Dessau.

REICHHOFF, L. (1994): Umweltverträglichkeitsstudie: Sanierung des Teilabschnitts d/Baulos 7 des Kühnauer Sees im Naturschutzgebiet Saalberghau. Mskr. Dessau. Grünflächenamt/Umweltamt.

REICHHOFF, L. et al. (1995): Umweltverträglichkeitsstudie (UVS) für das Planfeststellungsverfahren mit integrierter Prüfung der Umweltverträglichkeit für das Vorhaben Sanierung des Kühnauer Sees im Stadtkreis Dessau. Mskr. Dessau. Grünflächenamt.

REICHHOFF, L. et al. (1996): Landschaftspflegerischer Begleitplan (LBP) für das Planfeststellungsverfahren für das Vorhaben Sanierung Kühnauer See im Stadtkreis Dessau. Mskr. Dessau. Grünflächenamt.

REICHHOFF, L. & SEELIG, K. (1992): Pflege- und Entwicklungsplan für das Naturschutzgebiet Saalberghau bei Dessau – Gebietsanalyse. Mskr. Dessau.

REICHHOFF, L. & SEELIG, K. (1993): Umweltverträglichkeitsstudie: Sanierung der Teilabschnitte b und c des Kühnauer Sees im Naturschutzgebiet Saalberghau. Mskr. Dessau.

REICHHOFF, L.; RATHMANN, O. & ROCHLITZER, R. (1986): Gewässereutrophierung in Naturschutzgebieten – Ursachen, Folgen und Sanierungsmöglichkeiten. Naturschutz in den Bezirken Halle und Magdeburg 23 (2): 15–26.

REICHHOFF, L. & WARTHEMANN, G. (1997): Flora und Vegetation des Kühnauer Sees. Naturw. Beitr. Museum Dessau. Sonderheft: 43–63.

SCHERFOSE, V. (1994): Effizienzkontrolle von Naturschutzmaßnahmen – dargestellt für Naturschutzgroßprojekte des Bundes (inkl. Gewässerstreifenprogramm). Mitteilungen der NNA 2 (Sonderdruck): 50–56.

SCHWABE, S.-H. (1965): Flora von Anhalt. Zweite (deutsche) Ausgabe. Verlag und Druck von H. Neubürger. Dessau: 419 S.

VALTEICH, P. (1986): Die Rekonstruktion des Kühnauer Parks. Dessauer Kalender. 30: 66–72

ZUPPKE, U. (1997): Die Kriechtiere, Lurche und Fische des Kühnauer Sees. Naturw. Beitr. Museum Dessau. Sonderheft: 72–77.

Anschriften der Autoren:

Prof. Dr. Peter Hentschel
Hochschule Anhalt (FH)
Standort Bernburg
Fachbereich Landespflege
Strenzfelder Allee 28
06406 Bernburg

Prof. Dr. Volker Lüderitz
Fachhochschule Magdeburg
Fachbereich Wasserwirtschaft
Virchowstraße 24
39104 Magdeburg

Dipl.-hort. Carola Schuboth
Förder- und Landschaftspflegeverein
Biosphärenreservat „Mittlere Elbe" e. V.
Postfach 1524
06814 Dessau

Dr. sc. Lutz Reichhoff
LPR Landschaftsplanung
Dr. Reichhoff GmbH
Zur Großen Halle 15
06844 Dessau

ELSEVIER

Limnologica 34, 249–263 (2004)
http://www.elsevier.de/limno

LIMNOLOGICA

Renaturalization of streams and rivers – the special importance of integrated ecological methods in measurement of success. An example from Saxony-Anhalt (Germany)

Volker Lüderitz[1,*], Robert Jüpner[1], Stefan Müller[1], Christian K. Feld[2]

[1] University of Applied Sciences Magdeburg, Institute for Water Management and Ecotechnology, Magdeburg, Germany
[2] University of Duisburg-Essen, Institute of Ecology, Dept. of Hydrobiology, Essen, Germany

Received: May 11, 2004 · Accepted: July 22, 2004

Abstract

Since hydromorphology in about 80% of German streams and rivers is degraded to a high degree, increased efforts in hydromorphological renaturalization are necessary. A measurement of the success of the first realized projects shows that improvement in stream morphology has a remarkably positive influence on aquatic ecology. An example of a restored stretch of a lowland stream in Saxony-Anhalt is used to describe the possibilities of success measurement programs for improvement of poor renaturalization. Therefore, a combined morphological and hydrobiological approach was developed. An integrated ecological assessment is possible by using the multimetric index EQI_M (Ecological Quality Index using benthic Macroinvertebrates) and the GFI (German Fauna Index). The latter represents a tolerance measure to evaluate the hydromorphological status of a site by using certain taxa that indicate either positive or negative physical attributes. To consider the special characteristics of the stream in its landscape unit, specific reference conditions ('Leitbild') were defined for macroinvertebrate communities by sampling comparable but undisturbed streams in the same landscape unit. Only the combination of biological indices, hydromorphological mapping and comparison to the reference status allows for an expressive evaluation of renaturalization measures and precise conclusions for their improvement.

Key words: EU-Water Framework Directive (EU-WFD) – renaturalization – lowland stream – measurement of success – macroinvertebrates

Introduction

Demands of the European Water Framework Directive for renaturalization

The implementation of the European Water Framework Directive (EU 2000) has set the legal framework for the sustainable management of water resources in Germany at federal and state levels for the next decade. This offers a better basis for the implementation of integrated strategies for the protection of waterbodies that take into account the complexity of anthropogenic influences and define quantitative environmental quality aims (OVERMANN 2003).

***Corresponding author:** Prof. Dr. Volker Lüderitz, University of Applied Sciences Magdeburg, Institute for Water Management and Ecotechnology, Breitscheidstr. 2, D - 39114 Magdeburg, Germany; e-mail: Volker.Luederitz@Wasserwirtschaft.HS-Magdeburg.de

The main objective of the EU-WFD is to reach a 'good ecological status' for all European water bodies by the end of 2015. For this, the directive demands

- a holistic view of groundwater and surface water,
- trans-border management of water bodies in their whole catchments,
- the combined use of emissions and immissions to assess the impacts, and
- the transparency of management plans, measures and costs.

Status and prospects of streams and rivers in Germany

There is no doubt that only water bodies with a more or less natural hydromorphology can fulfill their ecological functions (GUNKEL 1996). A successful renaturalization (and revitalization) is characterized by an enhancement of species diversity and conservation value and an increased potential for self-purification (LÜDERITZ & HENTSCHEL 1999; HEIDENWAG et al. 2001). However, the hydromorphological status of most streams and rivers in Germany is poor at present: Of about 600 000 km of rivers and streams in Germany, the hydromorphology of 80% is clearly, noticeably, heavily, or excessively disturbed (LAWA 2002; FELD et al. 2002; RAVEN et al. 2002). For this reason BRAUKMANN et al. (2001) concluded that hydromorphological deficiencies have become the most important pressure on running waters.

To overcome these deficiencies, aquatic ecologists, environmental authorities and environmental organizations are guided by a framework of several laws, implementation rules and management plans, which are summarized by LÜDERITZ (2004).

Unfortunately, there are also some serious factors that hamper efforts in stream renaturalization including narrow public budgets and deficits in execution of laws (LÜDERITZ 2004).

However, the responsibility for deficits often also lies with hydraulic engineers and limnologists because most renaturalization measures do not actually deserve this name. In about 80% of all cases, forecasted improvements are either reached only to a low degree or not at all (GUNKEL 1996).

Thus, there is no doubt that, for example, the advanced stream program of Saxony-Anhalt, which contains a detailed strategy for a total of 1300 km of streams, will hardly be realized with the expected success. Continuing at the present speed, it would take more than 1000 years to finish!

This is the reason why non-governmental organizations (NGOs) like BUND (German Association of Environmental and Nature Conservation), some environmental authorities, and research institutes like the Institute of Water Management and Ecotechnology of the University of Applied Sciences Magdeburg have started several efforts to improve the situation (LÜDERITZ 2004).

Of these efforts, the development of a system of quality assessment and success measurement has a special relevance. It is the most important precondition for the further improvement of strategies, implementation of renaturalization projects, and reduction of expenses and negative environmental and human impacts.

The objective of this study was to develop a macroinvertebrate-based system of quality assessment and measurement of success. Macroinvertebrates were chosen as indicator organisms because

- they are present in a high number of species,
- most species have different demands on habitat quality (high indicator value),
- macroinvertebrates are easy to catch, and
- they are able to quickly (re)settle stream reaches.

Our approach was developed with special reference to a comprehensive revitalization project at the Ihle, a stream in Saxony-Anhalt.

Materials and Methods

Location and status of the investigated stream

The Ihle River is a small, sand-bed lowland stream to the northeast of Magdeburg (Germany, Saxony-Anhalt) in the Fläming, a hilly landscape with altitudes between 45 and 80 m a.s.l. (Fig. 1). It is a typical lowland stream with a slope of less than 0.2%. Bed sediments consist of a mixture of sand and gravel: larger grain sizes play a very minor role with a coverage of less than 2%. The river is 32.2 km long and drains a catchment of nearly 200 km^2 (Fig. 2). The mean discharge is 0.5 m^3/s and the mean high water discharge is estimated at 2.4 m^3/s (gauging station Grabow).

Since medieval times, the hydromorphology of the Ihle River has frequently been altered, mainly to satisfy energy supply demands (water mills). In recent decades however, the major interest has been the use of the river valley for agricultural purposes. For this reason, the river course was relocated to the valley edge in the early 1960s. Since 1990, the water quality of the river has rapidly increased due to improvements in wastewater treatment within the watershed. Some single projects were implemented to increase the longitudinal ecological permeability of the stream, most of which involved using fish ladders or bypass stretches to overcome barriers like weirs or other transversal bed structures.

Renaturalization measures 2001 and 2002

The planning for the renaturalization of a stretch of the Ihle River began in 1993 as a compensation measure for

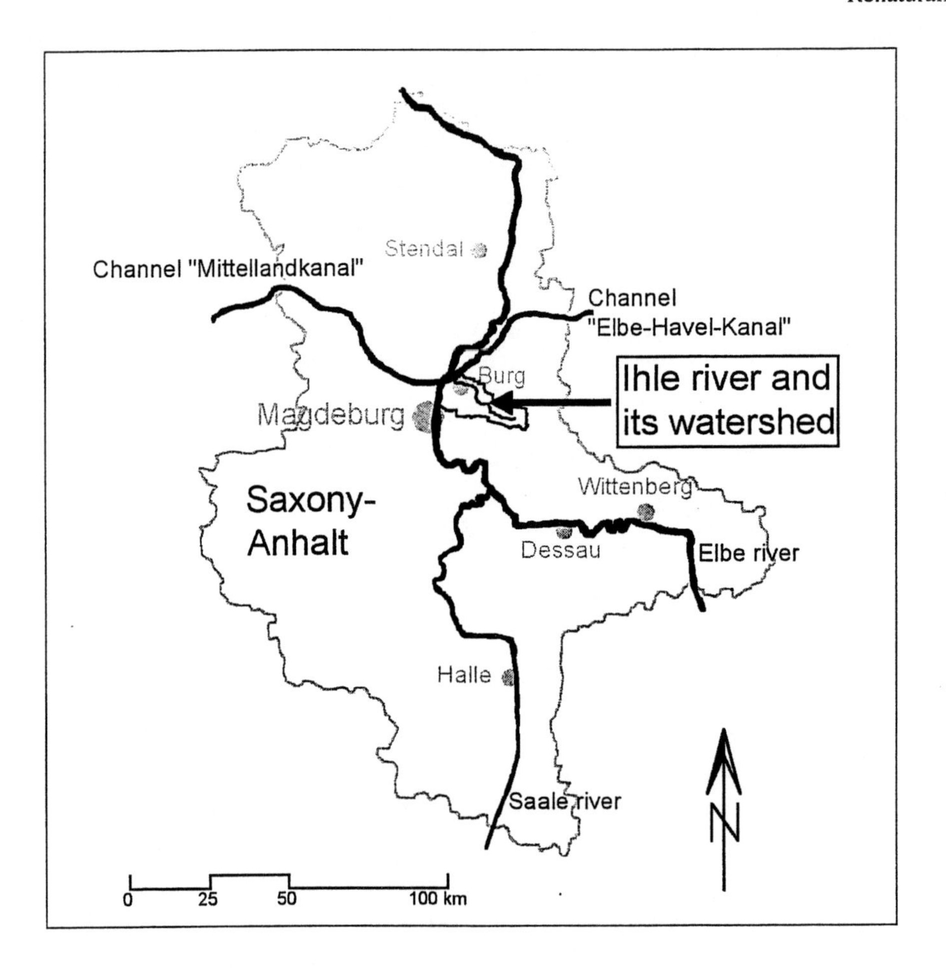

Fig. 1. Location of the Ihle River and its watershed within the federal state of Saxony-Anhalt.

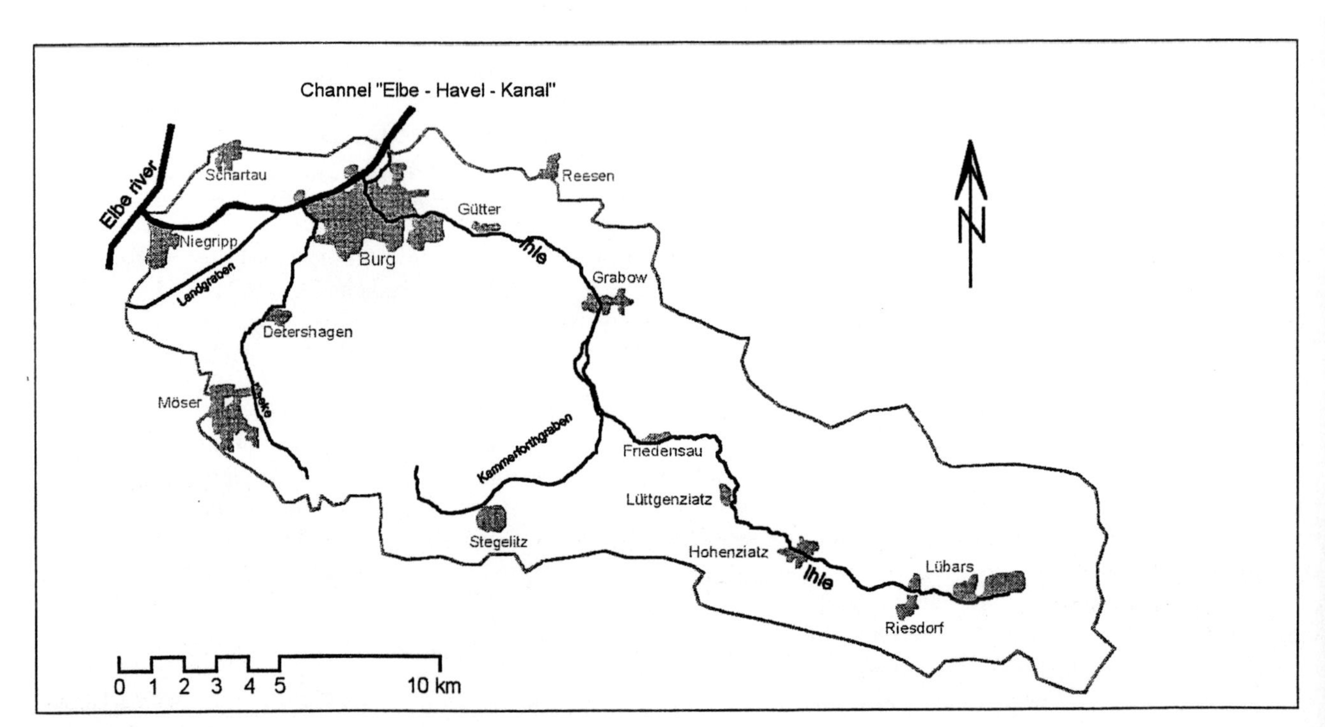

Fig. 2. Watershed of the Ihle River.

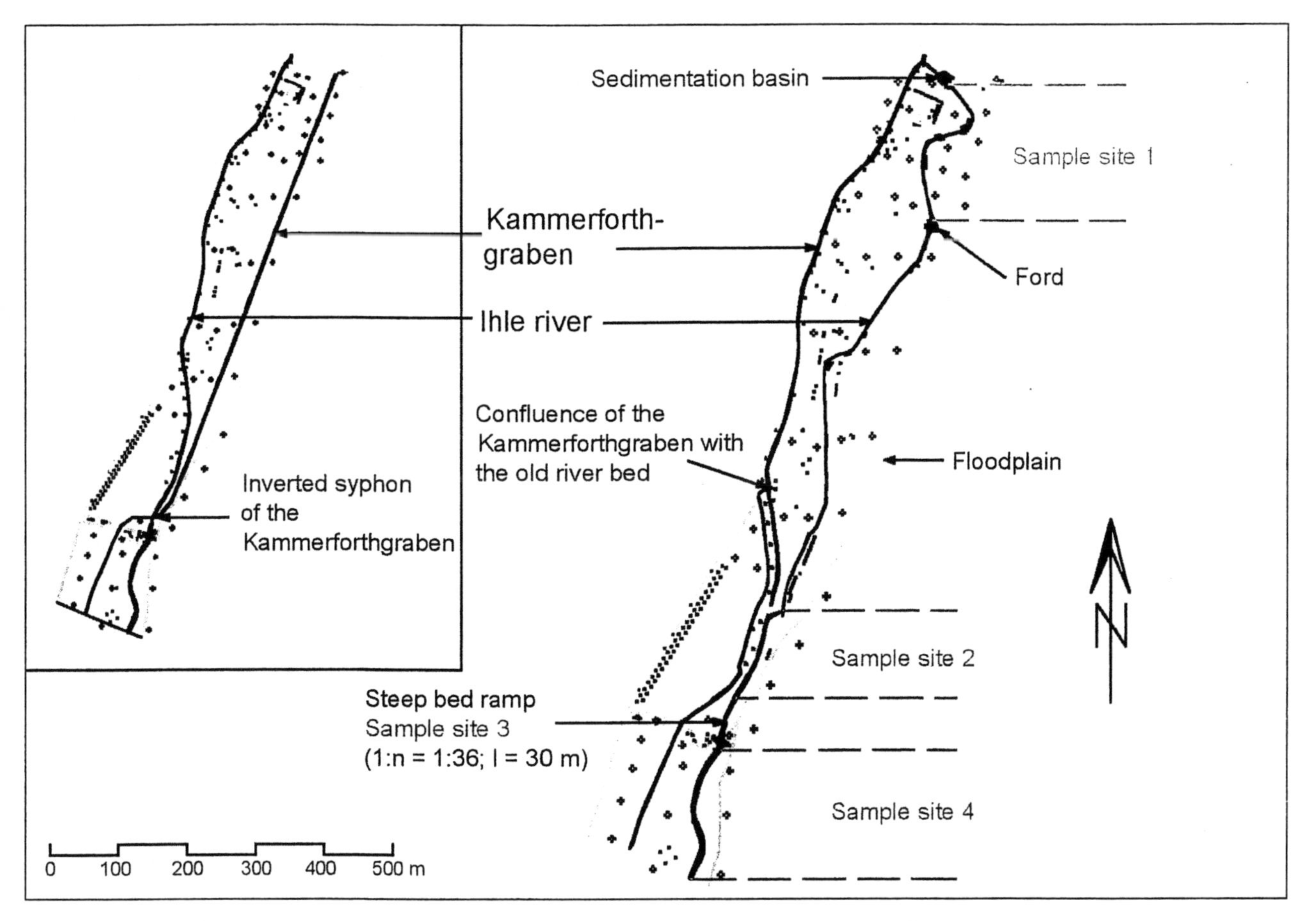

Fig. 3. Situation of the Ihle River before (small figure) and after (big figure) the provisional finish of the renaturalization project in 2002.

the reconstruction of the A2 highway, which connects Berlin and Hannover. The main objective was to move the stream back into its former bed in the valley over a stretch of approximately 1600 m (see Fig. 3). This was to enable the river to develop naturally and dynamically within the valley and to create and model its own floodplain. Due to the unknown dynamic potential of the river and the geomorphologic adjustment in the renaturalized section, a sedimentation basin was built at the downstream end.

The renaturalization project was not limited to the Ihle River itself but also included the Kammerforthgraben, a former tributary. The restoration was finished in spring 2002 after the long process of obtaining the necessary legal permissions. The costs amounted to 1.5 million Euros, most of which was spent to buy the river valley area. This was necessary to ensure a dynamic and natural hydromorphological development in this area unrestricted by the demands of other land owners or land users.

The situation after the project was dissatisfactory due to problems of ongoing erosion of parts of the river bed. As a result, the river bed was deeply scoured in a large part of the renaturalized stretch (Fig. 4). Other stretches showed uniform development without sufficient habitat diversity. Moreover, a steep bed ramp, which also caused a lentic backwater, reduced the linear connectivity of the stream.

In spring 2002, the Magdeburg Institute for Water Management and Ecotechnology was awarded a contract both to measure the success of the renaturalization and to develop a strategy to improve the ecological situation within the investigated stream stretch by using a combined geomorphological and hydrobiological approach. The project was funded by the Saxony-Anhalt Authority for Flood Control and Water Management (Landesbetrieb für Hochwasserschutz und Wasserwirtschaft).

Methods of measurement of success

1. Geomorphology and hydrology

The measurement of success of geomorphological alterations focused mainly on the newly created stream bed.

Fig. 4. The Ihle River after the provisional finish of the renaturalization project in spring 2002 (taken from cross profile 11, see Fig. 6).

Therefore, the field measurements concentrated on surveying 27 marked cross profiles within the renaturalized stretch (see Figs. 5 and 6). The cross profiles were taken between May 2002 and January 2003 and incorporated into the assessment of the stream flow conditions. Water levels were measured continuously at two temporary gauging stations within the renaturalization area at the Ihle River and the Kammerforthgraben. The results were combined with the data obtained at the gauging station near Grabow. This gauging station has been operated by the responsible water authority since 1974. A flood event occurred during the investigation period on July 7, 2002. The discharge was measured at 5.79 m^3/s and the recurrence interval was calculated at 10–20 years (average discharge: 0.49 m^3/s). It was the third largest event recorded since 1974.

The marked cross profiles were measured in detail in May 2002, August 2002 and January 2003. Fig. 5 shows cross profile 13 as an example. Each cross profile included between 14 and 25 single points, depending on its width. They were taken to calculate the erosion and accumulation processes within the river bed (Fig. 5).

2. Hydromorphology

Using the methods of ecomorphological mapping according to LAWA (2000), 1.6 km of the new stream course and 1.2 km of the old stream course were mapped and evaluated. The following main parameters were recorded: stream course development, longitudinal profile, cross profile, bed structure, bank structure and riparian area.

These six main parameters are broken down into 27 single parameters. The hydromorphological status (Strukturgüteindex) is classified into seven quality classes:

- Class 1: unchanged, natural morphology;
- Class 2: slightly changed, unimportant changes which obviously do not influence the functionability of the water body;
- Class 3: moderately changed, changes in morphology are obvious and have a significant impact on the ecology of the waterbody;
- Class 4: clearly changed, water body shows a clear deviation from its natural status and is straightened and lined to a degree of up to 50%;

- Class 5: markedly changed, straightening and lining reach 100%;
- Class 6: heavily changed, natural dynamics are prevented by bank pavement and lining;
- Class 7: excessively changed, completely channelized.

The morphology was assessed by comparing undisturbed stream reaches in the same landscape unit with the mapped sites.

3. Hydrobiology

In March/April and in August 2002, and again in March/April and June 2003, macroinvertebrate species were sampled in four reaches of the new stream course (Fig. 3). Stretch 1 is a 100 m long constructed meander with a profile that is too deep due to a relatively high and steady current velocity. Stretch 2 is a 40 m long riffle section with a relatively high current velocity, stretch 3 includes the steep bed ramp (length: 30 m), and stretch 4 is a 100 m long section of lentic backwater upstream of the ramp. Furthermore, a 100 m long stretch of the old stream course was included in the sampling program. The sites were sampled using an extended version of the multihabitat sampling technique according to HERING et al. (2003), which included all microhabitats (mineral and organic bed substrates, submerged and emerged aquatic plants) within the four stretches. An area of 40 m² at each site was sampled using a handnet with a mesh size of 0.5 mm. The organisms (except easily identifiable species) were fixed in ethyl alcohol (70%) and identified with keys by ILLIES (1955), AUBERT (1959), MÜLLER-LIEBENAU (1969), FREUDE et al. (1971 /1979), RAUSER (1980), SCHMEDTJE & KOHMANN (1992), BELLMANN (1993), BAUERNFEIND (1994), and WARINGER & GRAF (1997).

To assess biological quality, the following methods were used to analyze macroinvertebrate data:

- AQEM (the development and testing of an integrated assessment system for the ecological quality of streams and rivers throughout Europe using benthic invertebrates) method (PAULS et al. 2002; HERING et al. 2003; LORENZ et al. 2004): This method is based on macroinvertebrate taxa lists, derived from a standardized sampling procedure and sampling processing technique. The taxa lists are used to calculate a multimetric index (EQI_M: Ecological Quality Index using benthic Macroinvertebrates). The EQI_M covers several metric groups (functional guilds, sensitive/tolerant taxa, diversity indices, etc.) and provides a sound measure to assess the impact of hydromorphological degradation on the macroinvertebrate community. The index includes a newly developed German Fauna Index (GFI) and the percentage of Plecoptera, detritus feeders, rheophilic organisms and species with lithal or pelal preferences (LORENZ et al. 2004) for this stream type.

The GFI itself represents a tolerance measure to evaluate the hydromorphological status of a site (sample). It is based on taxa that are sensitive/tolerant of certain hydromorphological attributes such as wooded debris, bed substrates and bank fixation (rip rap). A detailed list of indicator taxa can be found in LORENZ et al. (2004).

Besides the multimetric index, a software tool (AQEM assessment program: www.aqem.de) calculates the revised German Saprobic Index (ROLAUFFS et al. 2004).

The advantage of multimetric assessment systems is well documented (e.g. BARBOUR et al. 1999; HERING et al. 2004): in comparison to single metric indices, multimetrics provide a sound measure that is relatively insensitive to extreme values. Furthermore, the component metrics simultaneously display functional deficits of the benthic community, for example a lack of certain feeding types or a dominance of lentic species.

- Specific reference conditions ('Leitbild') were defined for macroinvertebrate communities by sampling comparable but undisturbed (near-natural) streams of the same landscape unit and with the aid of historical literature. The success of a renaturalization is evaluated by comparing the occurrence of reference species ('Leitarten') at the test stretch (renaturalized stretch) with the range observed at all reference stretches. Reference species are organisms which are very typical for a distinct natural stream. They are bound to geo-hydromorphological structures that determine the characteristics and value of the aquatic ecosystem, such as the most common microhabitats, food supply or naturally diverse flow conditions. Typical accompanying species are also very common in reference streams. However, they are not bound to specific stream types or hydromorphologically valuable structures; they also occur in degraded stretches, although possibly at a different composition.
- Conservation Index (CI) was estimated according to GEYER & MÜHLHOFER (1997). This index reflects the occurrence of more or less endangered target species in the landscape concerned. In this system, the CI classifies areas or water sectors into nine degrees according to their importance. Degree 9 means national importance and degree 8 supraregional importance.

Results

Geomorphology, hydrology and hydromorphology

The measurement of 27 cross profiles revealed the geomorphologic processes occurring within the Ihle River in detail. Comparing the cross profiles taken in May 2002 with those from August 2002 showed changes in profile area between 0.0037 and 0.2630 m². Using semi-

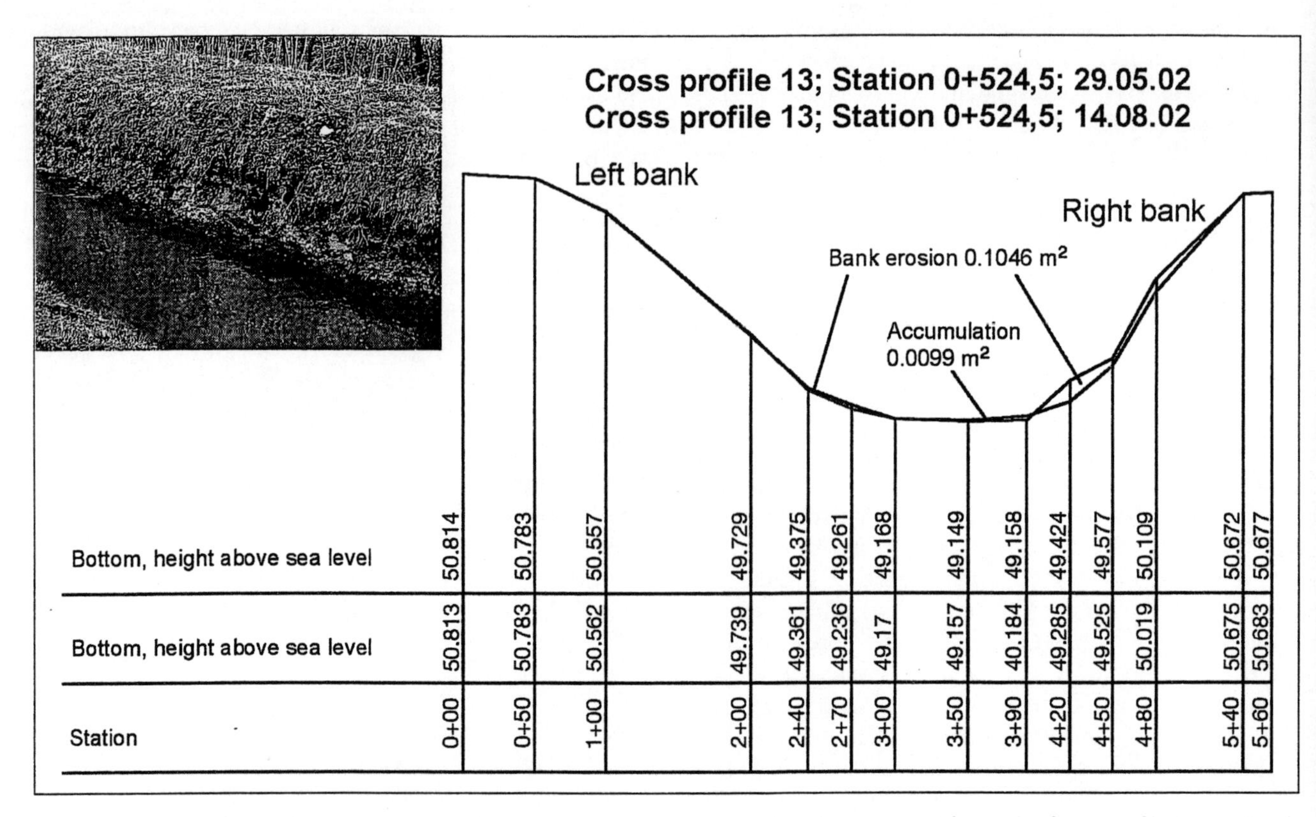

Fig. 5. Two cross profiles to determine erosion and accumulation between May 2002 and August 2002 (example of cross profile 13, see Fig. 6).

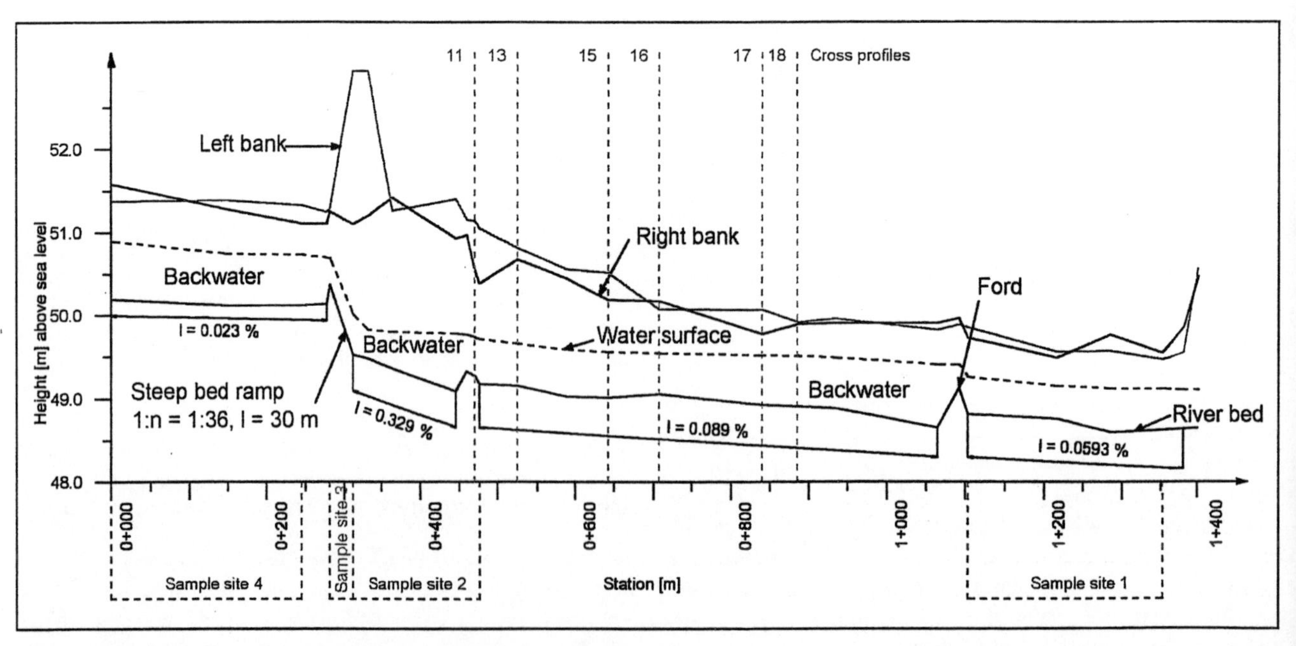

Fig. 6. Longitudinal profile of the renaturalized stretch of the Ihle River (September 2002). The negative impact of the steep bed ramp and the ford disturbing the natural river bed is obvious.

quantitative mapping, we found almost equal areas of erosion and deposition in the renaturalized river stretch. The movement of material was mostly coming from the river bed itself.

Sediment movement was accompanied by sorting of different grain sizes, which leads to an increased substrate diversity. As a typical example, the grain size distribution of a sample at cross profile 10 (sample site 2) was as follows: D_{10}: 0.22 mm; D_{50}: 3.2 mm; D_{90}: 11.1 mm.

The observed geomorphological processes were relatively limited (Fig. 5) and confined to the stream channel (MÜLLER 2002). This tendency fits well to observations in similar investigation areas (e.g. VETTER 2002).

Despite the renaturalization measures, hydromorphology could only be classified as grade 3 (moderately changed). A steep bed ramp and a ford have a negative impact on the longitudinal profile, causing a backwater upstream (Fig. 6).

It was also obvious that the river bed was much too deep in some parts of the renaturalized stretch (Fig. 5), which prevented floods from inundating the valley. In these areas, the newly created river bed remained stable and displayed almost no sign of self-dynamic behavior. Therefore, one of the main outcomes of the measurement of success was a strong recommendation to change the river bed height and create a meandering course (see conclusions).

Table 1. Evaluation of the Ihle renaturalization by means of the AQEM procedure, comparison with regional reference conditions and ecomorphological assessment.

Parameter/ Index	Sampling date	Sampling reach					
		1	2	3	4	Whole distance	Old course
Revised saprobic	March 2002	2.05	1.93	2.02	2.08	2.03	2.15
index, taken from	August 2002	2.09	1.93	1.95	2.13	2.03	
ROLAUFFS et al.	April 2003	1.98	1.88	1.96	2.07	1.98	2.17
(2004)	June 2003	2.02	1.93	1.91	2.12	2.00	
FFG Index	March 2002	0.54	0.59	0.45	0.62	0.55	0.598
	August 2002	0.54	0.57	0.45	0.55	0.55	
	April 2003	0.66	0.63	0.53	0.61	0.63	0.573
	June 2003	0.58	0.65	0.54	0.60	0.61	
GFI	March 2002	0.34	0.46	0.37	–0.13	0.31	0.019
(LORENZ et al. 2004)	August 2002	–0.03	0.46	0.33	–0.31	0.02	
	April 2003	0.09	0.42	0.188	–0.18	0.18	0.015
	June 2003	0.16	0.38	0.100	0.19	0.02	
EQI_M	March 2002	3	4	4	3	3	3
(LORENZ et al. 2004)	August 2002	2	4	3	2	3	3
	April 2003	3	4	4	2	3	3
	June 2003	3	3	3	2	3	3
Similarity with	March 2002	15.7	21.4	12.9	18.6	35.4	17
reference conditions	August 2002	17.1	24.3	14.3	17.1	37.3	
(%)	April 2003	32.9	34.3	20.0	20.0	45.7	16
	June 2003	29.6	27.1	20.0	18.6	40.3	
Hydromorphological	2002	3.2	2.5	–	4.3	3.3	4.0
grade	2003	2.7	2.5	–	4.3	3.1	4.0

– EQI_M: 'Ecological Quality Index using benthic macroinvertebrates'; multimetric index of the AQEM method; reference conditions = 5 (high ecological status).
– FFG index: Functional Feeding Groups; reference conditions = 0.85 (dominance of shredders and scrapers).
– GFI: 'German Fauna Index'; reference conditions = +2 (dominance of 'positive' indicator taxa).
– Ecomorphological class: reference conditions = 1 (natural status).
– Similarity with reference conditions: Degree of correspondence with macroinvertebrate biocoenoses of reference (natural) streams in the same landscape unit: > 50% = high status.

Hydrobiology

The measurement of success clearly shows the impact of morphological deficits on the macroinvertebrate community (Table 1).

Compared with the former stream course, more reference species were encountered in the revitalized stretch. Valuable, structure-rich reaches upstream of the sample sites allowed for a quick colonization of the new watercourse. The degree of similarity with reference conditions was 35.4% in March 2002 and reached 45.7% in April 2003 (Tables 1 and 2). This steady increase from 2002 to 2003 was due to several species that indicate high quality: *Perlodes dispar*, *Taeniopteryx nebulosa* (both Plecoptera), *Lype reducta* (Trichoptera), and *Gomphus vulgatissimus* (Odonata). Values above 50% are hardly attainable because of limited sampling areas, natural species redundancy (competition between species with similar environmental demands) and the natural rareness of certain species.

From the point of view of nature conservation, the stretch provides a nationally important biotope (Conservation index CI = 9) for five species [*G. vulgatissimus*, *Libellula fulva*, *Calopteryx virgo* (Odonata), *P. dispar*, and *T. nebulosa* (Plecoptera)] which are in danger of extinction.

On the other hand, the GFI and the multimetric EQI_M assign a 'moderate ecological quality' (class 3) for samples of the whole revitalized reach. An exception is a riffle area (stretch 2) with a relatively high substrate diversity (see geomorphology) for which a 'good ecological status' was calculated. Thus, the ecological quality of the revitalized course corresponds with the results of the hydromorphological mapping (Table 1).

In contrast, the EQI_M result for the former course seems too high compared with the hydromorphological method and considering that the number of species in the newly created watercourse (109) was much higher than in the former main course (59). Furthermore, the latter stretch was colonized by only 16–17% of reference species (Table 1).

A too high profile depth, partially monotonous flow conditions, stagnation due to a backwater and absence of shading and wooded debris are the major hydromorphological deficits within the revitalized stretch. These conditions attract limnophilous species (38 of a total of 109 species). This may also be the reason for a low FFG (Functional Feeding Groups) Index, which resulted from the high proportion of filter feeders and deposit collectors. However, the Saprobic Index, which is a measure of organic load, reveals good water quality in all reaches (Table 1). Therefore, it is obvious that an ecological improvement of the stream is only possible by an increase of the hydromorphological grade.

Discussion and Conclusions

Methodology of success measurement

While searching for the objectives of 57 renaturalization projects in Germany, GUNKEL (1996) found the following priorities:

- Enhancement of natural form (40%)
- Restoration of biotopes (20%)
- Enhancement of a dynamic development, reduction of erosion, water retention (28%)
- Enhancement of self-purification (10%)
- Recreational use (2%).

The measurement of success of revitalization projects must reveal the degree to which the demands and objectives are fulfilled. Because the aims include biological, hydrological, geomorphological, and hydromorphological aspects, extensive methods are necessary for its implementation.

If, as a starting point, selected reference stretches are taken that (nearly completely) fulfill all the functions of a natural water body, the evaluation of a test site using reference conditions (comparison method) has to be the main strategy of an integrated assessment (EU 2000). In our case, 35% of found species were limnophilous and atypical for flowing water bodies. Their presence in higher abundances also decreases several indices.

There is no doubt that much time and manpower is necessary to apply the comparison method. With only 23 stream types, the German stream typology is very coarse. Hence, this typology cannot completely represent regional differences. Thus, in different streams of the same stream type but in different regions, the similarity of, for example, macroinvertebrate communities may be relatively low (BÖHMER 2002). Consequently, reference conditions must be refined using comparable water bodies in the same landscape unit. With comprehensive, large scale renaturalization programs, these efforts should be invested to achieve a high quality method of success measurement.

However, even in the small German federal state of Saxony-Anhalt, there are 38 different landscape units. Most of them are intensively used; reference stretches do not exist. Under such conditions and also for small-scale activities that do not justify intensive efforts to define reference conditions, the use of indices (multimetrics) such as the standardized EQI_M is promoted. Our results show that these indices provide valuable information about the functionability of a stream in addition to the reference-based 'comparison method'. The GFI evaluates the ecomorphology from the organism's point of view. Consequently, streams with diverse hydromorphology (substrate diversity, high percentage of wooded

Table 2. Reference conditions for macroinvertebrates of the Ihle.

Taxonomic group	Family	Species	Reference species	Typical accompanying species	Presence in Ihle River	
					2002	2003
Bivalvia	Sphaeriidae	*Pisidium nitidum*		x		
		Pisidium obtusale		x		
		Pisidium personatum		x		x
		Pisidium subtruncatum		x	x	x
		Pisidium tenuilineatum		x		
		Sphaerium corneum		x	x	x
		Sphaerium rivicola		x		
		Sphaerium solidum		x		
	Unionidae	*Unio crassus*	x			
		Unio pictorum		x		
Gastropoda	Ancylidae	*Ancylus fluviatilis*	x		x	x
	Bithynidae	*Bithynia tentaculata*		x	x	x
	Lymnaeidae	*Lymnaea stagnalis*		x	x	x
		Radix ovata		x	x	x
		Stagnicola palustris		x	x	x
	Neritidae	*Theodoxus fluviatilis*		x		
	Planorbidae	*Anisus vortex*		x	x	x
		Bathyomphalus contortus		x	x	x
		Gyraulus albus		x	x	x
		Planorbis planorbis		x	x	x
Crustacea	Asellidae	*Assellus aquaticus*		x	x	x
	Gammaridae	*Gammarus pulex*	x		x	x
		Gammarus roeseli	x		x	x
Coleoptera	Dytiscidae	*Agabus biguttatus*	x		x	x
		Agabus bipustulatus		x	x	x
		Guignotus pusillus		x	x	x
		Ilybius fuliginosus		x		x
		Laccophilus hyalinus		x	x	x
		Platambus maculatus	x		x	x
		Potamonectes depressus		x	x	x
	Elmidae	*Elmis aenea*	x			
		Elmis maugetii	x		x	x
		Limnius volckmari	x			
		Oulimnius tuberculatus		x	x	x
	Gyrinidae	*Gyrinus substriatus*		x	x	x
		Orectochilus villosus	x			
	Haliplidae	*Brychius elevatus*	x			
		Haliplus fluviatilis	x		x	x
		Haliplus laminatus		x	x	x
		Haliplus lineatocollis		x		
	Hydraenidae	*Helophorus brevipalis*		x		
		Hydraena gracilis	x			
		Hydraena riparia	x			
		Limnebius truncatellus		x		
		Ochtebius marinus		x		
	Hydrophilidae	*Anacaena globulus*	x		x	x
	Scirtidae	*Elodes pseudominuta*	x			
Diptera	Limoniidae	*Dicranota sp.*		x		
	Simulidae	*Simulium ornatum*		x	x	x
		Simulium trifasciatum	x			
	Tabanidae	*Tabanus sp.*		x	x	x

Table 2. (Continued).

Taxonomic group	Family	Species	Reference species	Typical accompanying species	Presence in Ihle River	
					2002	2003
Ephemeroptera	Baetidae	*Baetis fuscatus*	x			x
		Baetis rhodani	x		x	x
		Baetis scambus	x		x	x
		Baetis vernus		x	x	x
		Centroptilum luteolum		x		x
	Caenidae	*Caenis macrura*		x		x
	Ephemerellidae	*Serratella ignita*	x		x	x
	Ephemeridae	*Ephemera danica*	x		x	x
	Heptageniidae	*Electrogena affinis*	x			
		Heptagenia flava	x		x	x
		Heptagenia sulphurea	x		x	x
		Rhitrogena semicolorata	x		x	x
	Leptophlebiidae	*Habrophlebia fusca*	x			
		Paraleptophlebia submarginata	x		x	x
	Siphlonuridae	*Siphlonurus aestivalis*	x			
Trichoptera	Beraeidae	*Beraea pullata*		x		
		Beraeodes minutus		x		
	Brachycentridae	*Brachycentrus subnubilus*	x			
	Ecnomidae	*Ecnomus tenellus*		x		
	Glossosomatidae	*Agapetus fuscipes*	x			
		Glossosoma conformis	x			
	Goeridae	*Goera pilosa*	x			
		Silo nigricornis	x			
		Silo pallipes	x		x	x
	Hydropsychidae	*Cheumatopsyche lepida*	x			
		Hydropsyche angustipennis		x	x	x
		Hydropsyche pellucidula		x	x	x
		Hydropsyche saxoncia	x		x	x
		Hydropsyche siltalai	x		x	x
	Hydroptiidae	*Ithytrichia lamellaris*		x		
	Lepidostomatidae	*Lasiocephala basalis*	x			
		Lepidostoma hirtum		x		x
	Leptoceridae	*Adicella reducta*	x			
		Athripsodes aterrimus		x		x
	Limnephilidae	*Anabolia furcata*		x		
		Anabolia nervosa		x	x	x
		Chaetopteryx villosa	x			
		Halesus digitatus	x			
		Halesus radiatus	x		x	x
		Ironoquia dubia		x		
		Limnephilus affinis		x		
		Limnephilus flavicornis		x	x	x
		Limnephilus lunatus		x		x
		Limnephilus rhombicus		x	x	x
		Limnephilus sparsus		x		
		Limnephilus stigma		x		
		Limnephilus vittatus		x	x	x
		Micropterna lateralis	x			
		Potamophylax latipennis	x		x	x
		Potamophylax rotundipennis	x		x	x
	Mollanidae	*Molanna angustata*		x	x	x
	Polycentropidae	*Neureclipsis bimaculata*		x		
		Plectrocnemia conspersa	x			
		Polycentropus flavomaculatus	x		x	x
	Psychomidae	*Lype reducta*	x			x
		Psychomya pusilla		x		

Table 2. (Continued).

Taxonomic group	Family	Species	Reference species	Typical accompanying species	Presence in Ihle River	
					2002	2003
	Rhyacophilidae	*Rhyacophila fasciata*	x			x
		Rhyacophila nubila	x		x	x
	Sericostamatidae	*Notidobia ciliaris*	x			
		Sericostoma personatum	x		x	x
Megaloptera	Sialiidae	*Sialis fuliginosa*		x		
		Sialis lutaria		x	x	x
Plecoptera	Capniidae	*Capnopsis schilleri*	x			
	Chloroperlidae	*Isoptena serricornis*	x			
	Leuctridae	*Leuctra fusca*	x			
		Leuctra geniculata	x			
		Leuctra nigra	x		x	x
	Nemouridae	*Amphinemura sulcicollis*	x			
		Nemoura cinerea	x			
		Nemurella pictetii		x	x	x
	Perlodidae	*Isoperla grammatica*	x			
		Perlodes dispar	x			x
	Taeniopterygidae	*Taeniopteryx nebulosa*	x			x
Odonata	Aeshnidae	*Aeshna cyanea*		x	x	x
	Calopterygidae	*Calopteryx splendens*		x	x	x
		Calopteryx virgo	x		x	x
	Coenagrionidae	*Coenagrion mercuriale*	x			
		Coenagrion ornatum	x			
	Cordulegasteridae	*Cordulegaster boltoni*	x			
	Gomphidae	*Gomphus vulgatissimus*	x			x
		Ophiogomphus serpentinus	x			
	Libellulidae	*Libellula fulva*	x		x	x
		Total number	70		26	31
		Percentage (ref. species)			37.1	45.7

Table 3. Advantages and disadvantages of methods for measuring the success of stream renaturalization.

Method/approach	Advantages/possibilities	Disadvantages/problems
Comparison method (Similarity of reference conditions in ecomorphology and selected biological assemblages with the renaturalized waterbody)	Achieved degree of naturalness can be estimated relatively safely; Ecomorphological mapping can identify reasons for biological deficiencies	High demands in manpower; absence of reference conditions in many landscape units
Indices (metrics) in relation to ecomorphology (FFG index, GFI)	Degree of structural degradation and distinct aspects of ecological functionability can be estimated by means of biological methods	Only limited expressiveness about the kind of structural deficiencies; no relation to the specific conditions of the landscape unit
Saprobic Index as a measure of pollution	Self-purification over a renaturalized distance can be measured	Only organic load can be estimated
Conservation index as a measure of conservation value	Measure of the habitat and refuge function	Rare species can also inhabit disturbed ecosystems
Multimetric index EQI_M as a measure of ecological integrity	Holistic stream-type-specific measure for the hydromorphological state and quality of a water body	Relatively low sensitivity to regional features; no relation to the specific conditions of the landscape unit

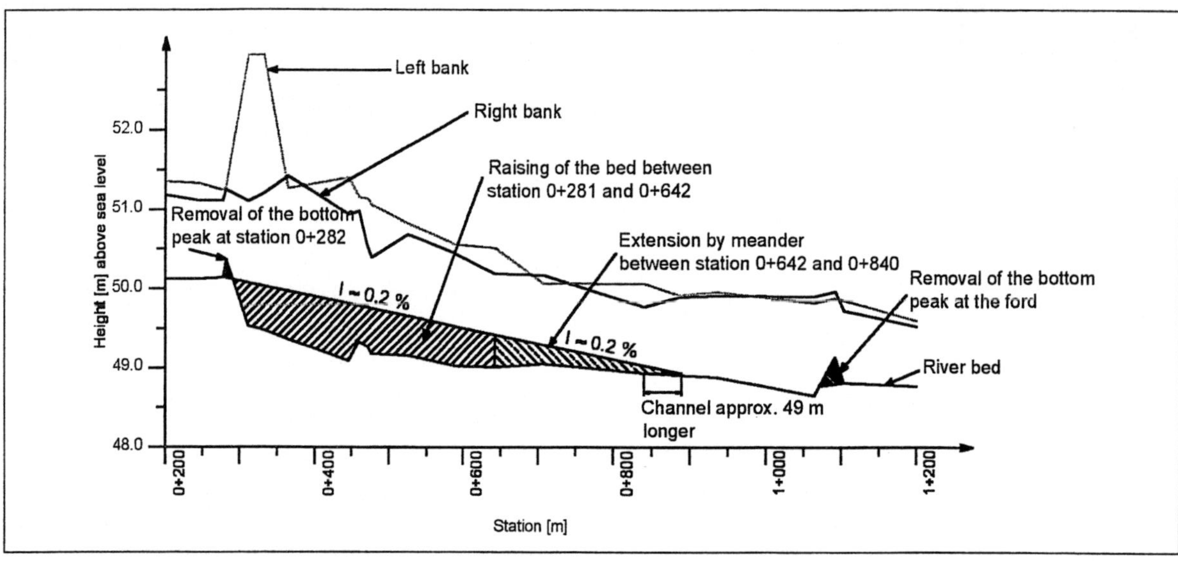

Fig. 7. Longitudinal profile of the renaturalized stretch of the Ihle River showing the recommended new river bed height. After removal of the peaks (steep bed ramp and ford) a continuous slope of 0.2% can be reached by increasing the river bed height between stations 0+270 and 0+890.

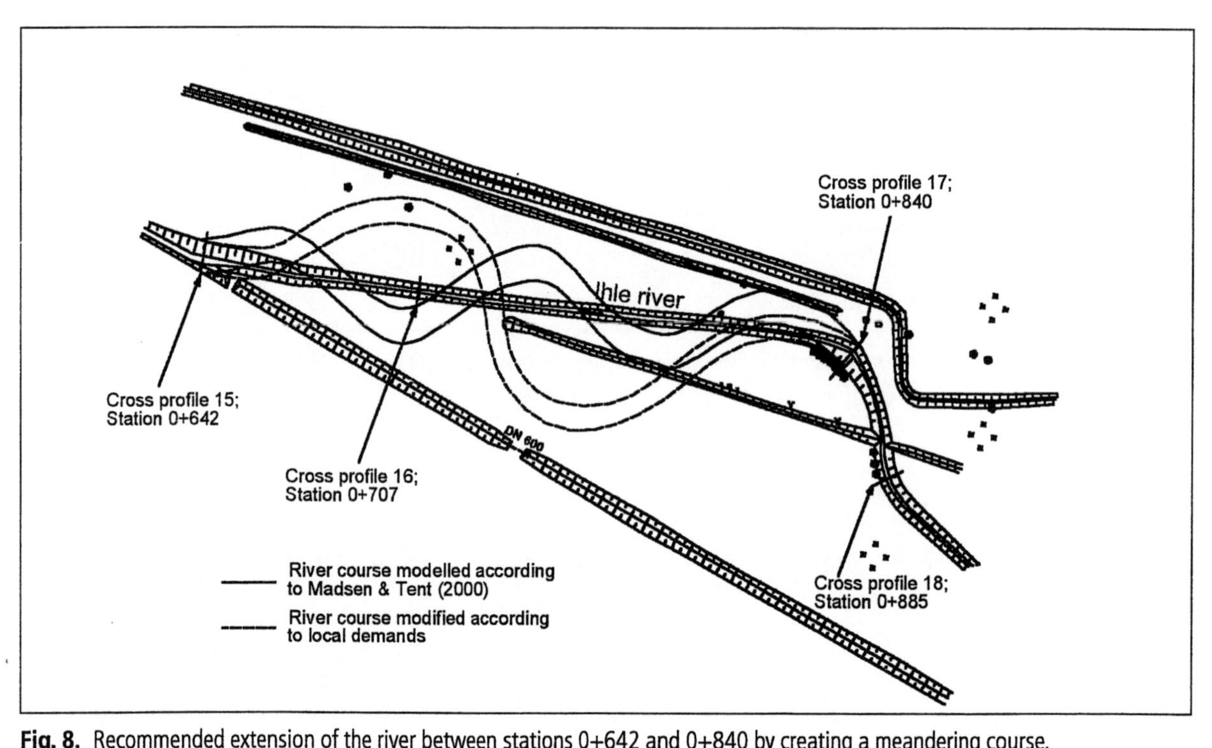

Fig. 8. Recommended extension of the river between stations 0+642 and 0+840 by creating a meandering course.

debris, rich and diverse bank and bottom structure) differ from impoverished water bodies by

- the presence of indicator species for special structures (e.g. wooded debris, riffle reaches, lentic areas),
- a higher number of taxa [especially Ephemeroptera, Plecoptera, Trichoptera, Coleoptera (EPTC)] and
- a higher diversity (LORENZ et al. 2002).

Therefore, it is consistent that our results of morphological mapping correspond very well with the GFI and the EQI_M.

However, stream evaluation by means of hydromorphological indices also has deficiencies:

- It lacks information about the kind and location of structural deficits.

• It does not tell us enough about biological richness and conservation value. This, for instance, is the reason why the EQI_M gives a similar classification for both the old and the new stream course.

• The application of the AQEM method to assess atypical ('problematic') structures such as steep bed ramps is critical. Due to the coarse substrate and comparatively steep gradient, a bed ramp represents more a mountainous stream than a typical section of a sand-dominated lowland stream. Hence, due to the presence of many rheophilous taxa, the EQI_M overestimates the quality of sections with bed ramps.

In part, these deficits are an internal consequence of the EQI_M calculation method: As mentioned above, it is a combination of different metrics, but real ecological complexity and diversity may be more than an average of several indices. Furthermore, this procedure has been developed using very general and coarse reference conditions, which cannot consider regional distinctions.

Summarizing our experiences, we have suggested several usable methods to measure success, together with their advantages and deficits (Table 3). Only a combination of these different approaches can provide a comprehensive tool to evaluate the quality of a renaturalization project.

In the future, the macroinvertebrate-based methods should be supplemented by methods that use macrophytes and fishes as suggested by JEHN (2002) and SPEIERL et al. (2002). However, the usability of macrophytes as indicators for small, sand-bed streams is limited because of their low occurrence in reference streams due to shading. Furthermore, the number of fish species in this type of water body is relatively low. Thus, we are sure that approaches using macroinvertebrates will prove to be the most useful and expressive methods for small streams.

Practical conclusions for the improvement of the dissatisfactory status

On the basis of quality assessment, we were able to draw practical conclusions for the improvement of renaturalization projects.

The main result of the measurement of success was the observation of a lack of self-dynamic geomorphologic processes. This was surprising because a flood event occurred during the investigation period. Together with the detailed hydrobiological investigations, it was found that the renaturalization measures lead to an improvement of the ecological situation but did not reach the final objective.

Therefore, practical measures to improve the existing dissatisfactory status were developed. The recommendations focused on the geomorphology of the river, in particular the height of the river bed, the slope and the course of the river. Fig. 7 shows the recommended new river bed height in the longitudinal profile. We recommended that the steep bed ramp be covered completely. To achieve an acceptable slope of 0.2% in this area, we recommended raising the river bed over a distance of nearly 600 m, beginning at the upstream end of the bed ramp.

Fig. 8 shows an additional recommended measure. The course in this part of the river was straightened but should follow a natural meander. The meander geometry was calculated according to MADSEN & TENT (2000). These authors suggest a meander wavelength of 10–14 times the width of the river. The use of this calculation leads to relatively small meanders as shown in Fig. 8. Taking the regional conditions into consideration, a similar course was proposed that incorporates the existing trees from the old river bed from the 1960s. Fig. 8 shows the recommended course.

The responsible authority is planning to put these recommendations into practice in 2004.

Acknowledgements

The authors acknowledge the assistance of our students Christian Kunz and Markus Kowalewski in calculating indices. We thank Friedemann Gohr for helpful discussions and Dr. William Jones (SPEA, Indiana University Bloomington) and our graduate student Tom Shatwell for a linguistic revision of the manuscript and numerous useful comments.

References

AUBERT, J. (1959): Plecoptera. In: Schweizer Entomologische Gesellschaft (ed.), Insecta Helvetica **1**: 1–144.

BARBOUR, M. T., GERRITSEN, J., SNYDER, B. D. & STRIBLING, J. B. (1999): Rapid bioassessment protocols for use in streams and wadeable rivers: Periphyton, benthic macroinvertebrates and fish, 2nd edition, EPA 841-B-99-002. Washington, DC.

BAUERNFEIND, E. (1994): Bestimmungsschlüssel für die österreichischen Eintagsfliegen (Insecta, Ephemeroptera). Wasser und Abwasser, Schriften der Bundesanstalt für Wassergüte. Wien.

BELLMANN, H. (1993): Libellen beobachten – bestimmen. Naturbuch-Verlag, Augsburg.

BÖHMER, J. (2002): Die ökologische Gewässerbewertung nach der Wasserrahmenrichtlinie der EU im Spannungsfeld zwischen wissenschaftlichem Anspruch und praktischen Notwendigkeiten. Deutsche Gesellschaft für Limnologie (DGL), Tagungsbericht 2001 (Kiel), 34–39. Tutzing.

BRAUKMANN, U., BISS, R., KÜBLER, P. & PINTER, I. (2001): Ökologische Fließgewässerbewertung. Deutsche Gesellschaft für Limnologie (DGL), Tagungsbericht 2000 (Magdeburg), 24–53. Tutzing.

EU (2000): Richtlinie 2000/60/EG des Europäischen Parlaments und des Rates vom 23. Oktober 2000 zur Schaffung eines Ordnungsrahmens für Maßnahmen der Gemeinschaft im Bereich der Wasserpolitik. Amtsblatt der Europäischen Gemeinschaften L 327.

FELD, C. K., KIEL, E. & LAUTENSCHLÄGER, M. (2002): The indication of morphological degradation of streams and rivers using Simuliidae. Limnologica **32**: 273–288.

FREUDE, H., HARDE, K. W. & LOHSE, G. A. (1971/1979): Die Käfer Mitteleuropas. Vol. 3 and 6. Goecke-Evers, Krefeld.

GEYER, A. & MÜHLHOFER, G. (1997): Bewertung von Flächen für die Belange des Arten- und Biotopschutzes anhand der Tagfalterfauna. VUBD-Rundbrief **10**: 7–11.

GUNKEL, G. (1996): Renaturierung kleiner Fließgewässer. Gustav Fischer, Jena.

HEIDENWAG, I., LANGHEINRICH, U. & LÜDERITZ, V. (2001): Self-purification in upland and lowland streams. Acta hydrochim. hydrobiol. **29**: 22–33.

HERING, D., BUFFAGNI, A., MOOG, O., SANDIN, L., SOMMERHÄUSER, M., STUBAUER, I., FELD, C., JOHNSON, R., PINTO, P., SKOULIKIDES, N., VERDONSCHOT, P. & ZAHRADKOVA, S. (2003): The development of a system to assess the ecological quality of streams based on macroinvertebrates – design of the sampling programme within the AQEM project. Internat. Rev. Hydrobiol. **88**: 345–361.

HERING, D., MOOG, O., SANDIN, L. & VERDONSCHOT, P. (2004): Overview and application of the AQEM assessment system. Hydrobiologia **516**: 1–20.

ILLIES, J. (1955): Steinfliegen oder Plecoptera. Die Tierwelt Deutschlands **43**, 1–150. Gustav Fischer, Jena.

JEHN, K. (2002): Effizienzkontrollen an renaturierten Fließgewässern in der badischen Oberrheinebene. GWF – Wasser Abwasser **143**: 659–666.

LAWA (Federal State's Working Group 'Water', Germany) (ed.) (2000): Gewässerstrukturgütekartierung in der Bundesrepublik Deutschland –Verfahren für kleinere und mittlere Fließgewässer. Schwerin. Kulturbuchverlag Berlin.

LAWA (2002): Gewässergüteatlas der Bundesrepublik Deutschland – Gewässerstruktur in der Bundesrepublik Deutschland 2001. Hannover. Kulturbuchverlag Berlin.

LORENZ, A., ROLAUFFS, P. & HERING, D. (2002): Bewertung von Bächen und Flüssen mit silikatisch geprägtem Einzugsgebiet – wirkt sich gewässermorphologische Degradation auf das Makrozoobenthos aus? Deutsche Gesellschaft für Limnologie (DGL), Tagungsbericht 2001 (Kiel), 87–92. Tutzing.

LORENZ, A., HERING, D., FELD, C. K. & ROLAUFFS, P. (2004): A new method for assessing the impact of hydromorphological degradation on the macroinvertebrate fauna of five German stream types. Hydrobiologia **516**: 107–127.

LÜDERITZ, V. & HENTSCHEL, P. (1999): Umgestaltung des Landeskulturgrabens bei Dessau. Naturschutz und Landschaftsplanung **31**: 18–22.

LÜDERITZ, V. (2004): Towards sustainable water resources management. A case study from Saxony-Anhalt, Germany. Management of Environmental Quality **15**: 17–24.

MADSEN, B. L. & TENT, L. (2000): Lebendige Bäche und Flüsse – Praxistipps zur Gewässerunterhaltung und Revitalisierung von Tieflandgewässern. Edmund-Siemers-Stiftung, Hamburg.

MÜLLER, S. (2002): Erarbeitung wasserbaulicher Verbesserungsmaßnahmen für die Ihle bei Grabow. Diplomarbeit, Hochschule Magdeburg-Stendal (FH), (unpublished).

MÜLLER-LIEBENAU, I. (1969): Revision der europäischen Arten der Gattung *Baetis* LEACH, 1815 (Insecta: Ephemeroptera). Gewässer und Abwässer **48/49**. Göttingen.

OVERMANN, K. (2003): Zwei Jahre Wasserrahmenrichtlinie – wie geht es weiter? Korrespondenz Abwasser **50**: 22–24.

PAULS, S., FELD, C. K., SOMMERHÄUSER, M. & HERING, D. (2002): Neue Konzepte zur Bewertung von Tieflandbächen und -flüssen nach Vorgaben der EU-Wasserrahmenrichtlinie. Wasser & Boden **54**: 70–77.

RAVEN, P. J., HOLMES, N. T. H., CHARRIER, P., DAWSON, F. H., NAURA, M. & BOON, P.J. (2002): Towards a harmonized approach for hydromorphological assessment of rivers in Europe: a qualitative comparison of three survey methods. Aquat. Conserv.: Mar. Freshwat. Ecosyst. **12**: 405–424.

RAUSER, J. (1980): Rad posvatky – Plecoptera. In: ROSKOSNY, R. (ed.), Klic vodnich larev hmyzu, 86–132. Prag (translation TU Dresden).

ROLAUFFS, P., STUBAUER, I., ZAHRADKOVA, S., BRABEC, K. & MOOG, O. (2004): Integration of the saprobic system into the European Water Framework Directive. Hydrobiologia **516**: 285–298.

SCHMEDTJE, U. & KOHMANN, F. (1992): Bestimmungsschlüssel für die Saprobier-DIN-Arten (Makroorganismen). Bayer. Landesamt f. Wasserwirtschaft, München.

SPEIERL, T., HOFFMANN, K.H., KLUPP, R., SCHADT, J., KREC, R. & VÖLKL, W. (2002): Fischfauna und Habitatdiversität: Die Auswirkungen von Renaturierungsmaßnahmen an Main und Rodach. Natur und Landschaft **77**: 161–171.

VETTER, T. (2002): Channel dynamics of a medium sized lowland river (Mulde, Sachsen-Anhalt, Germany). Z. Geomorph. N.F. **127**: 107–126.

WARINGER, J. & GRAF, W. (1997): Atlas der österreichischen Köcherfliegenlarven. Facultas-Universitätsverl., Wien.

Wetlands Ecology and Management **12:** 429–445, 2004.

Ditches and canals in management of fens: opportunity or risk? A case study in the Drömling Natural Park, Germany

Uta Langheinrich[1,*], Sabine Tischew[2], Richard M. Gersberg[3] and Volker Lüderitz[1]
*[1]Department of Water Management, University of Applied Sciences Magdeburg, Breitscheidstr. 2, D-39114 Magdeburg, Germany; [2]Department of Agriculture, Ecotrophology and Land Management, University of Applied Sciences Anhalt, D-06406 Bernburg, Germany; [3]Department of Occupational and Environmental Health, Graduate School of Public Health, San Diego State University, CA, USA; *Author for correspondence (e-mail: uta.langheinrich@wasserwirtschaft.hs-magdeburg.de; phone: +49-391-8864370; fax: +49-391-8864430)*

Received 4 July 2002; accepted in revised form 5 September 2003

Key words: Canals and ditches, Conservation value, Ecological integrity, Fens, Macroinvertebrates, Macrophytes, Stream morphology

Abstract

Up until the present, canals and ditches in Europe have been used to drain and thus devastate fens (lowland moors). However, in many cases, their function can be changed from drainage to irrigation and re-wetting of previously drained areas. These systems of canals and ditches are characteristic elements of the historically developed cultural landscape. Therefore, management and development plans should be oriented towards their continual maintenance. Despite the density of canals and ditches in many regions of Germany, especially of Eastern Germany, there are only a few studies to evaluate these systems of waterways, and an integrated approach towards their assessment has been totally absent. Existing approaches for typology and assessment of flowing waterbodies have been investigated in the Drömling Natural Park with regard to their applicability to such artificial canals and ditches. Special attention is given to the composition of macroinvertebrate fauna and the assessment of factors that determine it. Surprisingly, most water sectors have a high conservation value. High total numbers of species correlated well with the occurrence of endangered species.

Among the macroinvertebrates, limnophil and phytophil species were dominant, but rheophil fauna were also commonly present. This was caused by the intermediate status of canals and ditches, since they are neither completely flowing nor completely stagnant waterbodies. Habitat quality of these waters is determined by a small number of morphological parameters: bank steepness, depth of bottom, substrate diversity, hydraulic structures, and the structure of surroundings. In the framework of management and development measures, they should be maintained and improved for the future. To assess water quality, the Saprobic index and the Chemical index were appropriate, but for indication of trophic status, the Macrophyte-trophic index was adequate. Estimation of ecological integrity by a multimetric index using macroinvertebrates indicates that waterbodies are in a good status according to the demands of the European Water Framework Directive.

Introduction

Well-preserved fens are very important for water balance, microclimate stabilization, carbon storage and protection of endangered species (Succow and Jeschke 1990). Artificial drainage ditches can devastate fens. On the other hand, they are often a refuge for endangered and rare plant and animal species and their communities (Foster et al. 1990; Täuscher 1998; Painter 1999). Such manmade waterbodies can only be maintained with increasingly large management efforts (Langheinrich and Lüderitz 1998). But in most cases, conservation of traditional ditch and canal systems is an aim of nature protection in cultural landscapes, where a natural succession would lead to the disappearance of these structures over time. In the tradeoff between strict conservation (succession) and protection of cultural landscapes, guidelines for the development of surface waterbodies are necessary. A major prerequisite of such guidelines however, is a coherent ecological evaluation system for artificial ditches, canals, and streams.

Despite their number and density in many regions (especially in Eastern Germany), surprisingly little has be done in this field until recently (Painter 1999) – probably because these manmade waterbodies have an intermediate status between flowing and stagnant waterbodies, and as such, have not been well studied by limnologists. Indeed, they show the morphology of (disturbed) streams, but normally also have very low flow rates (Langheinrich and Lüderitz 1998). Additionally, since a potentially natural status (reference conditions – Leitbild) does not exist for these waterbodies, evaluation is difficult because the assessment methods must be adjusted for the manmade status of these waterbodies. The aim of this study was to present an integrated ecological evaluation of ditches and canals in the Drömling Natural Park, and thereby, make a contribution to the general evaluation methodology for such artificial waterbodies.

Such an evaluation should support the aims of management and development plans for fens, for instance for the Drömling Natural Park (Reichhoff 1996). In this framework, the high ecological value of the canals and ditches shall be maintained and developed. With this study, we extend our earlier results concerning water quality (Langheinrich and Lüderitz 1997), stream morphology (Langheinrich and Lüderitz 1998), and regeneration of fens (Langheinrich et al. 1998).

Using saprobic load (DIN 38410) and stream morphology, we found very small differences between canals. The saprobic index was – with one notable exception – between 2.1 and 2.3 (Langheinrich and Lüderitz 1997), and the whole stream morphology was evaluated as 'markedly disturbed' (grade 5) or at least as 'clearly disturbed' (grade 4). The waterbodies are straightened and lined, they have deep bottoms, a poor bottom structure, and steep banks (Langheinrich and Lüderitz 1998).

Surprisingly, random collections of macroinvertebrates showed important differences between the various sectors. To quantify these differences and to determine the underlying reasons for them, further investigations of macroinvertebrate communities were done in 1996, 1998, and 2000. They were complemented by macrophyte mapping in 1998 and 2000. Based on these data, the following questions could be answered:

- Which abiotic and biotic parameters cause differences in macroinvertebrate settlement?
- Which parameters should be included in an integrated evaluation procedure?
- What measures are necessary for sustainable management of canals and ditches?

In this study, the following parameters and indices were estimated or calculated:

- Total taxa richness of macroinvertebrates and macrophytes,
- Diversity index for macroinvertebrates,
- Steadiness, habitat preferences, stream preferences, and functional feeding groups of macroinvertebrates,
- Trophic index of macrophytes,
- Conservation value and
- Multimetric index as measure of ecological health and integrity.

Through analysis of this information, we present a framework for integrated ecological assessment of the watercourse system in the Drömling, as a general model for such waterbodies, and suggestions for their further sustainable management.

Study area

The Drömling in the north-west part of Saxony-Anhalt is a discrete natural unit. According to the Ramsar Classification System for Wetland Type the Drömling is a former peatswamp forest which was changed to a mainly non-forested peatland. Through the Eastern German National Park Programme in 1990, 26 000 ha of this fen were protected as a natural park. However, during previous centuries, drainage and intensive arable agriculture greatly altered the fen, so that actually only 7000 ha of peat soil exist. The management and development plan for the Drömling (Reichhoff 1996) commits itself to the following protection and management aims:

- The preservation of remaining areas of fen and (if possible) the stimulation of peat growth.
- Improvement of the water balance, by enhancement of the groundwater levels in most of the nature reserves in order to restore the nutrient sink function of the fen.
- Development of wet woodlands and meadows to create biotopes for endangered species.
- Maintenance and ecological improvement of waterbodies.

The widespread watercourse system (650 km canals and drainage ditches) shall be converted to allow the use of the system for irrigation and biotope re-connection. The water-holding function will be enhanced by carefully implemented hydraulic engineering. Simultaneously, the permeability of the watercourses for aquatic organisms is to be restored (Langheinrich and Lüderitz 1998).

Materials and methods

Macroinvertebrate sampling

In May and September 1996 and 1998, and also in April 2000, macroinvertebrate organisms were collected from 14 representative 100 m-sectors of 11 streams or canals (Figure 1). Hand nets (mesh size 0.4 mm) were used for collecting. All habitat elements and substrates were sampled over a period of 4 h in each sector. The abundances of species were estimated based on a seven degree scale analogous to DIN 38410. Thereby a degree of 1 mean a number of individuals (n) less than/equal 7 (2: $7 < n \leq 35$; 3: $35 < n \leq 150$; 4: $150 < n \leq 300$; 5: $300 < n \leq 1000$; 6: $1000 < n \leq 3000$; 7: $3000 < n$).

If possible, organisms were identified alive. If this was not possible, specimens were preserved (70% alcohol), transported to the laboratory and identified to species or genus level (Bellmann 1993; Waringer and Graf 1997; Studemann et al. 1992; Schönemund 1930; Schmedtje and Kohmann 1992; Freude et al. 1971, 1979).

Identification of dragonfly larvae was improved by catching and identifying adult insects.

Functional feeding groups were estimated using data from Vannote et al. (1980), Moog (1995) and Schmedtje (1996). Stream preferences were found in Schmedtje (1996). Saprobic index (SI) as a standard method of water quality assessment in Germany (DIN 38410) is a measure of saprobic load. Classification of saprobic load was done according to the actualized version by Sommerhäuser and Schuhmacher (2003). This version considers that an organically formed lowland stream will be reappraised as unloaded in a saprobic range from 1.75 to 1.89.

Chemical index (CHI) according to Bach (1984) is calculated including ammonium, nitrate and phosphate concentration, oxygen saturation, BOD_5, pH-value, temperature, and conductivity of water. CHI permits estimation of a chemical water quality class by invoicing mentioned physicochemical and chemical parameters.

For calculation of a diversity index, the formula of Shannon and Wiener (1949) was modified:

$$H_s = -\sum p_i \cdot \ln p_i \quad \text{with } p_i = \frac{q_i}{Q} \quad \text{and} \quad q_i = A_i^4$$

where
H_s: diversity index at species number s,
p_i: probability of the occurence of species i,
q_i: quantity of species i,
A_i: abundance number of species i and
Q: sum of quantities of all species

In the original formula of Shannon and Wiener, instead of quantities, the number of individuals is used. Because it is impossible to count the actual number of individuals of a predominant species in a 100 m-sector, we followed a suggestion of the LfU (1992) that the cubed seven-degree scale gives a good estimation of the number of individuals (however, for a shorter collecting time of 15 min). For our collecting time of four hours, we estimated by counting the individuals of selected species the power of four (i.e., A_i^4) was a good scale for the representing abundances.

Macrophyte mapping

In May 1998 and July 2000, macrophytes were mapped in the same sections. Species were identified according to Rothmaler (1981) and the quantity of species was estimated based on a five-degree-scale (1 = very rare; 2 = infrequent;

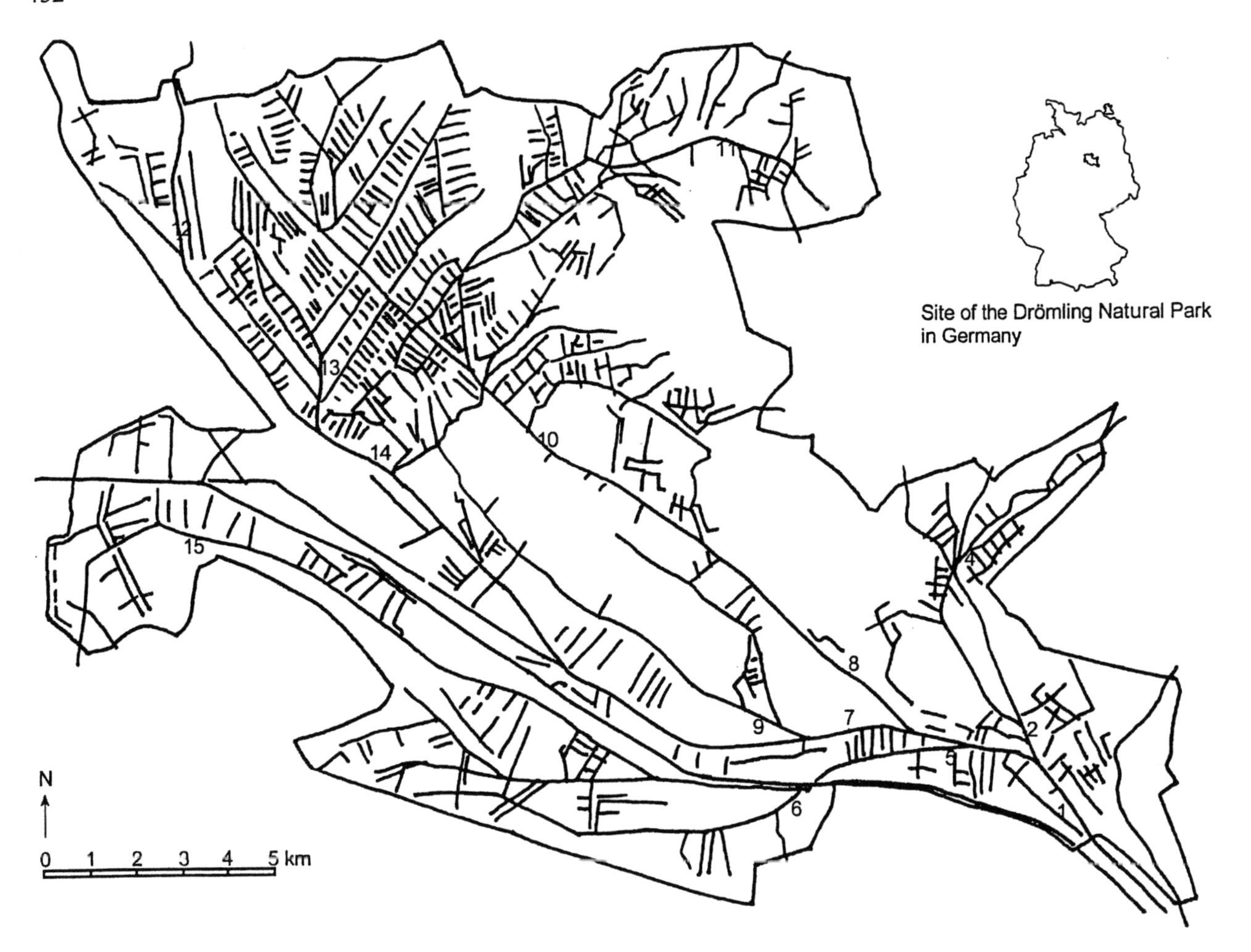

Figure 1. Evaluated water sectors in canals and ditches of the Drömling Natural Park.

3 = common; 4 = frequent; 5 = abundant, predominant) (Melzer 1993).

Plant communities and the degree of their endangerment were estimated according to Schubert et al. (1995).

Trophic index of macrophytes

Tropic index of macrophytes (TIM) was calculated with reference to Schneider (2000) who developed it to measure the trophic state of flowing water-bodies by means of aquatic and amphibic macrophytes.

$$\mathrm{TIM} = \frac{\sum_{a=1}^{n} IW_a \cdot G_a \cdot Q_a}{\sum_{a=1}^{n} G_a \cdot Q_a}$$

where
TIM: Trophic index of macrophytes,
IW_a: indicator value of species a,
G_a: indicator weight of species a and
Q_a: quantity of species a.

Similarly to the macroinvertebrates, Melzer (1988) found that the cubed five-degree-scale gives a good estimation of the quantity of aquatic macrophytes.

Mapping of stream morphology

Stream morphology was mapped in 1995 and 1996 (Langheinrich and Lüderitz 1998) by assessing the following main parameters: stream course development, lengthwise profile, crosswise profile, bottom structure, bank structure, surroundings. The morphological grade as the degree of deviation from potentially natural status was calculated based on a seven-degree-scale (1 – not disturbed; 2 – slightly disturbed; 3 – moderately disturbed; 4 – clearly disturbed; 5 – markedly disturbed; 6 – strongly disturbed; 7 – excessively disturbed). Morphological grades of 4 and 7, for instance, represent a different degree of disturbance. Grade 4 means a more or lesser big disturbance of some parameters meanwhile grade 7 means the total channelization.

Assessment of conservation value (conservation index)

Conservation index (CI) was estimated according to Kaule (1991) and Geyer and Mühlhofer (1997). This index reflects the occurence of more or lesser endangered target species in the concerning landscape. In this system, areas or water sectors are classified according to the nine degrees of the CI:
Degree 9: Nationally important.
Degree 8: Supraregionally important.
Degree 7: Regionally important.
Degree 6: Locally important and relevant for species conservation.
Degree 5: Poor in different species but still relevant for species conservation.
Degrees 4–1: Without endangered species.
The index value of a habitat depends on the number of endangered species occuring there, and on the degree of their endangerment.

Multimetric index (MMI) is a holistic measure of ecological health and integrity. It considers organic and structural degradation as the two main impact factors currently affecting stream biota (Pauls et al. 2002). It was calculated by computer aided AQEM (The development and testing of an integrated Assessment system for the ecological Quality of streams and rivers throughout Europe using benthic Macroinvertebrates) – procedure and discerns five classes of ecological quality (5 – very good status, 4 – good status, 3 – moderate status, 2 – unsatisfactory status, 1 – bad status). Its calculation is based on weighted calculations from different metrics like percentage of caddisflies, of rheophile organisms, saprobic index, and functional feeding groups. A metric is a measurable component of a biological system with an empirical change in value along a gradient of human disturbance (Pauls et al. 2002).

Results

Stream morphology

Mapping and evaluating stream morphology according to the guidelines for streams and brooks (Lüderitz et al. 1996), yielded grades of 4 (clearly disturbed) or 5 (markedly disturbed) in all sectors (Table 1). Small differences between sectors (Langheinrich and Lüderitz 1998) probably reflect composition of bottom substrate, steepness of banks and structure of surroundings.

Water quality

Estimation of the SI has only a limited value for water quality assessment in stagnant or very slowly flowing waterbodies because it was developed for streams. Nevertheless, we found most sectors only moderately loaded by organic substances (Table 1). Evaluation by means of the CHI (Bach 1984) indicates only a low or moderate load in most water sectors. Calculation of TIM shows that some waterbodies are mesotrophic to eutrophic and most are in a eutrophic status. This corresponds to a concentration of total phosphorus that is between 0.03 mg l^{-1} and 0.2 mg l^{-1} (Langheinrich and Lüderitz 1997).

The Allerkanal (sites 5 and 15) showed worse water quality because of its load of insufficiently treated domestic wastewater.

Ecological structure of macroinvertebrate communities

Altogether, 227 macroinvertebrate species (or taxa) were found in the sampled sectors (Table 2). Calculation of the Diversity index led to high values in most sectors (Table 1). Not only species number was high in most sectors, but also the abundances of the species were relatively balanced.

The most dominant orders among insects were Trichoptera, Odonata, Coleoptera, and Heteroptera.

Despite the similar morphological status, species with different habitat preferences were found. Not surprisingly, organisms that prefer the phytal habitat were dominant among Trichoptera, Odonata, and Coleoptera. The quantitative and qualitative development of aquatic plant communities seems to be the main biotope-building factor for

Table 1. Parameters for ecological assessment of waterbodies in the Drömling.

Waterbody	Sector number	Species number (macroinvertebrates)	Diversity index	Saprobic index	Chemical index	Morphological grade	Conservation index	Trophic index of macrophytes	Species number (macrophytes)	Multimetric index
Drastingraben	1	61	3.61	II	2	5	8	2.75	12	4
Sichauer Beeke	2	78	3.92	II	2	4	9	2.93	14	4
Solpker Wiesengraben	4	61	3.50	II	2	4	9	2.90	11	4
Allerkanal	15	39	3.17	II–III	3	5	4		9	3
Allerkanal	5	53	3.48	II	2	4	6	2.77	6	4
Landgraben	6	71	3.75	II–III	2	4	8	2.59	20	3
Ohre	12	77	3.76	II	1–2	4	9	2.69	21	4
Ohre	14	69	3.86	II	1–2	4	8	2.79	20	4
Ohre	7	72	3.80	II	2	4	8	2.91	15	4
Friedrichskanal	10	93	3.84	II	1–2	4	9	2.65	23	4
Friedrichskanal	8	85	3.97	II	1–2	5	9	2.54	19	4
Wilhelmskanal	9	78	3.91	II	2	4	9	2.57	20	4
Flötgraben	11	69	3.68	II	1	5	8	2.54	15	4
Steimker Graben	13	64	3.75	II	2	4	9	2.71	14	4

Table 2. Macroinvertebrate species in canals and ditches of the Drömling.

Coleoptera

Dytiscidae
Acilius sulcatus
Agabus biguttatus
Agabus bipustulatus
Agabus didymus
Agabus guttatus
Colymbetes fuscus
Dytiscus latissimus
Dytiscus marginalis
Graphoderus cinereus
Graptodytes pictus
Hydaticus seminiger
Hydaticus sp.
Hydaticus transversalis
Hydroporus palustris
Hygrotus impressopunctatus
Hyphydrus ovatus
Ilybius fuliginosus
Laccophilus hyalinus
Laccophilus minutus
Laccophilus poecilus
Platambus maculatus
Porhydrus lineatus
Potamonectes depressus
Potamonectes sp.
Rhantus suturalis
Stictotarsus duodecimpustulatus
Hydrophilidae
Anacaena limbata
Helochares obscurus
Hydrobius fuscipes
Hydrochara caraboides
Haliplidae
Haliplus fluviatilis
Haliplus immaculatus
Haliplus laminatus
Haliplus ruficolis
Peltodytes caesus
Gyrinidae
Aulonogyrus concinnus
Gyrinus substriatus
Orectochillus villosus
Helophoridae
Helodes sp.
Helophorus flavipes
Hydraenidae
Hydreana gracilis
Hydrochidae
Hydrochus elongatus

Odonata

Aeshnidae
Aeshna cyanea
Aeshna viridis
Aeshna mixta
Anax imperator
Calopterygidae
Calopteryx splendens
Calopteryx virgo
Coenagrionidae
Ceriagrion tenellum
Coenagrion mercuriale
Coenagrion ornatum
Coenagrion puella/pulchellum
Coenagrion sp.
Erythromma najas
Ischnura elegans
Ischnura pumillio
Pyrrhosoma nymphula
Corduliidae
Somatochlora metallica
Cordulegastridae
Cordulegaster boltoni
Lestidae
Chalcolestes virides
Lestes sponsa
Libellulidae
Libellula depressa
Libellula quadrimaculata
Orthetrum cancellatum
Sympetrum danae
Sympetrum flaveolum
Sympetrum sp.
Sympetrum vulgatum
Platycnemididae
Platycnemis pennipes

Trichoptera

Beraeidae
Beraea pullata
Beraeodes minuta
Goeridae
Goera pilosa
Hydropsychidae
Hydropsyche angustipennis
Hydropsyche pellucidula
Hydropsyche siltalai
Leptoceridae
Athripsodes sp.
Mystacides longicornis
Triaenodes bicolor
Triaenodes sp.
Limnephilidae
Anabolia furcata
Anabolia nervosa
Glyphotaelius pellucidus
Grammotaulius nitidus
Halesus sp.
Limnephilus flavicornis
Limnephilus fuscicornis
Limnephilus hirsutus
Limnephilus nigriceps
Limnephilus rhombicus
Limnephilus sp.
Limnephilus stigma
Nemotaulius punctatolineatus
Phacopteryx brevipennis
Potamophylax rotundipennis
Molannidae
Molanna angustata
Phryganeidae
Agrypnia picta
Phryganea bipunctata
Phryganea grandis
Sericostomatidae
Sericostoma personatum
Sericostoma sp.

Ephemeroptera

Baetidae
Baetis rhodani
Baetis sp.
Baetis vernus
Centroptilum luteolum
Cloeon dipterum
Cloeon simile
Cloeon sp.
Procleon bifidum
Caenidae
Caenis horaria
Caenis macrura
Caenis sp.
Ephemerellidae
Ephemerella sp.
Serratella ignita
Ephemeridae
Ephemera danica
Ephemera vulgata
Heptageniidae
Heptagenia flava
Leptophlebiidae
Leptophlebia vespertina

Continued on next page

Table 2. Continued

Plecoptera
Nemouridae
Nemoura cinerea
Megaloptera
Sialidae
Sialis lutaria

Crustacea
Asellidae
Asellus aquaticus
Cambaridae
Orconectes limosus
Gammaridae
Gammarus pulex

Diptera
Ceratopogonidae
Bezzia sp.
Charoboridae
Chaoborus sp.
Chironomidae
Chironomus plumosus Gr.
Chironomus sp.
Chironomus thumii Gr.
Culicidae
Aedes sp.
Anopheles maculipennis
Anopheles sp.
Culex sp.
Dixidae
Dixa sp.
Ptychopteridae
Ptychoptera sp.
Simulidae
Simulium sp.
Stratiomyiidae
Stratiomys sp.
Tabanidae
Tabanus sp.
Tipulidae
Tipula sp.

Heteroptera
Corixidae
Corixa punctata
Sigara striata
Gerridae
Gerris lacustris
Gerris sp.
Hydrometridae
Hydrometra stagnorum
Mesoveliidae
Velia caprai
Naucoridae
Ilyocoris cimicoides
Nepidae
Nepa cinerea
Ranatra linearis
Notonectidae
Notonecta glauca
Pleidae
Plea minutissima

Hirudinea
Erpobdellidae
Erpobdella octoculata
Erpobdella testacea
Glossiphoniidae
Alboglossiphonia complanata
Batracobdella sp.
Glossiphonia complanata
Haementaria costata
Helobdella stagnalis
Hemiclepsis marginata
Theromyzon tessulatum
Piscicolidae
Piscicola geometra

Gastropoda
Ancylidae
Ancylus fluviatilis
Bithyniidae
Bithynia leachi
Bithynia tentaculata
Hydrobiidae
Potamopyrgus antipodarum
Lymnaeidae
Galba truncatula
Lymnaea stagnalis
Radix auricularia
Radix ovata
Radix peregra
Stagnicola corvus
Stagnicola turricula
Physidae
Physa fontinalis
Planorbidae
Anisus vortex
Gyraulus albus
Gyraulus crista
Gyraulus laevis
Planorbarius corneus
Planorbis carinatus
Planorbis planorbis
Valvatidae
Valvata cristata
Valvata piscinalis
Valvata studeri
Viviparidae
Viviparus contectus
Viviparus viviparus

Bivalvia
Sphaeriidae
Musculium lacustre
Pisidium nitidum
Pisidium personatum
Pisidium pseudosphaerium
Pisidium pulchellum
Pisidium sp.
Pisidium subtruncatum
Sphaerium corneum
Sphaerium sp.
Unionidae
Anodonta cygnea
Unio pictorum
Unio sp.

Oligochaeta
Enchytraeidae
Lumbriculus variegatus
Tubificidae
Tubifex sp.

Turbellaria
Dendrocoelidae
Dendrocoelum lacteum
Dugesiidae
Dugesia lugubris
Planariidae
Planaria torva
Polycelis sp.

Continued on next page

Table 2. Continued

"Other"		
Argyronetidae	**Pyralidae**	**Unionicolidae**
Argyroneta aquatica	*Nymphula nymphaeata*	*Unionicola* sp.
Hydrodromidae		
Hydrodroma sp.		

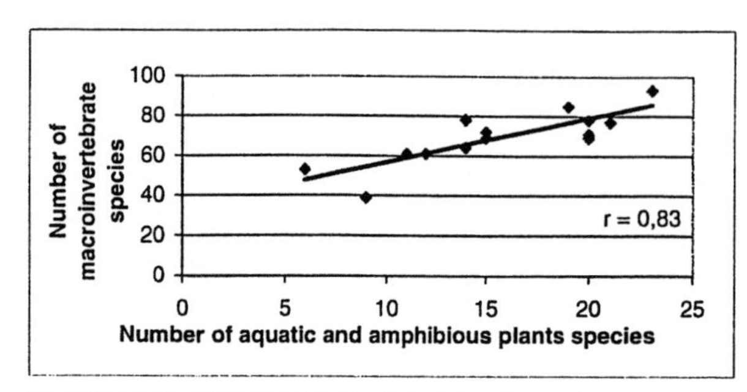

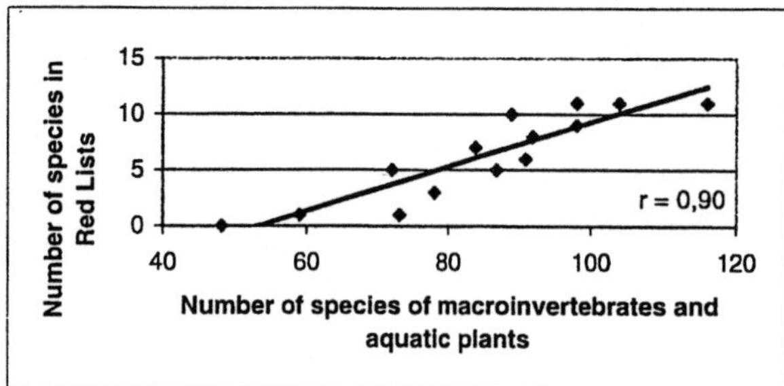

Figure 2. Correlation between different environmental quality parameters of waterbodies in the Drömling (error probability 1%).

macroinvertebrates. There was a relatively good correlation ($r = 0.83$) between the numbers of species of macroinvertebrates and aquatic plants (Figure 2). Observation of the functional feeding groups (Figure 3) confirms this: Shredders and collectors were the most common groups among Trichoptera (beside predators). Also the high abundances of *Gammarus* spp. (Table 2) that use particulate plant material should be noted. On the other hand, grazers and filterers were not as rare as might be expected, with deficient bottom structure and low flow velocities. Plant stalks and leaves serve as a good habitat for these types of organisms; they also diversify flow velocities in the cross-section of the canal. This and the influence of culverts, as well as the influence of groundwater may explain the variety of feeding strategies, and although limnophil and limnophil/rheophil species were dominant in all taxonomic orders, rheophil and rheobiont organisms were present with a percentage between 10% and 15%.

Conservation value

Not less than seven of the fourteen investigated sectors were evaluated with a conservation index of 9 (nationally important); and additionally, four had an index of 8 (supraregionally important). An index of 9 means that three or more species are present which are evaluated as 'endangered by extinction' in the Red Lists (RL 1). Altogether, 21 macroinvertebrate species and 19 plant species that are included in the Red Lists, were found in the canals and ditches of this study (Table 3). Some of these species shall be characterized in more detail with reference to their ecological needs and habitat conditions.

Odonata

Altogether, 43 dragonfly species occur in Drömling Natural Park (Suhling 2000). We found 25 of them at our sampling sites. Some remarkable species shall be characterized more thoroughly below:

Coenagrion mercuriale settles especially in groundwater-influenced, rather fast flowing brooks and ditches with well-developed emerged and submerged vegetation. This species was found in sectors 8 and 12 that are ecomorphologically very different. The Friedrichskanal (sector 8) is a slowly flowing canal but it is probably influenced by groundwater, while the Ohre (sector 12) is the only relatively fast ($\sim$0.3 m s^{-1}) flowing waterbody of this study. In sector 8, we found species-rich, dense vegetation that can serve as a habitat for *C. mercuriale* (Buchwald et al. 1984). Bellmann (1993) emphazises that this species prefers brooks with high density of *Berula erecta* as in sector 12.

With the occurance of *C. mercuriale* as a guideline-species according to the European Fauna-Flora-Habitat (FFH)-guideline, the corresponding waterbodies can be evaluated as FFH-biotopes.

Calopteryx virgo prefers fast flowing brooks and needs high water quality (Schmedtje and Kohmann 1992). In our case, this species occurs at sector 12 in

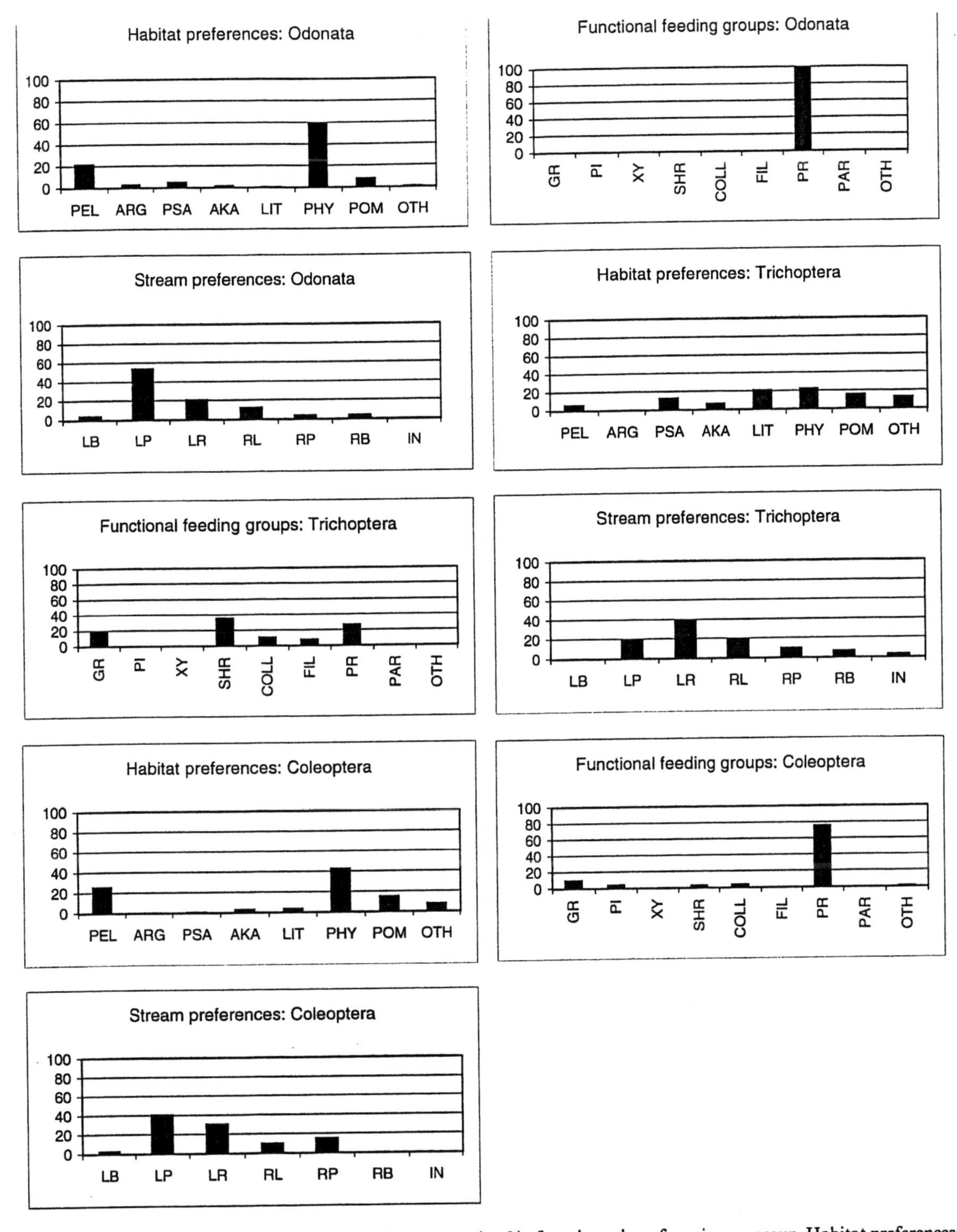

Figure 3. Distribution of species in ecological categories, expressed as % of total number of species per group. Habitat preferences: PEL, pelal (e.g., mud); ARG, argillal (e.g., loam); PSA, psammal (e.g., sand); AKA, akal (e.g., gravel); LIT, lithal (e.g., stones); PHY, phytal (e.g., plants); POM, particles of organic material (e.g., branches); OTH, other. Functional feeding groups: GR, grazers; PI, piercers; XY, xylophagous; SHR, shredders; COL, gathering collectors; FIL, filtering collectors; PR, predators; PAR, parasites; OTH, other. Stream preferences: LB, limnobiont; LP, limnophil; LR, limnophil/rheophil; RL, rheophil/limnophil; RP, rheophil; RB, rheobiont; IN, indifferent.

low abundances together with the much more frequent *C. splendens*.

Ceriagrion tenellum is generally rare in Central Europe. It is often characterized as a typical fen dragonfly, but it can also occur in other types of waterbodies (Bellmann 1993). This species is endangered by drainage and intensive agriculture. Surprisingly, larvae and adults were found at the Friedrichskanal (sector 8) in co-occurence with *C. mercuriale*. The intermediate status of the canals between flowing and stagnant waterbodies could be responsible for this result.

Cordulegaster boltoni is often characterized as a typical mountain species (Bellmann 1993), but it is also common in flat or hilly landscapes formed by the ice age (Donath 1989). We found larvae in the Wilhelmskanal (sector 9) that contains clear, cool, and macrophyte-rich water but has only very low flow velocities. Although this is the first time that this species has been found in recent decades in the Drömling, it is not surprising because *C. boltoni* is not rare in comparable waterbodies in the landscape units of northern Saxony-Anhalt (unpublished results).

Trichoptera

Phacopteryx brevipennis is characteristic of slowly flowing rivers and brooks and, generally, of waterbodies in fens (Tobias and Tobias 1981; Pitsch and Weinzierl 1992). Therefore, this species seems to be a native element of the Drömling fauna.

Beraeodes minutus prefers similar habitats, especially macrophyte-rich brooks and ditches (Schmedtje 1996).

Both species are evaluated in Saxony-Anhalt as 'endangered by extinction' (RL1) but they are relatively common in the Drömling. Of course, knowledge about caddisflies in Saxony-Anhalt is still too limited to make a final decision about Red list classification. Fortunately, many species seem to be more frequent than initially mentioned in the Red Lists.

Coleoptera

Generally, *Dytiscus latissimus* is very rare. This species normally lives in larger lakes and ponds (Brandtstetter and Kapp 1995) but individuals occasionally were found in our samples of canals of the Drömling.

Laccophilus poecilus is a characteristic species of waterbodies in fens (Brandtstetter and Kapp 1995). Knowledge about its occurence in Saxony-Anhalt remains fragmentary.

MMI

Integrating all metrics concerning macroinvertebrates, MMI shows a good status (quality class 4) according to the demands of European Water Framework Directive (EU–WFD) in 12 of 14 reaches. Two have a moderate status (quality class 3). Good status in this context means that macroinvertebrate assemblages are similar to reference conditions – in this case for organically formed lowland streams.

Discussion and conclusions

Wegener (1998) offered suggestions for protection and management of cultural landscapes, but did not mention drainage ditches and canals. In reality, until recently these constructed waterbodies have been the means by which many fens have been damaged or destroyed. But the harmful role of ditches and canals can be changed within the framework of intelligent management and development planning. These waterbodies can promote the implementation of Ramsar Convention by irrigation of growing mires and by serving as habitats for aquatic target species.

For the Drömling, we were able to show that the function of such canals can be changed from drainage to irrigation by limited hydraulic engineering (Langheinrich and Lüderitz 1998; Langheinrich et al. 1998). Re-wetting is necessary in the central part of the Drömling that is protected as Total reserve (zone I) or Nature reserve (zone II) for restoration of peat growth. However, fen redevelopment could also be attained by stopping all management of canals and ditches, but the result would be the uncontrolled return to a more or less original status. That is not the aim of the management and development plan, which favours a rich mosaic of different biotopes and allows an extensive land use (Langheinrich et al. 1998). The maintaineance and restoration of such a functionable cultural landscape is in the interest of both

Table 3. Endangered species and plants communities in canals and ditches in the Drömling (sectors 1 to 15 like used in Table 1).

Species	Water sector	Red lists	
		Saxony-Anhalt	Germany
Coleoptera			
Agabus biguttatus	8	3	
Dytiscus latissimus	10	1	
Laccophilus poecilus	9	1	
Odonata			
Calopteryx virgo	12	1	3
Ceriagrion tenellum	8	1	1
Coenagrion mercuriale	8, 12	1	1
Cordulegaster boltoni	9	1	3
Trichoptera			
Phacopteryx brevipennis	4, 7, 12	1	3
Beraeodes minutus	1, 2, 9, 10, 12	1	
Beraea pullata	11	3	
Oligotricha striata	11	3	
Ephemeroptera			
Heptagenia flava	12	3	
Gastropoda			
Ancylus fluviatilis	12		2
Bithynia leachi	8	3	2
Gyraulus leavis	2, 4	1	1
Planorbis carinatus	2, 5, 9, 14	3	3
Valvata studeri	2, 13	1	1
Viviparus contectus	7, 9, 11, 13, 14	3	3
Viviparus viviparus	4, 7, 8, 9, 10, 11, 14	2	2
Bivalvia			
Anodonta cygnea	2, 13, 14	3	2
Pisidium pulchellum	10	1	1
Unio pictorum	14	3	3
Plants and plants communities			
Callitriche palustris	12	3	
Callitriche hamulata	12	3	
Potamogeton praelongus	6	0	2
Potamogeton pectinatus	6, 11	2	
Potamogeton lucens	6	3	
Potamogeton obtusifolius	6	3	
Potamogeton pusillus	12	3	
Ranunculo – Hottonietum palustris	9		1
Hottonia palustris	6, 10, 14	3	
Hydrocharis – morsus – ranae	2, 4, 7, 8, 9, 10, 14	2	3
Hydrocotyle vulgaris	8, 11	3	
Ranunculus lingua	8	2	3
Ranunculus fluitans	11, 12	2	
Ranunculus aquatilis	10	3	
Myriophyllum spicatum	8, 9, 10	3	
Myriophyllum verticillatum	6, 9, 10	3	
Sagittaria sagittifolia	2, 8, 9, 10, 14	3	
Sparganium angustifolium	14	2	2
Sparganium emersum	2, 4, 7, 8, 10, 14	3	

Quantification of endangerement: 0 – extinguished or disappeared; 1 – threatened with extinction; 2 – heavily endangered; 3 – endangered.

species protection and environmentally compatible tourism.

In recent years, the conceptual barriers between waterbody 'management' and waterbody 'conservation' have begun to erode. As the environmental consciousness of water managers and conservationists broaden, there is a need for integrated methods of conservation assessment which can be of value for both groups (Boon 2000). In this sense, our results show that the widespread system of canals and ditches is very useful in establishing a coherent ecological network. The watercourse system is not only a characteristic and valuable element of the landscape, it also serves as an important biotope for many (endangered) species (Table 3). The surprisingly varied community with different habitat preferences (Figure 3) – for instance *C. mercuriale* and *C. tenellum* at the same site – can be explained by the intermediate character of the watercourses between flowing and stagnant waterbodies. However, this is also proof of the adaptability of most species. Narrowly adapted organisms can use special sectors of canals and ditches even if these are not their ideal biotopes. But these ideal biotopes exist only in small number in the intensively used landscape: stream morphology in about 88% of flowing waterbodies in Saxony-Anhalt is at least moderately disturbed (grade 3; LAU 1998), and about 60% of streams are still critically loaded with organic substances (grade II–III; MRLU 1997). Small ponds in the agricultural landscape are normally eutrophic or polytrophic and fail as habitats for demanding organisms. It is not expected that these circumstances will change during the next years. Under these conditions, canal-rich landscapes like the Drömling and the Elbe-Havel-area in Saxony-Anhalt, which are often protected by state acts or by the Fauna-Flora-Habitat-Directive of the European Union, play an important role as refuges for organisms with different ecological demands.

During the last decade, a clear enhancement of water quality in the Drömling was attained by decrease of cattle density, by the end of arable agriculture in many areas, and by improved sewage treatment (Langheinrich and Lüderitz 1997). The improvement of water quality and the immediate environment of the waterbody could be responsible for the increased presence of environmentally sensitive organisms in our study, compared with the findings of Müller and Walter (1993). An explanation is given by Janse and van Puijenbroek (1998): Eutrophication of drainage ditches by overfertilization with nitrogen and phosphorus causes a shift from mainly submerged aquatic vegetation to a dominance of duckweed. This leads to anoxic conditions, poorly diversified assemblages which are always dominated by the same small set of species (Marmonier et al. 2000), and hindrance of the drainage function of the ditches.

Some difficulties in evaluation of artificial waterbodies will always remain because of their intermediate character and the fact that their unnatural origin does not allow a complete renaturalization. But there should be no doubt that an assessment and the definition of the "maximum ecological potential" according to the European Water Framework Directive must start from the point of view of biotope and species protection, and must focus on all valuable components of biodiversity (species diversity, community diversity, landscape diversity).

Our investigations stress the strengths and weaknesses of used indices: Calculation of Conservation index according to Kaule (1991) found the interesting (and quantitatively unexpected) result, that most of the investigated sectors are nationally or regionally important (Table 1). For this reason, removal or disappearance of the Drömling waterbodies by natural succession, would be inadvisable. We were able to show that there is a good correlation between total macroinvertebrate species number and the number of endangered species (Figure 2). So we agree that taxa richness of macroinvertebrates can serve as a metric because it shows a clear response to increase human disturbance (Karr and Chu 2000). This result corresponds with other literature indicating that species-rich waterbodies are in most cases also especially valuable for protection of rare species (Angermeier and Winston 1997; Lüderitz and Hentschel 1999). The use of endangered target species for indication of ecological status of canals and ditches performs also a contribution for a rapid and simple evaluation of complex interactions with view to the ecological value of these waterbodies.

On the other hand, the Diversity index (Shannon and Wiener 1949) does not seem to add any additional relevant information for waterbody evaluation. This assessment agrees with Braukmann (1987) who found the concept of diversity indices of little use for evaluation of waterbody quality. One reason is that dominant species are more considered than rare species which have a lower influence on the result, even though rare species can be of great importance for conservation.

We found macrophyte assemblages as main habitat building elements for macroinvertebrates (Figure 3). This corresponds with the results of Beckett and Aartilla (1992) whose recorded higher number of animals within areas of macrophyte stands as compared to open water areas on a homogenous sediment like in our case. Species richness of macrophytes, on its part, is not correlated with structural quality of waterbodies (Passauer et al. 2002). It depends on nutrient content, degree of shadowing, current velocity, and, probably on other factors. Nutrient content, especially phosphorus concentration can be indicated by Trophic index of macrophytes. TIM developed in Bavaria by Schneider (2000) is also a usable and simple method for estimation of trophic status under Northern German conditions. Using this index, short-time fluctuations of plant available nutrient concentrations can be neglected, because TIM indicates the combination of the phosphorus concentrations in the sediment and the overlying water (Schneider and Melzer 2003). In macrophyte dominated running waters, this indication system can be used to observe changes in nutrient potential. On the other hand, in uniform canal systems with low water exchange rate like in the Drömling such changes occur very slowly. Therefore, measured TIM values of this study are very unique.

Because of their intermediate status, estimation of water quality in canals should be done by the saprobic index as well as by TIM (Table 4). Evaluation by the saprobic index shows a moderate organic load respectively a good water quality. The fact that this metric is modified by abiotic parameters (like longitudinal gradient and flow rate) is a disadvantage, so that running waters with high physically oxygen supply (e.g., mountainous stream) will be better classified than lowland streams with the same organic load (Böhmer et al. 1999). Under the conditions of the very slowly flowing waterbodies in the Drömling, a moderate organic load is equivalent to reference conditions. This conclusion is supported by good values of Chemical index which is a measure of current chemical load.

Table 4. Parameters for evaluation of canals and ditches.

Parameter	Expressiveness
Biology/ecology	
Conservation index	xxx
Species number MI	xxx
Plant species number	xxx
Trophic index of macrophytes	xx
Saprobic index	xx
Diversity index	x
Stream morphology	
Steepness of banks	xxx
Substrate diversity	xxx
Structure of surroundings	xx
Depth of bottom	xx
Hydraulic structures	xx
Ecological integrity	
Multimetric index	xxx

xxx – high degree of expressiveness; xx – average degree of expressiveness; x – low degree of expressiveness.

The high conservation value of most water sectors, despite the low levels of their morphological evaluation, suggest that evaluation by the whole range of parameters is not appropriate. Characteristics of natural streams like degree of bend, bend erosion,variation in width, and variation in flow velocity, are contrary to the purpose of the waterbodies for drainage or irrigation, and cannot be used. Therefore, only parameters, whose improvement can lead to an enhancement of the diversity of the waterbody and banks, should be estimated and evaluated. These are steepness of banks, substrate diversity, depth of bottom, hydraulic structures, and the structure of surroundings (Table 4). Estimation and evaluation of these five parameters should be sufficient for an complete morphological assessment of drainage canals and ditches.

In sum, the Conservation index, the number of species of aquatic plants and macroinvertebrates, and the trophic status of water, are the most sensitive biological and ecological parameters for evaluation of canals and ditches (Table 4). Furthermore, they are indicators for the degree of ecological integrity of these aquatic ecosystems and their surroundings, in terms of the meaning given by Woodley et al. (1993): Ecological integrity is a state of ecosystem development that is optimized for its geographic location, including energy input, available water, nutrients and colonization history.

With regard to canals and ditches in fens, ecological integrity is realized if:
- they are functionable for conservation and the wise use of fens (Joosten 2001),
- there is little demand for their maintenance and management,
- target species occur.

As a holistic measure, integrating several metrics concerning macroinvertebrates, MMI shows the degree of difference from reference conditions. This difference is small in case of most Drömling waterbodies. Despite their artificial history, they offer habitat species and assemblages which are similar to those in natural fen waterbodies.

Nevertheless, all management measures should try to improve ecological integrity by means of prior parameters:

- A decrease of bank steepness leads to increases in shallow flooded areas, so that organisms with a preference for the phytal zone are provided with a greater (and in most cases) more diverse habitat. The enrichment of soil substrate with different structures is effective in the same way.
- Raising of the bottom serves the general aim of higher groundwater levels and protection and development of native fen structures.
- Removal or change of hydraulic structures enhances the ecological permeability, although the influence of such structures seems to be lower than in natural streams.
- To avoid natural succession that would lead to species-poor reed assemblages, occasional removal of vegetation will be necessary in most cases. Bi-annual removal on only one bank, can promote the development of species with a longer life cycle like Anisoptera (Diederich et al. 1995).
- Prevention zones serve as habitats and shield the waterbody against influences from land use. This influence is visible in sectors 6 (Landgraben) and 8 (Friedrichskanal) where a continuous prevention zone supports the establishment of species-rich plant and macroinvetebrate communities.

By following these measures, the 'maximum ecological potential' demanded by the European Water Framework Directive can be defined and achieved for artificial waterbodies in fens of Northern Germany.

Acknowledgments

We wish to thank Christine Göhler for her technical assistance and Klaudia Kapps for her help in plant estimation.

References

Angermeier P.L. and Winston M.R. 1997. Assessing conservation value of stream communities: a comparision of approaches based on centres of density and species richness. Freshwater Biology 37: 699–710.

Bach E. 1984. Systeme zur Bewertung der Gewässerbeschaffenheit: USA-Schottland-Bayern (Chemischer Index). Gewässerschutz-Wasser-Abwasser 73: 299–311.

Beckett D.C. and Aartilla T.P. 1992. Contrasts in density of benthic invertebrates between macrophyte beds and open littoral patches in Eau Galle Lake, Wisconsin. American Midland Naturalist 117: 77–90.

Bellmann H. 1993. Libellen Beobachten – Bestimmen. Naturbuch-Verlag, Augsburg.

Böhmer J., Rawer-Jost C. and Kappus B. 1999. Ökologische Fließgewässerbewertung. In: Steinberg, Calmano, Klapper, Wilken (eds), Handbuch Angewandte Limnologie Vol. 2, Ecomed, Landsberg, pp. 20–23.

Boon P.J. 2000. The development of integrated methods for assessing river conservation value. Hydrobiologia 422/423: 413–428.

Brandtstetter C.M. and Kapp A. 1995. Die Schwimmkäfer von Vorarlberg und Liechtenstein. 2. Bd. 310 S, Verl. des Ersten Vorarlberger Coleopterol. Ver.

Braukmann U. 1987. Zoozönologische und saprobiologische Beiträge zu einer allgemeinen regionalen Bachtypologie. Archiv für Hydrobiologie. Beih. Erg. Limnol. 355 S.

Buchwald R., Gerken B., Siedle K. and Sternberg K. 1984. Übersicht über die Libellenvorkommen in Baden-Würtemberg mit kurzer Charakteristik des Fortpflanzungsgebietes und Angaben zur Verbreitung. Libellula 3: 101–110.

Diederich A., Neumann D. and Borcherding J. 1995. Flora und Fauna in Gräben einer niederrheinischen Auenlandschaft – Auswirkungen von Grabenräumungen. Natur u. Landschaft 70: 263–268.

DIN 38410 Teil 2, 1991. Biologisch-ökologische Gewässeruntersuchung (Gruppe M). DEV 24. Lief. Beuth Verlag, Berlin Wien Zürich.

Donath H. 1989. Verbreitung und Ökologie der Zweigestreiften Quelljungfer, *Cordulegaster boltoni* (DONOVAN 1807), in der DDR (Insecta, Odonata: Cordulegasteridae). Faunistische Abhandlungen des Museums für Tierkunde Dresden 16(6): 97–106.

Foster G.N., Foster A.P., Eyre M.D. and Bilton D.T. 1990. Classification of water beetle assemblages in arable fenland: ranking of sites in relation to conservation value. Freshwater Biology 22: 343–354.

Freude H., Harde K.W. and Lohse G.A. 1971. Die Käfer Mitteleuropas, Vols. 3 and 6. Verl. Goecke & Evers, Krefeld.

Freude H., Harde K.W. and Lohse G.A. 1979. Die Käfer Mitteleuropas, Vols. 3 and 6. Verl. Goecke & Evers, Krefeld.

Geyer A. and Mühlhofer G. 1997. Bewertung von Flächen für die Belange des Arten – und Biotopschutzes anhand der Tagfalterfauna. VUBD-Rundbrief 10: 7–11.

Janse J.H. and van Puijenbroeck P.J.T.M. 1998. Effects of eutrophication in drainage ditches. Environmental Pollution 102: 547–552.

Jedicke E. 1997. Die Roten Listen: Gefährdete Pflanzen, Tiere, Pflanzengesellschaften und Biotope in Bund und Ländern. Verlag Eugen Ulmer, Stuttgart.

Joosten J.H.J. 2001. Wise use of mires and peatlands – background and principles. Ph.D. Dissertation. Ernst-Moritz-Arndt-University, Greifswald.

Karr J.R. and Chu E.W. 2000. Sustaining living rivers, Hydrobiologica 422/423: 1–14.

Kaule G. 1991. Arten-und Biotopschutz. UTB Große Reihe. Verlag Eugen Ulmer, Stuttgart.

Langheinrich U. and Lüderitz V. 1997. Einflußfaktoren auf die Güte der Oberflächengewässer im Drömling. Wasserwirtschaft 87: 2–6.

Langheinrich U. and Lüderitz V. 1998. Planungen zur Entwicklung des Gewässersystems im Drömling. Wasserwirtschaft 88: 178–182.

Langheinrich U., Senst M., Braumann F. and Lüderitz V. 1998. Probleme der Niedermoorregeneration im Naturpark Drömling. Natur und Landschaft 73: 450–455.

LAU (Landesamt für Umweltschutz), 1998. Fließgewässerprogramm Sachsen-Anhalt. Landesamt für Umweltschutz. Halle.

LfU (Landesanstalt für Umweltschutz Baden-Württemberg), 1992. Handbuch Wasser 2: Biologisch-ökologische Gewässeruntersuchung. Arbeitsanleitung Loseblattsammlung, Stuttgart.

Lüderitz V., Gläser J., Kieschnik A. and Dörge E. 1996. Anwendung und Weiterentwicklung ökomorphologischer Kartierungs – und Bewertungsverfahren an der Selke und ihren Nebengewässern. Arch. f. Naturschutz und Landschaftsforschung 35: 15–31.

Lüderitz V. and Hentschel P. 1999. Umgestaltungsmaßnahmen am Landeskulturgraben bei Dessau – ein Beispiel für den Umgang mit anthropogenen Fließgewässern. Naturschutz und Landschaftsplanung 31: 18–22.

Marmonier P., Claret C. and Dole-Olivier M.-J. 2000. Interstitial fauna in newly-created floodplain canals of a large regulated river. Regulated Rivers: Research and Management 16: 23–26.

Melzer A. 1988. Der Makrophytenindex – Eine biologische Methode zur Ermittlung der Nährstoffbelastung von Seen. Habilitationsschr., Technsche. Universität München.

Melzer A. 1993. Die Ermittlung der Nährstoffbelastung im Uferbereich von Seen mit Hilfe des Makrophytenindex. Münchener Beiträge zur Abwasser-, Fischerei – und Flussbiologie 47: 156–172.

MRLU (Ministerium für Raumordnung, Landwirtschaft und Umwelt), 1997. Umweltbericht Sachsen-Anhalt. Ministerium für Raumordnung, Landwirtschaft und Umwelt, Magdeburg.

Moog O. 1995. Fauna Aquatica Austriaca.- Katalog zur autökologischen Einstufung aquatischer Organismen Österreichs.- Wasserwirtschaftskataster, Bundesministerium für Land – und Forstwirtschaft, Wien.

Müller J. and Walter S. 1993. Die Insekten. In: Der Naturpark Drömling.- Naturschutz im Land Sachsen-Anhalt, Sonderheft, pp. 41–46.

Painter D. 1999. Macroinvertebrate distributions and the conservation value of aquatic Coleoptera, Mollusca, and Odonata in the ditches of traditionally managed and grazing fen at Wicken Fen, UK. Journal of Applied Ecology 36: 3–48.

Passauer B., Meilinger P., Melzer A. and Schneider S. 2002. . Does the structural quality of running waters affect the occurence of macrophytes? Acta hydrochimca et hydrobiologica 30(4): 197–206.

Pauls S., Feld C., Sommerhäuser M. and Hering D. 2002. Neue Konzepte zur Bewertung von Tieflandbächen und – flüssen nach Vorgaben der EU Wasser-Rahmenrichtlinie. Wasser & Boden 54/7+8, pp. 70–77.

Pitsch T. and Weinzierl A. 1992. Rote Liste gefährdeter Köcherfliegen (Trichoptera) Bayerns. -Schriftenreihe des Bayerischen Landesamtes für Umweltschutz 111: 201–205.

Ramsar 1999. Recommendation 7.1: a global action plan for the wise use and managemant of peatlands. www.ramsar.org/key.

Reichhoff L. 1996. Pflege – und Entwicklungsplan Drömling.- Ministerium für Raumordnung, Landwirtschaft und Umwelt, Magdeburg.

Rothmaler W. 1981. Exkursionsflora. Gefäßpflanzen.Volk und Wissen Verlag, Berlin.

Schneider S. 2000. Entwicklung eines Makrophytenindex zur Trophieindikation in Fließgewässern. Dissertation, Technische Universität München.

Schneider S. and Melzer A. 2003. The Trophic Index of Macrophytes (TIM) – a New Tool for Indicating the Trophic State of Running Waters. International Review on Hydrobiology 88(1): 49–67.

Schmedtje U. and Kohmann F. 1992. Bestimmungsschlüssel für die Saprobier-DIN-Arten (Makroorganismen). Bayer. Landesamt f. Wasserwirtschaft. München.

Schmedtje U. 1996. Ökologische Typisierung der aquatischen Makrofauna. Bayer. Landesamt f. Wasserwirtschaft, München.

Schönemund F. 1930. Eintagsfliegen oder Ephemeroptera. In: Dahl F. (Hrsg.), Die Tierwelt Deutschlands, 19, 6. Fischer-Verlag, Jena.

Schubert R., Hilbig W. and Klotz S. 1995. Bestimmung der Pflanzengesellschaften Mittel – und Nordostdeutschlands. Gustav-Fischer-Verlag, Jena, Stuttgart.

Shannon C.E. and Wiener W. 1949. The Mathematical Theory of Communication. The University of Illinois Press, Urbana, IL.

Sommerhäuser M. and Schuhmacher H. 2003. Handbuch der Fließgewässer Norddeutschland. Ecomed, Landsberg.

Studemann D., Landolt P., Satori M., Hefti D. and Tomka I. 1992. Ephemeroptera. Insecta Helvetica Fauna 9, Schweizerische Entomologische Gesellschaft.

Succow M. and Jeschke L. 1990. Moore in der Landschaft 2nd ed. Frankfurt (Main).

Suhling F. 2000. Die Libellenfauna des Drömling. Ber. der Aktion Drömlingschutz, Wolfsburg.

Täuscher L. 1998. Kleine Fließgewässer und Entwässerungsgräben in Nordostdeutschland als Refugialbiotope für seltene und gefährdete Mikro-und Makrophyten und ihre Nutzung zur Bioindikation. 19. Jahrestagung BONITO, Feldberg.

Tobias W. and Tobias X. 1981. Trichoptera Germanica. Bestimmungstafel für die deutschen Köcherfliegen.Teil I.Imagines. Cour. Forschungsinstitut Senckenberg Frankfurt a. M. 49: 1–672.

Vannote R.L., Minshall G.W., Cummins K.W., Sedell J.R. and Cushing C.E. 1980. The river continuum concept. Canadian Journal of Fisheres and Aquatic Sciences 37: 130–177.

Waringer J. and Graf W. 1997. Atlas der österreichischen Köcherfliegenlarven. Facultas – Universitätsverlag., Wien.

Wegener U. 1998. Naturschutz in der Kulturlandschaft. Gustav-Fischer-Verlag, Jena.

Woodley S., Kay J. and Francis G. (eds.) 1993. Ecological Integrity and the Management of ecosystems. St. Lucie Press, Ottawa.

Abh. Ber. Mus. Heineanum 7 (2006): 95–112

Die Ecker – Referenzgewässer für den grobmaterialreichen, silikatischen Mittelgebirgsbach

The Ecker – A reference for the stream type: small coarse substrate dominated siliceous highland rivers

Von **Volker Lüderitz, Uta Langheinrich, Christian Kunz & Uwe Wegener**

Summary: In 2005 and 2006, 6 reaches of medium sized stream Ecker in the Harz National Park have been sampled and analyzed for the ecological structure of macroinvertebrate communities. Although the whole stream is uncontaminated by oxygen-consuming substances and hydromorphology is nearly natural, the number of macroinvertebrate species is extremely different between the reaches.
By means of modulized ecological assessment, downstream reaches were evaluated with 'Very Good Ecological Status'. Because of their high degree of naturalness they can serve as reference reaches for the stream type 'Small coarse substrate dominated siliceous highland rivers'.
The most adverse structure in the stream is the Ecker reservoir. It destroys the ecological permeability of the water body. Downstream of the outflow, the stream needs some kilometres for ecological recreation.
The most important problem of upper stream reaches is acidification. It leads to an obvious decrease in species richness and changes community structure. To a distinct degree, the problem of acidification can be solved by replacement of coniferous trees by deciduous trees along the stream.

1. Einleitung

Die EU-Wasserrahmenrichtlinie (EU-WRRL) verlangt von den Mitgliedsstaaten der Europäischen Union bis zum Jahre 2015 die flächendeckende Herstellung eines „Guten Ökologischen Zustandes". In Deutschland insgesamt und auch in Sachsen-Anhalt wie in Niedersachen ist dieser Zustand bisher nur in relativ wenigen Gewässern bzw. Gewässerabschnitten erreicht. Weitgehend naturnahe Flüsse und Bäche sind für die Umsetzung der Wasserrahmenrichtlinie im Sinne der Definition von Leitbildern und regionalen Referenzgewässern aber von entscheidender Bedeutung. Großschutzgebiete, insbesondere Nationalparke, bieten sich hier aufgrund des relativ geringen direkten menschlichen Einflusses und keiner oder nur weniger nutzungsbedingter Restriktionen für Renaturierungsmaßnahmen sowie für die gewässerökologische Forschung im Sinne der Entwicklung von Leitbildern an.

Das Institut für Wasserwirtschaft und Ökotechnologie (IWO) der Hochschule Magdeburg-Stendal führt seit 1994 gewässerökologische Monitoringprogramme im Nationalpark Harz durch. Die bisherigen Ergebnisse (Langheinrich et al. 2002) zeigen klar, dass im Hochharz die Versauerung als entscheidende Belastungsgröße die aquatischen Biozönosen auf relativ wenige säuretolerante Arten begrenzt. Auch in den höher gelegenen Abschnitten der Ecker ist die Versauerung ein Problem. Andererseits zeigten stichprobenartige Untersuchungen in diesem Gewässer einige Kilometer unterhalb des Stausees, dass es hier als unversauert, unverbaut und artenreich angesehen werden kann.

Das Untersuchungsprogramm des Gewässermonitoring bezog sich in den Jahren 2005 und 2006 deshalb auf die Ecker mit folgenden Zielstellungen:

- Abgrenzung der Gewässerabschnitte, die von der Versauerung ständig oder temporär betroffen sind,
- Feststellung des Einflusses des Eckerstausees auf die aquatische Lebensgemeinschaft im Fließgewässer und
- Bezeichnung von Abschnitten, die für den Gewässertyp des grobmaterialreichen, silikatischen Mittelgebirgsbaches Leitbildcharakter haben können.

Die Untersuchungen stützten sich auf das Makrozoobenthos, das aufgrund seines Artenreichtums und der speziellen ökologischen Ansprüche vieler Arten sehr gut geeignet ist, unterschiedliche Belastungen festzustellen und zu wichten. Zudem liegen für das Makrozoobenthos ausgereifte Methoden vor, die seine Verwendung für die quantifizierte Bewertung im Sinne der EU-WRRL ermöglichen.

2. Material und Methoden

2.1 Untersuchungsgebiet

Die Ecker gehört zu den wichtigsten und über weite Strecken naturnahsten Fließgewässern des Harzes. Sie entspringt am Westhang des Brockens in rund 900 m ü.NN, passiert Stapelburg und Abbenrode und mündet in der Nähe von Wiedelah in die Oker. Ein Teil

Abb.1. Eckerstausee. Foto: U. Langheinrich, 31.03.2005.

des Eckerwassers wird vor Wiedelah abgezweigt und erst 10 km nördlich in der Nähe von Schladen in die Oker eingeleitet. Eine starke Beeinträchtigung erfährt die Ecker durch die Eckertalsperre (Abb.1). Dieses im Jahre 1942 fertig gestellte Bauwerk weist einen Beckeninhalt von 13,3 Mio. m³ und eine Wasserfläche von 66 ha auf (TONN 2002).

Bis zur deutsch-deutschen Wiedervereinigung bildete die Ecker die Staatsgrenze, heute stellt sie die Grenze zwischen den Bundesländern Sachsen-Anhalt und Niedersachsen dar.

Für die biologische Untersuchung und Bewertung wurden sechs Messabschnitte mit einer Länge von je 100 Metern ausgewählt (s. Tab.1), die ein sehr naturnahes Umfeld und eine annähernd natürliche Hydromorphologie besitzen. Die Lage der Messstellen ist aus der Abb.2 ersichtlich, sie können von ihrer Lage und Höhe her wie folgt charakterisiert werden:

Tab.1. Zentralkoordinaten und Höhen der Messstellen an der Ecker.

Messstelle	Höhe [m ü.NN]	Hochwert	Rechtswert	Beschreibung
		Gauß-Krüger Deutschland (PD)		
E1	280	5750792	4406619	gegenüber dem Besenbinderstieg nach Ilsenburg
E2	370	5748180	4403994	am Rande einer Lichtung unterhalb des Molkenhauses
E3	530	5746805	4402156	300 m unterhalb des Eckerstausees
E4	590	5744517	4402056	100 m oberhalb des Eckerstausees
E5	780	5741755	4402256	100m unterhalb der Einmündung der Hinteren Pesecke
E6	880	5740617	4402444	ca. 200 m unterhalb des Eckersprunges

2.2 Probenahme, Bestimmung, Messmethoden, Kartierungsverfahren

2.2.1 Aufsammlung und Bestimmung des Makrozoobenthos

Jede Messstelle wurde viermal – im März und Mai 2005 sowie im April und Juni 2006 beprobt.

Die vierstündige Probenahme erfolgte mittels Handsieben mit einer Maschenweite von 0,4mm in Form eines erweiterten „Multihabitat-sampling" (LORENZ et al. 2004). Vor Ort wurden die Organismen in sieben Abundanzklassen nach DIN 38410 eingeteilt, wobei die Klasse 1 für einen Einzelfund und die Klasse 7 bei einem Massenvorkommen einer Art vergeben wird. Wenn möglich, fand die Bestimmung der Arten vor Ort statt. War dies nicht möglich (Regelfall), wurden sie in 70%-iger Alkohollösung konserviert und anschließend im Labor bestimmt. Dazu wurden u.a. Bestimmungschlüssel von WARINGER & GRAF (1997) sowie EISELER (2005) genutzt, weitere Bestimmungsliteratur findet sich bei LANGHEINRICH et al. (2002).

2.2.2 Physikochemische Erfassung der Versauerung

Um den Grad der Versauerung der Ecker in ihrem Fließverlauf zu erfassen und einen Vergleich mit der biologischen Versauerungsindikation nach Braukmann & Biss (2004) vornehmen zu können, wurde ein pH-Längsschnitt erstellt. Dazu wurde das Gewässer an 18 Messstellen (Abb.4) beprobt.

Die Aufnahme der pH-Werte erfolgte am 19.05.2005 mit einem mobilen pH-Messgerät (WTW Multi 341). Die Beprobung fand in einer niederschlagsarmen Periode statt, so dass kein erhöhter Abfluss festzustellen war. Da jedoch bei erhöhten Abflüssen mit den geringsten pH-Werten gerechnet werden muss, stellen die ermittelten pH-Werte wahrscheinlich nicht die pH-Minima im Gewässer dar (Langheinrich et al. 2002).

2.2.3 Erfassung und Bewertung der Hydromorphologie

Die Hydromorphologie (Gewässerstruktur) bezeichnet alle räumlichen und materiellen Differenzierungen des Gewässerbettes und seines Umfeldes, soweit sie hydraulisch,

Abb. 2. Lage der Makroinvertebraten-Beprobungsstellen an der Ecker.

gewässermorphologisch und hydrobiologisch wirksam und damit für die ökologischen Funktionen des Gewässers und der Aue von Bedeutung sind.

Die siebenstufige Bewertung der Hydromorphologie, mit der die ökologische Qualität der Gewässerstrukturen in Abhängigkeit vom Grad des anthropogenen Einflusses festgestellt wird, erfolgte im Juni 2006 mit einem leitbildorientierten Ansatz für den Gewässertyp des Sohlenkerbtalgewässers über die sog. funktionalen Einheiten (LAWA 2000). Zur Strukturgüteklasse 1 zählen bei diesem Ansatz die Gewässer, die keine oder allenfalls sehr geringe Veränderungen hinsichtlich ihrer natürlichen Struktur und Dynamik aufweisen. Demgegenüber bezeichnet die Strukturgüteklasse 7 Bäche und Flüsse, die anthropogen völlig überformt und verbaut wurden.

2.3 Modularisierte, leitbildorientierte Gesamtbewertung

Für die ganzheitliche ökologische Bewertung von Fließgewässern wurde von uns in den letzten Jahren ein modularisierter Ansatz entwickelt, der sich auf die Module Wassergüte, Gewässerstruktur, Diversität / Schutzwürdigkeit und Naturnähe stützt (LÜDERITZ et al. 2004, LÜDERITZ & LANGHEINRICH 2006).

Die vier Einzelmodule, welche in den folgenden Kapiteln kurz erläutert werden, enthalten verschiedene Parameter, denen im Rahmen der biologischen bzw. hydromorphologischen Bewertung ein Wert zwischen 5 (high) und 1 (bad) zugewiesen wird. Die Modulnote wird dann durch das arithmetische Mittel der Parameternoten gebildet. Die

Tab.2. Klassengrenzen für die Parameter des Fließgewässertyps 5.

Modul	Parameter	Note	Grenze	Modul	Parameter	Note	Grenze
Wassergüte	Saprobienindex	5	<=1,4	Diversität /Schutzwürdigkeit	Shannon-Index	5	>=4,5
		4	<1,95			4	>3
		3	<2,65			3	>2
		2	<3,35			2	>1
		1	>=3,35			1	<=1
	Versauerungsindex	5	1		Naturschutz-Index	5	9
		4	2			4	>=7
		3	3			3	6
		2	4			2	5
		1	5			1	<5
Gewässerstruktur	Gewässerstruktur	5	<1,75	Naturnähe	Ökologischer Qualitäts- Index EQI (AQEM)	5	5
		4	<2,85			4	4
		3	<3,95			3	3
		2	<5,35			2	2
		1	>=5,35			1	1
	Deutscher Fauna-Index (GFI)	5	>=1		Renkonensche Zahl	5	>=0,4
		4	>=0,4			4	>0,3
		3	>=-0,2			3	>0,2
		2	>=-0,8			2	>0,1
		1	<-0,8			1	<=0,1

Gesamtnote ergibt sich daraufhin aus dem Mittel der Modulnoten. Bei den Modulnoten wird eine Kommastelle berücksichtigt, die Gesamtbenotung erfolgt mit ganzen Noten, wobei bei „X,5“ aufgerundet wird.

Für die Parameter wurden die in Tab.2 aufgeführten Grenzen für die Notenvergabe definiert, wobei jeweils Vorschläge von Rolauffs et al. (2004) bzw. die Festlegung DIN 38410 für den Saprobien-Index, von Lorenz et al. (2004) für den Fauna-Index und den Ökologischen Qualitäts-Index (EQI), von Braukmann & Biss (2004) für den Versauerungs-Index und von Kaule (1991) für den Naturschutz-Index berücksichtigt wurden.

2.3.1 Modul Wassergüte

In das Modul Wassergüte geht die Qualitätskomponente Makrozoobenthos über den Saprobienindex und die Säureklassen nach Braukmann & Biss (2004) ein. Eine Bewertung anhand der Makrophyten kann entfallen, da diese durch die Beschattung der Ecker nicht in nennenswertem Umfang auftreten. Ein anwendungsbereites Verfahren zur Bewertung mittels Diatomeen und Phytobenthos liegt z.Z. noch nicht vor.

2.3.1.1 Saprobienindex

Der Saprobienindex (SI) kennzeichnet die Auswirkungen der Belastung durch biologisch abbaubare organische Substanzen über das Auftreten oder Fehlen von Indikatorarten in einer Fließgewässerbiozönose. In der neuen DIN 38410, Teil 2 wurde die Liste der Saprobie-Indikatoren aktualisiert und erweitert; außerdem wurden typenspezifische saprobielle Referenzbereiche eingeführt.

2.3.1.2 Biologische Indikation der Versauerung

Makroinvertebraten lassen sich nach dem Grad ihrer Säureempfindlichkeit in fünf Klassen einteilen (Tab.3).

Tab.3. Klasseneinteilung der Säureempfindlichkeit von Makroinvertebraten.

Klasse	**Grad der Säureempfindlichkeit**	**Vorkommen**
1	Säureempfindliche Organismen	Nur in permanent nicht sauren Gewässern
2	Mäßig säureempfindliche Organismen	Auch in leicht sauren Gewässern
3	Säuretolerante Organismen	Vertragen stärkere periodische Säureschübe
4	Säureresistente Organismen	Auch in periodisch stark sauren Gewässern noch lebensfähig, oft wegen fehlender Konkurrenten häufiger als in wenig sauren Gewässern
5	Sehr säureresistente Organismen	In permanent stark sauren Gewässern, aus Mangel an Konkurrenz und unter extrem sauren Lebensbedingungen erreichen wenige Arten hohe Individuendichten

Entsprechend ihrer unterschiedlichen Empfindlichkeit gegenüber dem Säuregrad der Fließgewässer erhalten die häufigsten und wichtigsten Organismen einen Zeigerwert von 1 bis 5 (1 = säureempfindlich bis 5 = sehr säureresistent). Die den Säureklassen 1 bis 5 zugeordneten Arten und Artengruppen sind bei BRAUKMANN & BISS (2004) zu finden. Das von diesen Autoren entwickelte Bewertungsverfahren beruht darauf, dass die in einer Probe gefundenen Taxa nach ihrer Säureempfindlichkeit und damit nach ihrem spezifischen Indikationswert geordnet werden. Die Abundanzen (siebenstufiges halbquantitatives System) der Organismen mit derselben Sensitivitätsklasse werden addiert. Ist nun die Summe der Abundanzen von Indikatoren der Klasse 1 größer als 4, kann das Gewässer als ständig neutral angesehen werden. Kommen Indikatoren der Klasse 1 nicht vor oder ist die Summe ihrer Abundanzen kleiner als 4, wird die Überprüfung mit den „Klasse 2-Indikatoren" fortgesetzt usw.

Das Prinzip dieses Bewertungsverfahrens unterscheidet sich grundlegend von dem des Saprobiensystems. Es wird nicht, wie beim diesem, ein Mittelwert aus den Zeigerwerten aller Indikatororganismen einer Untersuchungsstelle gebildet, sondern eine Bewertung nach dem Prinzip maximaler Empfindlichkeit von Bioindikatoren gegenüber dem Säuregrad des Wassers vorgenommen.

2.3.2 Modul Gewässerstruktur

In dieses Modul gehen die Ergebnisse der Gewässerstrukturkartierung und der Deutsche-Fauna-Index (GFI) ein.

2.3.2.1 Deutscher-Fauna-Index (GFI)

Der Deutsche-Fauna-Index (oder German-Fauna-Index) wurde entwickelt, um aus der Zusammensetzung der Makroinvertebraten-Gemeinschaft Rückschlüsse auf die hydromorphologische Degradation ziehen zu können. Da dieser Index noch weit weniger bekannt ist als der Saprobienindex, soll er an dieser Stelle etwas gründlicher erläutert werden: Für die Berechnung des GFI werden für die relevanten Indikatorarten gewässertypenspezifisch vier Indikationswerte (+2, +1, -1 und –2) vergeben. Eine Art erhält einen positiven Wert, wenn sie eine Zeigerart für eine gute Hydromorphologie ist. Kommt eine Art hauptsächlich in stark hydromorphologisch geschädigten Gewässern vor, wird sie negativ bewertet. Der Deutsche-Fauna-Index kann somit Werte zwischen +2 und –2 annehmen (LORENZ et al. 2004). Er errechnet sich wie folgt:

$$\textit{Deutscher-Fauna-Index} = \frac{\sum_{i}^{N} sc_i \cdot a_i}{\sum_{i}^{N} a_i}$$

N: Gesamtanzahl der Arten mit einer Wichtung
sc_i : Wichtung der i-ten Art
a_i: Abundanz der i-ten Art

Die Ergebnisse können in fünf Zustandsklassen von 5 (high) bis 1 (bad) eingeteilt werden. Der Index wurde von LORENZ et al. (2004) zunächst für fünf deutsche Fließgewässertypen, zu denen auch der hier relevante Bachtyp gehört, entwickelt und geeicht. Inzwischen können Faunaindices auch für die übrigen Fließgewässertypen Deutschland berechnet werden (www.asterics.de).

Der GFI, weitere Indices sowie der multimetrische Ökologische Qualitätsindex (s. Tab.2) können mit dem im Internet verfügbaren Programm AQEM und seiner neuesten Version ASTERICS (www.asterics.de) berechnet werden.

2.3.2.2 Gewässerstruktur - Kartierverfahren

Die Kartierung und Bewertung der Gewässerstruktur erfolgte nach Vorgaben der LAWA (2000), siehe auch Abschnitt 2.2.3.

2.3.3 Modul Naturnähe

In das Modul Naturnähe fließen die Renkonensche Zahl sowie die Gesamtbewertung nach AQEM (Ökologischer Qualitätsindex / Ecological Quality Index – EQI) ein.

2.3.3.1 Renkonensche Zahl

Die Renkonensche Zahl (Re) ist ein Maß für die Ähnlichkeit in den Dominanzverhältnissen zweier Artengemeinschaften (Dominanzidentität). Dabei wird von jeder in beiden Gebieten vorkommenden Art der jeweils kleinere Dominanzwert aufsummiert. Arten, die in sehr geringer Individuenzahl vorkommen, beeinflussen den Wert kaum.

$$\text{Re}\left(\%\right) = \sum_{i=1}^{G} \min D_{A,B}$$

$$D = \frac{n_A}{N_A} \text{ bzw. } \frac{n_B}{N_B}$$

$\sum \min D_{A,B}$	= Summe der jeweils kleineren Dominanzwerte (D) der gemeinsamen Arten von zwei Standorten (A und B)
i	= Art i
G	= Zahl der gemeinsamen Arten
$n_{A,B}$	= Individuenzahl der Art i in Gebiet A bzw. B
$N_{A,B}$	= Gesamtindividuenzahl aus Gebiet A bzw. B

Im vorliegenden Fall wurde die Renkonensche Zahl durch den Vergleich der Ergebnisse des jeweiligen Untersuchungsabschnittes mit einem Leitbild ermittelt, das anhand mehrjähriger eigener Beprobungen im Harz (HEIDENWAG et al. 2000, LANGHEINRICH et al. 2002), der Roten Listen Sachsen-Anhalts (LAU 2004), dem Arten- und Biotopschutzprogramm Sachsen-Anhalt (LAU 1997), der Ökologischen Typisierung der aquatischen Makrofauna (BAYERISCHES LANDESAMT FÜR WASSERWIRTSCHAFT 1996) sowie der Angaben von HOHMANN & BÖHME (1999) für die Makrozoobenthosfauna der „Grobmaterialreichen, silikatischen Mittelgebirgsbäche" des Harzes von uns erstellt wurde (Tab.4). In dieses Leitbild sind 100 Arten, darunter 14 Eintagsfliegen, 32 Steinfliegen und 37 Köcherfliegen aufgenommen worden. Es handelt sich hierbei um Arten, die in naturnahen, unbelasteten Abschnitten von Bächen dieses Typs mit hoher Stetigkeit vorkommen und in diesem Gewässertyp zudem den Schwerpunkt ihres Vorkommens haben. Die entsprechende Häufigkeit, die auch natürlicherweise gering sein kann, spielt dabei eine untergeordnete Rolle.

Tab.4. Leitbildarten Ecker (grobmaterialreicher, silikatischer Mittelgebirgsbach; Angaben in Klammern: Abundanzklassen).

Coleoptera: *Agabus biguttatus (3), Agabus guttatus (5), Oreodytes sanmarki(4), Elmis aenea (4), Elmis maugetii (3), Esolus parallelepipedus (3), Limnius volckmari (3), Limnius perrisi (3), Helodes pseudominuta (2), Hydraena gracilis (3), Hydraena lapidicola (2), Hydraena riparia (3)*
Ephemeroptera: *Baetis alpinus (4), Baetis lutheri (2), Baetis muticus (3), Baetis niger (2), Baetis scambus (2), Ecdyonurus submontanus (4), Ecdyonurus torrentis (3), Ecdyonurus venosus (5), Electrogena lateralis (2), Epeorus sylvicola (5), Ephemerella mucronata (3), Rhithrogena picteti (4), Rhithrogena semicolorata (4), Torleya major (3)*
Plecoptera: *Amphinemura standfussii (3), Amphinemura sulcicollis (4), Brachyptera risi (3), Brachyptera seticornis (3), Capnia vidua (2), Chloroperla tripunctata (2), Dinocras cephalotes (3), Diura bicaudata (3), Isoperla grammatica (4), Isoperla oxylepis (2), Leuctra aurita (2), Leuctra braueri (3), Leuctra digitata (2), Leuctra fusca (4), Leuctra hippopus (3), Leuctra inermis (5), Leuctra nigra (4), Leuctra prima (2), Leuctra pseudocingulata (4), Nemoura cambrica (5), Nemoura dubitans (2), Nemoura flexuosa (2), Nemoura sciurus (2), Perla marginata (3), Perlodes microcephalus (4), Protonemura auberti (5), Protonemura hrabei (2), Protonemura intricata (4), Protonemura meyeri (3), Protonemura nitida (3), Protonemura praecox (3), Taeniopteryx auberti (2)*
Trichoptera: *Allogamus auricollis (2), Allogamus uncatus (2), Annitella obscurata (2), Annitella thuringica (2), Brachycentrus montanus (3), Chaetopteryx major (3), Chaetopteryx villosa (4), Drusus annulatus (3), Drusus discolor (3), Glossosoma boltoni (2), Glossosoma conformis (5), Glossosoma intermedium (2), Hydropsyche dinarica (3), Hydropsyche incognita (4), Hydropsyche saxonica (4), Hydropsyche silfvenii (2), Hydropsyche tenuis (3), Odontocerum albicorne (4), Philopotamus ludificatus (2), Philopotamus montanus (4), Philopotamus variegatus (2), Plectrocnemia conspersa (5), Plectrocnemia geniculata (3), Potamophylax latipennis (4), Potamophylax luctuosus (4), Potamophylax nigricornis (4), Pseudopsilopteryx zimmeri (2), Rhyacophila evoluta (2), Rhyacophila nubila (4), Rhyacophila obliterata (5), Rhyacophila tristis (2), Silo pallipes (4), Stenophylax permistus (3), Stenophylax vibex (3), Synagapetus iridipennis (2), Sericostoma personatum (3), Tinodes rostocki (3)*
Odonata: *Cordulegaster boltoni (2)* **Diptera:** *Atherix ibis (3), Liponeura sp. (3), Prosimulium hirtipes (5), Simulium sp. (4)*

2.3.3.2 Ökologischer Qualitätsindex EQI

Der EQI wird über das AQEM / ASTERICS-Programm aus verschiedenen Metriks ermittelt. Für den Fließgewässertyp 5 (Grobmaterialreicher, silikatischer Mittelgebirgsbach) sind das: der Shannon-Wiener-Index, der Deutsche-Fauna-Index, der Anteil der Epirhithralbewohner, der Rheoindex nach BANNING (1998), der Anteil der Steinbesiedler sowie der Anteil der Steinfliegen. Diese Metriks gehen mit unterschiedlicher Wichtung in die Berechnung ein.

2.3.4 Modul Diversität / Schutzwürdigkeit

Der Shannon-Wiener-Index und der Naturschutzindex nach KAULE (1991) werden zum Modul Diversität / Schutzwürdigkeit zusammengefasst.

2.3.4.1 Shannon-Wiener-Index (Diversitätsindex)

Als ein Maß für Diversität und Vielfalt der Arten wird häufig der Shannon-Wiener-Index (H_s) verwendet. Die Vielfalt kann man vereinfacht als die Anzahl der Arten definieren. Bei diesem Index geht jedoch nicht nur die Artenanzahl sondern auch deren Gleichverteilung ein. Der Shannon-Wiener-Index ist umso höher, je höher die Artenzahl aber auch je größer die Gleichverteilung der einzelnen Spezies ist. Kommt es also zu Massenvorkommen weniger Arten, sinkt der Index. Die Formel für den Shannon-Wiener-Index für Makroinvertebraten lautet:

$$H_s = -\sum_{i=1}^{s} N_i \cdot \ln N_i$$

H_s = Diversitätsindex
N_i = Quantität der Art i / Gesamtquantität aller Arten
s = Gesamt-Taxazahl der Biozönose

2.3.4.2 Naturschutzindex nach KAULE (Conservation-Index)

Der Naturschutzindex nach KAULE (1991) wird über die Roten Listen aus Deutschland und dem jeweiligen Bundesland ermittelt und ist ein Maß für die Refugialfunktion eines Ökosystems, in diesem Falle eines Fließgewässers.

Der Index ist in 9 Stufen unterteilt, wobei die Stufen 9 (gesamtstaatlich bedeutsam) und 8 (überregional bzw. landesweit bedeutsam) die naturschutzfachlich besten sind.

Die Berechnung des Naturschutz-Index geschieht nach den Gefährdungsstufen gemäß den Roten Listen, wobei A0 = ausgestorben, A1 = vom Aussterben bedroht, A2 = stark gefährdet und A3 = gefährdet bedeutet.

<u>Stufe 9</u>: mindestens eine Art mit der Gefährdungsstufe A0 oder eine Art A1 der RL der BRD oder mindestens drei Arten A1 der RL des Bundeslandes

<u>Stufe 8</u>: mindestens eine Art A0 oder A1 (RL Bundesland) oder mindestens drei Arten A2 (RL BRD oder Bundesland) oder mindestens eine Art A2 (RL BRD oder Bundesland) und mindestens drei Arten RL A3 (Bundesland)

<u>Stufe 7</u>: mindestens drei Arten RL A3 (Bundesland) oder eine Art A2 (RL BRD oder Bundesland)

3. Ergebnisse und Diskussion

3.1 Taxonomische Struktur der Makroinvertebratenfauna

Bereits die Anzahl der Makrozoobenthosarten kann einen ersten Hinweis auf den Gewässerzustand geben.

Die hier untersuchten Gewässerabschnitte unterscheiden sich stark in der Anzahl an Makrozoobenthos-Taxa (s. Tab.5). So wurden im stark vom oberhalb liegenden Stausee beeinflussten Abschnitt 3 lediglich 8 und im quellnahen Abschnitt 6 15 Arten identifiziert, während in den Abschnitten 1 und 2 61 bzw. 57 Arten bzw. Taxa nachgewiesen werden konnten.

Tab.5. Abundanzen der in der Ecker gefundenen Makroinvertebraten.

	TAXON NAME	Ecker 1 2005	Ecker 2 2005	Ecker 3 2005	Ecker 4 2005	Ecker 5 2005	Ecker 6 2005
1	*Agabus guttatus*	0	0	0	0	6	5
2	*Amphinemoura sp.*	0	0	2	0	0	0
3	*Amphinemura sulcicollis*	3	3	0	0	0	0
4	*Ancylus fluviatilis*	3	3	0	0	0	0
5	*Atherix ibis*	3	3	0	0	0	0
6	*Baetis alpinus*	4	5	0	0	0	0
7	*Baetis lutheri*	0	3	0	0	0	0
8	*Baetis muticus*	4	2	0	0	0	0
9	*Baetis niger*	3	0	0	0	0	0
10	*Baetis scambus*	3	0	0	0	0	0
11	*Baetis vernus*	4	4	0	0	0	0
12	*Brachycentrus montanus*	3	0	0	0	0	0
13	*Chaetopteryx villosa*	3	0	0	0	0	3
14	*Chironomini*	3	0	0	0	0	0
15	*Drusus annulatus*	3	4	2	4	5	6
16	*Drusus discolor*	0	0	0	0	3	0
17	*Dugesia gonocephala*	4	0	0	0	0	0
18	*Ecdyonurus submontanus*	0	4	0	0	0	0
19	*Ecdyonurus torrentis*	5	3	0	0	0	0
20	*Ecdyonurus venosus*	3	0	0	0	0	0
21	*Eiseniella tetraedra*	3	0	2	0	3	0
22	*Electrogena lateralis*	3	0	0	2	0	0
23	*Elmis aenea*	4	2	0	0	0	0
24	*Elmis maugetii*	0	2	0	2	0	0
25	*Elmis sp. Lv.*	4	0	0	0	0	0
26	*Epeorus sylvicola*	5	5	0	0	0	0
27	*Esolus parallelepipedus*	2	0	0	0	0	0
28	*Gammarus fossarum*	5	4	0	0	0	0
29	*Gammarus pulex*	3	0	0	0	0	0
30	*Glossosoma conformis*	5	4	0	0	0	0

Fortsetzung Tab. 5

	TAXON NAME	Ecker 1 2005	Ecker 2 2005	Ecker 3 2005	Ecker 4 2005	Ecker 5 2005	Ecker 6 2005
31	*Grammotaulius nigropunctatus*	0	0	0	0	0	4
32	*Habroleptoides confusa*	3	0	0	0	0	0
33	*Habrophlebia lauta*	4	0	0	0	0	0
34	*Halesus digitatus*	3	3	0	0	0	0
35	*Helodes pseudominuta*	2	0	0	0	0	0
36	*Hydraena gracilis*	4	0	0	0	0	0
37	*Hydroporus erythrocephalus*	0	0	0	0	3	3
38	*Hydropsyche dinarica*	0	3	0	0	0	0
39	*Hydropsyche incognita*	3	3	0	0	0	0
40	*Hydropsyche saxonica*	3	4	0	0	0	0
41	*Hydropsyche tenuis*	0	2	0	0	0	0
42	*Isoperla grammatica*	2	3	0	0	3	5
43	*Isoperla sp.*	0	0	2	0	0	0
44	*Leuctra hippopus*	4	3	2	0	3	3
45	*Leuctra inermis*	0	0	0	3	3	0
46	*Leuctra nigra*	3	3	0	0	0	0
47	*Leuctra sp.*	0	0	0	2	0	0
48	*Limnephilus centralis*	0	3	0	0	5	3
49	*Limnephilus coenosus*	0	0	0	0	3	4
50	*Limnius perrisi*	4	2	0	0	0	0
51	*Limnophora riparia*	0	4	0	0	0	0
52	*Limnophora sp.*	0	0	0	3	0	0
53	*Liponeura sp.*	4	0	0	0	0	0
54	*Micropterna sequax*	4	0	0	0	0	0
55	*Nemoura cambrica*	5	4	0	4	5	5
56	*Nemoura cinerea*	4	4	0	4	3	5
57	*Nemoura flexuosa*	0	0	0	2	3	0
58	*Nemoura sp.*	0	0	2	0	0	0
59	*Nemurella picteti*	0	0	0	2	0	4
60	*Odontocerum albicorne*	4	4	0	0	0	0
61	*Oreodytes sanmarki*	4	4	0	0	0	0
62	*Oulimnius tuberculatus*	3	0	0	0	0	0
63	*Perla marginata*	2	0	0	0	0	0
64	*Perlodes microcephalus*	4	5	2	5	5	0
65	*Philopotamus montanus*	3	0	0	0	0	0
66	*Plectrocnemia conspersa*	3	4	0	6	5	5
67	*Plectrocnemia geniculata*	3	0	0	2	3	0
68	*Polycentropus flavomaculatus*	4	0	0	0	0	0
69	*Potamophylax latipennis*	5	0	0	0	0	0
70	*Potamophylax luctuosus*	0	4	0	0	3	0
71	*Potamophylax nigricornis*	3	5	0	2	0	0
72	*Prosimulium hirtipes*	5	4	0	0	4	3
73	*Protonemoura sp.*	0	0	0	4	0	0
74	*Protonemura auberti*	5	4	0	5	3	0
75	*Protonemura intricata*	0	4	0	3	4	0
76	*Protonemura meyeri*	0	3	0	0	0	0
77	*Ptychoptera sp.*	3	3	0	0	0	0
78	*Rhithrogena picteti*	3	4	0	0	0	0
79	*Rhithrogena semicolorata*	5	0	0	0	0	0
80	*Rhyacophila nubila*	0	4	0	0	0	0
81	*Rhyacophila obliterata*	3	0	0	0	4	0
82	*Sericostoma personatum*	5	5	0	0	0	0
83	*Sialis fuliginosa*	0	3	0	3	0	0
84	*Silo nigricornis*	3	0	0	0	0	0
85	*Simulium trifasciatum*	3	4	0	0	4	0
86	*Siphlonurus lacustris*	0	0	0	5	3	4
87	*Siphonoperla sp.*	0	0	0	2	0	0
88	*Stenophylax permistus*	0	3	0	0	0	0
89	*Tanypodinae*	0	0	2	0	0	0
90	*Tipula maxima*	4	4	0	0	0	0
91	*Velia caprai caprai*	3	0	0	0	0	0
	Taxa-Gesamtzahl	**62**	**57**	**8**	**19**	**23**	**15**

Charakteristisch für die Fließgewässer der Mittelgebirge ist eine hohe Anzahl von Köcherfliegen (Trichoptera), Steinfliegen (Plecoptera) und Eintagsfliegen (Ephemeroptera); das trifft auch auf das Arteninventar der Ecker in seiner Gesamtheit zu.

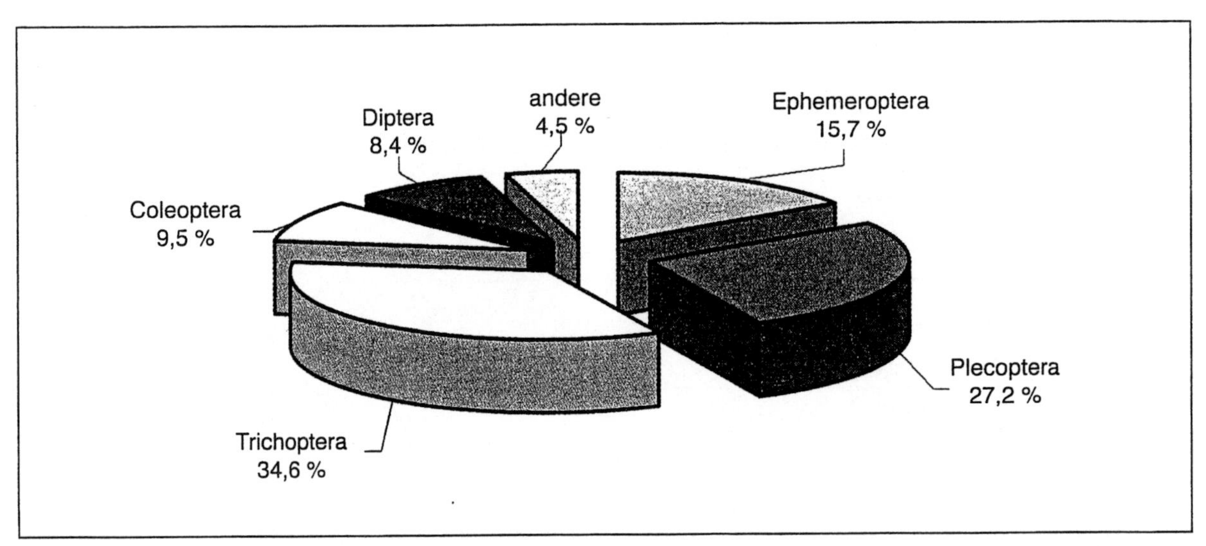

Abb.3. Zusammensetzung des Arteninventars in der Ecker (prozentualer Anteil an Gesamttaxazahl).

Die Köcherfliegen (Trichoptera) bilden in der Ecker mit 34,6 % aller ermittelten Taxa die größte Gruppe. Weiterhin sehr häufig sind Steinfliegen (Plecoptera) mit 27,2 % und Eintagsfliegen (Ephemeroptera) mit 15,7 %. So ergibt sich ein ETP-Arten-Anteil von 77,5 %. Die Käfer (Coleoptera) mit 8,5 % sowie die Zweiflügler (Diptera) mit 8,4 % kommen ebenfalls in nennenswerten Größenordnungen vor. Geringe Individuenhäufigkeiten wurden für Turbellaria, Gastropoda, Oligochaeta, Crustacea, Heteroptera und Megaloptera ermittelt. Diese wurden in die Kategorie „andere Gruppen“ (4,5 %) eingegliedert.

3.2 Modularisierte Gesamtbewertung

Die Analyse der Makroinvertebratenfauna mit dem unter 2.3 vorgestellten modularisierten Ansatz ergab für die untersuchten Abschnitte die in Tab.6 dargestellten Modul- und Gesamtnoten.

Tab.6. Modul- und Gesamtbewertung der 6 untersuchten Eckerabschnitte.

Fließgewässertyp 5	Ecker 1	Ecker 2	Ecker 3	Ecker 4	Ecker 5	Ecker 6
1. Wassergüte						
Saprobienindex	1,40	1,39	1,27	1,33	1,28	1,36
Note	5	5	5	5	5	5
Säureindex	1	1	3	2	2	3
Note	5	5	3	4	4	3
Modulnote	**5**	**5**	**4**	**4,5**	**4,5**	**4**
2. Gewässerstruktur						
Gewässerstruktur	1,5	1,3	2,0	2,5	1,2	1,2
Note	5	5	4	4	5	5
GFI	1,33	1,37	1,33	1,52	1,75	1,27
Note	5	5	5	5	5	5
Modulnote	**5**	**5**	**4,5**	**4,5**	**5**	**5**
3. Naturnähe						
EQI	4	5	4	4	4	3
Note	4	5	4	4	4	3
Renkonensche Zahl	0,44	0,44	0,03	0,19	0,30	0,17
Note	5	5	1	2	3	2
Modulnote	**4,5**	**5**	**2,5**	**3**	**3,5**	**2,5**
4. Diversität / Schutzwürdigkeit						
Shannonindex	3,70	3,69	2,08	2,24	2,67	2,37
Note	4	4	3	3	3	3
Conservation-Index	8	8	4	7	7	7
Note	4	4	1	4	4	4
Modulnote	**4**	**4**	**2**	**3,5**	**3,5**	**3,5**
Gesamtnote	**5**	**5**	**3**	**4**	**4**	**4**

3.2.1 Modul Wassergüte

Die Ecker wird in den Abschnitten 1 und 2 mit der höchstmöglichen Bewertung 5 eingeschätzt, wobei der Saprobienindex aufgrund der fehlenden organischen Belastung im gesamten Gewässerlauf dem Referenzzustand entspricht. Die bereits im Bereich des Eckerstausees wirksam werdende Versauerung verschlechtert die Bewertung der Abschnitte 3 bis 6 etwas. Da die stärkere Versauerung in den höheren Lagen auch bestimmend für die Bewertung anderer Module ist, werden zu ihrer Untersetzung auch die Ergebnisse der direkten pH-Messung (Abb.4) herangezogen.

Für den Eckersprung (M18/E6) wurde ein pH-Wert im mäßig sauren Bereich von 5,25 ermittelt. Ursachen für die Versauerung sind die natürlicherweise geringe Pufferkapazität der anstehenden Gesteine, verstärkt durch die Dominanz der Fichte im Baumbestand und die anthropogenen Einträge von Stickstoff und Schwefel. Dieser pH-Wert blieb über die Messstellen M17 (800 m ü.NN) bis M15 (700 m ü.NN) etwa konstant (5,23 bis 5,32).

Von der Messstelle M15 bis zum Einlauf der Ecker in den Eckerstausee (M12) nimmt der pH-Wert dann deutlich bis auf 4,9 ab. Verantwortlich dafür sind Zuflüsse aus den Mooren am Westhang des Brockens, die mit pH-Werten bis 4,0 einen hohen Grad an Azidität aufweisen.

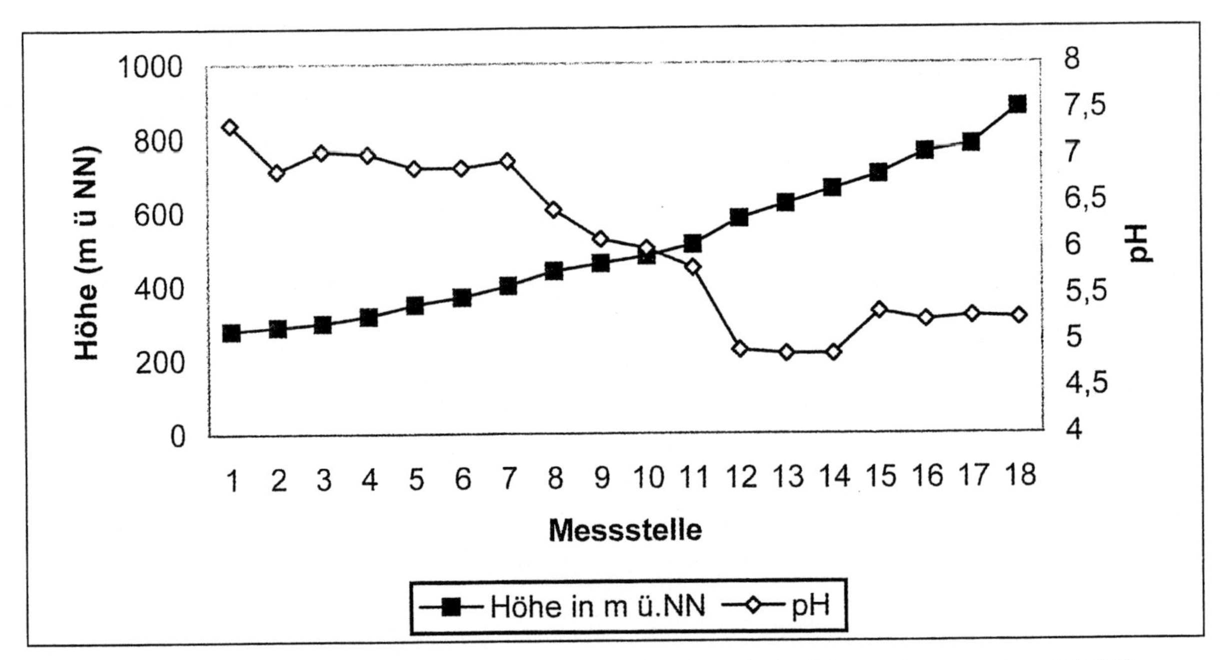

Abb. 4. Ecker: pH-Längsschnitt (19.05.2005, durchschnittliche Wassertemperatur 5,2 °C).

Die Messstelle M11 (510 m ü.NN) befindet sich direkt am Auslauf des Eckerstausees. Der Stausee weist eine hohe Pufferkapazität auf und lässt den pH-Wert der Ecker bis auf 5,79 ansteigen. Ein kontinuierlicher pH-Wert-Anstieg setzt sich die nächsten 2 km fort. An der Messstelle M7 (400 m ü.NN) weist die Ecker bereits einen pH-Wert von 6,95 auf, an M1 (280 m ü.NN) beträgt er schließlich 7,35.

Zusammenfassend kann bekräftigt werden, dass der pH-Wert mit zunehmender Höhenlage abnimmt und dort zu einem begrenzenden Faktor für viele Arten werden kann. Der Verlauf des pH-Wertes in Abhängigkeit der Höhenlage deckt sich mit früheren Untersuchungen im Nationalpark Harz (LANGHEINRICH et al. 2002]

3.2.2 Modul Gewässerstruktur

Sowohl durch die direkte Kartierung als auch durch die biologische Strukturindikation mit Hilfe des GFI konnte der hohe Grad der Naturnähe der Gewässerstruktur festgestellt werden, so dass alle sechs Messstellen die Bestbewertung 5 erhalten.

3.2.3 Modul Naturnähe

Da der unversauerte silikatische Mittelgebirgsbach als Leitbild dient, sind größere Abweichungen zwischen den einzelnen Abschnitten der Ecker nicht verwunderlich. So liegen die Abschnitte 1 und 2 bei oder nahe der Bestbewertung, während die Abschnitte 3 und 6 nur mit 2,5 (mäßig bis unbefriedigend) eingeschätzt werden.

Abschnitt 3 zeigt kaum Übereinstimmungen mit dem Leitbild. Die Artenzusammensetzung wird hier durch den kurz oberhalb liegenden Eckerstausee, der für rheophile Makroinvertebraten nicht durchwanderbar ist, massiv beeinträchtigt.

Eine Besonderheit weist Abschnitt 6 auf, da er sich in Quellnähe befindet. Weil dort krenale Arten überwiegen, erhält er beim EQI eine schlechte Bewertung über den Anteil der Epirhithralbewohner. Weiterhin gehen die geringen Artenzahlen in den beiden genannten Gewässerabschnitten über die Diversität negativ in die EQI-Gesamtbewertung ein.

3.2.4 Modul Diversität / Schutzwürdigkeit

Auch hier sind deutliche Abweichungen zwischen den Abschnitten festzustellen. Die Messstellen 1 und 2 werden mit 4 (gut) bewertet. Die Messstelle 3 erhält vor allem wegen der schlechten Bewertung aus dem Naturschutz-Index nur die Note 2 (unbefriedigend).

Die Abschnitte 1 und 2 weisen mit einem Wert von 3,7 die größte Diversität auf. An der artenarmen Messstelle 3 wurde lediglich ein Diversitätsindex von 2,08 berechnet. Ebenfalls geringe Werte wiesen die kurz oberhalb des Eckerstausees befindliche Messstelle 4 mit einem Wert von 2,24 sowie die quellnahe Messstelle 6 mit 2,37 auf.

Insgesamt wurden im Rahmen der vier Beprobungen 18 Arten von Makroinvertebraten gefunden, die auf den Roten Listen des Landes bzw. des Bundes stehen. Obwohl keine spektakulären und neuen Funde vermeldet werden können, unterstreicht allein diese Zahl die besondere Schutzwürdigkeit dieses Fließgewässers. Erwähnenswerte Arten sind v.a. *Baetis lutheri, Ecdyonurus submontanus, Electrogena lateralis, Brachycentrus montanus, Nemoura cambrica* und *Perla marginata.*

Hinsichtlich ihrer Refugialfunktion werden die Abschnitte 1 und 2 in die Stufe 8 (überregional bis landesweit bedeutsam) eingeordnet. Die drei oberhalb des Eckerstausees befindlichen Messstellen 4, 5 und 6 sind als regional bedeutsam (Stufe 7) eingestuft. An der Messstelle 3 wurden keine Rote-Liste-Arten festgestellt, so dass dort kein Naturschutz-Index vergeben werden kann.

3.2.5 Gesamtbewertung und Schlussfolgerungen

Die Abschnitte 1 und 2 erhalten sowohl nach der AQEM / ASTERICS-Methode als auch über die ergänzenden Module insgesamt eine sehr gute Bewertung. Sie können deshalb für den rhitralen Bereich der grobmaterialreichen, silikatischen Mittelgebirgsgewässer als Referenzbereiche angesehen werden. Aufgrund des weitestgehenden Fehlens aller typischer Gewässerbelastungen einschließlich Versauerung und Verbau fanden wir eine artenreiche und sensible Makroinvertebratenfauna, wie sie fast nur noch in Schutzgebieten vorkommt.

Der Stausee stellt mit der Unterbrechung des Fließgewässerkontinuums zweifellos eine beträchtliche Belastung der Ecker dar. Er ist für Tiere nicht durchwanderbar und wirkt außerdem als Sedimentfalle, so dass unterhalb zunächst kaum feineres Sedimentmaterial zu finden ist. Andererseits besitzt er ein beträchtliches Neutralisationspotenzial und verhindert, dass die Versauerung auch tiefer gelegene Gewässerstrecken erreicht.

Etwa drei Kilometer unterhalb des Stausees hat sich das Gewässer vom Einfluss des Anstaus offensichtlich weitgehend erholt, was der Anstieg der Artenzahl von 8 auf 57 eindrucksvoll belegt.

Oberhalb des Stausees ist die Versauerung offensichtlich der limitierende Faktor für die Entwicklung von artenreichen Gemeinschaften des Makrozoobenthos. Es treten nur noch Arten auf, die zumindest den temporären Einfluss stärkerer Versauerung tolerieren können, vor allem etliche Stein- und Köcherfliegen. Dass die Artenzahl direkt vom Grad der Versauerung abhängig ist, konnten wir bereits in einer früheren Arbeit nachweisen (LANGHEINRICH et al. 2002).

Die Versauerung ist in den höheren Lagen des Harzes, besonders in der Nähe von Hochmooren, ein natürliches Phänomen. Verstärkt wird sie aber durch das Immissionsgeschehen und durch die übermäßige Dominanz der Fichte im unmittelbaren Gewässerumfeld. Soweit es die Schutzbestimmungen zulassen, sollten Fichtenbestände in einem Saumstreifen von etwa 10 m entfernt und ggf. durch standortgerechte Gehölze wie Buche und Eberesche ersetzt werden, wie das teilweise schon an der Holtemme mit einigem Erfolg getan wurde. Solche Maßnahmen können nicht nur die Versauerung verringern, sie stellen den Makroinvertebraten über den Laubfall auch gut verwertbares Substrat zur Verfügung, so dass mit einem Anstieg sowohl der Artenzahl als auch der Individuendichte gerechnet werden kann.

Dank

Die Autoren danken den früheren Master-Studenten Frau Michaela LIEBSCH (M. Sc.), Frau Janine MÜLLER (M. Sc.) und Herrn Markus KOWALEWSKI (M. Sc.) für ihre engagierte Mitarbeit in diesem Projekt. Wir danken der Nationalparkverwaltung Harz für die finanzielle Unterstützung und die jederzeit angenehme Zusammenarbeit.

Zusammenfassung

In den Jahren 2005 und 2006 wurde die Zusammensetzung der Makroinvertebraten-Biozönose an sechs Abschnitten der Ecker im Nationalpark Harz erfasst. Unter natürlichen bzw. naturnahen Bedingungen und ohne organische Belastungen wurden jedoch starke Schwankungen in Artenzahl und Struktur der Lebensgemeinschaften zwischen den einzelnen Abschnitten nachgewiesen. Die unteren Gewässerabschnitte erreichen nach einem modularisierten ökologischen Bewertungssystem einen „sehr guten ökologischen Zustand“. Sie können daher als Referenzgewässer für den Fließgewässertyp: „Grobmaterialreicher, silikatischer Mittelgebirgsbach“ dienen. Der Eckerstausee stellt nicht nur eine Wanderungsbarriere für zahlreiche Wasserorganismen dar, er trägt auch zu einem erheblichen Artenschwund unterhalb des Auslaufs bei. Erst einige Kilometer unterhalb ist die für diesen Fließgewässertyp charakteristische benthische Lebensgemeinschaft wieder anzutreffen. Allerdings führt das Pufferungsvermögen des Stausees zu einer Anhebung des pH-Wertes, so dass die Versauerung auf die oberen Abschnitte beschränkt bleibt. Der erhebliche Einfluss der Gewässerversauerung hier zeigt sich in extrem arten- und individuenarmen Makroinvertebratengemeinschaften. Nur in einem geringen Umfang lässt sich der Versauerung durch einen Ersatz der Fichten durch Laubgehölze im Uferbereich entgegenwirken.

Literatur- und Quellenverzeichnis

BANNING, M. (1998): Auswirkungen des Aufstaus größerer Flüsse auf das Makrozoobenthos, dargestellt am Beispiel der Donau. Essener ökologische Schriften ; 9. (Westarp-Wissenschaften) Hohenwarsleben.

BAYERISCHES LANDESAMT FÜR WASSERWIRTSCHAFT (1996): Ökologische Typisierung der aquatischen Makrofauna. Informationsberichte des Bayerischen Landesamtes für Wasserwirtschaft H. 4.

BRAUKMANN, U., & R. BISS (2004): Conceptual study – An improved method to assess acidification in German streams by using benthic macroinvertebrates. Limnologica **34**: 433-450.

DIN 38410 Teil 2 (1991): Biologisch-ökologische Gewässeruntersuchungen (Gruppe M). DEV 24. Lief. (Beuth Verlag) Berlin Wien Zürich.

EISELER, B. (2005): Bildbestimmungsschlüssel für die Eintagsfliegenlarven der deutschen Mittelgebirge und des Tieflandes. Lauterbornia **53**: 1-112.

HEIDENWAG, I., V. LÜDERITZ & U. LANGHEINRICH (2000): Typologie, Klassifizierung und Bewertung kleiner Fließgewässer in unterschiedlichen Landschaftseinheiten Sachsen-Anhalts. Abschlussbericht zum Forschungsprojekt, Hochschule Magdeburg-Stendal (unveröff.).

HEITKAMP, U. (2003): Fließgewässer des Westharzes : Umweltbedingungen und Fauna. NVN/BSH Schriftenreihe Biotope (www.bsh.de), Beil. zu natur & kosmos (Dezember 2003).

HOHMANN, M., & D. BÖHME (1999): Checkliste der Eintags- und Steinfliegen (Ephemeroptera, Plecoptera) von Sachsen-Anhalt. Lauterbornia **37**: 151-162.

KAULE, G. (1991) : Arten- und Biotopschutz. (Eugen Ulmer) Stuttgart.

LAU – LANDESAMT FÜR UMWELTSCHUTZ SACHSEN-ANHALT (2004): Rote Listen Sachsen-Anhalt. Ber. Landesamtes Umweltschutz Sachs.-Anhalt, H. 39.

LAU - LANDESAMT FÜR UMWELTSCHUTZ SACHSEN-ANHALT (1997): Arten- und Biotopschutzprogramm Sachsen-Anhalt – Landschaftsraum Harz. Ber. Landesamtes Umweltschutz Sachs.-Anhalt, Sonderh. 4/1997.

LAWA – BUND/LÄNDER-ARBEITSGEMEINSCHAFT WASSER (2000): Gewässerstrukturgütekartierung in der Bundesrepublik Deutschland – Handbuch zum Übersichtsverfahren.

LANGHEINRICH, U., D. BÖHME, U. WEGENER & V. LÜDERITZ (2002): Streams in the Harz National Parks (Germany) – a hydrochemical and hydrobiological evaluation. Limnologica **32**: 309–321.

LANGHEINRICH, U., S. TISCHEW, R.M. GERSBERG & V. LÜDERITZ (2004): Canals and ditches in management of fens – opportunity or risk? A case study in the Drömling Natural Park. Wetlands Ecol. Management **12**: 429-445.

LORENZ, A., D. HERING, C. FELD & P. ROLAUFFS (2004): A new method for assessing the impact of hydromorphological degradation on the macroinvertebrate fauna of five German stream types. Hydrobiologia **516**: 107-127

LÜDERITZ, V., R. JÜPNER, S. MÜLLER & C.K. FELD (2004): Renaturalization of streams and rivers – the special importance of integrated ecological methods in measurement of success. An example from Saxony-Anhalt (Germany). Limnologica **34**: 249-263.

LÜDERITZ, V., & U. LANGHEINRICH (2006): Measurement of success in stream and river restoration by means of biological methods. In: JÜPNER, R., & P. FOX (Eds.): Sustainable approaches in water management, urban planning and effective and renewable energy uses. Magdeburger Wasserwirtsch. H. **3**: 25-34.

ROLAUFFS, P., I. STUBAUER, S. ZAHRADKOVA, K. BRABEC & G. MOOG (2004): Integration of the saprobic system into the European Water Framework Directive. Hydrobiologia **516**: 285-298.

TONN, R. (2002): Ein Gebirge als Wasserspeicher. Akad. Geowiss. Hannover, Veröff. **20**: 110-119.

WARINGER, J., & W. GRAF (1997): Atlas der österreichischen Köcherfliegenlarven. (Facultas-Universitätsverlag) Wien.

Anschrift des federführenden Autors:

Prof. Dr. Volker Lüderitz
Hochschule Magdeburg-Stendal
Institut für Wasserwirtschaft und Ökotechnologie
Breitscheidstr. 2
D-39114 Magdeburg
Volker.Luederitz@HS-Magdeburg.de

Measurement of Success in Stream and River Restoration by means of Biological Methods

Volker Lüderitz and Uta Langheinrich

Abstract

The European Water Framework Directive (WFD) is the basis for a sustainable water resource management system throughout the EU. The expected ´good status´ of water bodies can be reached only by favored application of ecological engineering, which uses natural energy drives. Renaturalization is necessary in German streams and rivers because hydromorphology is in about 80% of the streams and rivers.

An example of a restored stretch of a lowland stream in the German State of Saxony-Anhalt is used to describe the possibilities of success measurement programs by means of a modulated approach. This approach allows conclusions for improvement of poor renaturalization. Measurement of success at this measure of renaturalization shows that improvement of stream morphology has a remarkable positive influence on water ecology.

1 Introduction

Demands of the European Water Framework Directive "Water is not a common merchandise but an inherited resource, which must be protected, defended, and managed sustainably" (EU-WFD). According to the European Water Framework Directive (EU-WFD), the legal framework for the sustainable management of water resources in Germany has been improved at federal and land levels over recent years. This offers a better basis for the implementation of integrated strategies for the protection of water bodies, which take into account the complexity of anthropogenic influences and derive quantitative environmental quality goals (Overmann 2003). Main elements and goals of the EU-WFD are demands to

- view holistically groundwater and surface water,
- reach a ´good status` of all water bodies until the year 2015,
- coordinate the management of water bodies in border-crossing catchment areas,
- combine the use of emission and emission approach in assessment of distributions and
- make available plans, measures, and costs for all to see.

Implementation of the WFD is a real challenge for science, water management, and for public budgets. The good ecological status of all water bodies will be achieved only with the application of technologies that save material, energy, and money. These technologies are called ecotechnologies resp. ecological engineering.

1.1 Possibilities of ecological engineering

Ecological engineering is the environmental manipulation by man using small amounts of supplementary energy to control systems in which main energy drives are still coming from natural sources (Odum, 1983) respectively, the design of sustainable ecosystems that integrate human society with its natural environment to the benefit of both (Mitsch and Jorgensen, 1989). Potential application include

- the design of ecological systems (ecotechnology) as an alternative to manmade / energy-intensive systems to meet various human needs,
- the restoration of damaged ecosystems and the mitigation of development activities,
- the management, utilization, and conservation of natural resources, and
- the integration of society and ecosystems in built environments.

The following example deals with the application of ecological engineering in renaturalization of streams and rivers.

2 Stream Renaturalization – General Aspect

2.1 Status of streams and rivers

There is no doubt that only water bodies with a more or lesser natural hydromorphology can fulfill their ecological functions (Gunkel, 1996). Proper measures of renaturalization and revitalization enhance species diversity, conservation value, and self-purification (Lüderitz and Hentschel, 1999; Heidenwag et al., 2001). But, presently, hydromorphological status of most flowing water bodies in Germany is poor. About 600.000 km of rivers and streams exist; structures of 80 % are clearly, noticeably, heavily, or excessively disturbed. That is why, Braukmann et al. (2000) draw the conclusion that deficiencies in morphology became the most important load for flowing water bodies.

2.2 Factors promoting and hampering renaturalization

In overcoming these deficiencies, water ecologists are supported by several laws, rules, and plans:

- The EU-WFD demands a good ecological status of water bodies until 2015. This aim can not only be reached by sewage treatment but preferably by improving morphological structures.
- The State Act on Water in Saxony-Anhalt contains rules for renaturalization already since 1997.
- Human demands to water bodies are changing in such a way which supports efforts in renaturalization.
- The term ′renaturalization′ has a positive image in public discussion.
- Extensive and detailed professional plans were developed for renaturalization.
- Water ecology and renaturalization became an important part of curriculum in university courses on water management.

Unfortunately, there are some serious factors that hamper efforts in improvement of hydromorphology:

- Unlike wastewater treatment, renaturalization is a voluntary task for local communities. In times of reduced or small public budgets, such tasks are often neglected.
- The ratio of public expenses for wastewater treatment and for renaturalization is about 100: 1. It does not correspond to the real importance of the problems but `wastewater lobby` is huge.
- Authorities often do not use the given scope in approval of measures; bureaucracy is still at a high level. Staff of authorities is often unable or reluctant to have a holistical and ecological view to water bodies.
- A lot of measures of lining and straightening counteract efforts in improvement of water body ecology.
- Most measures of renaturalization do not earn this name. In about 80 % of all cases, prognosticated improvements are reached only to a low degree or not reached at all (Gunkel, 1996).

So it is no wonder that the advanced stream program of Saxony-Anhalt, which contains a detailed plan for flowing distances of 1.300 km is implemented only to a very small degree. Continuing this velocity, more than 1.000 years would be needed to complete realization! Thus, non-governmental organizations like the BUND (German Association of Environmental and Nature Conservation), some environmental authorities, and research institutes like the Institute of Water Management and Ecotechnology have started several projects to overcome these diffuculties.

2.3 Activities to overcome these difficulties:

- Until now, several important measures especially in large protected areas were accomplished with support from EU-programs, public and private foundations, and some private donations because public budgets were too small for these activities.
- Meanwhile, revitalization measures by means of traditional hydraulic engineering cost about 500 € / m, enforced application of ecological engineering with use of self-dynamics of water bodies can save up to 90 % of these expenses.
- Joined implementation of EU-WFD and EU-Habitats Directive (EU-HD) brings synergetic effects because natural streams and rivers are the most important elements of the European-level habitat connectivity demanded by EU-HD (Lüderitz, 2004).
- In the framework of the project, "from death stripe to life line" (Grünes Band), BUND has undertaken a number of activities to improve ecology of streams.
- Ecological engineers are trained in special courses at the University of Applied Sciences Magdeburg and the Technical University of Munich.

- A system of quality assessment and success control has been developed.

3 Quality Assessment and Measurement of Success in Renaturalization – a Modulized Approach

An expressive and manageable procedure for measurement of success in stream and river renaturalization must be calibrated at natural reference conditions and must be limited to relatively few metrics (Lüderitz et al., 2004). These metrics shall allow a specific indication of loads and an assessment of ecological integrity. The approach used by the University of Applied Sciences Magdeburg are 8 metrics, which are summarized to 4 modules:

- The module Water Quality measures the organic load by means of the new German Saprobic Index (Rolauffs et al., 2004). The trophic load (P, N) is estimated by the Macrophyte –Phytobenthos Index (Schaumburg, 2004). In this metric, degradation is characterized as deviation of the benthic vegetation, species composition, and abundance from the reference biocoenosis.
- The module hydromorphology is calculated from the German Fauna Index GFI (Lorenz et al., 2004) according to the AQEM – method (Integrated assessment system for the ecological quality of streams and rivers throughout Europe using benthic Invertebrates). The GFI is based on taxa that are sensitive / tolerant of certain hydromorphological attributes such as wooded debris, bed substrates, and bank fixation. Furthermore, the module includes the results of a detailed hydromorphological mapping of 6 main parameters and 27 single parameters that show concrete deficits in stream morphology.
- Naturalness as the third module contains the Multimetric Index EQI_M (AQEM) and the Renkonen Number. The EQI_M is a measure of ecological integrity; it includes the GFI and the percentage of Plecoptera, detritus feeders, rheophilic organisms, and species with lithal or pelal preferences (Lorenz et al., 2004). The Renkonen Number is the degree of similarity between macroinvertebrate communities in the renaturalized reach and in reference reaches at all (Mühlenberg, 1993).
- The module Diversity / Conservation Value is joined by the Diversity Index (Shannon / Wiener) and the Conservation Index (Kaule, 1991), which rates the occurrence of endangered species.

Table 1 shows the calibration of the metrics for small sand bottom streams in the German lowlands (type 14 according to Sommerhäuser and Pottgiesser, 2005).

Table1: Calibration of the metrics of measurement of success for small sand bottom streams in the German lowlands

	metric	**grade**	**class limits**
module			**FW-type 14**
water quality	**Saprobic Index**	5	< 1,7
		4	< 2,2
		3	< 2,8
		2	< 3,4
		1	>= 3,4
	Macrophyte Phytobenthos Index	5	1
		4	2
		3	3
		2	4
		1	5
hydromorphology	**mapped hydromophology**	5	< 1,75
		4	< 2,85
		3	< 3,95
		2	< 5,35
		1	>= 5,35
	German Fauna Index (GFI)	5	1,3...0,82
		4	0,82...0,7
		3	0,7...0,1
		2	0,1...-0,62
		1	-0,62...-1,1
naturalness	**Ecological Quality Index (AQEM)**	5	5
		4	4
		3	3
		2	2
		1	1
	Renkonen-Number	5	>= 0,5
		4	> 0,3
		3	> 0,2
		2	> 0,1
		1	<= 0,1

diversity / conservation value	Shannon-Wiener Index	5	>=4,4
		4	> 3
		3	> 2
		2	> 1
		1	<= 1
	Conservation Index	5	9
		4	>=7
		3	6
		2	5
		1	< 5

4 Renaturalization – an Example for a Small Sand Bottom Stream

The planning for the renaturalization of a stretch of the Ihle River began in 1993 as a compensation measure for the reconstruction of the A2 highway, which connects Berlin and Hanover. The main objective was to move the stream back into its former bed in the valley over a stretch of approximately 1600 m. This was done to enable the river to develop naturally and dynamically within the valley and to create and model its own floodplain. Due to the unknown dynamic potential of the river and the geomorphologic adjustment in the renaturalized section, a sedimentation basin was built at the downstream end.

The renaturalization project was not limited to the Ihle River itself but also included the Kammerforthgraben, a former tributary. The restoration was finished in spring 2002 after the long process of obtaining the necessary legal permissions. The costs amounted to 1.5 million Euros, most of which was spent to buy the river valley area. This was necessary to ensure a dynamic and natural hydromorphological development in this area unrestricted by the demands of other land owners or land users.

The situation after the project was dissatisfactory due to problems of ongoing erosion of parts of the river bed. As a result, the river bed was deeply scoured in a large part of the renaturalized stretch (Fig. 1).

Other stretches showed uniform development without sufficient habitat diversity. Moreover, a steep bed ramp, which also caused a lentic backwater, reduced the linear connectivity of the stream.

In spring 2002, the Magdeburg Institute for Water Management and Ecotechnology was awarded a contract both to measure the success of the renaturalization and to develop a strategy to improve the ecological situation within the investigated stream stretch by using a combined hydromorphological and hydrobiological approach.

Figure 1: Renaturalized Ihle River: stretch with too high depth of profile

5 Results of measurement of success

Compared with the old stream course, in renaturalized reach settlement with reference macroinvertebrate species corresponded to a high degree with natural conditions (Lüderitz et al., 2004) already in 2002 and 2003. This has been caused by high current and substrate diversity but also by the influence of natural reaches upstreams. On the other hand, GFI as an indicator of hydromorphology and EQIM as indicator of general habitat quality stayed relatively low because of the occurrence of a lot of limnophilic species in reaches with unnatural high depth and low current.

Thus, measures of hydromorphological revaluation were carried out with relatively low efforts:

- Steep bottom ramp was flattened; slope was enhanced from 1:10 to 1:30.
- Sedimentation basin was removed without replacement.
- Input of large stones, tree-trunks, and woody debris induced self-dynamics (bank erosion, meandering) with the result of higher diversity of flow velocity and substrate (Figure 2).

Diversification of flow velocity and substrate led to an enhanced settlement with macroinvertebrates and macrophytes. Most of newly found species especially from the taxonomic orders Odonata, Plecoptera, Trichoptera, and Ephemeroptera are bound to valuable morphological structures like riffles, stones, wood debris, and well-aerated sediments (Table 2).

Figure 2: Self-dynamics of Ihle River one year after the input of tree-trunks and wood debris

Table 2: Selected reference species in the small sand bottom stream Ihle

Taxonomic order	**Species**
Odonata	*Calopteryx virgo* *Coenagrion mercuriale* *Cordulegaster boltoni* *Gomphus vulgatissimus* *Libellula fulva* *Ophiogomphus serpentinus*
Plecoptera	*Nemoura cinerea* *Perlodes dispar* *Taeniopteryx nebulosa*
Trichoptera	*Halesus radiatus* *Hydropsyche saxonia* *Limnephilus rhombicus* *Rhyacophila fasciata* *Sericostoma personatum* *Silo nigricornis*
Ephemeroptera	*Baetis fuscatus* *Ephemera danica* *Heptagenia flava* *Rhitrogena semicolorata* *Paraleptophlebia submarginata* *Serratella ignta*

The enhanced occurrence of reference species subsequently to self-dynamic development over the last years led to increasing evaluation of the ecological status of the renaturalized Ihle River stretch (Table 3). Two years after the beginning of restoration, a good ecological status with a tendency to a very good status has been reached. In contrast, the upstream reach 4 without any restoration measures remains in a moderate status.

Table 3: Evaluation of Ihle renaturalization by means of the modulized approach from 2002 to 2005

Modules	Stream reach							
	Reach 1				Reach 4			
	2002	2003	2004	2005	2002	2003	2004	2005
Water Quality	4.0	4.0	4.0	4.0	4.0	4.0	4.0	4.0
Hydro-morphology	3.0	3.0	4.0	4.0	2.5	2.5	2.5	2.5
Naturalness	3.5	3.5	3.5	4.0	2.5	2.5	2.5	2.0
Diversity/ Conservation value	4.0	4.5	4.5	4.5	4.0	4.0	4.0	4.0
Total evaluation	3.5	3.5	4.0	4.0	3.0	3.0	3.0	3.0

6 Conclusions

Our modulized approach for measurement of stream renaturalization considers the main biotic and abiotic factors and uses the most relevant groups of organisms settling the streams. It allows the measurement of important kinds of load (organic load, plant nutrients, hydromorphological degradation) and the assessment of naturalness and conservation value. Principally, the method is applicable for all stream and river types in Germany and Central Europe. Our experiences with the Ihle River confirm that the metrics are already sensitive for small changes and developments.

Nevertheless, there are some tasks and challenges for the further application and development of the approach:

- A calibration for all 23 streams and river types in Germany and, furthermore, for the different types of flowing water bodies throughout Europe is necessary.
- In the near future, the approach must be tested and evaluated in large scale pilot projects in whole watersheds.

- The implementation of holistic measurement of success in practical environmental politics and administration demands an insistent struggle for its acceptance in the responsible ministries and authorities.
- A real challenge for the future is the testing of the applicability of the approach on other continents and under totally different hydrological and climatic conditions.

References

BRAUKMANN, U., BISS, R., KÜBLER, P., PINTER, I. (2000): Ökologische Fließgewässerbewertung. Deutsche Gesellschaft für Limnologie (DGL). Tagungsbericht 2000 (Magdeburg), 24-53.

GUNKEL, G. (1996): Renaturierung kleiner Fließgewässer. Jena (Fischer).

HEIDENWAG, I., LANGHEINRICH, U., LÜDERITZ, V. (2001): Self-purification in upland and lowland streams. Acta hydrochim. hydrobiol. 29, 22-33.

KAULE, G. (1991): Arten- und Biotopschutz. Stuttgart (Ulmer).

LANGHEINRICH, U., DOROW, S., LÜDERITZ, V. (2002): Schutz- und Pflegestrategien für Auenoberflächengewässer des Biosphärenreservates Mittlere Elbe. Hercynia 35, 17-35.

LÜDERITZ, V., GLÄSER, J., KIESCHNIK, A., DÖRGE, E. (1996): Anwendung und Weiterentwicklung ökomorphologischer Kartierungs- und Bewertungsverfahren an der Selke und ihren Nebengewässern (Sachsen-Anhalt). Arch. Naturschutz u. Landschaftsforschung 35, 15-31.

LÜDERITZ, V., HENTSCHEL, P. (1999): Umgestaltung des Landeskulturgrabens bei Dessau. Naturschutz und Landschaftsplanung 31, 18-22.

LÜDERITZ, V., JÜPNER, R., MÜLLER, S., FELD, C. K. (2004): Renaturalization of streams and rivers – the special importance of integrated ecological methods in measurement of success. An example from Saxony-Anhalt (Germany). Limnologica 34, 249-263.

LÜDERITZ, V. (2004): Towards sustainable water resources management. A case study from Saxony-Anhalt, Germany. Management of Environmental Quality 15, 17-24.

MITSCH, W. J., JORGENSEN, S. E. (1989): Ecological Engineering. An introduction to Ecotechnology. New York (Wiley).

MÜHLENBERG, M. (1993): Freilandökologie. Heidelberg (Quelle & Meyer).

ODUM, E. P. (1983): Grundlagen der Ökologie. Stuttgart (Thieme).

OVERMANN, K. (2003): Zwei Jahre Wasserrahmenrichtlinie – wie geht es weiter? Korrespondenz Abwasser 50, 22-24.

PAULS, S., FELD, C. K., SOMMERHÄUSER, M., HERING, D. (2002): Neue Konzepte zur Bewertung von Tieflandbächen und –flüssen nach Vorgaben der EU-Wasserrahmenrichtlinie. Wasser & Boden 54, 70-77.

ROLAUFFS, P., STUBAUER, I., ZAHRADKOVA, S., BRABEC, K., MOOG, O. (2004): Integration of the saprobic system into the European Water Framework Directive. Hydrobiologia 516, 285-298.

SCHAUMBURG, J. (2004): Handlungsanweisung für die ökologische Bewertung von Fließgewässern zur Umsetzung der EU-Wasserrahmenrichtlinie: Makrophyten und Phytobenthos. Bayerisches Landesamt für Wasserwirtschaft, München.

SOMMERHÄUSER, M., POTTGIESSER, T. (2005): Die Fließgewässertypen Deutschlands als Beitrag zur Umsetzung der EG-Wasserrahmenrichtlinie. Limnologie aktuell 11, 13-27.

Assessment, Maintenance and Management of Heavily Modified / Artificial Water Bodies (HMWB / AWB) for a Multifunctional Use of Fen Landscapes

Uta Langheinrich and Volker Lüderitz

1 Introduction

In agricultural landscapes of the German lowlands, natural streams, rivers and ponds "survived" only to a very low percentage of less than 5%. This means a loss of primary aquatic biotopes or a marked decrease of their ecological quality.

Most of former fens or moorlands were drained by artificial canals and ditches (Pott and Remy 2000; Pardey et al. 2004). To some extent, ditches display a structural diversity and biodiversity comparable to lowland brooks (Langheinrich et al. 2004). In case of good water quality, they can serve as refuges and replacement habitats for biotic communities of small rivers and ponds.

Such a system of ditches and canals, which can be understood as network of linear ecosystems with an importance for biotope connection can be found in the Drömling Nature Park.

The Drömling in the north-west part of the German State of Saxony-Anhalt is a discrete natural unit. It is the largest post-glacial lower moor in Germany and comprises a total area of nearly 28.000 ha. Since July 2005, an area of 11.000 ha is protected by law – the largest nature reserve in Germany exists here with a habitat of 379 protected species.

There are 1725 km of watercourses in the area, and because of this, the Drömling is also called "Land of a Thousand Ditches." According to the Ramsar Classification System for wetland type the Drömling is a former peatswamp forest, which was changed to a mainly non-forested peatland. Since 1750, a widespread system of canals and ditches was constructed. Today, this system represents a characteristic element of the historically developed cultural landscape.

Figure 1: Typical ditches in Drömling Nature Park

2 Management and development plan

During previous centuries, drainage and intensive arable agriculture altered the fen to a high degree so that presently only 7000 ha of peat soil exist. The management and development plan for the Drömling commits itself to the following protection and management aims (MUNR 1996):

- Development of wet woodlands and meadows to create biotopes for endangered species.
- Preservation of remaining areas of fen and (if possible) the stimulation of peat growth.
- Improvement of the water balance by enhancement of the groundwater levels in most of the nature reserves to restore the nutrient sink function of the fen.
- Maintenance and ecological improvement of water bodies to joined implementation of EU - Water Framework Directive (WFD) and Habitat Directive (379 Red-list-species, among them 59 breeding birds, 37 dragonflies / damselflies, 120 plants)

3 Land use

The implementation of these aims for maintenance of fens demands a change of land uses!

Intensive arable agriculture does not sustain on degraded peat soils. Thus, 780 ha of arable land were altered to green land.

Re-wetting of about 10000 ha moorland changed vegetation to reeds and sedges (Phragmitetum australis, Thyphetum latifoliae, Phalaridetum arundinaceae, Caricetum gracilis, C. vesicariae, C. ripariae). Such plants have a limited value for pasture. For maintenance of open fen landscape, a new approach for biomass use is necessary.

The widespread watercourse system (650 km canals and drainage ditches) shall be converted to allow the use of this system for irrigation and biotope reconnection. The water-holding function will be enhanced by carefully implemented hydraulic engineering. Simultaneously, the permeability of the watercourses for aquatic organisms is to restore.

Another type of use concerns ecological tourism and environmental education. Ecological tourism in the Drömling is a special kind of travel inspired by the area‘s natural history where the visitor has the opportunity to study and admire the natural environment while directly benefiting the economic well-being of local communities.

4 Assessment of canals and ditches

Ditches and canals show special qualities both from the view of nature conservation and according to the demands of WFD. They are characterized by an intermediate status. They are neither completely flowing nor completely stagnant water bodies. Reference conditions are unknown und difficultly to define, assessment systems have to be developed.

Renaturalization is one usually method to bring flowing water bodies into a good ecological status. But for canals and ditches with their special morphological structures and low flow velocities this is not possible – in former times the whole area was a swamp peatland. Natural succession would cause the disappearance of most of these water bodies over a few decades.

According WFD, these canals and ditches are non-natural water bodies (see Figure 2).

But natural as well as non-natural water bodies underlie several anthropogenic impacts. And so understanding heavily modified water bodies and artificial water bodies is extremely important. Until 2015, when water bodies have to reach a good ecological potential.

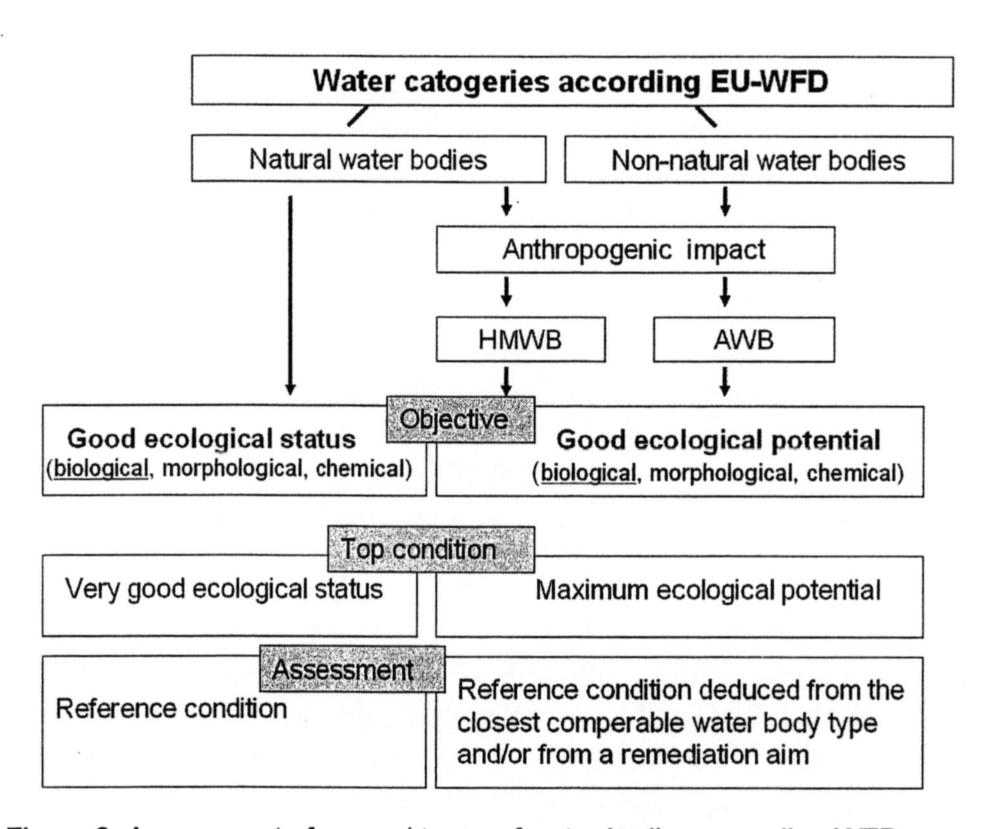

Figure 2: Assessment of several types of water bodies according WFD

Natural water bodies have to reach a good ecological status: That is a status without or with low human impact. Every assessment system is based on reference conditions.

Unlike with natural water bodies, there are no reference conditions for canals and ditches because they are manmade. That is why, reference conditions must be deduced from the closest comparable water body type and / or from a remediation aim.

4.1 Hydromorphological assessment

The characteristics of an artificial water body are completely determined its morphology. The good ecological potential can not be reached without good morphological conditions. In Germany, we use a system of 6 main parameters to describe and assess the hydromorphological status of a stream (LAWA 1998). These parameters are stream course development, lengthwise profile, crosswise profile, bottom structure, bank structure, and structure of surroundings. The morphological grade as the degree of deviation from potentially natural status was calculated based on a seven-degree-scale (from 1= not disturbed to 7 = excessively disturbed).

This assessment system is unsuitable for canals and ditches because of their artificial origin. 10 of 14 ditches, which have been mapped, show a clear disturbed status, four have a marked disturbed status (Langheinrich et al. 2004)

The question to answer is the following: Which minimum morphological demands the ditches must fulfill to reach the aims of the management and development plan and the good ecological potential?

One of these demands is the preservation of moist meadows. Thus, ditches with an already high ecological status were studied. For estimation of morphological conditions for a good ecological potential, several morphological parameters like steepness of banks and depth of bottom were mapped. Furthermore, structure of biotic and abiotic habitats were estimated (Kowalewski 2004).

Table 1: Approach for an assessment system for morphological parameters of canals and ditches

points	**steepness of banks**	**structure of surroundings**	**substrate diversity**	**depth of bottom**	**hydraulic structures**
5	< 1:3	wet grassland	very high	very flat (< 0,5m)	none
4	1:2,5 - 1:3	range land (extensively managed)	high	Flat (0,5 - 1m)	permeable, prevailing bottom substrate (> 80 %)
3	1:2 - 1:2,5	ecological agriculture	moderate	moderately deep (1 - 2m)	permeable, bottom substrat (> 50 %)
2	1:1,5 - 1:2	pasture land	low	Deep (2 - 4m)	partly permeable, slick
1	> 1:1,5	agriculture (intensive)	none	very deep (> 4m)	unpermeable, slick

As a result of these investigations, five morphological parameters were found, which determine the habitat quality of these water bodies: steepness of banks, structure of surroundings, substrate diversity, depth of bottom, and hydraulic structures. These parameters are relevant for attainment of several aims like peat maintenance, preservation of moist meadows, refuge function, and use of biomass. At maximum, every parameter can reach 5 points (Table 1). The sum of all point results in a degree of "morphological potential" from "maximum" to "bad" (Table 2).

Table 2: Assessment scale for morphological conditions

points	25 - 23	22 - 18	17 - 13	12 - 8	7 - 0
morphological potential	maximum	good	moderate	poor	bad

Results of studies on 8 canals and ditches are summarized in Table 3. According to the assessment system, these water bodies reach a good or moderate morphological potential.

Table 3: Morphological conditions of 8 canals and ditches

sector number / points	**III**	**8**	**9**	**11**	**15**	**16**	**17**	**18**
steepness of banks	3	3	2	3	3	5	4	4
structure of surroundings	4	1	4	1	2	4	4	4
substrate diversity	5	4	4	5	2	5	4	3
depth of bottom	3	2	3	2	2	3	3	3
hydraulic structures	4	4	4	4	4	5	5	5
sum	19	14	17	15	13	22	20	19
morphological potential	good	moderate	moderate	moderate	moderate	good	good	good

4.2 Biological assessment

According to WFD, four biological quality elements must be considered: benthic invertebrate fauna, aquatic flora, phytoplankton and fishes.

Classical methods bring results about saprobic and trophic load of running waters. That is why, most of these methods are not directly usable for canals and ditches.

The valid assessment system for flowing water bodies in Germany bases on macroinvertebrates. By means of these organisms, three modules can be calculated: organic load, acidification, and morphological degradation. Compared with water body type-specific reference conditions an ecological status class can be estimated (Figure 3).

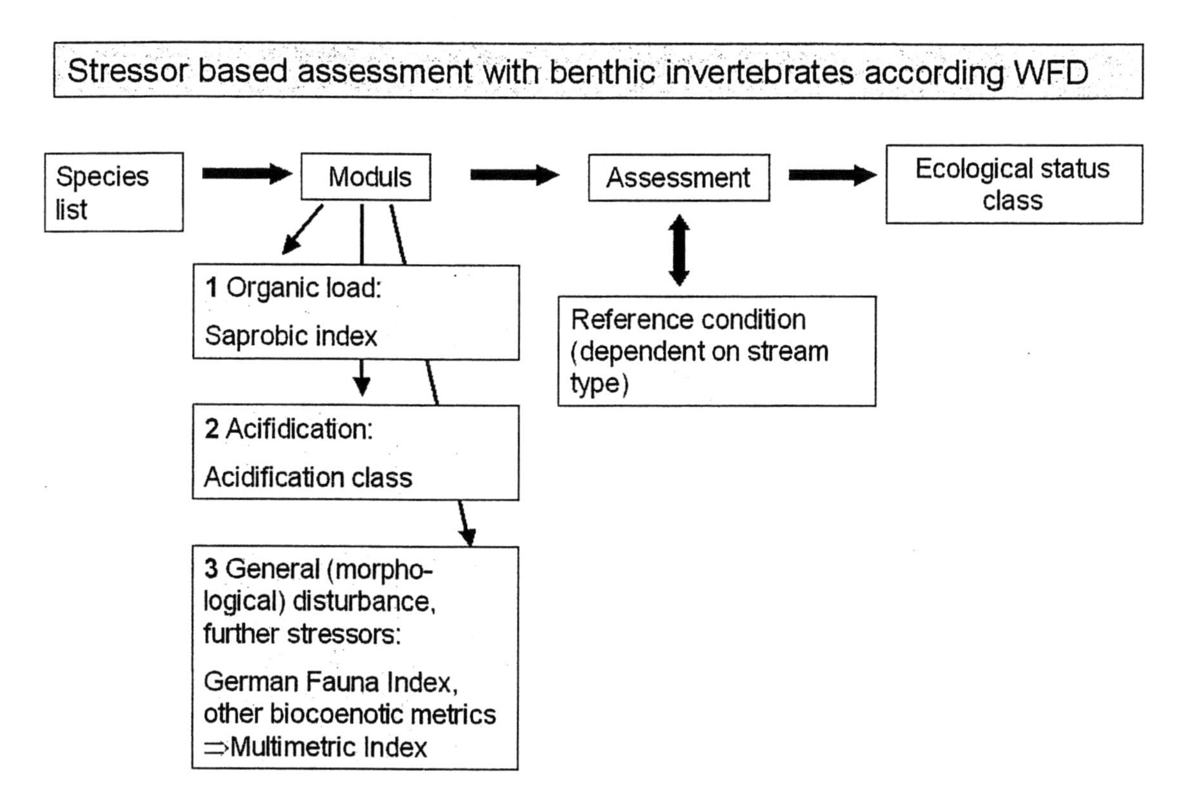

Figure 3: Assessment system for flowing water bodies (Meier et al. 2003, changed)

As an adaptation of this method, an assessment system has been developed for three components (Table 4):

- water quality including trophic status by macrophytes (Schaumburg 2004) and saprobic status by benthic invertebrates,
- morphological conditions by German Fauna Index with benthic invertebrates (Lorenz et al. 2004),
- species richness and conservation needs (Kaule 1991).

Table 4: Suggestion for an assessment system for biological/ecological parameters of canals and ditches

Points	**Biological parameters**				
	ESC $_{MP}$	**SI**	**GFI**	**H_s**	**CI**
5	**ESC 1**: 1,00 - 0,50	1,75 - 1,90	1,5 > GFI > 1,2	> 3,0	degree 9
4	**ESC 2**: < 0,50 - 0,25	1,90 - 2,30	1,2 > GFI > 0,75	2,5 - 3,0	degree 8
3	**ESC 3**: < 0,25 - 0,15	2,30 - 2,90	0,75 > GFI > 0	2,0 - 2,9	degree 7
2	**ESC 4 and 5**: < 0,15 - 0,00	2,90 - 3,45	0 > GFI > -0,9	1,0 - 1,9	degree 6
1		3,45 - 4,0	-0,9 > GFI > -1,5	< 1,0	degree 1-5

ESC $_{MP}$ - Ecological status class macrophytes (class 4 and 5 for lowland streams are the same); SI - Saprobic Index; GFI - German Fauna Index; H_s - Shannon-Wiener-Diversity for macrozoobenthos; CI - Conservation Index

Evaluation occurs like in the hydromorphological approach: highest degree of a parameter gets 5 points, lowest degree gets 1 point. The sum of all points results in a degree of ecological potential (Table 5).

Table 5: Assessment scale for ecological potential

points	25 - 23	22 - 18	17 - 13	12 - 8	7 - 0
ecological potential	maximum	good	moderate	poor	bad

In a first step, ditches with good or moderate morphological conditions also reached good biological / ecological conditions. Only in case of high organic load (Table 5: sector 15) the biological / ecological parameters reached poor potential.

Table 6: Biological / ecological conditions of 8 canals and ditches

sector number / amount / points	III		8		9		11		15		16		17		18	
ESC_{MP}	1	5	1	5	1	5	1	5	n.c.	1	1	5	1	5	1	5
SI	2,2	4	2,3	4	2,1	4	2,1	4	2,5	3	2,2	4	2,3	4	2,2	4
GFI	0,2	3	0,7	3	0,1	3	0,1	3	-0,9	2	0,1	3	0,1	3	-0,02	2
H_s	3,2	5	4	5	3,4	5	3,5	5	3,2	5	3,5	5	3,2	5	2,8	4
CI	9	5	9	5	8	4	9	5	4	1	8	4	8	4	8	4
sum		22		22		21		22		12		21		22		19
ecological potential	good		good		good		good		poor		good		good		good	

n.c. not calculable

The next step will be to develop an assessment approach that is verifiable for canals and ditches

- in other fens and moorlands of Northern and Eastern Germany and
- for different types of such artificial and heavily modified water bodies.

Final goal is a guideline for maintenance, management, and development of systems of canals and ditches for a sustainable and multifunctional use of these water bodies and the surrounding landscape.

References

KAULE, G. 1991. Arten- und Biotopschutz. UTB Große Reihe. Verlag Eugen Ulmer, Stuttgart.

KOWALEWSKI, M. (2004): Entwicklung von Methoden zur Bewertung von erheblich veränderten Gewässern am Beispiel von Niedermoorkanälen und -gräben. Diplomarbeit HS Magdeburg-Stendal FB Wasserwirtschaft. unveröff.

LANGHEINRICH, U.; TISCHEW, S.; GERSBERG, R. M.; LÜDERITZ, V. (2004): Canals and ditches in management of fens – opportunity or risk? A case study in the Drömling Natural Park. Wetlands Ecology and Management 12 (2004) pp 429-445.

LAWA LÄNDERARBEITSGEMEINSCHAFT WASSER (1998): Gewässerstrukturgütekartierung in der Bundesrepublik Deutschland. Verfahren für kleine bis mittelgroße Fließgewässer. Kulturbuchverlag. s.a. www.LAWA.de.

LORENZ, A., HERING, D., FELD, CH., ROLAUFFS, P. (2004): A new method for assessing the impact of hydromorphological degradation on the macroinvertebrate fauna of five german stream types. Hydrobiologia 516: 107-127.

MEIER, C.; BISS, R.; BÖHMER, J., HAASE, P., HERING, D.; SCHÖLL, F. (2003): Ein deutschlandweites Bewertungssystem mit dem Makrozoobenthos, Teil 3: Auswahl geeigneter Metrics. DGL-Tagungsbericht 2003 (Köln). Weißensee Verlag.

MUNR MINISTERIUM FÜR UMWELT, NATURSCHUTZ UND RAUMORDNUNG SACHSEN-ANHALT, HRSG. (1996): Pflege- und Entwicklungsplan Drömling / Teilvorhaben Sachsen-Anhalt. Magdeburg.

PARDEY, A.; RAUERS, H.; VAN DER WEYER, K.; THOMAS, B. (2004): Gräben in Nordrhein-Westfalen. LÖBF-Mitteilungen 4/04.

POTT, R.; REMY, D. (2000): Gewässer des Binnenlandes. Verlag Eugen Ulmer, Stuttgart.

SCHAUMBURG, J. (2004): Handlungsanweisung für die ökologische Bewertung von Fließgewässern zur Umsetzung der EU-Wasserrahmenrichtlinie: Makrophyten und Phytobenthos. Bayerisches Landesamt für Wasserwirtschaft, München.

Self-purification in Upland and Lowland Streams

Ines Heidenwag[a],
Uta Langheinrich[a],
Volker Lüderitz[a]

[a] University of Applied Sciences, Fachhochschule Magdeburg, Institut für Wasserwirtschaft und Ökotechnologie, Postfach 3680, D-39011 Magdeburg, Germany

Research Paper

Ecological investigations at four streams in Saxony-Anhalt have shown that there are c siderable differences between the self-purification power of upland and lowland strea This result is reflected in chemistry and in microbiology. The structure of the bottom s strate mainly influences the degree of self-purification in connection with rate of flow flow velocity. The results and differences are demonstrated using the example of Katzs bach in the landscape unit "Mittel- and Unterharz" and the stream Olbe in the landscape "Magdeburger Börde".

Selbstreinigung von Mittelgebirgs- und Flachlandbächen

Ökologische Untersuchungen an vier Fließgewässern in Sachsen-Anhalt haben geze dass beträchtliche Unterschiede zwischen der Selbstreinigungsleistung von Mittelgebi und Flachlandbächen existieren. Dieses Ergebnis spiegelt sich im Chemismus und der krobiologie wider. Die Sohlenstruktur beeinflusst im Zusammenhang mit dem Durchfl und der Fließgeschwindigkeit hauptsächlich den Grad der Selbstreinigung. Die Ergebni und Unterschiede werden am Beispiel des Katzsohlbaches in der Landschaftseinheit „ tel- und Unterharz" und der Olbe in der Landschaftseinheit „Magdeburger Börde" da stellt.

Keywords: Water Quality, Faecal Pollution, Ecomorphology, Stream

Schlagwörter: Gewässergüte, Fäkale Verschmutzung, Ökomorphologie, Bach

Correspondence: U. Langheinrich, E-mail: Uta.Langheinrich@wasserwirtschaft.fh-magdeburg.de

0323-4320/01/0107–0022 $ 17.50+.5

1 Introduction

The discharge of untreated and cleaned municipal wastewater into streams leads to increased contamination from organic and inorganic substances. Additionally, wastewater contains a variety of potential human pathogenic parasites, bacteria, and viruses. Therefore, permanent contamination may occur in stream reaches below municipal discharges. Under these conditions, self-purification is a process for the preservation of the ecological balance. Self-purification power is therefore a main parameter for describing the functionability of the ecosystem. The ability of an ecosystem to respond to external pollution and external materials and to preserve ecological structures, is named stability [1].

Wuhrmann [2] describes self-purification as the summary of all physical, chemical, and biological processes by which the quantity of the pollution in the brook is decreased. The biodegradation of organic substances up to mineralisation, nitrification, and denitrification leads to self-purification in stream reaches. The assimilation of the dissolved organic substances and nutrients in the water by bacteria, plants, and animals, as well as dilution and mixing processes are assigned to self-purification (Fig. 1) [2].

Currently, there are only a few investigations on self-purification in brooks with small influence of dilution and mixing processes. Körner et al. [3] present the reduction of bacteria and coliphages concentration in a stream below an outflow of a sewage treatment plant (without dilution). The PhD-thesis by Wolf [4] about the quantitative and qualitative spreading of bacteria in flowing water, in sediments and on the surface of aquatic macrophytes in differently polluted streams, and the studies by Gräf et al. [5] about the influence of algae and aquatic plants on water microbiology are considered.

For this study, the importance of different hydroecomorphological factors for self-purification of flowing waterbodies was investigated. Stream reaches without considerable inputs of surface water were selected for our measurements. The ecological evaluation of running waters with a special assessment of the microbiological, hydro-ecomorphological, and chemical parameters is presented for flowing water from brooks below municipal discharges.

2 Study area

The **Olbe** is a small lowland brook in the "Magdeburger Börde" region of Germany (height of source: 132.6 m above sea level; height of mouth: 70 m above sea level) (Fig. 2). The total stream length is about 20.45 km, but only the lower 4.4 km between Rottmersleben and Hundisburg were investigated in this study. In this stretch, the Olbe runs close to a mixed forest and the ecomorphological grade increases from 5.7 (underneath Rottmersleben, agricultural area) to 2 [6].

Four measuring points A_O, B_O, C_O, and D_O are located along the Olbe. Point A_O is situated below Rottmersleben. The wastewater of this village is treated by small sewage treatment plants or is discharged without any treatment into the brook. The stream bottom at the measuring points A_O and D_O consists mainly of sludge and silt deposition. The low mean flow velocity of between 0.14 and 0.16 m/s promotes sedimentation and silt deposition. At the other measuring points silt, sand, and gravel dominate the soil substrate and the mean flow velocity is approximately 0.27 m/s. The flow rate increases within the 4.4 km flowing distance from 25 L/s to 47 L/s. Samples were taken in November 1997 and in May and September 1998 at the measuring points A_O (0 km) and following points 1.0, 2.6, 4.4 km away from A_O along the stream. The water needs about 5 hours to cover these 4.4 kilometres.

Another small lowland brook, the **Mühlgraben**, was investigated downstream of an outflow of a sewage treatment plant. The brook is located in the "Hallesches Ackerland" region near the city of Halle (Fig. 2). Agricultural use is characteristic for the surrounding area of the Mühlgraben. The ecomorpho-

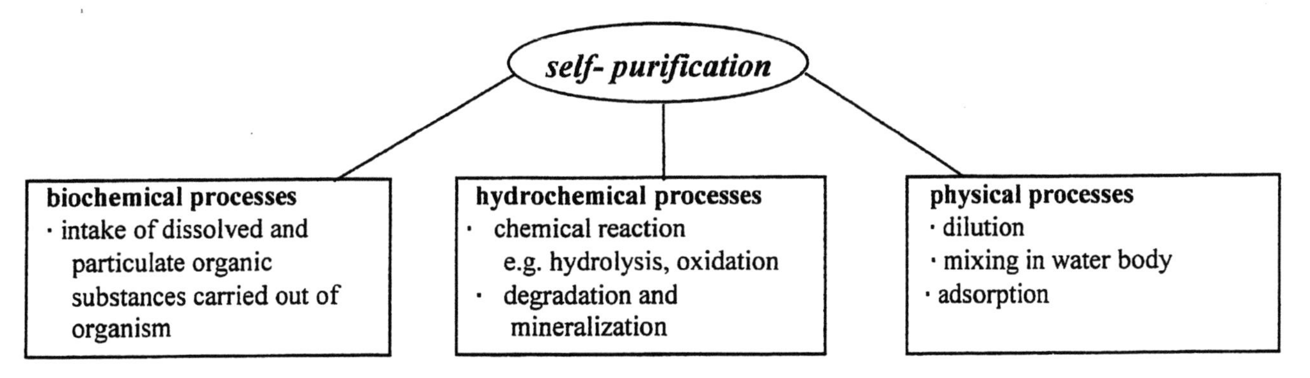

Fig. 1: Processes of self-purification in streams.
Selbstreinigungsprozesse in Bächen.

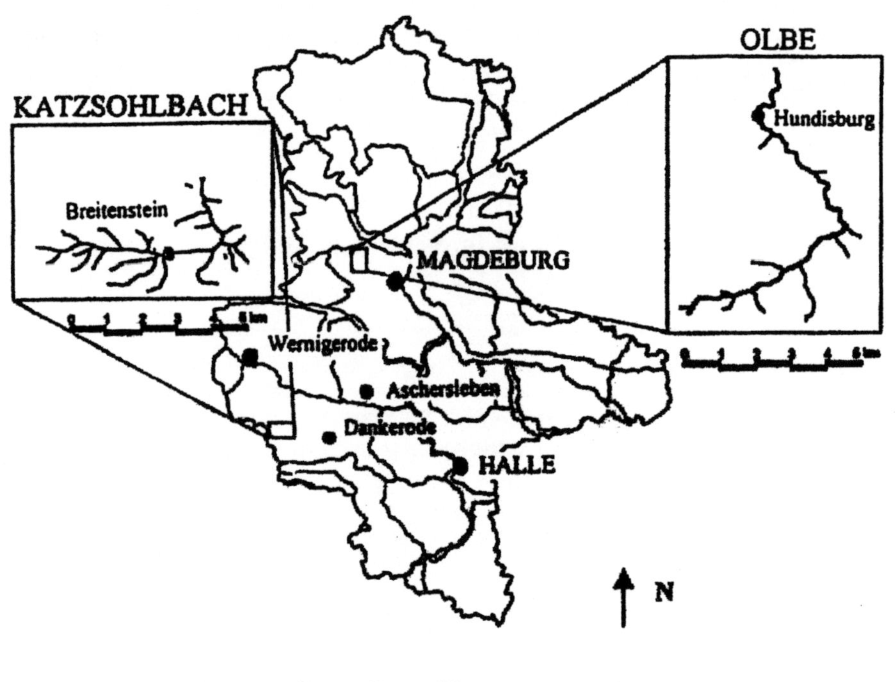

Fig. 2: Location map of the Olbe and the Katzsohlbach.

Lage der Olbe und des Katzsohlbaches in den Landschaftseinheiten Sachsen-Anhalts.

logical grade is about 5.8 along the water section investigated. In particular, the deep stream bottom, the straightening, and missing of natural structures lead to this poor ecomorphological grade. Like the Olbe, the bottom substrate of the Mühlgraben is also composed of silt, sand, and gravel. Measuring points AM (0 m), BM (590 m), and CM (1020 m) are located along the Mühlgraben. The mean flow velocities fluctuated between 0.148 m/s and 0.299 m/s. A mean rate of flow about 9 L/s was calculated in the Mühlgraben.

The mountain stream **Katzsohlbach** is located in the "Mittel- and Unterharz" region (height of source: 512 m above sea level; height of mouth: 415 m above sea level) (Fig. 2). The ecomorphological grade between its source in a coniferous forest and Breitenstein is 2 and 3, but underneath the village the grade decreases to 5. The reason for this loss of water quality is the deep bottom, the straightening, and the lining. In the following four kilometres underneath Breitenstein the ecomorphological grade increases from 5 to 3.

The investigations were carried out between Breitenstein and Güntersberge at 4 measuring points A_K, B_K, C_K, and D_K (at a distance of 1100 m) along the stream. The measuring point A_K is located below the wastewater discharges from Breitenstein. There are currently 500 inhabitants living, whose wastewater is partially treated by small sewage treatment plants (e.g. cesspools).

The stream bottom consists mainly of large stones, stones, rock, gravel, and partially silt. The mean flow velocity fluctuated between 0.227 m/s and 0.384 m/s. The Katzsohlbach was investigated in June and November 1997 as well as in June 1998. The water takes three hours to cover the 3.3 kilometres between the sample points A_K and D_K.

The small mountain **brook** of the village **Dankerode** (Fig. 2) is also located in the landscape unit "Mittel- and Unterharz". The brook's source is near Dankerode at a height of about 425 m above sea level and flows through its deep valley into the Wipper stream at a height of about 350 m above sea level. The ecomorphological grade increases from 5 below Dankerode to 2 in the lower course. The bottom substrate as a parameter of the ecomorphological evaluation is mainly composed of stones, rock, and gravel. Investigations were carried out at measuring points A_D (0 m), B_D (1200 m), and C_D (1600 m) downstream of the outflows of small sewage treatment plants in the village Dankerode. A mean flow rate of between 2 L/s (A_D) and 5 L/s (C_D) was calculated in the Dankerode brook.

3 Materials and methods

3.1 Chemical, physical, and hydraulic methods

Chemical analyses were performed simultaneously with microbiological sampling by the "Institut für Wasserwirtschaft und Ökotechnologie" at the Fachhochschule Magdeburg. The only methods used were those of the DIN (German Institute for Standards).

Samples for chemical analysis at each measuring point were taken over a period of five hours during high wastewater discharge early in the morning. At each measuring point, a representative mixed sample was taken hourly. This hourly composite sample is compounded of water which was collected every ten minutes (1 L). Chemical analyses were carried out with this sample. The results for the microbiological indicator organisms are related to the first hour of the investigation.

A further chemical investigation was carried out in the flowing wave of the Katzsohlbach within the water section A_K and B_K over a period of two hours in July 1999. The representative mixed samples were taken hourly at fifteen measuring points (0 m, 20 m, 47.5 m, 100 m, 150 m, 201 m, 300 m, 400 m, 500 m, 600 m, 700 m, 800 m, 900 m, 1000 m, 1100 m beneath Breitenstein).

Physical measurements in the field: water temperature, pH value, conductivity, and oxygen concentration were measured using a WTW meter (WTW GmbH Weilheim).

In order to determine the flow rate at the measuring points, the discharge cross section of the stream was measured and the flow velocities were measured with the Marsh-Mc Birney 2000 FLO-MATE meter. The data were processed with the software "Q", version 2.0-Quantum Hydrometrie. Evaluation of ecomorphological parameters was provided according to Lüderitz et al. [6].

3.2 Microbiological methods

The following method was used in 1997. For the determination of *Escherichia coli* each 1 mL, 5 mL, 10 mL, and 25 mL sample amounts were supplied through a membrane filter (film of cellulose nitrate, pore size 0.45 μm) according to DIN 38 411 part 5 [7]. After this, the filters were put on ECD agar (Merck 4038) and these plates were incubated for 24 to 44 hours and at 36 °C [3]. Colonies which fluoresced under the UV lamp (wavelength 366 nm) and showed a positive indole reaction (Kovacs Indole Reagent, Merck 9293) were counted [3]. Bacteria were enriched with membrane filtration because of a low density of *E. coli* in flowing water.

Determination of faecal coliforms is important for self-purification investigations because more different strains of *E. coli* can be determined. For this reason another method (MPN – most probable number method) was used for this microbiological assessment of stream reaches in 1998. Results showed that the estimated number of faecal coliforms according to the MPN method is higher than the number of *E. coli* according to the method using membrane filtration.

Faecal coliforms and total faecal coliforms were determined in 1998 according to the guideline for bath waterbodies [8] (MPN, laurylsulfate broth (Merck 10266) and admixture of 4-methylumbelliferyl-β-D-glucuronide).

The determination of faecal streptococci was carried out using membrane filter enterococcus agar base according to Slanetz and Bartley (Merck 5289) with added sterile filtered 1 % solution of 2,3,5-triphenyltetrazoliumchloride (Merck 8380). Sample amounts of 1 mL, 5 mL, 10 mL, 25 mL, 50 mL, and 100 mL were poured through a membrane filter (film of cellulose nitrate, pore size 0.45 μm). The enriched filters were put on the agar plates. These were maintained at 36 °C for 24 to 48 hours in the incubator. Colonies with a red or reddish brown colour were counted [3].

DEV (Deutsches Einheitsverfahren zur Wasser-, Abwasser- und Schlammuntersuchung – German standard methods for the examination of water, waste water, and sludge) nutrient agar according to DIN 38 411 part 6 [9] was used to determine the total colony count CFUs (colony forming units). Sample amounts of each 0.1 mL from the dilution series (10^0, 10^{-1}, 10^{-2}, 10^{-3}) were plated on this DEV nutrient agar. The plates were maintained at 20 °C for 48 hours.

The following method leads to determination of both *Pseudomonas* and *Aeromonas*. Sample amounts of 0.1 mL from the dilution series (100, 10^{-1}, 10^{-2}, 10^{-3}) were plated on GSP agar (*Pseudomonas/Aeromonas* selective agar base according to Kielwein) (Merck 10230). The plates were incubated at 20 °C for 3 days. Colonies with a blue or violet colour were counted as *Pseudomonas* and those with a yellow colour as *Aeromonas.*

4 Results

4.1 Microbiology

The average concentration of faecal coliforms below the wastewater discharge into the Olbe (A_O) was 25 000 MPN/100 mL in 1998. In the flowing water, the concentration of faecal coliforms decreased between measuring points A_O and D_O by approximately 22 050 MPN/100 mL. The decrease rate of faecal coliforms in the water section was 94.4 % in May 1998 and 82 % in September 1998.

All microbiological investigations at the Olbe have shown that the concentration of faecal coliforms markedly decreases within the first 2.6 kilometres below point A_O. Particularly, an investigation in 1997 showed a high decrease of *Escherichia coli* by 99.3 % in flowing distance with a very high decrease of 95 % between measuring points A_O and B_O.

The Katzsohlbach had always a lower contamination with faecal coliforms than the Olbe. The concentration of faecal coliforms fluctuated between 9500 MPN/100 mL and

11 000 MPN/100 mL in 1998 at the measuring point A_K underneath Breitenstein.

The highest reduction of faecal coliforms by 97.3 % was determined in the summer of 1998 between the measuring points A_K and C_K. Investigations in 1997 showed similar results with a decrease of *E. coli* by 86.7 % in June and by 93 % in November in flowing water.

The concentration of faecal streptococci fluctuated between 7 CFU/mL (September 1998) and 29 CFU/mL (November 1997) at the Olbe below the wastewater discharge (A_O) of Rottmersleben. After a flowing distance of 4.4 km (D_O) densities above 3 CFU/mL were not detected (Fig. 3). The concentration of faecal streptococci at the measuring point A_K (Katzsohlbach) was between 3 CFU/mL (June 1998) and 25 CFU/mL (November 1997) and decreased in the flowing water at the measuring point D_K to 1 or < 1 CFU/mL (Fig. 4).

All microbiological investigations at the Olbe have shown that the CFUs total colony count strongly decreases within 1.0 km below the wastewater discharge (at the measuring point B_O) (Fig. 5). In this water section, there is a low stream gradient, a low flow velocity, and a broad water bed. These conditions promote the sedimentation of bacteria by adsorption to sludge flocs. The stream bottom between the measuring points A_O and B_O is composed of silt due to the sedimentation process. An increase in the density of colonies, indicated by CFU at the Olbe was detected at the point D_O.

A very high decrease in colony forming units was also detected in the Katzsohlbach between the measuring points A_K and B_K, a small increase in concentration at the measuring point DK occurred in June of 1997 and June of 1998 (Fig. 6). At this time of year, the Katzsohlbach has a low flow rate and low water level.

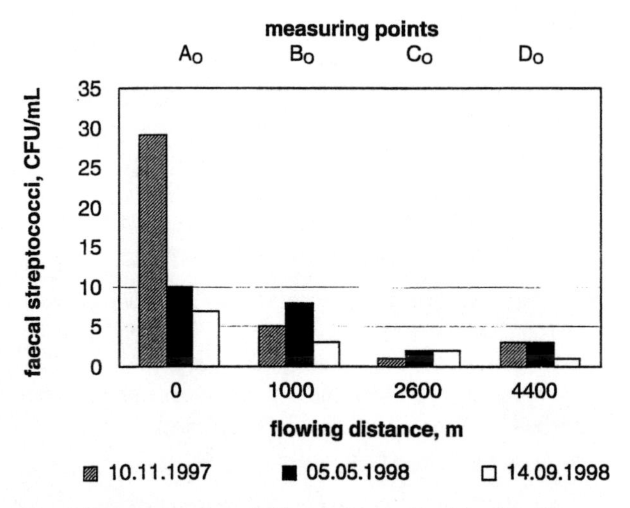

Fig. 3: Concentration of faecal streptococci in the Olbe.

Konzentration fäkaler Streptokokken in der Olbe.

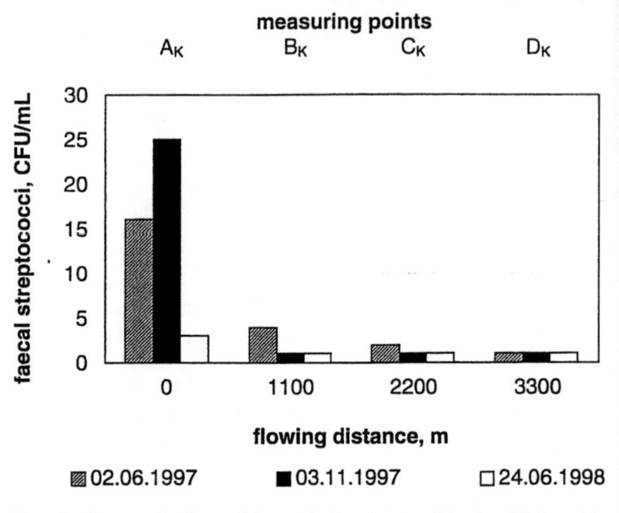

Fig. 4: Concentration of faecal streptococci in the Katzsohlbach.

Konzentration fäkaler Streptokokken im Katzsohlbach.

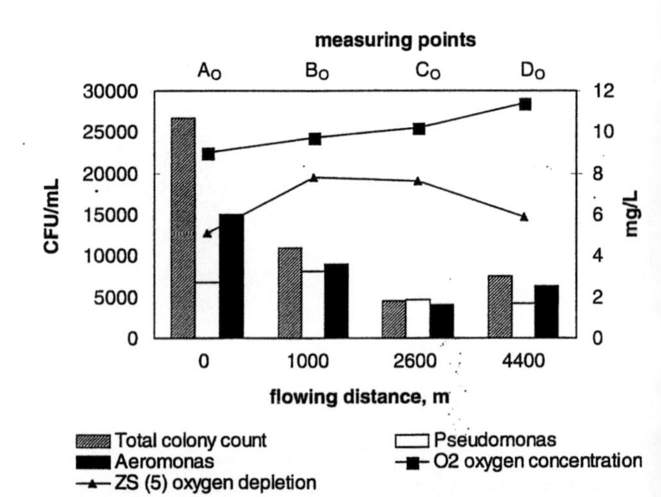

Fig. 5: Concentration of total colony count, *Pseudomonas, Aeromonas* in the relation to oxygen concentration and oxygen depletion in the Olbe (05.05.1998).

Konzentration koloniebildender Einheiten sowie von *Pseudomonas* und *Aeromonas* in der Olbe (05.05.1998). Gegenübergestellt sind Sauerstoffkonzentration und Sauerstoffverarmung.

The concentration of *Pseudomonas* at the Olbe (measuring point A_O) was between 5300 CFU/mL (September of 1998) and 10 100 CFU/mL (November 1997). The concentration of *Pseudomonas* decreased in the investigated water section in November 1997 and September 1998 (Fig. 5). An increase of *Pseudomonas* density occurred in May 1998 at measuring

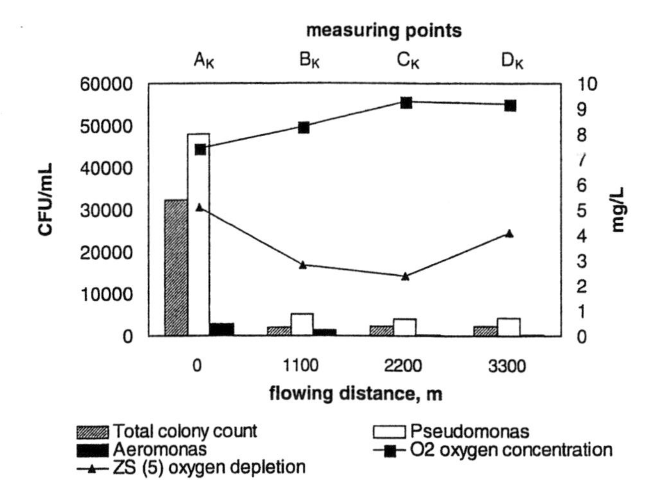

Fig. 6: Concentration of total colony count, *Pseudomonas, Aeromonas* in relation to oxygen concentration and oxygen depletion in the Katzsohlbach (24.06.1998).

Konzentration koloniebildender Einheiten sowie von *Pseudomonas* und *Aeromonas* im Katzsohlbach (24.06.1998). Gegenübergestellt sind Sauerstoffkonzentration und Sauerstoffverarmung.

point D_O. The number of *Pseudomonas* in the Katzsohlbach was higher than in the Olbe. At the measuring point A_K the concentration of *Pseudomonas* was lower than 148 000 CFU/mL. Along the brook, there was a decrease of *Pseudomonas* so that at the measuring point D_K only 20 000 CFU/mL were detected.

The investigation at the Olbe in September of 1998 has shown that the concentration of Aeromonas increased in water section, especially at the measuring point D_O. The concentration of *Aeromonas* in the Katzsohlbach was between 2200 CFU/mL (June of 1997) and 8700 CFU/mL (November 1997) below the wastewater discharge of Breitenstein. All investigations showed a decrease of *Aeromonas* within the first 2.2 kilometres below A_K.

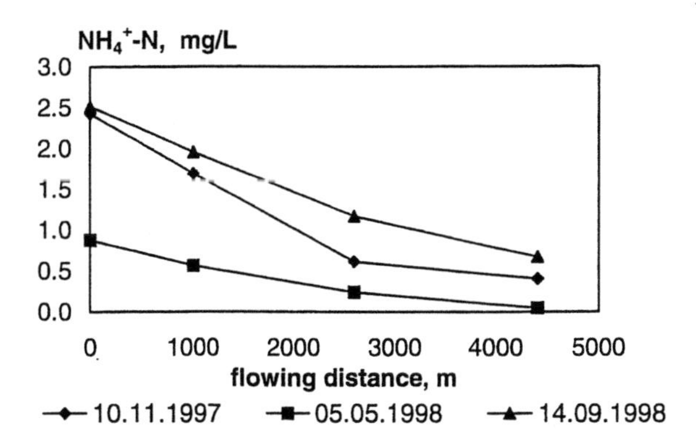

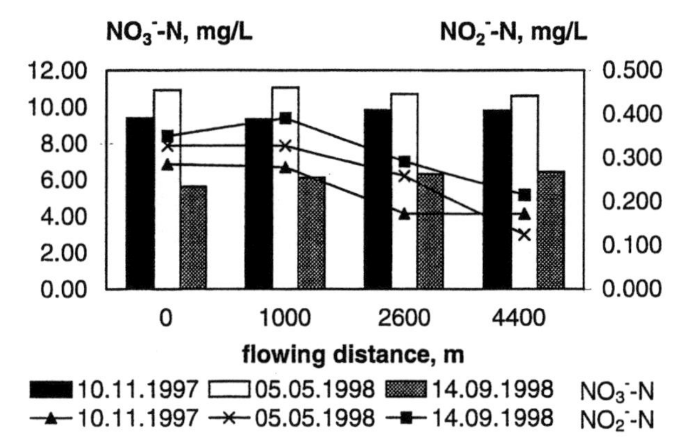

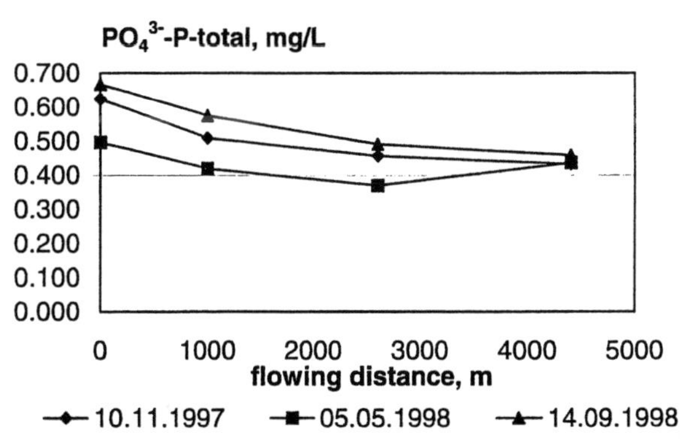

Fig. 7: Mean concentration of ammonium-N, nitrate-N and nitrite-N, and total phosphate-P in the Olbe.

Mittlere Konzentration von Ammonium-N, Nitrat-N und Nitrit-N sowie von Gesamtphosphat-P in der Olbe.

4.2 Water chemistry

All investigations at the Olbe showed a significant decrease of ammonium-N concentration (Fig. 7) in connection with a very low increase of nitrate-N along the five kilometres flowing distance. The total inorganic nitrogen concentration decreased between the measuring points A_O and D_O by 6.9...17.5 %. The total inorganic nitrogen load (mainly nitrate load) increases along the Olbe. This fact probably results from emissions from the agricultural area into the Olbe.

A high concentration of ammonium-N (Fig. 8) was measured at the Katzsohlbach below waste water discharge of Breitenstein (A_K). The results show a significant decrease of ammonium-N during the flowing distance downstream A_K.

The bottom of the Katzsohlbach is composed meanly of stones, rock, and gravel that increase the settlement area in the stream. This bottom substrate is densely populated with a thick biofilm of bacteria and algae (more than 3 mm) between

Acta hydrochim. hydrobiol. **29** (2001) 1, 22–33

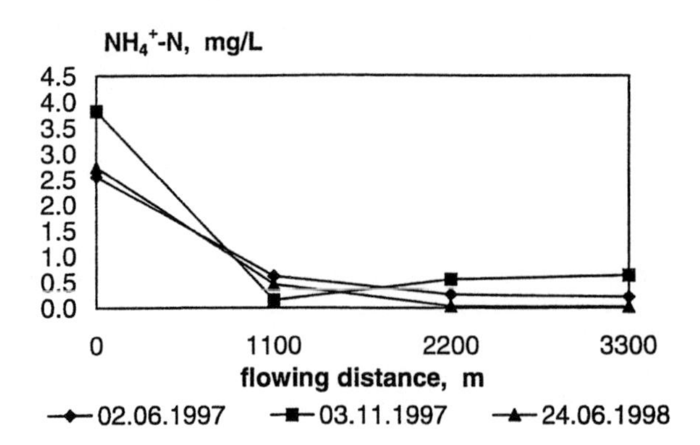

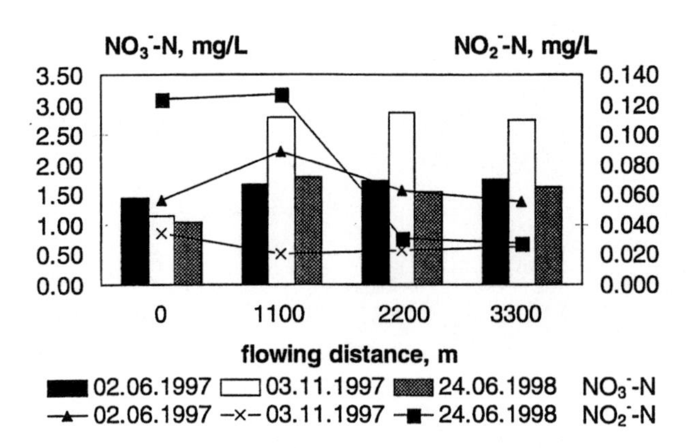

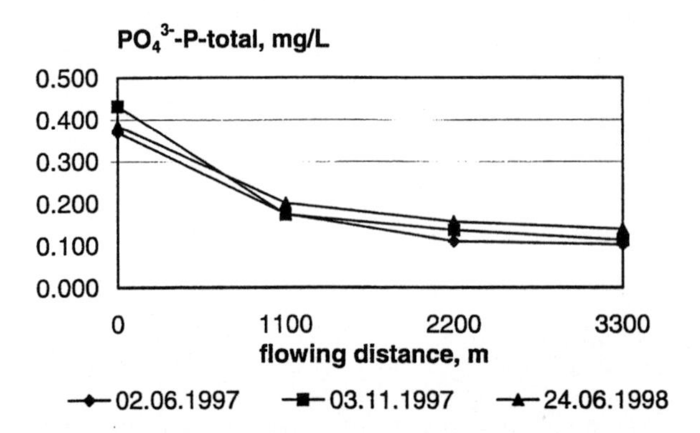

Fig. 8: Mean concentration of ammonium-N, nitrate-N and nitrite-N, and total phosphate-P in the Katzsohlbach.

Mittlere Konzentration von Ammonium-N, Nitrat-N und Nitrit-N sowie von Gesamtphosphat-P im Katzsohlbach.

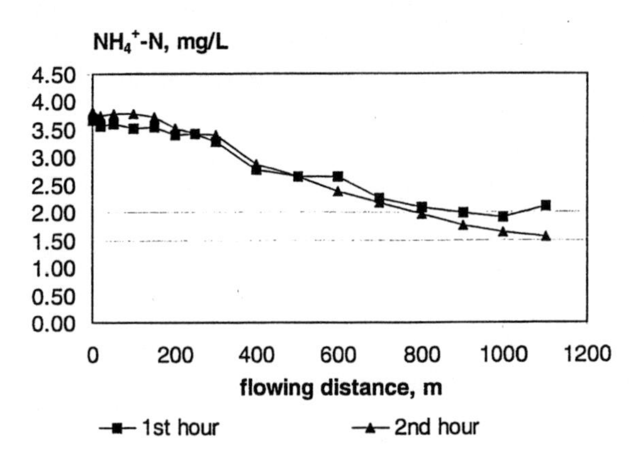

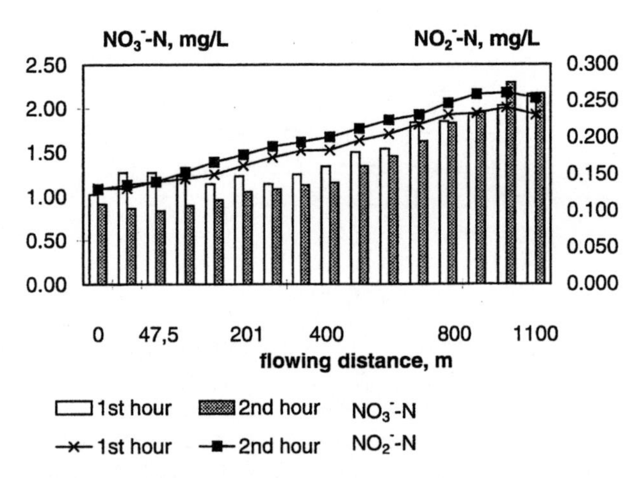

Fig. 9: Concentration of ammonium-N, nitrate-N and nitrite-N in the Katzsohlbach (01.07.1999).

Konzentration von Ammonium-N sowie von Nitrat-N und Nitrit-N im Katzsohlbach (01.07.1999).

the measuring points A_K and B_K. The thickness of the biofilm decreases within the investigated water section to less than 1 mm. Flow velocities between 0.182 m/s (minimum) and 0.435 m/s (maximum) lead to a good supply of substrates into the biofilm. These flow velocities seem to be an optimal condition for an ammonium transformation. Short water sections with higher width, low flow velocity and silt bottom substrate are also located along the first 1.1 kilometres downstream of Breitenstein. Sedimentation processes take place there.

Investigations at the Katzsohlbach in 1999 between the measuring points A_K and B_K showed a decrease of total inorganic nitrogen load by 0.5...27.3 %. Denitrification takes place in silt areas or in anaerobic microhabitats in the thick biofilm.

A rapid decrease of ammonium concentration started 300 m below wastewater discharge into the Katzsohlbach (Fig. 9). In this first water section a high concentration of organic carbon was measured, so that a high density of heterotrophic bacteria suppresses nitrificants.

Comparison of the self-purification power of each water section is possible by calculating the load differences for ammonium-N between the measuring points (Fig.10). In the water

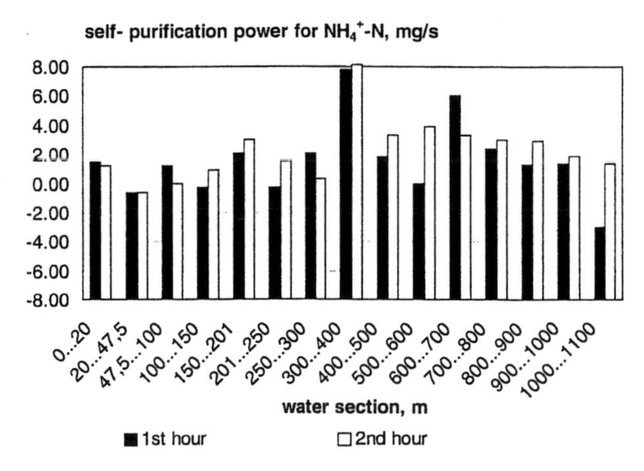

Fig. 10: Self-purification power for ammonium-nitrogen load along the Katzsohlbach (01.07.1999).

Selbstreinigungsleistung im Hinblick auf die Ammonium-Stickstoff-Fracht im Verlauf des Katzsohlbaches (01.07.1999).

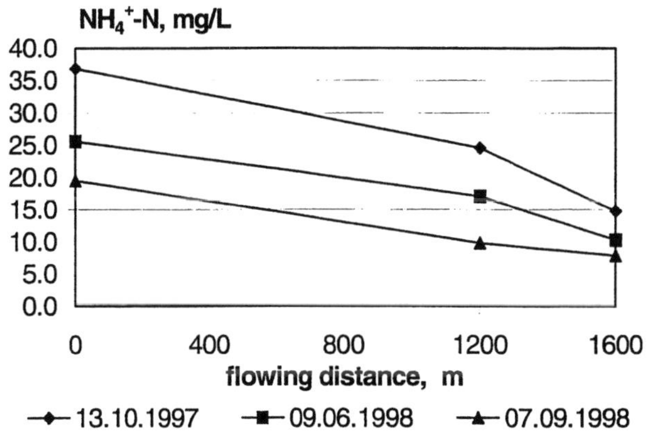

Fig. 11: Mean concentration of ammonium-N in the Mühlgraben.

Mittlere Konzentration von Ammonium-N im Mühlgraben.

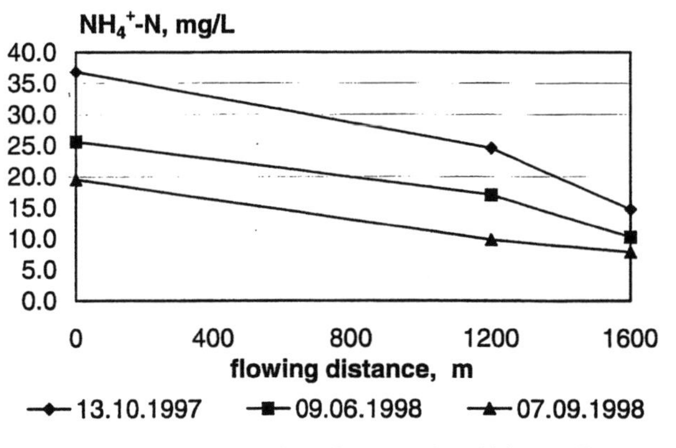

Fig. 12: Mean concentration of ammonium-N in the Dankerode brook.

Mittlere Konzentration von Ammonium-N im Dankeroder Bach.

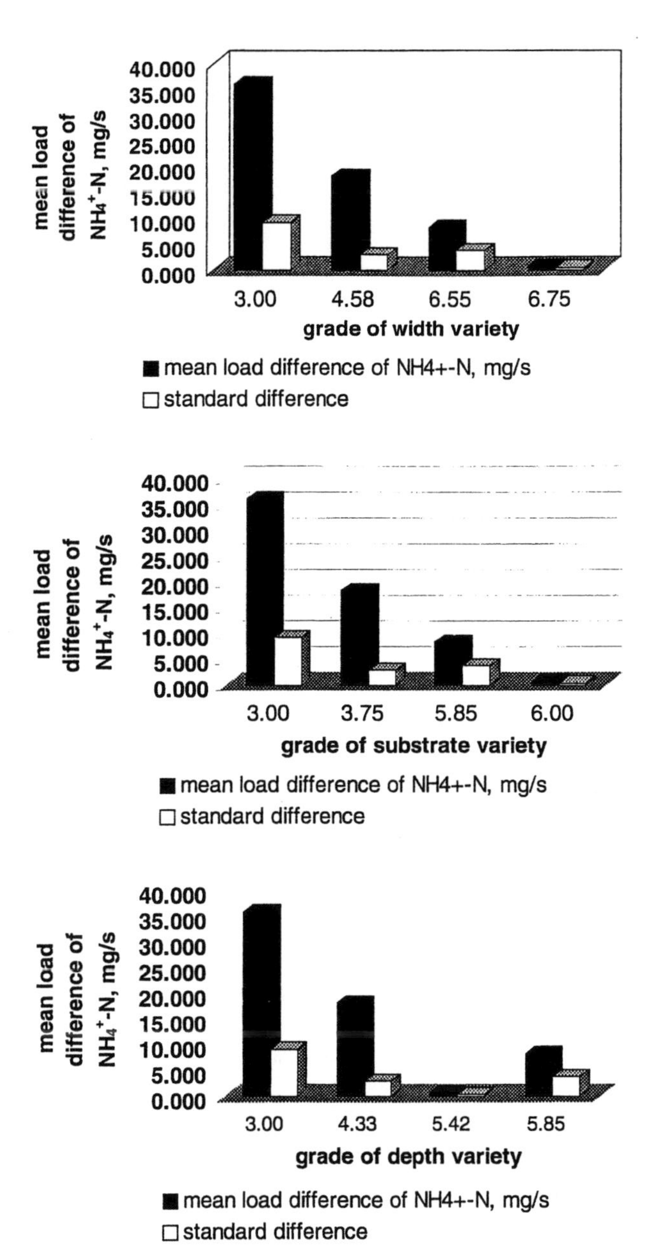

Fig. 13: Relation between self-purification and distinct ecomorphological parameters; load differences of ammonium-N between the first and the second measuring point in four stream reaches (Chemical data from investigations in brooks in 1998, 1999; in case of ecomorphological parameters higher numbers mean a worse grade).

Zusammenhang zwischen Selbstreinigung (Frachtunterschied von Ammonium-N zwischen dem ersten und dem zweiten Messpunkt in vier Bachabschnitten) und unterschiedlichen ökomorphologischen Parametern. Die chemischen Parameter stammen aus Untersuchungen an Bächen in den Jahren 1998 und 1999; bei den ökomorphologischen Parametern entspricht ein hoher Zahlenwert einer geringen Güte.

section from 300 m to 400 m (downstream Breitenstein) particularly a high self-purification power exists. A high variety of width dominates there.

In contrast to the Katzsohlbach, self-purification and ammonium transformation at the Olbe take place continuously along the 4.4 kilometres investigated stream reach. A straight course of water, low variability of bed width, low flow velocities (0.12...0.27 m/s), and silt bottom substrate dominate in water section A_O...B_O. These conditions and the predominant absence of biofilms lead probably to a low ammonium transformation.

Similar ecomorphological structures and low flow velocities like the Olbe were measured at the Mühlgraben. This brook showed a low ammonium transformation within the flowing distance (Fig. 11) as well as the Olbe.

In contrast to the lowland streams, a high decrease in ammonium-N was measured in the Dankerode brook (Fig. 12) that is the most polluted of the investigated streams. Stones, rock, and gravel dominate in the bottom substrate, which is settled with a biofilm. The thickness of the biofilm decreases from more than 5 cm (*Sphaerotilus natans*) at the measuring point A_D to 5 mm (50 metres downstream of A_D), to 3 mm (approximately 800 metres downstream of A_D), and to 2 mm at the measuring point C_D.

A comparison of the self-purification power (ammonium nitrogen load) and distinct hydroecomorphological parameters of all investigated stream reaches (Olbe, Katzsohlbach, Mühlgraben, and Dankerode brook) shows a dependence of self-purification on variety of depth, width, and bottom substrate (Fig. 13). An improvement of these ecomorphological parameters (natural structures) could improve self-purification power.

5 Discussion

Microbiological and chemical investigations on self-purification in upland and lowland brooks in different landscape units of Saxony-Anhalt were carried out over three years (1997–1999). Water sections without a considerable inflow of surface water and a relatively low input of groundwater downstream of municipal wastewater discharges were selected for these investigations. They were carried out to discover the influence of ecomorphological parameters on self-purification in the lowland brooks Olbe and Mühlgraben and in upland brooks Katzsohlbach and Dankerode brook.

The results of our investigations have shown that there are considerable differences between the self-purification power of upland and lowland streams. Some factors of regional stream typology (e.g. slope, altitude, geology; see Table 1) are important for self-purification (Fig. 13).

5.1 Microbiology

The decrease of *Escherichia coli* and faecal coliforms exceeded always 85 % in the flowing wave of both the Katzsohlbach and the Olbe in summer and autumn. In particular, the total colony count and faecal indicator bacteria in the first mentioned stream decreased mainly within the first 1.0 and 1.1 kilometres downstream of municipal wastewater discharges. In the Olbe, a comparable decrease occurred over a much longer distance.

Sedimentation should play an important role in the decrease of bacteria in the mainly straight, wide, silt, and slowly flowed water sections of the Olbe. Also Körner et al. [3] who found similar microbiological results at the Wuhle in Berlin, took as their starting point that such an ecomorphological status favours sedimentation of colloidal particles and adsorbed bacteria. These authors found a reduction of *E. coli* by 1.5 orders of magnitude (approximately 95 %) and a reduction of faecal

Table 1: Stream types of this study.
In dieser Studie untersuchte Bachtypen.

Brook factors (area)	Katzsohlbach	Dankerode brook	Olbe	Mühlgraben
Altitude (in m above sea level):	512.2...415.1 mountain brook	425...350 mountain brook	132.6...70.7 lowland stream	106.9...80.2 lowland stream
Slope (in %):	1.19	3.75	0.31	1.48
Geology:	argillaceous slate	argillaceous slate	loess, sand	loess
Dominating bottom substrate:	large stones, stones, rock, gravel	large stones, stones, rock, gravel	sand, gravel, silt	sand, gravel, silt

streptococci by 1 to 2 orders of magnitude in the flowing wave within a flowing distance of 12.1 kilometres.

Compared with the Olbe, the process of self-purification takes place predominantly in the first water sections of the Katzsohlbach. Stones and rock dominate the bottom substrate, macrophytes show relatively high abundances and, altogether, this stream has a higher ecomorphological grade than the Olbe so that different processes of bacteria elimination can occur. This can explain the more rapid decrease of bacteria number.

A high variability of width and slowly flowed water sections lead to silt deposition and, probably, also to bacteria sedimentation within the first investigated water section in the Katzsohlbach. However, sedimentation can be accompanied by re-suspending of the microorganisms.

Adsorption and grazing processes should also be important for the decrease of bacteria in flowing wave. Microorganisms adhere to shore vegetation *(Phalaris arundinacea)*, on sediment, and on macro-invertebrates. Stones and rock as bottom substrate serve as settlement areas for macroinvertebrates and periphyton (biofilm). High abundances of *Chironomus* sp. and *Simulium* sp. occurred at measuring point A_K. An individual of *Simulium* sp. is able to absorb approximately $11 \cdot 10^6$ to $28 \cdot 10^6$ bacteria per day [13].

With regard to the influence of macrophytes, Gräf et al. showed a considerable decrease of *Escherichia coli* and total colony count (coli titres from 10 to 10^{-2}, total colony count by 95 %) within a water region containing a zone overgrown with reeds and aquatic plants.

In contrast to results by Gräf et al. and by Körner et al., our investigations at the Olbe showed an increase in the total colony count and a few faecal indicator bacteria in the last investigated water section. The explanation for this increase may be answered with further investigations.

5.2 Hydrochemical transformations

There are a lot of publications about nitrification and denitrification in waters (e.g. [14–19]) and biofilms (e.g. [10–12], [20–22]). Gujer [17] showed for small upland streams that substrate utilisation (ammonium transformation) takes place mainly in benthic biofilms. They consist of a liquid phase and a solid phase (bacteria, inert material) [10]. The system is composed of the substrate surface, the biofilm, the boundary layer of concentration, and the water layer [11]. The transportation of dissolved substances into the biofilm takes place via diffusion processes. Benthic nitrification, as an important self-purification process, is influenced by flow velocity, hydraulic radius and roughness of bottom [12]. These parameters change the biotic community in the biofilm and, thereby, the rate of substrate utilisation [11, 12]. Further important ecological factors are temperature, carbon concentration, and nitrogen concentration [12]. With the thickness of biofilm, the dependence of ammonium oxidation on temperature decreases in laboratory tests [12]. The benthic nitrification rate increases with higher flow velocity (0.007...0.210 m/s) under laboratory conditions [12].

The bottom substrate in the Katzsohlbach guarantees a large surface for biofilm development. The thickness of the biofilm (periphyton) decreases from approximately 3 mm to less than approximately 1 mm within the investigated water section. The highest decrease of ammonium occurred along the first 1.1 kilometres downstream of wastewater discharge where also the greatest thickness of the biofilm was determined. Simultaneously with nitrification, denitrification probably takes place in silt areas and anaerobic zones of this thick biofilm. Consequently, the inorganic nitrogen load decreases in the Katzsohlbach (A_K...B_K) by 27 %.

Among the investigated streams, the greatest decrease of ammonium-N occurred in the Dankerode brook. There is a overall biofilm on the bottom substrate which thickness decreases from more than 5 cm at the measuring point A_D to 2 mm at C_D within the investigated stream reach. A high oxygen input by a big slope and strong turbulences probably support the processes of mineralisation and nitrification. To quantify the relations between biofilm structure and thickness, physico-chemical influences and self-purification, further investigations are planned.

In contrast to the Katzsohlbach and the Dankerode brook, ammonium transformation and mineralisation of organic matter are relatively low in the Olbe and the Mühlgraben and they decrease continuously within the whole investigated stream reach. For this poor self-purification capacity, the predominantly instable bottom structure and the absence of biofilms on most surfaces should be responsible.

A comparison of the self-purification power of all investigated stream reaches (Olbe, Katzsohlbach, Mühlgraben, Dankerode brook) and the grade of ecomorphology shows that waters with approximately natural structures and a high variety of width, depth, and bottom substrates have a higher self-purification power than waters with high human impacts (Fig. 13). Chemical results from the Olbe, the Katzsohlbach, the Mühlgraben, and the Dankerode brook show that the variety of width, different flow velocities along the brook, and a diverse (predominantly stony) bottom substrate are important for self-purification. The variety of these parameters leads to zones with different oxygen contents, it creates sedimentation zones and habitats for different organisms which assimilate and dissimilate nutrients in the food chains.

Altogether, bottom substrate and thickness of the biofilm can be characterised as the main parameters influencing the self-purification in upland brooks. Especially in lowland streams, vegetation also can play a large role in self-purification [23–28]. Macrophytes have there a comparable function as stones and rock debris in upland brooks. Vegetation in waters is very important for the surface of periphyton and also for material transformation. Self-purification power might increase with the density of aquatic plants and submerged macrophytes especially in lowland brooks. But a high number of water plants can also lead to additional impairment of the oxygen balance in slowly flowing water bodies without natural ecomorphological structures [29, 30]. Self-purification by means of aquatic macrophytes in slowly flowing water leads to the development of very high biomasses and creates an enhanced demand in measures of flood control.

Altogether, renaturalisation of flowing waterbodies promotes their self purification power [31] and should be an effective measure for assimilation of remaining loads after sewage treatment without adverse effects to the ecosystem [32].

Acknowledgements

We wish to thank C. Göhler and A. Thamm for microbiological determinations. This research project was promoted by the Ministry of Area Planning and Environment of Saxony-Anhalt. The responsibility for the contents of this publication lies with the authors.

References

[1] *Kalbe, L.:* Zur Stabilität von limnischen Ökosystemen. Limnologica **26** (3), 281–291 (1996).

[2] DVWK – Deutscher Verband für Wasserwirtschaft und Kulturbau (Ed.): Abhängigkeit der Selbstreinigung von der Naturnähe der Gewässer. Mitteilungen des Deutschen Verbandes für Wasserwirtschaft und Kulturbau e.V., Heft 21, Bonn, 1990.

[3] *Körner, S., Dizer, H., Lopez-Pila, J. M.:* Reduzierung von Bakterien- und Coliphagen- Konzentrationen auf der Fließstrecke eines Klärwerksableiters. Acta Hydrochim. Hydrobiol. **23**, 264–270 (1995).

[4] *Wolf, K.:* Quantitative und qualitative Verbreitung von Bakterien in der fließenden Welle, im Sediment und auf den Blättern submerser Makrophyten aus unterschiedlich belasteten Zonen eines Fließgewässersystems (Friedberger Au). Dissertation, Universität Hohenheim, Fakultät Biologie, Stuttgart, 1983.

[5] *Gräf, W., Kersch, D., Pawlofsky, M.:* Hygienische und mikrobiologische Beeinflussung natürlicher Gewässerbiotope durch Algen und Wasserpflanzenaufwuchs. Aus Wissenschaft und Praxis **174**, 531–554 (1981).

[6] *Lüderitz, V., Gläser, J., Kieschnik, A., Dörge, E.:* Anwendung und Weiterentwicklung ökomorphologischer Kartierungs- und Auswertungsverfahren an der Selke und ihren Nebengewässern (Sachsen-Anhalt). Arch. Naturschutz Landschaftsforsch. **35**, 15–31 (1996).

[7] DIN 38 411-5-1: Deutsche Einheitsverfahren zur Wasser-, Abwasser- und Schlammuntersuchung. Mikrobiologische Verfahren (Gruppe K). Bestimmung vermehrungsfähiger Keime mittels Membranfilterverfahren (K 5). Februar 1983.

[8] *Aleksic, S., Bockemuehl, J., Havemeister, G.:* Badegewässerüberwachung nach der Richtlinie des Rates der EG vom 08.12.1975 über die Qualität der Badegewässer, Untersuchungen von Badegewässern auf mikrobiologische Parameter Stand April 1991. Zentralbl. Hyg. Umweltmed. **192** (1), 57–75 (1991).

[9] DIN 38 411-6: Deutsche Einheitsverfahren zur Wasser-, Abwasser- und Schlammuntersuchung. Mikrobiologische Verfahren (Gruppe K). Nachweis von *Escherichia coli* und coliformen Keimen (K 6). Juni 1991.

[10] *Horn, H., Wulkow, M.:* Modellierung von Einleitungen in kleine Fließgewässer. GWF Gas Wasserfach: Wasser-Abwasser **137**, 557–564 (1996).

[11] *Horn, H., Hempel, D. C.:* Modellierung von Substratumsatz und Stofftransport in Biofilmsystemen. GWF Gas Wasserfach: Wasser-Abwasser **137**, 293–301 (1996).

[12] *Borchardt, D., Wolf, P.:* Labor- und Modelluntersuchungen zur benthischen Nitrifikation in Fließgewässern. Wasserwirtschaft **83** (4), 218–225 (1993).

[13] *Rheinheimer, G.:* Mikrobiologie der Gewässer. 5. überarb. Auflage, Fischer, Jena, 1991.

[14] *Raff, J., Hajek, P.:* Zur Nitrifikation in Fließgewässern durch suspendierte und sessile Nitrifikanten. GWF Gas Wasserfach: Wasser-Abwasser **122**, 501–505 (1981).

[15] *Goubeau-Romeyke, A.:* Vergleichende Untersuchungen zwischen dem Sauerstoffverbrauch eines Belebtschlammes und dessen Respirationsrate mit Nitrit und Nitrat als Wasserstoffakzeptoren bei der Denitrifikation. GWF Gas Wasserfach: Wasser-Abwasser **122**, 498–500 (1981).

[16] *Gujer, W.:* Nitrifikation in Fließgewässern – Fallstudie Glatt. Schweiz. Z. Hydrobiol. **38**, 171–189 (1976).

[17] *Gujer, W.:* Nitrit in Fließgewässern – Ein erweitertes Nitrifikationsmodell. Schweiz. Z. Hydrobiol. **40**, 211–230 (1978).

[18] *Christensen, P. B., Nielsen, L. P., Soerensen, J., Revsbech, P.:* Denitrification in nitrate-rich streams: Diurnal and seasonal variation related to benthic oxygen metabolism. Limnol. Oceanogr. **35** (3), 640–651 (1990).

[19] *Garcia-Ruiz, R., Pattinson, S. N., Whitton, B. A.:* Denitrification in river sediment: relationship between process rate and properties of water and sediment. Freshwater Biol. **39**, 467–476 (1998).

[20] *Horn, H.:* Simultane Nitrifikation und Denitrifikation in einem hetero-/autotrophen Biofilm unter Berücksichtigung der Sauerstoffprofile. GWF Gas Wasserfach: Wasser-Abwasser **133**, 287–292 (1992).

[21] *Harremöes, P.:* Theoretische und experimentelle Grundlage der Biofilmkinetik. GWF Gas Wasserfach: Wasser-Abwasser **127**, 16–25 (1986).

[22] *Perchtold, K., Kirchesch, V., Müller, D.:* Modellversuche zur Nitrifikation am Gewässerbett. GWF Gas Wasserfach: Wasser-Abwasser **129**, 7–12 (1988).

[23] *Seidel, K.*: Über die Selbstreinigung natürlicher Gewässer. Naturwissenschaften **63**, 286–291 (1976).

[24] *Seidel, K.*: Wirkung höherer Pflanzen auf pathogene Keime in Gewässern. Naturwissenschaften **58**, 150–151 (1971).

[25] *Körner, S.*: Nährstoff- und Sauerstoffbilanz eines hochbelasteten Klärwerksableiters unter besonderer Berücksichtigung der submersen Makrophyten. Acta Hydrochim. Hydrobiol. **25**, 34–40 (1997).

[26] *Körner, S., Kühl, H.*: Development of submerged macrophytes in the treated sewage channel Wuhle. Int. Rev. Gesamten Hydrobiol. **81** (3), 385–397 (1996).

[27] *Popp, W.*: Die Rolle der Makrophyten in Gewässern aus bakteriologischer Sicht. Münch. Beitr. Abwasser Fisch. Flußbiol. **39**, 475–495 (1985).

[28] *Höner, G., Bahlo, K.*: Keimelimination bei der Abwasserreinigung in bewachsenen Bodenfiltern. Wasser Boden **48** (9), 13–16 (1996).

[29] *Jorga, W., Weise, G.*: Beziehung zwischen Wasserinhaltsstoffen und Gasstoffwechsel submerser Makrophyten. Acta Hydrochim. Hydrobiol. **7**, 379–400 (1979).

[30] *Jorga, W., Weise, G.*: Biomasseentwicklung submerser Makrophyten in langsam fließenden Gewässern in Beziehung zum Sauerstoffhaushalt. Int. Rev. Ges. Hydrobiol. **62** (2), 209–234 (1977).

[31] *Lüderitz, V., Hentschel, P.*: Umgestaltung des Landeskulturgrabens bei Dessau – ein Beispiel für den Umgang mit anthropogenen Fließgewässern. Naturschutz und Landschaftsplanung **31** (1), 18–23 (1999).

[32] *Lüderitz, V., Borchardt, D., Klapper, H., Eckert, E.*: Aspekte eines zukunftsfähigen Umganges mit Wasserressourcen. Wasser Boden **51** (6), 40–45 (1999).

[Received: 12 May 2000; accepted: 21 December 2000]

ELSEVIER

Ecological Engineering 18 (2001) 157–171

ECOLOGICAL ENGINEERING

www.elsevier.com/locate/ecoleng

Nutrient removal efficiency and resource economics of vertical flow and horizontal flow constructed wetlands

Volker Luederitz [a,*], Elke Eckert [a], Martina Lange-Weber [a], Andreas Lange [a], Richard M. Gersberg [b]

[a] *Department of Water Resources Management, University of Applied Sciences Magdeburg, Breitscheidstr. 2, 39114 Magdeburg, Germany*

[b] *Graduate School of Public Health, San Diego State University, 5500 Campanile Drive, San Diego, CA 92182/4162, USA*

Received 16 June 2000; received in revised form 24 January 2001; accepted 16 February 2001

Abstract

In order to reduce the very high costs of sewage disposal in the new federal states of Germany, more decentralized purification systems need to be established. To attain higher surface water quality, and thereby the acceptance of such systems by governmental authorities, good removal rates for organic substances and also for nutrients (N, P) are necessary. Constructed wetlands for wastewater treatment (reed-bed systems) in Germany and in the USA have been used successfully. This study compares the purification performances of constructed horizontal flow wetlands (HFW) and vertical flow wetlands (VFW), including: (1) a small horizontal flow wetland (HFW); (2) a sloped HFW; (3) a larger HFW; (4) a stratified vertical flow wetland (VFW); and (5) an unstratified VFW. It is shown that both the horizontal flow and vertical flow systems can remove more than 90% of organic load and of total N and P, if there is an effective precleaning step, and if the specific treatment area is great enough (> 50 m^2/m^3 per d). HFWs have an advantage in long-term removal of P because it is bound to organic substances to a high degree. Decentral and semicentral natural treatment systems also save material (76%) and energy (83%) for their function compared with central technical systems.

Keywords: Constructed wetlands; Aerobic pretreatment; Phosphorus and nitrogen removal; Material and energy requirement

1. Introduction

Constructed wetlands for wastewater treatment (reed-bed systems) in Germany and in the USA have been used under a variety of different conditions. The most common application field in Germany is the treatment of wastewater from single-family homes or small local communities up to 1000 inhabitants. At present, in Germany, approximately 5000 of such systems are used but less than 5% of these treat the sewage of more than 20 inhabitants (Platzer et al., 1998). Additionally, constructed wetlands have been used for tertiary treatment after mechanical and/or biolog-

* Corresponding author. Tel.: +49-391-8864367; fax: +49-391-8864430.

E-mail address: volker.luederitz@wasserwirtschaft.hs-magdeburg.de (V. Luederitz).

0925-8574/01/$ - see front matter
PII: S0925-8574(01)00075-1

ical purification with the aim of further chemical oxygen demand (COD)-elimination and nitrification/denitrification of remaining nitrogen.

In Germany and the whole European Community, interest in using constructed wetlands has increased because of the exploding costs for sewage treatment. For example, in eastern German states, where the largest part of the state environmental budget is spent for wastewater treatment, government subsidies are given to lower the real prices by as much as 20–40 German Marks (DM)/m^3. Due to the financial pressures of such costs on public budgets, parliaments and governments have recognized the possibility to save money by an enforced decentralization (Lüderitz et al., 1999a,b). In rural areas, up to 90% of all costs for sewage treatment are spent on sewage connection. But also for smaller towns (about 10 000–20 000 inhabitants), decentral and natural systems can have advantages. Reckerzügl and Bringezu (1998) have shown that such systems can save about 80% of process energy and about 50% of material input. Despite such calculations, there is still a resistance against an enforced use of constructed wetlands by many environmental authorities, especially if there are enhanced environmental demands to discharge higher quality effluents because of the effects on receiving waterbodies.

Although Geller and Thum (1999) have shown long-term operation stability of reed-bed treatment systems, there are important differences between different types of such systems and also between different devices of one type, according to their purification rates.

The main problems can be characterized as follows:

Nitrogen removal performance of subsurface-flow constructed wetlands treating ammonium-rich wastewaters is often relatively poor and has proven difficult to accurately predict (Brix, 1990; Schierup et al., 1990; Meulemann, 1994; Verhoeven and Meuleman, 1999; Tanner et al., 1999). Concerning this, significant differences seem to exist between horizontal flow wetlands (HFW) and vertical flow wetlands (VFW). Comparing HFWs and VFWs in Lower Saxony, v.Felde et al. (1997) found on average a 3-fold higher ammonium load in the outflow of the first mentioned type. But the outflows of VFWs are 13-fold more loaded with nitrate. According to total N, the mean discharge concentrations are 25% higher in VFWs than in HFWs (v.Felde et al., 1997).

In most constructed wetlands, removal of P remains closer to 50% (Verhoeven and Meuleman, 1999). However, phosphorus is the most important plant nutrient enhancing eutrophication in lakes and coastal waters (Klapper, 1992). Therefore, P must be removed largely by sewage treatment. Actually, for smaller wastewater treatment plants (< 100 m^3 per day), there are generally no special demands requiring P removal. If more decentralized systems shall get a higher priority because of their lower costs especially in rural areas (Lüderitz et al., 1999a,b), then constructed wetlands must be designed to reach high P removal rates.

For many single-family houses in the European community, anaerobic three-room digesters (in Germany according to the DIN — standards) are the one and only method for wastewater treatment. In most cases, these devices are also used for preliminary treatment before treatment by constructed wetlands. However, purification rates of anaerobic digesters are relatively poor so that we tested its replacement by an aerobic procedure.

The high potential productivity, deep rhizome and root system, and wide distribution of *Phragmites australis* have made it the most common plant in constructed wetlands around the world. *Phragmites* stocks can reach a biomass of 25.1 kg (dry matter)/m^2 from which 74% is allotted to below-ground tissue (Ostendorp, 1997). Due to its productivity, the common reed out-competes other wetland plants in many reed beds, even if there is an initially high plant diversity (Geller, 1998). However, other plant species are successfully used in certain cases (Tanner, 1996). Under the conditions of southern California, Gersberg et al. (1986) found *Schoenoplectus validus* more effective in treating wastewater than *Phragmites*. In Central Europe, *Schoenoplectus* and *Juncus* species are often planted. They can offer some advantages because they provide photosynthesis (and active oxygen transport) also during winter.

In this report, we present a comparison of purification performances of both vertical and horizontal flow wetlands, with the aim of determining the conditions under which high purification rates for both phosphorus and nitrogen are may be maintained. For this, we compare five different wetlands:

- a traditionally constructed small HFW;
- a large HFW of this type (Geller, 1998);
- a sloped HFW (to enhance the hydraulic performance of the system) with aerobic precleaning;
- a VFW with stratified substrate and;
- a VFW with no stratified substrate and precleaning by means of naturally aerated ponds.

Additionally, we show that the performances of constructed wetlands can be sustained with significantly lower energy and material demands than conventional sewage treatment systems.

2. Material and methods

2.1. Investigated artificial wetlands

For this study, investigations were made at four artificial wetlands in the federal state of Saxony–Anhalt. The sewage treatment system in Loburg is a classical HFW just as the system in Schurtannen (federal state of Baden–Würtemberg), documented by Geller (1998). A variation of a HFW is the treatment plant in Schlanstedt; it has a slope of 3%. The systems in Einsdorf and Wolfsberg are VFW. All devices are used for municipal sewages only.

2.1.1. Loburg

The system was constructed in 1992, planted with common reed (*Phragmites australis*) and has operated since that time without any disturbations. The HFW is used for treatment of 6 m^3 per day. The area is 300 m^2, the flowing distance 4 m and the depth of the substrate (sandy gravel) 0.8 m (Fig. 2). Pretreatment is done by an anaerobic digester, and after-clarification is done in an artificial pond. Samples were taken every two months from influent and effluent from 1992 to 1999.

2.1.2. Schlanstedt

This new treatment plant was constructed in April 1998 and planted with *Juncus inflexus* and *Juncus effusus*. It differs from the standard HFW in having a slope of 3% (Fig. 2). With this reedbed system (sandy gravel, 100 m^2, 1 m depth, 10 m flowing distance), the sewage of 20 people is treated. A preliminary aerobic rot chamber (Fig. 1) removes particulates and a share of the nutrients. Purification performance was investigated every month between November 1998 and October 1999.

2.1.3. Einsdorf

This PHYTOFILT-system (Löffler and Pietsch, 1991) is a VFW that consists of different vertical layers. An upper infiltration layer (5 cm, gravel 0–8 mm) is followed by the main biological active layer (60 cm, sand/gravel/0–4 mm), an intermediate layer (10 cm, gravel 4–8 mm), and a drainage layer (20 cm, gravel 16–32 mm) (Fig. 2). The VFW is constructed for the treatment of 35 m^3 per day, and has an area of 800 m^2, so that 23 m^2 are used for 1 m^3. Precleaning is provided in an anaerobic digester. The system was planted with *Phragmites australis* and put on line in 1996. Samples were taken bimonthly between August 1996 and May 1999.

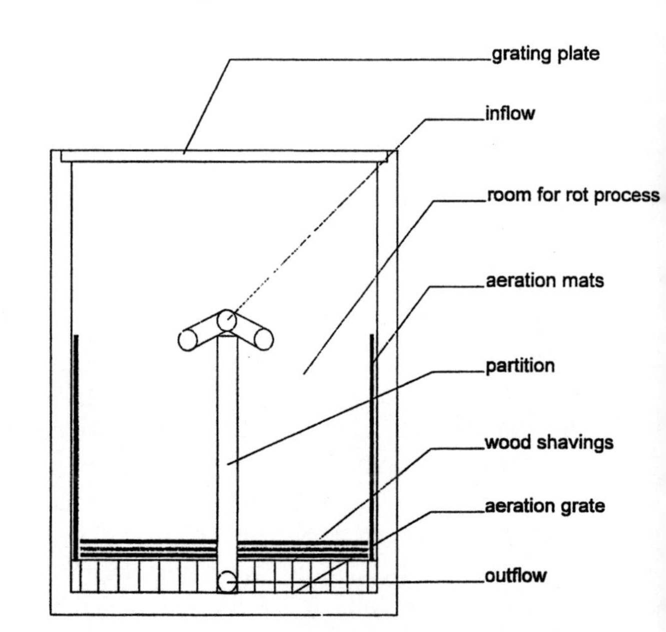

Fig. 1. Tank for rot process (round cross section).

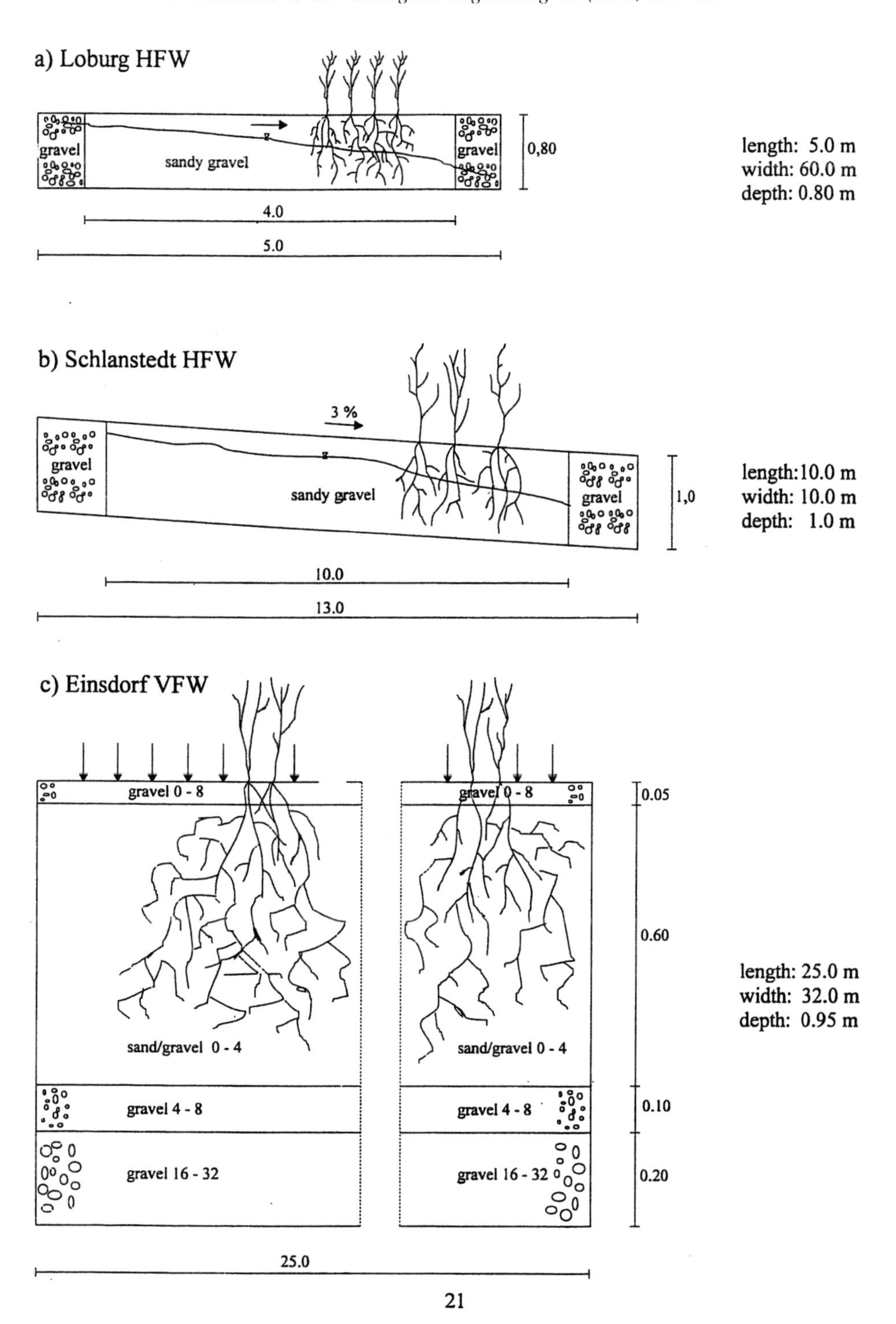

Fig. 2. Cross sections of the constructed wetlands at Loburg, Schlanstedt, Einsdorf, and Wolfsberg, Germany.

2.1.4. Wolfsberg

The sewage treatment plant in Wolfsberg is also a VFW but without vertical soil differences (sandy gravel 0–8 mm) except the drainage layer (16–32 mm) (Fig. 2). With an area of 670 m^2 it is used to treat 20 m^3 per day. For primary treatment, two unaerated ponds (430 m^3, 290 m^2/540 m^3, 415 m^2) are used. The VFW was built in 1996 and planted with *Phragmites australis and Juncus spp*. Samples were taken bimonthly between September 1996 and July 1999.

2.1.5. Schurtannen

Data from the HFW Schurtannen documented by Geller (1998) are used to compare it with the systems in Saxony–Anhalt. This soil filter is planted with *Phragmites australis*, it has an area of 1.300 m^2 and is used to treat 13 M^3/d since 1993. The filter substrate is sand (0–2 mm), pretreatment is done by an anaerobic digester. Samples were collected from June 1993 to August 1996 monthly.

2.2. Investigation of pretreatment systems

Purification performance of 32 small anaerobic digesters was measured by the Governmental Office of Environment in Saxony–Anhalt between 1995 and 1998 (unpublished results). In 1999, we investigated (bimonthly) three aerobic rot chambers that serve as pretreatment systems for constructed wetlands. In these naturally aerated systems, raw sewage is filtered by a layer of wood shavings. In this way, primary sludge and also a distinct part of soluble substances are removed. Since it is very difficult to make measurements at the inflow of such small systems we used average values measured and calculated for rural wastewater also by the Governmental Office of Environment (unpublished results). We used these data in Table 1 for the column 'Influent'. The influent data given in Table 2 are the actually measured effluent data of the corresponding pretreatment systems.

2.3. Water analysis

Concentrations of chemical oxygen demand (COD), biological oxygen demand (BOD$_5$), N, and P were determined according to the German industrial standards (DIN, 1995). BOD$_5$ (DIN 1899-1H 51) was estimated electrochemically by means of oxygen-probe. COD (DIN 38409H41/H44), ammonium (DIN 38406E5-1), nitrate (DIN 38405D9), total N (according to Koroleff), and total P were analyzed photometrically.

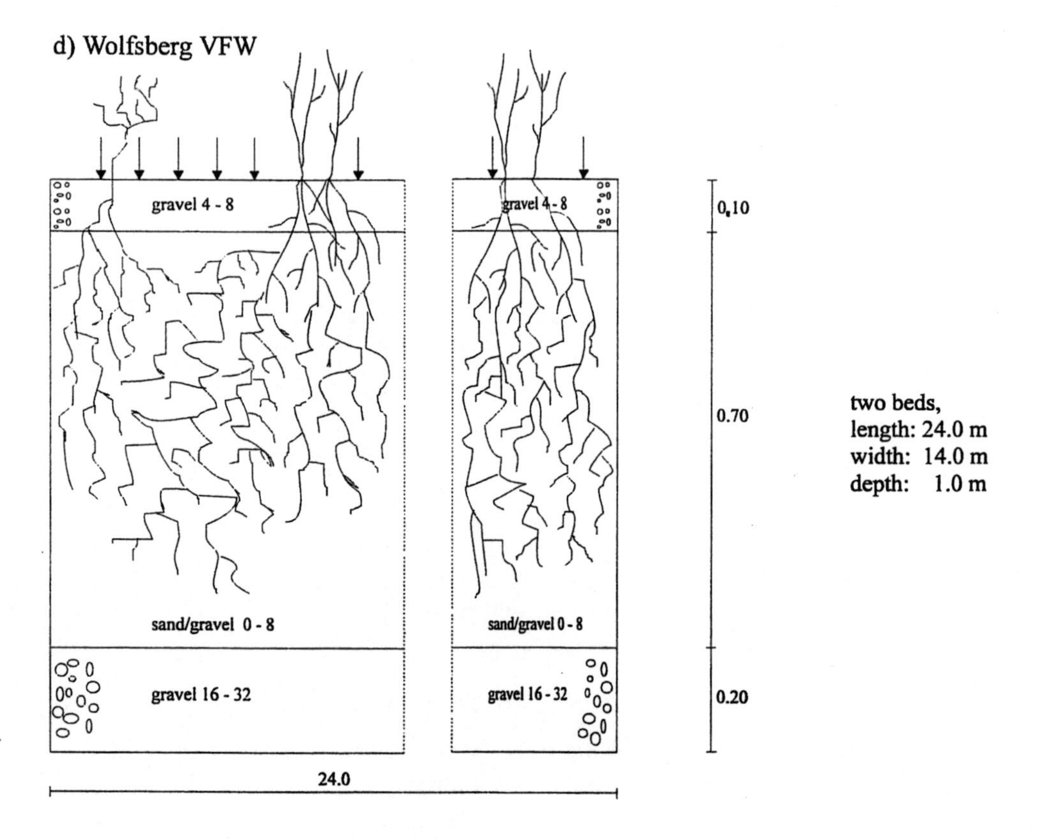

Fig. 2. (*Continued*)

Table 1

Average effluent concentrations in mg/l (with standard difference S.D. and confidence interval CI ($\alpha = 0.01$)) from 32 anaerobic digesters ($n = 105$) and three aerobic rot chambers ($n = 19$) of chemical oxygen demand COD, biological oxygen demand BOD_5, total N, NH_4^+–N, NO_3^-–N and total P

	Influent			Anaerobic digesters				Aerobic rot tanks			
	Ø (mg/l)	S.D. (mg/l)	CI (mg/l)	Effluent (mg/l)	S.D. (mg/l)	CI (mg/l)	Removal (%)	Effluent (mg/l)	S.D. (mg/l)	CI (mg/l)	Removal (%)
COD	890.00	120.00	30.17	440.50	63.70	16.01	51.50	280.90	43.50	25.71	68.40
BOD_5	585.00	97.00	24.38	197.50	30.20	7.59	66.20	142.50	40.30	23.81	75.60
NH_4^+–N	57.00	11.00	2.77	80.40	12.30	3.09		53.50	14.00	8.27	
NO_3^-–N				2.40	0.80	0.20		12.20	2.40	1.42	
Total N	103.00	10.00	2.51	94.50	13.20	3.32	8.20	72.50	20.90	12.35	22.60
Total P	22.00	5.00	1.26	18.50	4.00	1.01	15.90	14.30	6.10	3.60	35.90

Table 2
Average influent and effluent concentrations (mg/l) and corresponding removal rates (with standard difference S.D. and confidence interval CI ($\alpha = 0.01$)) of chemical oxygen demand COD, biological oxygen demand BOD_5, total N, NH_4^+-N, NO_3^--N and total P in different reed beds of this study

	Influent (mg/l)	S.D. (mg/l)	CI (mg/l)	Effluent (mg/l)	S.D. (mg/l)	CI (mg/l)	Removal	
							Concentration (%)	Mass (%)
Schlanstedt (horizontal flow with 3% slope), n = 22								
COD	250.60	40.80	22.41	21.90	12.70	6.97	91.30	93.90
BOD_5	123.50	32.30	17.74	8.50	5.80	3.19	93.10	95.20
NH_4^+-N	54.10	12.00	6.59	3.40	3.00	1.65	93.70	95.60
NO_3-N	10.20	0.60	0.33	10.50	9.80	5.38		
Total N	70.50	18.40	10.10	15.20	8.90	4.89	78.00	84.60
Total P	12.00	3.80	2.09	0.50	0.20	0.11	95.80	97.10
Loburg (horizontal flow), n = 71								
COD	390.30	59.40	18.16	25.20	12.30	7.70	93.50	95.60
BOD_5	162.30	35.20	10.76	8.10	2.10	2.48	95.00	96.60
NH_4^+-N	77.50	12.50	3.82	20.20	4.90	6.18	74.00	82.10
NO_3-N	2.50	1.90	0.58	24.50	4.70	7.49	–	–
Total N	85.20	20.20	6.18	25.90	5.10	7.92	69.70	79.70
Total P	15.50	3.30	1.01	0.70	0.30	0.21	95.50	97.00
Einsdorf (vertical flow), n = 19								
COD	815.70	181.00	106.96	44.10	17.10	10.11	94.60	Not estimated
BOD_5	490.00	155.20	91.71	24.00	14.50	8.57	95.10	
NH_4^+-N	Not estimated							
NO_3-N	Not estimated							
Total N	126.30	25.90	15.31	65.70	19.60	11.58	48.00	
Total P	15.50	4.00	2.36	6.10	1.30	0.77	60.50	
Wolfsberg (unaerated treatment pond + vertical flow), n = 21								
COD	690.50	112.50	63.24	12.00	4.60	6.75	98.30	Not estimated
COD [a]				83.00	9.80	46.65	88.00	
BOD_5	335.40	123.40	69.36	3.40	1.70	1.91	99.00	
BOD_5 [a]				56.30	7.20	31.65	83.40	
NH_4^+-N	not estimated							
NO_3-N	not estimated							
Total N	99.50	19.70	11.07	6.20	2.60	3.48	93.80	
Total N [a]				18.30	4.10	10.29	81.60	
Total P	13.40	0.20	0.11	0.40	0.20	0.22	96.80	
Total P [a]				4.20	1.30	2.36	68.70	

[a] Effluent treatment pond.

2.4. Phosphorus fractionation in soil

In May 1999, 20 soil samples (1L) were taken from different points and depths at the treatment system in Loburg. In September 2000, the same procedure was repeated at the constructed wetland in Einsdorf. The samples were mixed and soil was fractionated for P using the scheme developed by Hieltjes and Lijklema (1980) and modified by Olila et al. (1997). In this procedure, soil phosphorus forms were estimated by a sequence of extraction steps with water, bicarbonate-dithionite-solution (0.11 M), NaOH (1 M), and HCl (0.5 M).

2.5. Statistical calculations

Statistical calculations were done by means of Microsoft Excel. On the base of standard differences and confidence intervals, purification rates of different systems were compared. Significancy occurs, if confidence intervals do not overlap between different systems.

2.6. Estimation of total material and energy requirement (TMER) for different possibilities of sewage treatment

As a project of the world exhibition EXPO 2000, resources-saving sewage treatment systems with high purification performances were developed and established in a number of local communities. For this study, we compared the TMER of three different strategies for sewage disposal of three villages:

discharge to a large-scale sewage treatment plant 20 km away;

construction of a central mechanical-biological wastewater system for the three villages together; or

construction of a wetland for every local community.

For these possibilities, TMER was determined as the sum of the total material and energy input and the hidden or indirect material and energy flows, including deliberate landscape alterations which are necessary to produce a distinct service unit (Adriaanse et al., 1997). The TMER gives the best overall estimate for the potential environmental impact associated with natural resource extraction and use. For this, on base of data given by Jeschar et al. (1995) and Corradini et al. (1999), process chains are calculated, which show quantitatively the material and energy demands for preparing ready raw materials, for manufacturing products and for their use and disposal (Fig. 3). These quantitative considerations allow conclusions about different loads on the environment (consumption of raw materials and landscape; air and water pollution; expenditure for transport).

3. Results and discussion

3.1. Preliminary purification

Our investigations at 32 anaerobic digesters in Saxony–Anhalt (Germany) show that there remains a high organic load and high concentrations of phosporous and nitrogen in the outflow of these devices (Table 1). Aerobic pretreatment shows N and P removal efficiencies that are more than twice as high as for anaerobic pretreatment (Table 1). Aerobic preliminary purification (Fig. 1) also decreases the development of sewage sludge, allows the start of nitrification, and produces a nutrient-rich compost. However, Geller (1998) showed that anaerobic three-room digesters can also have relatively high purification rates, if the residence time is long enough, and the (biological active) sludge is only removed when necessary.

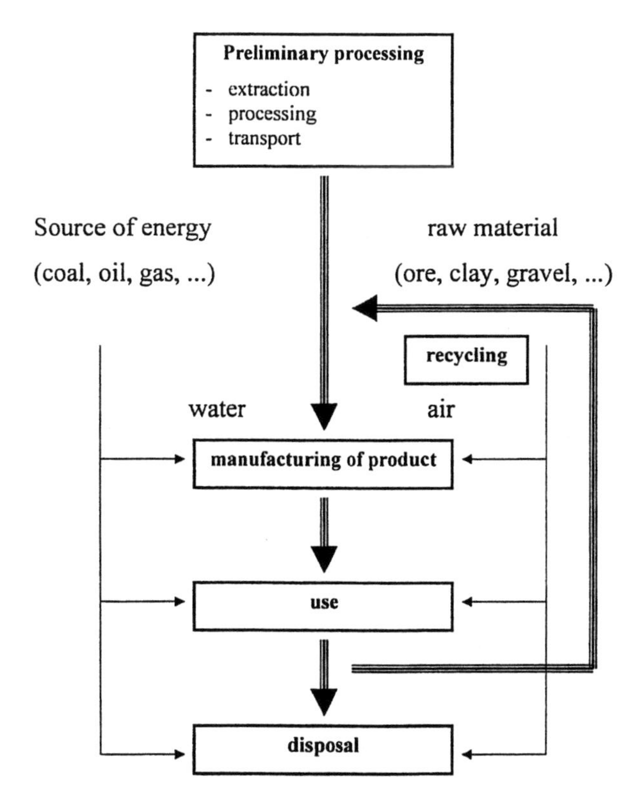

Fig. 3. Determination of total material and energy requirement (TMER).

3.2. Oxygen supply

If preliminary treatment is done by an anaerobic digester, the daily COD-input to the constructed wetland is about 44 g per day (Table 1) since in Saxony–Anhalt, every inhabitant produces approximately 100 l wastewater per day. In the case of a specific area requirement for treatment of 50 m^2/m^3 per day, then 8.8 g O_2/m^2 per day are necessary to satisfy the carbonaceous oxygen demand. An additional specific demand for nitrification is about 7 g O_2/m^2 per day because per g N, 4.3 g O_2 are necessary for NH_4^+-oxidation (Wissing, 1995; Platzer, 1998). Normally, it should be possible to fulfill such moderate oxygen demands in constructed wetlands. Tanner et al. (1999) emphasize that both increased water level fluctuation frequency and plant root-zone oxygen release, would enhance microbial oxidation of COD and reduced forms of N in gravel-bed constructed wetlands. But very different data are available about the quantity of plant root-zone oxygen release. Brix et al. (1996) found a negligible oxygen input of 20 mg O_2/m^2 per day. Gries et al. (1990), Armstrong et al. (1990) measured oxygen releases that are higher by 3 or 4 orders of magnitude (2–12 g O_2/m^2 per day). One may explain these differences with the short-term character of the measurements. More reliable data can only be given by long-term investigations.

It seems to be clear that the enhancement of redox potential is limited to the immediate rhizosphere (Armstrong and Armstrong, 1988; Tresckow, 1991). This circumstance produces in the soil filter a frequently rapid change of redox potential, especially in HFWs. If the flowing distance is long enough like in Schlanstedt and Schurtannen the 'chance' of different N-forms to move through zones with optimal conditions either for nitrification or denitrification is very good. If oxygen-free zones are largely absent, like in VFWs, denitrification will stay poor. If the flowing distance in HFWs is short, like in Loburg, nitrification and denitrification do not reach the highest possible values. There is no doubt that the whole oxygen demand in artificial wetlands cannot be supplied by the plants. Platzer (1998) emphasized the role of both diffusion and convective processes. For diffusion as a process of oxygen supply, he calculated an O_2 input between 10 and 33 g O_2/m^2 per day. As for convective processes, he found a linear relationship in VFWs between the hydraulic load and the oxygen input. In case of 20 mm per day there was an oxygen input of 6 g/m^2 per day, the corresponding value for 120 mm per day is 36 g/m^2 per day. But because of this linear relationship, an enhancement of hydraulic load will not lead to higher purification rates. The results from Schlanstedt suggest that also in intermittently-treated HFWs, especially in such with a distinct slope, a significant convective transport exists although direct measurements are rare.

The following suggestions may be given in order to attain a high and stable oxygen input into the soil body:

in fall, some of the reed stalks should be cut to enhance gas transport in plants (Geller and Thum, 1999);

the relation of area and volume shall be relatively large (> 1) to promote convective processes;

for a quick gas exchange, a substrate with a system of connected, wide pores (sand, sandy gravel) is necessary. A stratification in media size, like in Einsdorf does not seem to be useful because the thick and dense intermediate layer impede convective processes;

an intermittent treatment is preferred (Tanner et al., 1999) but the type of construction must allow evident fluctuations of water level.

3.3. Nitrogen removal

The results from Schlanstedt, Wolfsberg and Schurtannen show continuously good or excellent N removal rates both in HFWs and VFWs (Tables 3 and 4). The purification performances at Wolfsberg are significantly higher than the performances at all other constructed wetlands. Significant differences also exist between Schlanstedt and Einsdorf (Table 4).

In Schlanstedt and Schurtannen (Geller, 1998), the high performances are reached without additional manipulations like the 'preliminary denitrification' suggested by Bahlo (1997), Laber et al.

Table 3
Comparison of mean purification rates in different types of reed beds (this study, Geller, 1998*, v.Felde et al., 1997**)

Device	COD	BOD_5	NH_4^+-N	Total N	Total P
Schlanstedt (horizontal flow)	91.3	93.1	93.7	78.0	97.1
Loburg (horizonal flow)	93.5	95.0	740	69.7	95.5
Schurtannen* (horizontal flow)	90.3	97.8	92.5	90.2	98.7
Einsdorf (vertical flow)	94.6	95.1		480	60.5
Wolfsberg (vertical flow)	98.3	99.0		93.8	96.8
Average of 107 devices**	69.0	83.0	54.0	48.0	74.0

(1997). In Schlanstedt, aerobic pretreatment, a sloped construction of the reed bed, and a relatively long flowing distance (10 m) allow a very good nitrification (Table 2) that is normally untypical for HFWs with a specific area of only 50 m^2/m^3 per day (v.Felde et al., 1997). Denitrification and, therefore, also elimination of total N, remains lower. Removal of total N is promoted by the above-mentioned rapid alterations between oxygen-rich and oxygen-poor zones, during the relatively long flowing distance. However, it seems that the latter do not exist in a sufficient quantity in this system, most probably because in this relatively new wetland, the development of carbon-rich habitats for denitrifiers has not yet occurred.

The high purification performance of the HFW in Schurtannen (Table 3) is probably reached by the high specific treatment area (100 m^2/m^3 per day, Geller, 1998). The VFW in Einsdorf is relatively poor in N removal (Tables 3 and 4). Unfortunately, nitrate and ammonium were not measured there, but the construction and the small specific area of the system (23 m^2/m^3 per day) apparently do allow neither full nitrification nor extensive denitrification. In contrast to Schlanstedt and Einsdorf, the HFW system in Loburg is limited by nitrification. Due to the lack of a slope, even an intermittent treatment does not lead to markedly fluctuating water levels. The unaerated pond in Wolfsberg works as a preliminary nitrification/denitrification system. It removes up to 81.6% of total N (Table 2). However, without such a pretreatment system, denitrification capacity of VFWs will stay very poor (v.Felde et al., 1997).

To reach high N removal we can suggest because of our experiences to

load the reed beds intermittently (Kern and Idler, 1999);

guarantee long flowing distances in HFWs like in Schlanstedt;

combine VFWs and HFWs (Geller, 1998); a distinct part (10%) of the pretreated wastewater shall go directly to the HFW because organic substances are also necessary for denitrification;

combine the advantages of HFWs and VFWs to a distinct degree in one system like in Schlanstedt;

use naturally aerated ponds for preliminary denitrification like in Wolfsberg.

3.4. Phosphorus removal

The investigated systems in Loburg (HFW), Schlanstedt (HFW), and Wolfsberg (VFW), reduce the P level continuously, attaining a removal efficiency as high as 95% (Table 3). Only the obviously overloaded treatment plant in Einsdorf differs significantly from the other constructed wetlands (Table 4), and provides relatively poor P-removal performance (only about 60%).

The example of Loburg shows that the P-removal capacity of constructed wetlands can stay stable over a long time (7 years). Also, Geller (1998) did not find a decrease of this capacity in several HFWs. On the other hand, some investigations by environmental authorities in Germany (unpublished results) at VFWs suggest such a decrease after approximately 5 years. These results may be explained as follows: Investigating the partitioning of P in planted wetlands, Lantzke et al. (1999) showed that VFWs in their initial

Table 4
Statistical comparison for P and N removal on base of confidence intervals (error probability $\alpha = 0.01$)

Percent removal by concentration

System	Total N			Total P		
	Lower bound	Mean	Upper bound	Lower bound	Mean	Upper bound
Loburg	57.21	69.70	80.32	93.69	95.50	97.06
Schlanstedt	66.73	78.00	87.21	93.85	97.10	97.23
Einsdorf	30.37	48.00	61.78	47.72	60.50	70.15
Wolfsberg	89.05	93.80	97.57	95.30	96.80	98.70

phase can reduce TP concentrations by more than 90%, storing most of the influent P (70%) in plants. But plant biomass becomes P-saturated after a relatively short time and plant biomass is not such an effective option, because above-ground biomass contains a relatively small pool of P (Sorrel and Orr, 1993). Sharma (1992) removed a standing TP crop of 15–22 g/m^2 per day with one annual harvest. Using a specific P emission per inhabitant of 20 g per day, and a specific treatment area of 70 m^2/m^3, approximately 20% of P can be removed by harvesting biomass. The remaining P is stored in the soil as inorganic P (adsorption to soil particles, precipitation with Ca, Al, Fe) and organic P (microbial biomass, humic substances). The formation of inorganic P compounds tend to saturation after prolonged loading, although Geller (1998) emphasized that the sorption capacity in artificial wetlands is not generally limited because of the input of Ca, Fe, and Al by wastewater. Busnardo et al. (1992) found that pulsed discharge increases P-removal efficiency either by increasing plant nutrient uptake rates or by increasing the rate of oxyhydroxide formation.

Phosphorus storage in accumulating organic matter is a sustainable mechanism for removing P (Verhoeven and Meuleman, 1999). Seven years after starting its function, 63% of the TP was stored in an organic form in the system in Loburg (Table 5). Since intermittently loaded, but always wet, HFWs show good conditions for humification, the P removal capacity will not be exceeded over the long term. Compared with the results of Geller (1998) at the HFW in Germeswang, the system in Loburg (and also the other reed beds excluding Einsdorf) have a much higher purification rate for P. One reason could be the markedly lower part of organic P (24%) in Germeswang. For the soil of this system, Ca-rich sands were used so that the biggest part of P is bound to Ca. Ca-rich sand were also used for the construction of the system in Wolfsberg, while iron shavings were added in Schlanstedt (because *Juncus* species avoid Ca-rich soils). Although we did not measure P-speciation in these two systems, we can suppose that the addition of this material is responsible for good P removal (Geller, 1998).

For the construction of the system in Einsdorf, no special efforts were made to enhance the P removal capacity by adding special substrates. So the speciation of P is balanced between the different chemical forms (Table 5), and the removal rate is lower than in the other wetlands (probably also the low specific filter volume is important for this).

The main suggestions for high P- removal are:

Table 5
Concentration and specification of P in the reed beds in Loburg, Einsdorf, and Germeswang (Geller, 1998)

	Loburg	Germeswang	Einsdorf
TP (mg/l)	540	324	189
Ca–P (mg/l)	140	190	61.4
(%)	26	58.7	32.5
Al–Fe–P (mg/l)	60	56	75.4
(%)	11	17.3	39.9
P_{org} (mg/l)	340	78	52.1
(%)	63	24	27.6

Table 6
Advantages and disadvantages of vertically and horizontally flowed reed beds

	Advantages	Disadvantages
Vertical flow	Smaller area demand	Short flow distances
	Good oxygen supply; good nitrification	Poor denitrification
	Simple hydraulics	Higher technical demands
	High purification performance from the beginning	Loss of performance esp. in P-removal (saturation)
Horizontal flow	Long flowing distances possible; nutrient gradients can establish	Higher area demand
	Nitrification and denitrification possible	Careful calculation of hydraulics necessary for optimal O_2-supply
	Formation of humic acids for N and P removal	Equal waste water supply is complicated
	Longer life cycle	

Ca-rich or Fe-rich sand and gravel should be used to reach a high adsorption capacity.

An intermittent load enhances the formation of humic substances and thereby the storage of organic P, but drying should be prevented because it increases the readily available P pool and leads to high P fluxes during reflooding (Olila et al., 1997).

The effective filter area and volume must be great enough unlike in Einsdorf (0.04 m^3/m^2 per day).

3.5. Removal of organic load

All systems investigated in this study are very effective in reducing organic load (Table 3). Evident differences do not exist between different types.

3.6. Area demand

The high area demand is the only disadvantage of constructed wetlands compared with technical systems (Löffler and Pietsch, 1991). But in rural areas, this problem normally does not exist because sufficient area is available. The example of the VFW in Einsdorf (Table 2) shows that it is not helpful to reduce the specific treatment area. In this case, the removal of plant nutrients (N, P) stays poor, and there is a good chance that it will go on decreasing in the future. This happened in a VFW of the same type with comparable load in Rade (Saxony–Anhalt) between 1992 and 1998, where the P-removal rate decreased from 80 to 40% (unpublished results).

Brix (1994a,b) mentioned that hydraulic loading of constructed wetlands typically ranges between 0.025 and 0.05 m^3/m^2 per day, and an increase within this range corresponds with a decrease in the removal rates. A specific treatment area of about 7 m^2 (pond + soil filter) like in Wolfsberg leads to very high removal rates. A combination of a pond (unaerated) and a soil filter seems to be very sustainable because of the high hydraulic buffer capacity and the existence of a high density of habitats for microorganisms. But in case of the moderate purification demands, a combination of an aerobic rot system and a VFW with a specific area of 50 m^2/m^3 per day would work very reliably. The HFW in Schurtannen (Geller, 1998) reaches very high removal rates too. Here a specific area of 100 m^2/m^3 per day is a safe treatment size, but to save money and resources it can be reduced to 50–70 m^2 without significant decrease in purification if there is an efficient pretreatment step and periodic flooding like in Schlanstedt (Table 2).

3.7. Vertical or horizontal flow?

Table 6 gives an overview of the advantages and disadvantages of vertical and horizontal flow reed beds. We were able to show that both kinds of systems can bring about high purification under distinct conditions. Especially for VFWs, a very efficient precleaning (like in Wolfsberg) is required if total N removal is a main treatment aim, because denitrification is generally not efficient in VFWs. Sewage treatment in VFWs without significant denitrification, would be sufficient only if the effluent is discharged into a stream with moderate or higher organic pollution.

Our results cannot verify the result of v.Felde et al. (1997) that HFWs have generally less removal capacity for organic substances and nutrients than VFWs (Tables 4 and 5). By means of a distinct slope (1–2%) and a relatively long flowing distance, the whole soil body can be used for the purification process in a HFW so that long-term removal rates of more than 90% for all parameters are possible.

If phosphorus elimination is a main aim of the purification process, HFWs are preferred because they have the possibility to accumulate large quantities of P in humic substances (unlike in VWFs).

3.8. Plant species

There were no evident differences between systems planted with different species. The example of Schlanstedt (*Juncus effusus*, *Juncus inflexus*) shows that treatment systems planted in this way can have high performances. Plants do have an important influence on the concentration of pollutants in the effluent. Measuring the hydraulic input in and the hydraulic output from the systems in Schlanstedt and Loburg (Table 2), we were able to show that evaporation affects purification performance in planted constructed wetlands so that the mass removal efficiency is significantly higher than that observed for pollutant levels.

3.9. Estimation of TMER

The results of our TMER — calculation (Figs. 3–5) show the advantages of semi-centralized

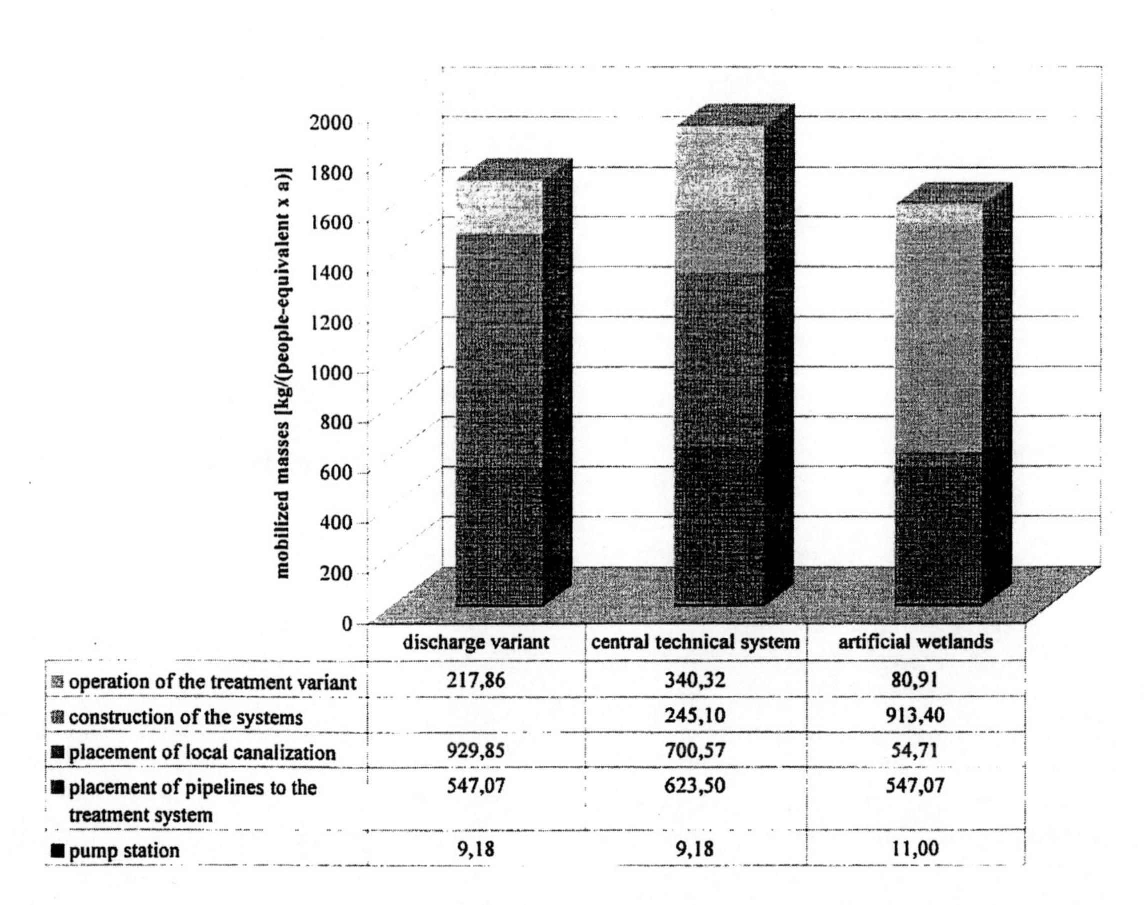

	discharge variant	central technical system	artificial wetlands
operation of the treatment variant	217,86	340,32	80,91
construction of the systems		245,10	913,40
placement of local canalization	929,85	700,57	54,71
placement of pipelines to the treatment system	547,07	623,50	547,07
pump station	9,18	9,18	11,00

Fig. 4. Mass balance of different possibilities for sewage disposal.

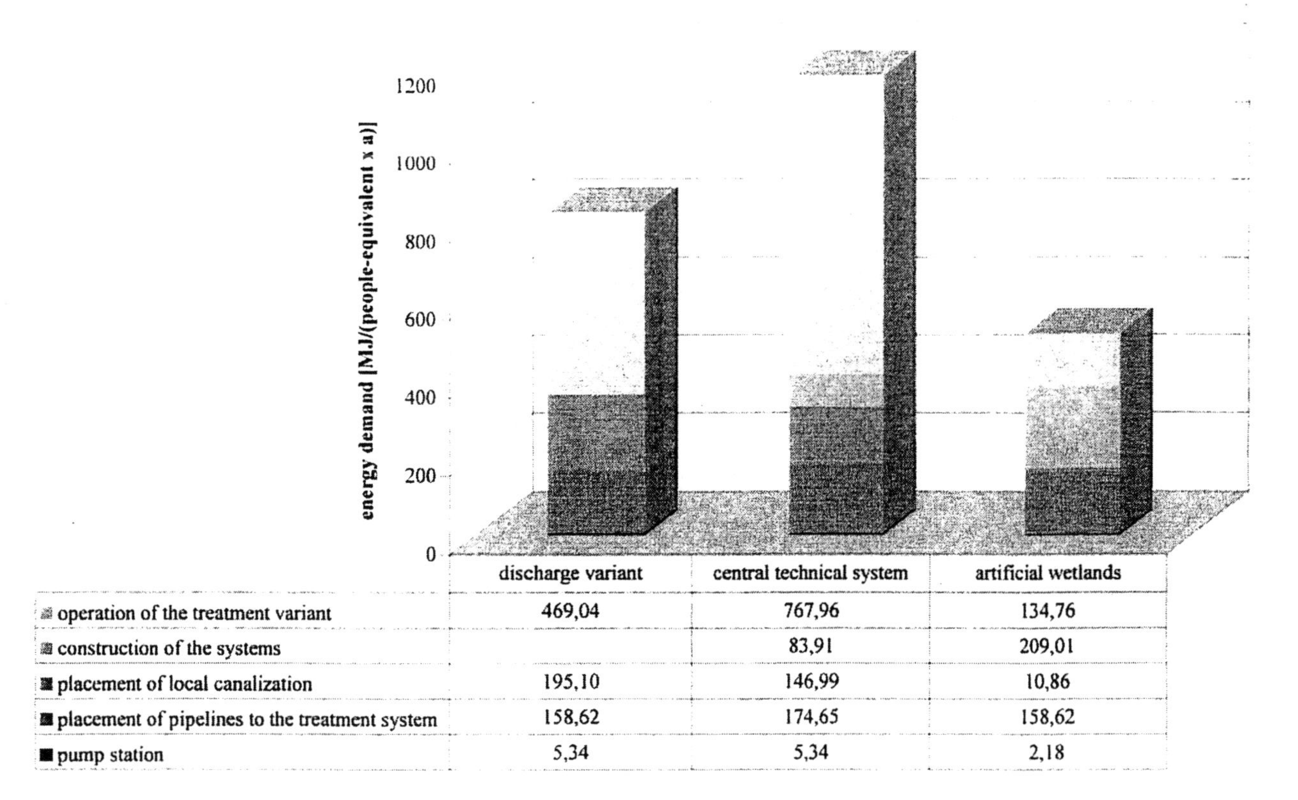

	discharge variant	central technical system	artificial wetlands
operation of the treatment variant	469,04	767,96	134,76
construction of the systems		83,91	209,01
placement of local canalization	195,10	146,99	10,86
placement of pipelines to the treatment system	158,62	174,65	158,62
pump station	5,34	5,34	2,18

Fig. 5. Energy balance of different possibilities for sewage disposal.

constructed wetlands: For their function, they need 83% lesser energy than the central technical system and 72% lesser energy than the discharge to a central treatment plant located 20 km away. For the necessary material input, the corresponding values are 76% and 63%. On the other hand, the TMER for the three variants do not differ markedly relating to their construction, because of the large amount of materials needed for wetland construction or the sewage canal. Nevertheless, in case of energy, the advantage of the constructed wetlands in operation are so dominant that they overcome the small advantage of the discharge variant (in construction) in only a single year. Such semi-centralized solutions are, therefore, very sustainable in rural areas and also in smaller towns (Reckerzügl and Bringezu, 1998).

Acknowledgements

The authors acknowledge the technical assistance of Christine Goehler and the support of Professor Juergen Tiedge in statistical data analyses.

References

Adriaanse, A., Bringezu, S., Hammond, A., Moriguchi, Y., Rodenburg, E., Rogich, D., Schuetz, H., 1997. Resource flows: The material basis of industrial economics. World Resources Institute Report, Washington DC, 1997.

Armstrong, J., Armstrong, W., 1988. *Phragmites australis* — a preliminary study of soil oxidising sites and internal gas transport pathways. New Phytol. 108, 373–382.

Armstrong, J., Armstrong, W., Beckett, P.M., 1990. Measurement and modelling of oxygen release from roots of *Phragmites australis*. In: Cooper, P.F., Findlater, B.C. (Eds.), Constructed Wetlands in Water Pollution Control. Pergamon Press, Oxford, pp. 41–52.

Bahlo, K., 1997. Reinigungsleistung und Bemessung von vertikal durchströmten Bodenfiltern mit Abwasserrezirkulation. Diss. Univ. Hannover, 185 pp. appendix.

Brix, H., 1990. Gas exchange through the soil — atmosphere interphase and through death culms of reed Phragmites australis, in a constructed reed bed receiving domestic sewage. Water Res. 24, 259–266.

Brix, H., 1994a. Functions of macrophytes in constructed wetlands. Water Sci. Technol. 29, 71–78.
Brix, H., 1994b. Constructed wetlands for municipal wastewater treatment in Europe. In: Mitsch, W.J. (Ed.), Global Wetlands: Old World and New. Elsevier, Amsterdam, pp. 325–334.
Brix, H., Sorrel, B.K., Schierup, H.-H., 1996. Gas fluxes achieved by in situ convective flow in *Phragmites australis*. Aquat. Bot. 54, 151–163.
Busnardo, M.J., Gersberg, R.M., Langis, R., Sinicrope, T.L., Zelder, J.B., 1992. Nitrogen and phosphorus removal by wetland mesocosms subjected to different hydroperiods. Ecol. Eng. 1, 287–307.
Corradini, R., Koehler, D., Hutter,C., 1999: Ganzheitliche Bilanzierung von Grundstoffen und Halbzeugen — Teil 1. Forschungsstelle für Energiewirtschaft der Gesellschaft für praktische Energiekunde e.V., Munich.
DIN, 1995: Deutsche Einheitsverfahren zur Wasser-, Abwasser- und Schlammuntersuchung, Weinheim.
Geller, G., 1998. Horizontal durchflossene Pflanzenkläranlagen im deutschsprachigen Raum — langfristige Erfahrungen, Entwicklungsstand. Wasser Boden 50, 18–24.
Geller, G., Thum, R., 1999. Langzeitbetrieb von Pflanzenkläranlagen: Stoffanreicherung und Betriebsstabilität. Wasser Boden 51, 39–43.
Gersberg, R.M., Elkins, B.V., Lyon, S.R., Goldman, C.R., 1986. Role of aquatic plants in wastewater treatment by artificial wetlands. Water Res. 20, 363–367.
Gries, C., Kappen, L., Lösch, R., 1990. Mechanisms of flood tolerance in reed, *Phragmites australis* (Cav.) Trin. Ex Steudel. New Phytol. 114, 589–593.
Hieltjes, A.H.M., Lijklema, L., 1980. Fractionation of inorganic phosphates in calcareous sediments. J. Environ. Qual. 9, 405–407.
Jeschar, R., Specht, E., Steinbrück, A., 1995. Energieverbrauch und CO_2-Emissionen bei der Herstellung und Entsorgung von Abwasserrohren aus verschiedenen Werkstoffen. Korrespondenz Abwasser 42, 537–549.
Kern, J., Idler, C., 1999. Treatment of domestic and agricultural wastewater by reed bed systems. Ecol. Eng. 12, 13–25.
Klapper, H., 1992: Eutrophierung und Gewässerschutz. G.-Fischer-Verlag Jena.
Laber, J., Perfler, R., Haberl, R., 1997. Two strategies for advanced nitrogen elimination in vertical flow constructed wetlands. Water Sci. Technol. 35, 71–77.
Lantzke, I.R., Mitchell, D.S., Heritage, A.D., Sharma, K.P., 1999. A model of factors controlling orthophosphate removal in planted vertical flow wetlands. Ecol. Eng. 12, 93–105.
Löffler, H., Pietsch, W., 1991. Phytofilt–Vorstellung einer leistungsfähigen Pflanzenkläranlage für kleine Gemeinden. Korr. Abw. 38, 376–383.
Lüderitz, V., Borchardt, D., Klapper, H., Eckert, E., 1999a. Aspekte eines zukunftsfähigen Umganges mit Wasserressourcen. Wasser Boden 51, 40–45.
Lüderitz, V., Kuhn, B., Eckert, E., Langheinrich, U, 1999b Der dornige Weg zur Nachhaltigkeit in der Abwasserbehandlung — das Beispiel Sachsen — Anhalt. gwf — Wasser/Abwasser, 140, 482–489.
Meulemann, A.F.M., 1994. Waterzuivering door moeras-systemen:onderzoek naar de water — en stofbalansen van het rietinfiltratieveld Lauwersoog. RIZA Nota 94.011, 1–134.
Olila, O.G., Reddy, K.R., Stites, D.L., 1997. Influence of draining on soil phosphorus forms and distribution in a constructed wetland. Ecol. Eng. 9, 157–169.
Ostendorp, W., 1997. Auswirkungen von Wintermahd auf den Nährstoffhaushalt von Seeuferröhrichten des Bodensee — Untersees. Verh. Ges. Ökol. 27, 227–234.
Platzer, C., 1998: Entwicklung eines Bemessungsansatzes zur Stickstoffelimination in Pflanzenkläranlagen. Diss. TU Berlin.
Platzer, C., Rustige, H., Lauer, J., 1998. Pflanzenkläranlagen Beim Stand der Technik angekommen. WWT 02/98, 17-18
Reckerzügl, T., Bringezu, S., 1998. Vergleichende Materialintensitätsanalyse verschiedener Abwasserbehandlungssysteme. gwf — Wasser/Abwasser, 139, 706–713.
Schierup, H.H., Brix, H., Lorenzen, J., 1990. Wastewater treatment in constructed reed beds in Denmark; state of the art. In: Cooper, P.F., Findlater, B.C. (Eds.), Constructed Wetlands in Water Pollution Control. Pergamon Press, Oxford, pp. 495–504.
Sharma, K.P., 1992. Harvesting *Schoenoplectus validus* Vahl (ALove and DLove) shoots for nutrients removal from constructed wetlands. Final Report to DITAC. CSIRO Griffith, Australia.
Sorrel, B.K., Orr, P.T., 1993. Proton exchange and nutrient uptake by roots of the emergent macrophytes *Cyperus involucrates* Rottb., *Eleocharis sphacelata* R.B. and *Juncus ingens* l. A. Waket. New Phytol. 125, 85–92.
Tanner, C.C., 1996. Plants for constructed wetland treatment systems — a comparison of the growth and nutrient uptake of eight emergent species. Ecol. Eng. 7, 59–83.
Tanner, C.C., D'Eugenio, J., Mc Bride, G.B., Sukias, J.P.S. Thompson, K., 1999. Effect of water level fluctuation on nitrogen removal from constructed wetland mesocosms Ecol. Eng. 12, 67–92.
Tresckow, M.R.M., 1991. Wirkungen von *Phalaris arundinacea* L. und *Glyceria fluitans* (L.) R. Brown auf Abwasser und Sediment. Diss. Univ. Gießen.
Verhoeven, J.T.A., Meuleman, A.F.M., 1999. Wetlands for wastewater treatment: Opportunities and limitations. Ecol Eng. 12, 5–12.
v.Felde, K., Hansen, K., Kunst, S., 1997. Bestandsaufnahme Reinigungsleistung und Einsatzmöglichkeiten von Pflanzenkläranlagen in Niedersachsen. In: Pflanzenkläranlagen. Schriftenreihe der kommunalen Umwelt-AktioN, 30 39–45.
Wissing, F., 1995. Wasserreinigung mit Pflanzen. Ulmer-Verlag, Stuttgart.

Acta Biotechnol. **22** (2002) 1–2, 91–99

Phosphorus Removal in Different Constructed Wetlands

LÜDERITZ*, V., GERLACH, F.

Hochschule Magdeburg-Stendal
Institut für Wasserwirtschaft
und Ökotechnologie
Breitscheidstraße 2
39114 Magdeburg, Germany

* Corresponding author
Phone: + 49 391 8864 367
Fax: + 49 391 8864 430
E-mail: volker.luederitz@wasserwirtschaft.hs-magdeburg.de

Summary

To make the constructed wetlands more acceptable for sewage treatment, these systems need to guarantee high purification rates for both organic substances as well as plant nutrients (N, P). However, in most constructed wetlands, the P elimination rate remains relatively low.
By comparing the purification rates for P (and P fractions in soil after fractionated extraction) among different systems, it was determined that the addition of iron filings to the filter material is more effective in ensuring a sustainable high removal capacity than the use of Ca-rich soils. Long-term studies on a horizontal flow wetland (HFW) show that an iron-rich soil filter with *Phragmites australis* removes 97% of P from sewage even after nine years at pH values of between 4.6 and 4.9. About 60% of the P is bound to Fe (or Al) in a predominately amorphous form. In a vertical flow wetland (VFW), the P removal rate remains much lower (27%) at pH values of between 5.8 and 6.4. About 30% of the P is bound to iron, 30% to Ca and 20% as refractory P. Altogether, HFWs seem to be more effective in P elimination than VFWs because of the longer flowing distance and treatment time.
Removal of plants from the soil filter leads to a significant decrease of 50% in the P elimination rate. This result indirectly shows the role of plants in microbiological P transformation processes and in the direct elimination of P by binding it to humic substances.

Introduction

The European Framework Guideline on Water requires a connection to central sewage treatment systems only for towns and villages with more than 2000 inhabitants. To limit costs for sewage treatment and sewage connection, especially in rural areas, decentralized and semicentralized wastewater systems are receiving increasing attention.
As a method of decentralized sewage treatment, constructed wetlands have been proven successful during recent years. Purification rates for organic substances of more than 95% can be guaranteed sustainable [1]. However, the removal of phosphorus often remains poor, and the results demonstrate extreme variation (from 0% to nearly

100%) among sampled wetlands [1, 2]. The reason for this great variability remains quite unclear. RUSTIGE [3], for instance, assumes important seasonal influences but we were not able to find significant relations between P removal and the seasons in a former study [1].
Under natural conditions, P is the most important limiting factor for plant growth in most freshwater systems [4]. Therefore, the input of P from sewage and agriculture may lead to eutrophication of lakes and streams. To enhance the acceptance of constructed wetlands, efficient and sustainable solutions for P retention by reed beds must be found.
In this context, the P removal efficiencies as well as the fate of the P in soils were examined and compared among three different constructed wetlands. It was the aim of these investigations to define the prerequisites for sustainable P elimination.

Materials

From July to September 2000, mixed soil samples were taken from three different constructed wetlands in the Saxony-Anhalt state of Germany:
- a vertical flow wetland (VFW) with two beds per 80 m^2 in Hedersleben
- a horizontal flow wetland (HFW) with a filtration area of 300 m^2 in Loburg
- a circular and sloped horizontal flow wetland (cHFW) with a filtration area of 50 m^2 in Schönebeck

The main characteristics of these three systems are summarized in Tab. 1.

Tab. 1. Selected characteristics of investigated constructed wetlands

System	VFW	HFW	Circular HFW
Start of the function	1994	1992	1995
Plants	*Phragmites australis*	*Phragmites australis*	Since 1999 no helophytes
Soil material	Medium sized sand with 5–10% loam and clay	Medium sized sand with 10% gravel and 1% iron filings	Coarse sized sand with 10% gravel
Specific filter volume	4 m^3/ people equivalent (PE)	7 m^3/PE	7 m^3/PE
Flowing distance	1 m	5 m	3 m
P loading rate [mg/m^2 d]	540	221.6	237.3
Average TP removal rate (concentration)	Year 1995: 44% 2000: 27%	Year 1994: 99% 1995–99: 97%	Year 1995/96: 72% 2000: 38%

Methods

Phosphorus Fractionation

There is very little quantitative field information on P speciation in constructed wetlands, and in sediments and sludges. The complexity of P compounds and their solubility make most extraction methods in the literature difficult to interpret. According to the best information available, an exact stochiometric and structural identification and quantification of inorganic P species is very complicate. For precise methods such as the ^{31}P Nuclear Magnetic Resonance Spectroscopy, extraction procedures are also necessary which affect P bonds. As a compromise, extraction procedures can be used that group together phosphates with a similar behaviour in artificial fractions defined by reagents and conditions of extraction.

In this study, a procedure developed for sediments by PSENNER *et al.* [5] and modified by HUPFER [6] was used. For a fractionated extraction, the following substances or solutions were used: bi-destilled water, 0.11 M bicarbonate-dithionite, 1 M NaOH and 0.5 M HCl. The samples were extracted at room temperature in an overhead shaker. In every extract, the dissolved reactive phosphorus (DRP) and the total phosphorus (TP) were estimated. The difference of these two fractions is the non-reactive phosphorus (NRP) that is rated as the organically bound P in the extract. The DRP has an approximate correspondence to the inorganic P.

In the next step, the residual P in the deposit was estimated by an HCl–HNO_3-cracking method. Phosphate ions were determined by developing colour reagent and measuring the colour intensity in a spectrophotometer at 880 nm after the addition of ascorbic acid (10%) and molybdate reagent (according to the European standard EN 118911 [7]). Tab. 2 gives an overview of the procedural steps, P fractions and an interpretation of their chemical identities.

Tab. 2. Sequence of extraction steps according to PSENNER *et al.* [5] and HUPFER [6]

Step number	Extraction step		Fractions	Interpretation
1		**H_2O** extraction pH = 7 30 min	H_2O-DRP H_2O-NRP	Labile bound P, bioavailable P, organic P.
2	0.11 M	**BD** extraction pH = 6 1 hour	BD-DRP BD-NRP	Reductant soluble P; P bound to Fe oxides and Fe hydroxides; organic P.
3	1 M	**NaOH** extraction pH = 13 16 hours	NaOH-DRP NaOH-NRP	P bound to Fe and Al. P bound to humic substances and in microorganisms.
4	0.5 M	**HCl** extraction pH = 0.5 16 hours	HCl-DRP HCl-NRP	Apatite P or Ca-P, acid soluble or- ganic P.
5		Deposit cracking	TP_r	Residual, refrac- tory P.

DRP: Dissolved reactive phosphorus; NRP: Non-reactive phosphorus; TP: Total phosphorus; BD: Bicarbonate-dithionite.

The results provide information about the mobility of P in the soil filter, as well as an identification of the main P species. As shown in Tab. 2, the mobility decreases from the top to the bottom (rows 1–5), but when extrapolating these results to actual soil samples, one needs to consider many factors (for example pH, temperature and redox potential).

According to the commonly used method [8], the mobility of P cannot be estimated for constructed wetlands. In this procedure, a differentiation between Al-, Fe-P and Ca-P is carried out by two steps (1 M NaOH; 0.5 M H_2SO_4). First, a 2-hour-extraction is done in a boiling water bath after a one-hour shaking. Phosphorus in the deposit is then estimated after a TP cracking with $HClO_4$ and interpreted as organically bound P. NRP is measured in the NaOH extract, while it is neglected in the H_2SO_4 extract.
OLILA *et al.* [9] used a modified procedure according to HIELTJES and LIJKLEMA [10] to distinguish the labile bound P, Al-, Fe-P and Mg-, Ca-P by using sequential extraction with 1 M KCl, 0.1 M NaOH, and 0.1 M HCl.
Continuing our investigations, we will compare our procedure with these and similar methods [11, 12].

Chemical and Physical Analysis

The pH in soil samples was measured in a 0.01 M CaCl solution by means of a glass electrode. The organic content in the samples was estimated by loss on ignition (DIN 38414 [13]).
Allocation of grain sizes and thereby hydraulic permeability were measured by web analysis according to DIN 18123 [14].

Quality Control

Calibration of the analysis procedure was carried out in two measuring ranges (0.01 to 1.5 mg P/l and 0.5 to 12.5 mg P/l) for every extraction reagent. Routine quality control was provided with self-produced standards from bi-destilled water and KH_2SO_4.
To control the fractionation procedure, a TP estimation was done with the whole soil sample by means of cracking with HCl and HNO_3. This determined value called TP_D (total phosphorus after digestion) was compared with the sum of all extracted fractions. The differences were not greater than 10%. In a four- or five-step extraction and analytical procedure, a larger exactness is unrealistic.

Results and Discussion

In Fig. 1 and Tab. 3, the percent compositions of all fractions of TP are compared. In addition, Tab. 3 shows how the TP level varied among the wetland samples at different sample depths.

Analytical Aspects

To measure labile P, H_2O was used as the extraction reagent because water has the smallest effect on the chemistry of the soil sample. Other authors used neutral salt solutions (HUPFER [6], for example NH_4Cl solution), because interstitial water may also have a significant ionic strength. A comparison of H_2O, KCl and NH_4Cl extractions in our investigations illustrated that H_2O extracts contain 4.5% more P from the sample than 1 M KCl and 2% more than 1 M NH_4Cl.

Tab. 3. Results of chemical and physical analysis of the wetland substrates (SD: standard deviation)

Sample	Depth	pH	Permeability	Loss on ignition	TP ± SD	TP/TP_D	Labile P	Al-, Fe-P	Ca-P	Organic P	Refractory P
	[cm]		[m/s]	[%]	[mg/kg]	[%]	[%]	[%]	[%]	[%]	[%]
VFW 1	0–20	5.8	1.16×10^{-4}	1.60	288 ± 25	109	9	32.5	28.5	15	15
VFW 2	15–50	6.4	2.27×10^{-4}	0.654	189 ± 8	110	6.5	28	32.5	11.5	21.5
HFW 1	0–20	4.9	–	–	136 ± 15	110	3.5	35.5	22	24	15
HFW 2	0–60	4.6	1.40×10^{-4}	1.35	219 ± 6	104	3.5	59.5	13	18	6
cHFW	10–50	7.0	$1{,}04 \times 10^{-3}$	0.510	179 ± 8	100	2.5	31	42.5	4	20

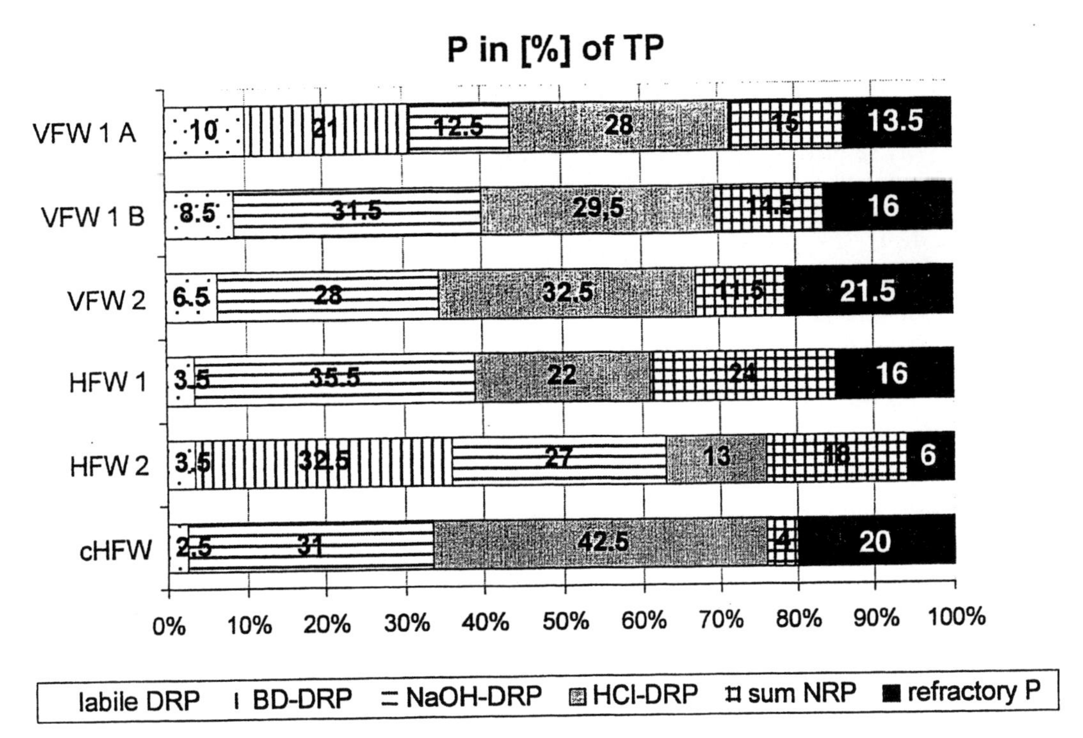

Fig. 1. Percentages of P fractions in the TP content
VFW 1A: Vertical flow wetland, first sample, with BD extraction.
VFW 1B: First sample, without BD extraction.
VFW 2: Second sample, without BD extraction.
HFW 1: Horizontal flow wetland, first sample, without BD extraction.
HFW 2: Second sample, with BD extraction.
cHFW: Circular horizontal flow wetland, without BD extraction.
BD-DRP: Bicarbonate-dithionite extractable P.
NaOH-DRP: NaOH-extractable P.
HCl-DRP: HCl-extractable P.
NRP: Non-reactive P.

Interpretation of the BD-extract results is complicated because of the formation of a blue-green complex from the dithionite and molybdate reagent that disturbs the photometric measurement (PSENNER *et al.* [5]). Therefore, BD extraction was skipped in most cases. Comparing VFW1A (with BD extraction) and VFW1B (without BD extraction) (Fig. 1) we can assume that, in the second case, the BD-extractable part of P is completely included in the NaOH fraction: Meanwhile the other P fractions (labile DRP, HCl-DRP, NRP, refractory P) are of the same size after finishing procedures A and B, NaOH-DRP in B has approximately the same percentage as the sum of BD-NRP and NaOH-NRP in A.
Tab. 3 presents the relations between TP and TP_D: In all cases, the extracted TP was overestimated but the deviation stays in the limit of 10%. Partially, this result can be explained in part as being due to the pouring-off of the liquid phase after extraction. Some residual solution always remains in the solid phase and then enhances the concentration of P in the next extract but the problem is minimized by double extraction with the same solvent.

Phosphorus Fractionation and Conclusions

Fig. 1 shows that in the HFW with one percent added iron, the main part of P (HFW 2 nearly 60%) is bound to Fe (or Al), from which more than the half (HFW 2: 32.5 %) is absorbed by Fe oxides and Fe hydroxides that are very stable in acid soils (pH 4.6 to 4.9, Tab. 3) [15]. The high NRP concentrations are striking; they indicate high microbiological activities.
The soil of the VFW has a pH of 5.8 to 6.4 (Tab. 3). In this range, P binding is, theoretically, weakest of all [15]. With nearly equal parts of Fe-, Al-P and Ca-P (Tab. 3), this system probably does not have a high P binding capacity for either Fe or Ca. The depletion of binding capacity can explain the decrease of P removal rate from 44% to 27% between 1995 and 2000 (Tab. 1). The relatively high content of inorganic, labile bound P (6.5 to 10 %) is obvious.
As to the difference between the HFW and the VFW, clay-free and coarse soil material with a neutral pH in the cHFW preferably leads to a P binding to Ca (42.5%). An additional inorganic part can be assumed in the fraction of refractory P. The reason for this assumption is the relatively high percentage in refractory P (20%) along with a very low loss on ignition (Tab. 3) and a low content in NRP. In contrast, sample HFW2 had a low percentage of refractory P (6%) but a high percentage of NRP (18%) and – compared with the other wetlands – double the loss on ignition (Tab. 3). Using our extraction procedure in soils, refractory P consists not primarily of organic bound P as mentioned by HUPFER [6], but mainly of inorganic P which is soluble to a very low degree. This latter part can be assumed to be apatite P that is tied up in the coarse soil material.
In the reference to the P elimination performance (Tab. 1), the results of our fractionation studies show that the addition of iron filings is effective in ensuring a sustainable high removal capacity if the specific filter area is great enough (at least 5 m^2/population equivalent, Tab. 3). The sensitivity of iron to redox processes does not seem to be practically important in this context. Some measurements of the redox potential (E_h) in the HFW showed that E_h is about 200 mV and therefore not low enough for iron reduction.
Our results confirm experiences of other authors such as HAGENDORF [16], KRAUS [17], and BAHLO (cited by RUSTIGE and PLATZER [3]). KRAUS [17] found that Ca as a binding partner of P had virtually no effect on P elimination. BAHLO confirmed that iron must be added as filings to the soil filter to guarantee a high reactive surface. The usability of residual sands from drinking water de-ironization is actually tested [3].
The results on fractionation can help to explain why the VFW of this study showed such a poor P elimination (Tab. 1). Similarly, LUEDERITZ *et al.* [1] found HFWs in most cases more effective than VFWs. Besides pH effects (see above) in this special case, the higher loading rate (Tab. 1) and hydraulic problems due to the dense filtration layer (fine sands, loam, clay) probably play a role. Despite their high adsorption capacity, clay and loam are not advantageous materials for constructed wetlands because of the danger of hydraulic blockage. Additionally, the short flowing distances in VFWs do not allow a sufficient treatment time and the development of a nutrient gradient in the soil [1].
Direct elimination of P by macrophytes plays only a secondary role: Annual harvest can remove only 6 to 10% of the annual P load [3, 18]. However, the importance of

plants can be demonstrated by observation of the cHFW results, where the decreased P elimination performance (Tab. 1) can be explained mainly by the removal of plants (*Juncus* spp.) in this system three years ago. Because of the lack of roots and small soil particles, microorganisms find only sparse and limited settlement areas. The low loss on ignition (Tab. 3) and the low content of NRP (4%) in the soil indicate a low biomass in the filter. Additionally, no humification is possible; and by means of adsorption processes, humic substances have an important positive influence on P removal [1, 19]. Lack of organic substances avoids short-term adsorbtion of P as a possible intermediate state before chemical or biological long-term binding: Labile-bound P occurs only as a small percentage (2.5%) of TP.

Acknowledgements

The authors acknowledge the technical assistance of Christine GÖHLER and the support of Dr. Richard M. GERSBERG in improving the English.

Received 8 May 2001
Received in revised form 21 January 2002
Accepted 13 February 2002

References

[1] LUEDERITZ, V., ECKERT, E., LANGE-WEBER, M., LANGE, A., GERSBERG, R. M.: Nutrient removal efficiency and resource economics of vertical flow and horizontal flow wetlands. Ecol. Eng. **18** (2001), 157–171.
[2] VERHOEVEN, J. T. A., MEULEMANN, A. F. M.: Wetlands for wastewater treatment: Opportunities and limitations. Ecol. Eng. **12** (1999), 5–12.
[3] RUSTIGE, H., PLATZER, C.: Phosphorelimination in bewachsenen Bodenfiltern. Wasser & Boden **3** (2001),11–15.
[4] KLAPPER, H.: Eutrophierung und Gewässerschutz. Jena: Fischer-Verlag, 1992.
[5] PSENNER, R., PUCSKO, R., SAGER, M.: Die Fraktionierung organischer und anorganischer Phosphorverbindungen in Sedimenten. Arch. Hydrobiol. Suppl. (Monographische Beiträge) **70** (1984), 111–155.
[6] HUPFER, M.: Bindungsformen und Mobilität des Phosphors in Gewässersedimenten. In: STEINBERG, C., CALMARO, W., WILKEN, R.-D., KLAPPER, H.: Handbuch Angewandte Limnologie. Landsberg: Ecomed (1996), IV-3.2.
[7] EN 1189: Bestimmung von Phosphor – Photometrisches Verfahren mittels Ammoniummolybdat. Berlin/Weinheim: Beuth + Wiley-VCH, 1996.
[8] KURMIES, B.: Zur Fraktionierung der Bodenphosphate. Phosphorsäure **29** (1972), 118–151.
[9] OLILA, O. G., REDDY, K. R., STITES, D. L.: Influence of draining on soil phosphorus and distribution in a constructed wetland. Ecol. Eng. **9** (1997), 157–169.
[10] HIELTJES, A. H. M., LIJKLEMA, L.: Fractionation of inorganic phosphates in calcareous sediments. J. Environ. Qual. **9** (1980), 405–407.
[11] NAIR, S. M., BALCHAND, A. N., NAMBISA, P. N. K.: Phosphate fractionation in mud bank sediments from the southwest coast of India. Hydrobiologia **252** (1993), 61–69.

[12] ESSINGTON, M. E., HOWARD, D. D.: Phosphorus availability and speciation in long term no-till and disk-till soil. Soil Sci. **165** (2000), 144–152.

[13] DIN 38414: Bestimmung des Glührückstandes und des Glühverlustes der Trockenmasse eines Schlammes. Berlin/Weinheim: Beuth + Wiley-VCH, 1985.

[14] DIN 18 123: Baugrund; Untersuchung von Bodenproben-Bestimmung der Korngrößenverteilung. Berlin/Weinheim: Beuth + Wiley-VCH, 1983.

[15] CRESSER, M., KILLHAM, K., EDWARDS, T.: Soil chemistry and its applications. Cambridge Environmental Chemistry Series 5. Cambridge: Cambridge University Press, 1993.

[16] HAGENDORF, U.: Verbleib von Abwasserinhaltsstoffen bei bewachsenen Bodenfiltern (Pflanzenkläranlagen) im Langzeitbetrieb. UBA-Texte 78/99. Berlin, 1999.

[17] KRAUS, D.: P-Bindungsformen und P-Retention in drei bewachsenen Bodenfiltern. Diplomarbeit, TU München, 1996 (unpublished).

[18] DAVIES, T. H., COTTINGHAM, P. D.: Phosphorus removal from wastewater in a constructed wetland. In: MISHIRI, G. A.: Constructed wetlands for water quality improvement. CRC Press, Inc., 1993.

[19] GELLER, G.: Horizontal durchflossene Pflanzenkläranlagen im deutschsprachigen Raum – langfristige Erfahrungen, Entwicklungsstand. Wasser & Boden **50** (1998), 18–24.

Bull. Southern California Acad. Sci.
104(1), 2005, pp. 1–13

Biological Assessment of Tecate Creek (U.S.–Mexico) with Special Regard to Self-Purification

Volker Lüderitz,[1] Frauke Gerlach,[1] Robert Jüpner,[1] Jesus Calleros,[2] Jerome Pitt,[2] and Richard M. Gersberg[2]*

[1]*University of Applied Sciences Magdeburg, Department of Water Resources Management, Breitscheidstr. 2, D—39114 Magdeburg, Germany*
[2]*San Diego State University, Graduate School of Public Health, 5500 Campanile Drive, San Diego, California 92182/4162, USA*

Abstract.—Macroinvertebrate organisms were sampled at four sites on Tecate Creek (U.S.–Mexico) and quantitatively evaluated using the SIGNAL-w (Stream Invertebrate Grade Number—Average Level-weighted) index. A morphological assessment of the stream structure was also carried out. Bioindication by SIGNAL reflected a very low water quality in the upper three sampled stream reaches, but with a significant improvement by the last site on the Rio Alamar, but only to a grade of critical to high pollution over a flowing distance of 29 km. Levels of BOD and ammonium-N at the Rio Alamar (Toll Bridge) site remained quite high, 56 mg/L and 48 mg/L, respectively. Metal levels also generally decreased as the water flowed downstream to the the Rio Alamar. Despite the fact that Tecate Creek has a quite natural morphological structure, solid inorganic surfaces and aquatic macrophytes (as settlement area) are mostly absent in Tecate Creek. This lack of stable habitats prevents the development of an effective biofilm which would significantly enhance self-purification.

The Tijuana River Watershed (TRW) is a binational watershed on the U.S.–Mexico border, encompassing much of the cities of Tijuana and Tecate in Mexico and portions of the City and County of San Diego in the U.S. The basin contains three surface water reservoirs, various flood control works, and a National Estuarine Sanctuary in the U.S. which is home to several endangered species. For decades, raw and poorly treated sewage from the cities of Tijuana and Tecate, Mexico has flowed into the Tijuana River and across the international border into the United States. Pollution in Mexico has been caused by rapid population growth and urbanization, poor land-use practices, and inadequate sewage treatment and collection facilities in the watershed (Ganster 1996). A fast growing aspect of industry near the border has been the "maquiladoras." The term "maquiladora" refers to an industry established under a special customs allowance, mostly non-Mexican operations to establish manufacturing plants in Mexico that are allowd to import duty-free raw materials, equipment machinery, and replacement parts (Turner et al. 2003). The maquiladora industry, fueled primarily by foreign investment, has grown faster than the capability of the municipality to deliver services to them. Moreover, the lack of pollution prevention measures for industry and other businesses in Mexico, coupled with a deficiency in proper

* Corresponding author: rgersber@mail.sdsu.edu

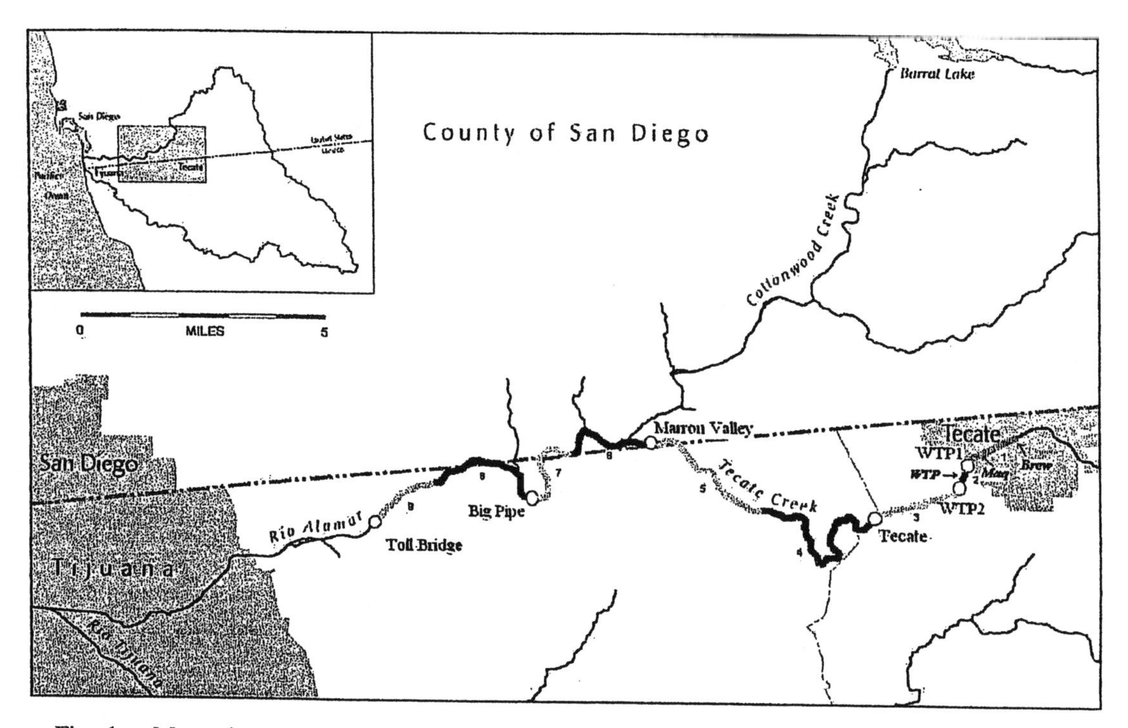

Fig. 1. Map of sampling sites (denoted by open circles) on Tecate Creek and the Alamar River. Shaded (both light and dark) sections of stream segments represent reaches where ecomorphological assessment was made. The location of the discharge from the Tecate Municipal Wastewater Treatment is denoted as "WTP". The location of the discharge from the Tecate Beer Brewery and the Tecate maquiladora complex are denoted by "Brew" and "Maq" respectively. Map adapted from the Tijuana River Watershed GIS database. 2000.

enforcement of existing regulations, has generated pollution that contaminates the tributaries of the Tijuana River and ultimately the Pacific Ocean.

The city of Tecate, Mexico is located in the eastern section of the Tijuana River watershed (Figure 1). In 2000, the population of Tecate was nearly 80,000 persons, with this number expected to increase to around 150,000 by the year 2020 (INEGI 2000). In urban Tecate, major point sources of pollution to Tecate Creek include the discharge of poorly treated sewage from the Tecate Municipal Plant, the discharge of high BOD-containing waters from the Tecate Brewery, and effluent discharge from a maquiladora complex which includes a large metal-working industry and the effluent from a slaughterhouse. Due to these discharges, flow in Tecate Creek occurs throughout the year, even during the summer dry season when the stream would naturally have little or no flow. Downstream, Tecate Creek joins Cottonwood Creek in the U.S. to form the Rio Alamar (Figure 1), which eventually joins the Rio de las Palmas in Mexico to form the Tijuana River. Due to the major point sources of pollution mentioned above, as well as typical urban non-point sources, Tecate Creek may account for a significant part of the loading of a variety of pollutants to the downstream Tijuana River watershed and the Tijuana River Estuarine Research Reserve in the U.S. (Englert et al. 1999; Gersberg et al. 2000; Gersberg et al. 2002).

The purpose of this study was to measure the degree of contamination in Tecate Creek, and the extent to which these contaminants, including heavy metals, organic pollution (BOD and COD), nutrients (N and P), and fecal indicator bacteria, are reduced by self-purification downstream. An additional aim was to perform an integrated biological assessment of Tecate Creek to determine the effects of such pollution on the ecological development potential in this stream. Our overall ecomorphological investigations also allowed an examination of the potential of this stream for restoration efforts that could improve water quality in the Tijuana River watershed.

Materials and Methods

Chemical and Microbiological Assessment

In January and February 2002, water samples were taken four times from five sites on Tecate Creek and the upper Rio Alamar. The sites were: WTP 2 (downstream of the Tecate Municipal Wastewater Treatment Plant), Tecate, Marron Valley, Big Pipe, and Toll Bridge on the Rio Alamar (Figure 1). Sampling was done at each site over a period of one hour, where each sample represented a composite sample of 6 grab samples taken every 10 minutes. Samples were analyzed for dissolved oxygen (DO), biochemical oxygen demand (BOD), chemical oxygen demand (COD), the heavy metals cadmium (Cd), chromium (Cr), copper (Cu), nickel (Ni), lead (Pb), and zinc (Zn), the plant nutrients (nitrogen and phosphorus), and total and fecal coliform bacteria. At an additional site (designated WTP 1, upstream of Tecate Municipal Wastewater Treatment Plant) samples were only analyzed for metals. To be sure that our samples approximate the same parcel of water as it moved downstream, the "flowing-wave"-method (Heidenwag et al. 2001) was used. This method involved measuring average flow velocities (Global FP201 Flow Probe) at each of the sites, calculating the average time of flow downstream to each site, and timing the sampling at successive sites to correspond with the flow of water.

Samples were analyzed according to the *Standard Methods for the Examination of Water and Wastewater* (APHA 1995). Chemical oxygen demand (COD) which reflects the level of organic carbon, was measured by the reactor digestion method. Biological oxygen demand (BOD) which reflects the level of assimilable organic carbon, was estimated by the 5-day BOD incubation test. The plant nutrients nitrogen and phosphorus were measured by colorimetric methods. Nitrate was analyzed by the cadmium reduction method. Ammonium was measured by the nesslerization method. Phosphorus was measured by the ascorbic acid method. Total coliforms and fecal coliforms were counted according to the most-probable-number method (MPN). For metals analysis, water samples were filtered using cellulose acetate membrane filters (0.45 μm-pore-diameter). Filtrates were acidified to pH 2 with concentrated nitric acid and used directly for Cd, Cr, Cu, Ni, and Pb dissolved metal analysis (APHA 1995). This analysis was performed using a Perkin-Elmer (SIMMA 6000) Graphite Furnace Atomic Absorption Spectrometer (AAS). Zn was analyzed by flame atomic absorption spectrometry using a Buck Scientific flame atomic absorption spectrophotometer (Model 210 VGP). For particulate metal analyses, filters were digested using concentrated nitric acid (APHA 1995). QA/QC included the use of reagent blanks, duplicate samples, recovery of standard concentration, and calibration of standards. Mean percent variation among the duplicates for all metals tested ranged from 2.3%–15.9%. Mean ($n = 3$) sample recoveries from a trace element calibration standard (2709

San Joaquin soil, National Institute of Standards and Technology) ranged from 94.4 to 101.0% for all of the metals tested. Self purification performance was calculated by dividing the pollutant concentration difference (mg/L) or bacterial density (MPN/I00 mL) difference at the first (upstream) and last sampling sites by the flowing distance (km) between them.

Hydrobiological Evaluation

Between October and December 1999, from July till September 2000, and from November 2001 to January 2002, macroinvertebrate organisms were sampled altogether three times in four 100 meter reaches (WTP 2, Tecate, Marron Valley (U.S.), Toll Bridge; see Figure 1) always over a period of one hour. Thereby, all biotope structures (bottom substrate, aquatic plants) were sampled by means of a handnet with a mesh size of 0.5 mm. The organisms were fixed in ethanol (70%) and estimated according to Merrit and Cummins (1996). Biotic Index according to Chessman (1995) was calculated. This calculation is based on the fact that numerous families of macroinvertebrates that are widespread in river systems nearly all over the earth have been awarded sensitivity grades according to their tolerance or intolerance of common types of pollutants as summarized by Chessman (1995). However, in some cases the grades are necessarily a compromise, either because of variation in the sensitivities of species within a family or because some families are sensitive to certain types of pollutants but relatively tolerant to others (Chessman 1995). The index SIGNAL-w (Stream Invertebrate Grade Number—Average Level, weighted by the occurrence) was calculated by multiplicating the grade of each family present by the value to represent its occurrence level (e.g. 1 for only 1 individual, 7 for mass development), summing the products, and dividing by the sum of the occurrence values.

Ecomorphological Assessment

Using the methods of ecomorphological mapping according to Lüderitz et al. (1996) and Heidenwag et al. (2001), the 29 km of the streamcourse of Tecate Creek (and the upper section of the Rio Alamar) were mapped and evaluated in 9 reaches shown in Figure 1.

The following main parameters were registered:

- stream course development
- lengthwise profile
- crosswise profile
- bottom structure
- bank structure
- structure of surroundings

These 6 main parameters are joined by 27 single parameters; an overview is given in Table 1.

The quality of ecomorphology is evaluated by 7 classes of structure grade:

Grade 1: not disturbed, natural morphology
Grade 2: slightly disturbed, unimportant changes which do not influence functionability of the waterbody
Grade 3: moderately disturbed, changes of morphology are obvious and disturb the ecology of the waterbody to a measureable degree

Table 1. Results of Ecomorphological Assessment at selected stream reaches[1] of Tecate Creek/Alamar River.

Main parameter	Individual parameters at different mapping sites	1	2	3	4	5	6	7	8	9	Average
1. Stream course development	Course bending	4	4	3	2	2	2	2	3	3	3
	Bending erosion	4	3	3	3	1	1	2	2	2	2
	Lengthwise banks	3	2	2	2	1	1	2	2	1	2
	Special course structures	2	2	1	1	1	1	1	1	1	1
	Average	3	3	2	2	1	1	2	2	2	2
2. Lengthwise profile	Crosswise constructions	3	1	1	1	1	1	1	1	1	1
	Backwater	2	1	1	1	1	1	1	1	1	1
	Piping	1	1	1	1	1	1	1	1	1	1
	Crosswise banks	2	3	2	1	2	2	2	2	2	2
	Current diversity	3	1	2	2	2	2	1	1	1	2
	Depth variation	2	2	2	2	1	1	2	2	2	2
	Average	2	2	2	1	1	1	1	1	1	1
3. Crosswise profile	Type of profile	2	2	3	1	1	1	1	1	1	1
	Depth of profile	1	2	3	1	1	1	2	1	1	2
	Bank erosion	3	2	3	1	1	1	2	1	1	2
	Width variety	3	3	3	2	1	1	2	2	2	2
	Culverts	7	1	7	1	1	1	1	1	4	3
	Average	3	2	4	1	1	1	2	1	2	2
4. Bottom structure	Bottom substrate	5	5	6	5	2	3	3	2	3	4
	River bottom protection structures	1	1	1	1	1	1	1	1	1	1
	Special natural bottom structures	3	1	3	3	2	1	1	1	1	2
	Substrate diversity	5	4	5	4	3	2	3	2	2	3
	Average	4	2	3	3	2	2	2	2	2	2
5. Bank structure	Bank trees	3	2	2	1	1	2	1	1	2	2
	Bank vegetation	3	2	3	2	1	2	2	1	2	2
	Bank paving	1	1	1	1	1	1	1	1	1	1
	Special natural bank structures	4	2	2	1	2	3	3	2	3	2
	Average	3	2	2	1	1	2	2	1	2	2
6. Surroundings	Area use	4	2	4	2	2	2	2	1	2	2
	Protection zones	4	2	3	2	2	2	2	1	2	2
	Adverse Structures	6	5	6	2	2	1	5	2	4	4
	Average	5	3	4	2	2	2	3	1	3	3
Final evaluation		3	2	3	2	1	2	2	1	2	2

[1] Stream reaches sampled and designated here 1–9 are shown on map (Figure 1).

Table 2. Land use characterization of Tecate Creek/Alamar River sub-basin drainage area downstream of urban Tecate, Mexico.[1]

Description	Hectares	Percent area
Commercial	36.70	0.31
Dispersed residential	95.11	0.80
Disturbed/under construction	358.48	3.01
Extractive industry	51.74	0.43
Improved pasture	55.90	0.47
Industrial	52.83	0.44
Institutional	13.46	0.11
Non-developed	10,197.70	85.58
Open grazeable land	536.20	4.50
Recreation	130.60	1.10
Residential	113.44	0.95
Row crops	91.33	0.77
Transportation	142.85	1.20
Tree crops	34.72	0.29
Water body	4.65	0.04
Total Area in Acres	11,915.79	100.00

[1] Tijuana River Watershed GIS database 2000.

Grade 4: clearly disturbed, waterbody shows a clear distance from natural status, is straightened and lined to a degree up to 50%
Grade 5: markedly disturbed, straightening and lining reach a percentage of 100
Grade 6: heavily disturbed, natural dynamics are avoided by bank pavement and lining
Grade 7: excessively disturbed, channelization is complete

Morphological assessment was done by comparing undisturbed stream reaches upstreams of Tecate (reference reaches) with the mapped sites.

Results

Tecate Creek has quite natural morphological structures, almost without typical problems like lining, straightening, and bank paving (Table 1). Expressed as a meander valley river and braided system, it shows a flat type of profile with a natural course with meanders and lengthwise banks, as well as a relatively high current diversity and depth variation. It generally has natural bank vegetation consisting of loose trees and shrubs. There are no dams or backwaters (and few culverts) on Tecate Creek. Downstream of Tecate, there are no adverse structures or any intensive landuses (Table 2). Indeed, downstream of urban Tecate, 90% of the land area that drains into Tecate Creek or the upper Alamar River, is either undeveloped or open grazable land, with industrial, commercial, and residential land uses (combined) only comprising less than 2% of the area (Table 2) (Tijuana River Watershed GIS database 2000). This data supports our visual observation that there are no major pollutant sources downstream of urban Tecate that would confound our analysis of self-purification efficiencies.

On the other hand, the substrate of Tecate Creek is very uniform (gravel partially filled with sewage sludges) and the river is oversaturated with these sediments (braided system). Solid surfaces are very rare, and biofilms that play an

Table 3. Settlement of representative sites on Tecate Creek/Alamar River with macroinvertebrates used for SIGNAL-w calculation.

Sample site	Family (genus species)	Sensitivity grade	Occur-rence	SIGNAL-w
WTP2	*Psychodidae* (*Psychoda* sp.)	2	4	1.5 (excessively polluted)
	Culicidae	2	2	
	Chironomidae	1	2	
	Tubificidae (*Tubifex tubifex*)	1	4	
Tecate	*Psychodidae* (*Psychoda* sp.)	2	2	1.7 (excessively polluted)
	Chironomidae (*Chironomus* spp.)	1	1	
	Stratiomyidae	2	1	
	Ceratopogonidae	6	1	
	Tubificidae (*Tubifex tubifex*)	1	7	
Marron Valley	*Psychodidae* (*Psychoda* sp.)	2	2	2.1 (heavily polluted)
	Chironomidae (*Chironomus* spp.)	1	3	
	Ceratopogonidae	6	1	
	Tabanidae	5	1	
	Coenagrionidae (*Agria* sp.)	7	1	
	Tubificidae (*Tubifex tubifex*)	1	7	
Toll Bridge	*Psychodidae* (*Psychoda* sp.)	2	2	3.1 (critically polluted)
	Chironomidae (*Chironomus* spp.)	1	2	
	Tabanidae (*Chrysops* sp.)	5	1	
	Simulidae (*Simulium venustum*)	5	1	
	Coenagrionidae (*Ischnura* sp. *Argia* sp.)	7	2	
	Aeshnidae (*Anax* sp.)	6	1	
	Belostomatidae (*Belostoma* sp.)	5	1	
	Dytiscidae (*Rhantus* sp.)	5	1	
	Gammaridae	6	1	
	Tubificidae	1	7	

outstanding role in self-purification can develop only poorly due to this fact, and because of the friction between sediment particles which leads to a lack of stable habitats. Microscopic observation showed that very thin biofilms formed by filamentous bacteria and algae only existed on about 10% of the gravel surface.

Bioindication by SIGNAL-w reflects a very low water quality with index values of 1.5 to 2.1 in the upper three sampled stream reaches at WTP 2, Tecate, Marron Valley (Table 3). By the last site (Toll Bridge) on the Rio Alamar, there was significant improvement, but even here the index value of 3.1 represented a system still critically polluted (Table 3). Macroinvertebrate settlement at all sites is dominated by those Diptera larvae and Tubificidae which do not demand a high water quality; their high abundances indicate a polysaprobic status (i.e. a very high organic load).

Sampling for this study was all conducted under dry weather (baseflow) conditions when Tecate Creek was polluted to a very high degree with organic substances, plant nutrients, heavy metals, and fecal indicator bacteria (Table 4, Figures 2–7). With regard to self-purification, we found only a poor performance concerning organic substances and nutrients. Over a distance of 29 km (from site WTP 2 to the Toll Bridge on the Rio Alamar), BOD decreased only by 53% (2.14 mg/L km), COD by 84% (14.31 mg/L km), ammonium by only 4% (0.07 mg/L km), and total P by 51% (0.32 mg/L km). However, even this modest reduction

Table 4. Self-purification of Tecate Creek/Alamar River over a distance of 29 km as measured at 5 sampling sites.

Parameter	Units	WTP 2	Tecate	Marron Valley	Big Pipe	Toll Bridge
BOD	(mg/L) ± Std	118 ± 15	133 ± 12	47 ± 10	27 ± 8	56 ± 7
COD	(mg/L) ± Std	492 ± 68	379 ± 5	177 ± 29	122 ± 23	77 ± 28
DO-saturation	(%) ± Std	48 ± 11	23 ± 13	71 ± 6	65 ± 4	59 ± 7
NH4+-N	(mg/L) ± Std	50.3 ± 3.3	55.3 ± 6.2	58.0 ± 2.5	53.8 ± 4.8	48.3 ± 2.4
TP	(mg/L) ± Std	17.9 ± 3.6	15.0 ± 2.8	10.4 ± 1.2	9.1 ± 0.7	8.7 ± 1.0
Total coliforms	(MPN/100 mL) × 1000 ± Std	3650 ± 1909	2900 ± 2500	2600 ± 565	950 ± 212	465 ± 245
Fecal coliforms	(MPN/100 mL) × 1000 ± Std	2000 ± 425	650 ± 26	215 ± 120	180 ± 56	6 ± 3
Flow	(L/s) ± Std	191 ± 31	171 ± 28	213 ± 42	181 ± 17	187 ± 22

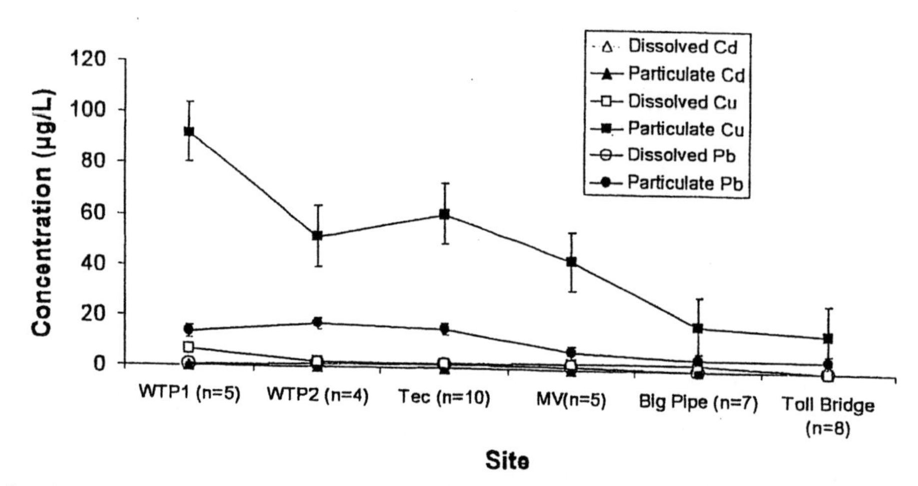

Fig. 2. Levels of dissolved and particulate cadmium (Cd), copper (Cu) and lead (Pb) in Tecate Creek/Alamar River; n denotes the number of samples taken at each site. Levels of disolved Cd are so low (<0.15 µg/L) that they do not show in the this figure.

of the organic and nutrient loads could be responsible for the appearance of some higher-demanding macroinvertebrate organisms especially at the last site on the Rio Alamar (Table 3).

Nitrification seems to be nearly totally absent, probably because of the high organic carbon levels in the water which leads to the dominance of heterotrophic bacteria and suppresses the development of nitrifying organisms (Table 4). Meanwhile, the decrease of total coliform densities remains moderate, with an 87% (110×10^3 MPN/100 mL km) removal efficiency; while fecal coliforms are reduced (69×10^3 MPN/100 mL km) with a rather high efficiency of 99.7%.

For most metals, there was a significant loss of the particulate (as well as the dissolved) fraction, as the water moved downstream in Tecate Creek to the Rio Alamar (Figures 2–3). Surprisingly, for Cu, Cr, and Ni, the highest levels observed among all of the sampled sites was actually at WTP1 (this site upstream of the discharge point for the Tecate Municipal Wastewater Treatment Plant), where levels of these metals were 98, 345, and 518 µg/L, respectively. It should be

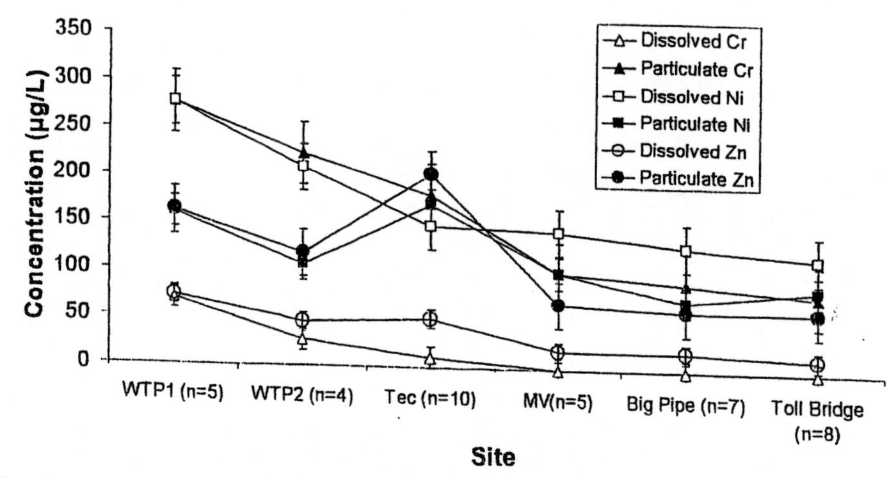

Fig. 3. Levels of dissolved and particulate chromium (Cr), nickel (Ni) and zinc (Pb) in Tecate Creek/Alamar River; n denotes the number of samples taken at each site.

noted here that this site (WTP1) lies just downstream of the point source discharge of water from a maquiladora (industrial) complex which includes a rather large metal-working facility. On three separate occasions in 2002, we sampled both upstream and downstream of the Wastewater Treatment Plant at WTP1 and WTP 2, respectively, and on one occasion, upstream and downstream of this specific maquiladora discharge point to Tecate Creek. The results of these analyses showed that the discharge from this industrial complex was a significant contributor to Tecate Creek's downstream metal contamination, and explained why observed levels were actually higher upstream of the Tecate Wastewater Treatment Plant for many of the metals we measured. Metal levels then generally decreased as the water moved downstream to the Toll Bridge site on the Rio Alamar, with total metal reduction efficiencies at the Toll Bridge (compared with WTP 2 upstream of the city of Tecate) of 71% for Cu, 60% for Cr, 76% for Pb, 40% for Ni, and 54% for Zn (Figures 2–3).

Discussion

Self-purification is a process which may allow the preservation of the ecological balance in a stream despite the presence of municipal sewage discharges upstream. It provides a unique set of advantages to clean-up polluted water streams: It acts very fast, does not require any chemical additions, acts instantly at the whole body of water at the site, works all the year around and can result in substantial decrease in contaminants concentration (Spellman 1996). Self-purification can be described as the sum of all physical, chemical, and biological processes by which the quantity of pollution in a stream is decreased. This self-purification results from mineralization of organic substances, nitrification-denitrification, sedimentation, and assimilation, as well as from dilution and mixing processes (Heidenwag et al. 2001).

Tecate Creek is excessively polluted with organic substances, plant nutrients, and fecal indicator bacteria because it receives the discharge of poorly-treated municipal sewage, brewery effluent, and industrial effluents containing heavy metals. The SIGNAL-w index (based on the occurrence of macroinvertebrate species) indicates an improvement from a grade of excessively polluted to only a grade of critically polluted over a flowing distance of 29 km to the downstream Rio Alamar site at Toll Bridge (Table 3), and this is confirmed by the results of chemical analyses (Table 4). Excessive pollution in this case, allows only the survival of the most tolerant macroinvertebrate species (most of them Diptera), while under conditions of critical pollution, more demanding organisms (e.g. Coleoptera, Odonata) can exist at least seasonally.

At first glance, this poor self-purification seems to be surprising because of a more or lesser natural stream morphology, relative good oxygen supply, and high water temperatures which should stimulate metabolism of bacteria. It should be noted here that temperature effects on self-purification were not investigated here, since other seasonal effects (e.g. flow rate, sunlight) complicate such an analysis. In a former study about Harz mountain streams in Germany (Heidenwag et al. 2001), we were able to show that self-purification concerning ammonium, phosphorus, organic substances, and bacteria can reach a rate up to 80% over a distance of only 2 or 3 kilometers in case of a natural stream morphology. Purification rates measured (118 mg/L km for COD; 45 mg/L km for BOD_5; 14 mg/L km for ammonia; 1.9 mg/L km for phosphorus) were one order of magnitude higher than in case of the Tecate Creek/Rio Alamar rates. However, these rates were only attained by a stream with a good ecomorphological structure, providing a high number of stable habitats with well developed biofilms, that contain aerobic layers for degradation of organic substances and nitrification (and also anaerobic layers for denitrification). Mikhailovski and Fisenko (2000) found under such conditions a still more rapid self-purification of a stream in the Toronto area. Unfortunately, rates for self-purification of streams in the southwestern United States have not been reported, since in this region sewage discharged to streams and rivers is at least secondary quality (and usually tertiary treated).

Horn (1992) and Horn and Hempel (1996), emphasize the outstanding role of biofilms in self-purification and especially in nitrification and denitrification. For this, bottom structure is the determining factor. Frey (2001) found that an increase of roughness leads to the strongest impacts on reduction rates and oxygen supply caused by the increment of flow duration and substrate surface for degradative and nitrifying bacteria. In Tecate Creek, the lack of appreciable nitrification activity is probably caused by the scarcity of these biofilms, as well as by the dominance of heterotrophic organisms that exist because of the high load of organic substances in the stream. Typically, in sewage-dominated effluents, nitrification does not occur until BOD levels become very low (Brehm and Meijering 1990; Jancarkova et al. 1997).

In Tecate Creek, solid inorganic surfaces are mostly absent, as are aquatic macrophytes. In lowland streams in Germany, self-purification performances remain lower than in mountain streams (Heidenwag et al. 2001), but macrophytes in such lowland streams can have there a comparable function as stones and rock debris in upland brooks, because their surface can be settled by periphyton. In Tecate Creek, there were only a few stable habitats, such as big rocks and bars covered with macrophytes, observed on the stream bottom. Even in the case of a (near)-pristine morphological structure, the features of a braided system like Tecate Creek, can set limits on the occurrence of such stable habitats on the stream bed because the sediment is constantly shifting in a natural manner. The resulting friction of the bottom substrate caused by the transposition of sediment in this braided system, may be responsible for the disturbed or missing biofilms.

The toxicity of metals may also strongly disturb the biotic community in streams (Schönborn 1992). The concentrations of heavy metals found in Tecate Creek are higher (except in the case of Cd) than those levels in freshwater found in natural streams all over the world (Schönborn 1992). However, our calculations (taking into account site-specific hardness values) show that for nearly all metals (except Ni), levels in Tecate Creek/Rio Alamar never exceeded either the CCC (criterion continuous concentration) which is a four-day average concentration chronic limit for metal pollutants in freshwater, or the CMC (criterion maximum concentration), a short-term concentration acute limit for metal pollutants not to be exceeded. Both of these water quality criteria provide for the protection of aquatic life from acute and chronic toxicity to animals and plants, and from bioconcentration by aquatic organisms (U.S. Environmental Protection Agency 2000). Even in the case of Ni, which was significantly elevated due to the discharge from a metal-working industrial plant upstream of the WTP2 site on Tecate Creek, the CMC value (1.51 mg/L) was never exceeded, and self purification lowered Ni levels, such that ambient water quality criteria were met (at all times tested) at all sites downstream of Marron Valley. Therefore, at least with regard to the metals we analyzed, toxicity effects to resident species would not be expected.

Conclusions

Our overall analysis shows that while little water quality benefit may be achieved by enhancing the ecomorphological status of Tecate Creek, the introduction of coarse material could help to enhance self-purification. The most immediate improvement in water quality status could be achieved by controlling the discharge of organic pollution from the waste treatment plant and the brewery. This could be done by means of technical sewage treatment systems or with subsurface flow constructed wetlands which are cheaper and more stable in function (Lüderitz et al. 2001). In the nearly unsettled area between Tecate and Tijuana a cascade of such wetlands consisting of relatively coarse and stable material could be constructed with moderate efforts. Further research and development is going on to estimate the necessary dimensions of such systems. Self-purification can support such activities but it would not be able to replace them.

Acknowledgments

Financial support was provided by the California State Water Resources Control Board (Agreement No. 00-246-190-0), and the Southwest Center for Environmental Research and Policy and United States Environmental Protection Agency (Subcontract Q00744). Financial assistance for travel to research site by German investigators was supported by the San Diego State University Foundation (Sponsored Project Support Fund 260201). We also thank Walter Hayhow for his valuable technical support.

Literature Cited

American Public Health Assiciation (APHA). 1995. Standard Methods for the Examination of Water and Wastewater, 19th Edition. Washington, DC.

Brehm, J., and M.P.D. Meijering. 1990. Fließgewaesserkunde. Einfuehrung indie Limnologie der Quellen, Baeche und Fluesse. Biologische Arbeitsbuecher 36. Quelle & Meyer Verlag, Heidelberg, Germany.

Chessman, B.C. 1995. Rapid assessment of rivers using macroinvertebrates: A procedure based on habitat—Specific sampling, family level and a biotic index. Australian J. Ecol. 20: 122–129.

Englert, P., C. Brown, C. Placchi, and R.M. Gersberg. 1999. Geographic information system (GIS) characterization of metal loading in the binational Tijuana River watershed. J. Borderlands Studies. 14: 81–91.

Frey, W. 2001. The effects of structural improvements on the water quality and the self-purification capacity of a running water by the example of the Oster (Saarland, Germany). Deutsche Gesellschaft für Limnologie, Tagungsbericht 2001.

Ganster, P. 1996. Environmental issues of the California-Baja California border region, Institute for Regional Studies of the Californias, San Diego State University, San Diego, CA.

Gersberg, R.M., C. Brown, V. Zambrano, K. Worthington, and D. Weis. 2000. Quality of urban runoff in the Tijuana River watershed. pp. 31–45 *in* P. Westerhoff (ed.), Water Issues Along the United States and Mexico Border, SCERP Monograph Series (no.2), Southwest Center for Environmental Research and Policy.

Gersberg, R.M., J. Pitt, D. Weis, D. and D. Yorkey. 2002. Characterizing in-Stream metal loading in the Tijuana River watershed. Proceedings of the Water Environment Federation Specialty Conference on National TMDL Science and Policy, Phoenix, AZ. November 13–16, 2002.

Heidenwag, I., U. Langheinrich, and V. Lüderitz. 2001. Self-purification in upland and lowland Streams. Acta Hydrochim. Hydrobiol. 29: 22–33.

Horn, H. 1992. Simultane nitrifikation und denitrifikation in einem hetero-/autotrophen biofilm unter berücksichtigung der sauerstoffprofile. GWF Gas- und Wasserfach: Wasser-Abwasser 133: 287–292.

Horn, H., and D.C. Hempel. 1996. Modellierung von substratumsatz und stofftransport in biofilmsystemen. GWF Gas- und Wasserfach: Wasser-Abwasser 137: 293–301.

Instituto Naciaonal de Estadística, Geografia e Informática (INEGI). 2000. XII. Censo de población y vivienda. Aguascalientes:INEGI.

Jancarkova, I., T.A. Larsen, and W. Gujer. 1997. Distribution of nitrifying bacteria in a shallow stream. Wat. Sci. Technol. 36: 161–166.

Lüderitz, V., J. Gläser, A. Kieschnik, and E. Dörge. 1996. Anwendung und weiterentwicklung ökomorphologischer kartierungs- und bewertungsverfahren an der selke und ihren nebengewässern (Sachsen-Anhalt). Arch. für Naturschutz und Landschaftsforschung 35: 15–31.

Lüderitz, V., E. Eckert, M. Lange-Weber, and R.M. Gersberg. 2001. Nutrient removal efficiency and resource economics of vertical flow and horizontal flow constructed wetlands. Ecological Engineering 18: 157–171.

Merritt, R.W., and K.W. Cummins. 1996. An Introduction to the Aquatic Insects of North America. Kendall/Hunt Publishing, Dubuque, Iowa. Company, 3rd edition.

Mikhailovski, V., and A.I. Fisenko. 2000. The physical-chemical mechanism of water stream self-purification. Working paper, Los Alamos National Laboratory (available at http://arXiv.org)

Schönborn, W. 1992. Fließgewässerbiologie.—Gustav Fischer Verlag Jena, Stuttgart, Germany.

Spellman, F. 1996. Stream ecology and self-purification: An introduction for wastewater. Technomic Pub Co.

Tijuana River Watershed GIS database. 2000. Department of Geography, San Diego State University. typhoon.sdsu.edu/facilities/data/clearinghouse/trw.html. June 15, 2004.

Turner, C., E. Hamlyn, and O.I. Hernandez. 2003. The challenge of balancing water supply and demand in the Paso del Norte. pp. 185–248 *in* S. Michel (ed.), Border Environment, Binational Water Management Planning. Scerp Monograph Series, no. 8. San Diego State University Press, San Diego, CA.

U.S. Environmental Protection Agency. 2000. Water Quality Standards: Establishment of numeric criteria for priority toxic pollutants for the state of California. Federal Register 65 (97):31682–31719.

Accepted for publication 16 September 2004.

Pathogen Removal Rate in a Vertical Flow Constructed Wetland Treating Municipal Waste Water

Adam Baumgart-Getz, Uta Langheinrich & Volker Lüderitz

Abstract

The findings of this study suggest that a Vertical Flow Constructed Wetland (VFW) is an acceptable tertiary-treatment technology for any levels of *Salmonella*, Streptococcus, *E. coli*, and fecal coliforms concentrations likely to be encountered. As a tertiary treatment the VFW has the added benefit of further nutrient removal from the wastewater.

While the VFW did not perform to the level of the Magdeburg wastewater treatment plant (WWTP), the VFW performed well enough as a secondary treatment plant to be considered an acceptable alternative treatment technology for many rural areas in Indiana and Germany (IDEM, 1997).

1 Introduction

In Indiana, The Indiana Department of Environmental Management (IDEM) is expanding wastewater regulation enforcement in rural areas, which has been overlooked until relatively recently (IDEM, 1997). In Germany, tertiary treatment is currently not required, but many believe this will change in the next few years. While regulation is increasing, so are the costs associated with municipal wastewater (EPA, 2000). Because of this a better understanding of lower-cost alternative wastewater treatment is more important than ever.

With this in mind, a joint project between the Department of Water Management at the University of Applied Sciences Magdeburg-Stendal (UASM) and the School of Public and Environmental Affairs (SPEA) at Indiana University focused on pathogen and nutrient reduction rates in a vertical flow constructed wetland (VFW). What differentiates this study from the many previous studies on treatment constructed wetlands is the focus of removal rates at various vertical positions within the wetland, comparing and contrasting the wetland performance between secondary and tertiary treatment, and the conditions associate with wastewater purification. A better understanding of the processes involved in wetland treatment will hopefully lead to improvements in the VFW.

2 Material and Methods

The wetland was constructed in a 1.5 meter tall cylinder with a 1 meter surface area. The cylinder was lined with a vinyl liner and filled with sand. The sand was previously used as substrate for a vertical flow wetland. The sand had sat in a pile for over one year since last being used. The soil material was enriched with approximately 1 % iron in the previous study. An additional 2.63 kg of iron filings were thoroughly mixed into the sand.

A collection pipe was added at 30cm, 60cm, 90cm, and 120cm from the top of the wetland, in addition to the outflow at the bottom (150cm). The sand was added and Juncus effusus (common rush) was planted (Figure 1). The wastewater application rate was 1 L/min. A pump was set up for automatic water supply from 8:00-8:20am, 12:00-12:02pm, and 4:00-4:20 daily, for a total of 42 L/day. Sample collection for either chemistry or bacteria analysis was provided at either 7:30am or 11:45am. Dual sampling was avoided as to minimize disturbance to the water column within the wetland.

Figure 1: Vertical flow constructed wetland (laboratory scale)

The initial testing period incorporated the treatment wetland as tertiary treatment for wastewater from the municipal waste water treatment plant (WWTP), in Gerwisch, located near Magdeburg, Germany. In the second testing period the constructed wetland was used as secondary treatment for water from the same waste stream.

Water was stored in a 180 L plastic reservoir. A mixing system was setup in the reservoir so that the water was thoroughly mixed starting five minutes before the timer activated the pump. The mixing continued until the timer shut off the pump. Water was added to the wetland via a flexible clear 1cm plastic tube evenly. This tubing ran a circle, approximately 15cm from the edge of the vinyl liner. In addition, two perpendicular pieces of tubing crossed the wetland, intersecting approximately in the center of the wetland. The tubing was approximately 2cm below the surface of the sand. This appeared to give an even distribution of the water to the wetland.

At the outset, sampling was planned from the 30cm depth collection tube. During initial testing the water level was lowered from 20cm below the sand surface to 50cm below the sand surface. This created a dilemma for sample collection from the pipe 30cm below the sand surface. Gathering samples required either leaving the sample water in the sampling system until all samples were collected or taking samples while new inflow was added. The first option created a circumstance where a small reservoir of water sat above the water level. This was obviously not representative of what was really happening at 30cm below sand surface (20 cm above water surface).

When the 30cm sample was collected while inflow was added to the wetland, the 30cm sample had a higher concentration of bacteria colonies as well as most chemical parameters than the inflow. As the water flowed through the sand column, chemicals and bacteria that were adhered to the sand surface were washed off by the vertical flow (Mihelcic, 1998). This wash-off effect, while representative of what happens as inflow is added, was not what the study was attempting to capture. After both approaches were tried, it was decided to terminate sampling at the 30cm pipe since sampling was not representative of what was being measured.

During the month of February, tap water was added while the collection system was tested and minor leaks were fixed. Effluent from the Gerwisch WWTP was added in March. The system was allowed to equilibrate, and on April 6th Phase 1 testing began. Using a porosity for sand of 0.4 (Haitjema, 1995), the wetland holds a 400L of water, making the residence time approximately 9.52 days.

Phase 1 water

One hundred and eighty liters of water were collected from the Gerwisch WWTP discharge twice per week. This water had received primary and secondary treatment from the WWTP. The excess water in the wetland reservoir was emptied before the new water was added.

Phase 2 water

One hundred and eighty liters of water were collected from the Gerwisch WWTP twice per week. Half of this water was collected as described in Phase 1. The other 90 L of water were collected before entering the secondary treatment process at the Gerwisch WWTP. This water had undergone primary treatment. All excess water was emptied from the wetland reservoir before the new water was added.

Collection and microbiology analysis

Wetland sample water was collected at either 7:30am or 11:30am, allowing 3 ½ to 15 ½ hours of time since the last addition of wastewater. The water was collected directly from the sampling tubes at each sampling height and brought immediately to the laboratory for analysis. Roughly, 500 mL were collected from each sampling tube.

For an estimation of fecal coliforms and *E. coli*, the most probable number (MPN) method was used. Serial dilution of a sample was incubated in Fluorocult® –Lauryl- Sulfate-Broth (Merck No. 12588) at 37°C for 24-48 hours. Gas-positive tubes were detected as fecal coliforms; tubes with light blue color under ultraviolet lamp (360 nm) as *E. coli*. Total amount of both can be calculated by number of positive tubes (MPN per mL). For estimation of *Samonella* and Streptococci, different volumes of samples were filtrated (cellulose nitrate filter, pore size 0.45 µm). The filters were put on several nutrient pad types and incubated (*Samonella*: Azide pad Sartorius No. 14051, 37°C, 48 hours; Streptococci: Bismuth-Sulfite pad Sartorius No. 14057; 37°C, 48 hours). Black colonies with a black corona were identified as *Samonella* and auburn colonies as Streptococci. In consideration of the filtered volumes the number of bacteria (colonie forming units per mL) can be determined.

Collection and chemistry Analysis

Samples for chemical analysis were collected as mentioned in the above section, except 750mL were collected instead of 500mL. Collection of chemistry samples and biology samples were done of different days to minimize disturbance to the water column.

3 Results

Phase 1

The bacteria reduction by depth is displayed in Table 1. The disinfection process ranged from almost 98% to well over 99% for the various bacteria in the study. Figure 4 shows these trends. In general, the outflow showed very low levels of bacteria. The bacterial levels in Phase 1 effluent were below the required concentrations by IDEM (not all bacteria in this study were regulated) (IDEM, 2002a). In addition, the bacteria effluent levels meet those recommended by Hoover et al. (1998).

Table 1: Phase 1 - Bacteria Averages, Standard Deviations, and Removal Rates by Sample Depth

depth	Average colonie count per ml (cfu)	Standard Deviations	Removal Rates
Salmonella			
inflow	4	4,535	0
60 cm	0,2	0,349	0,95
90 cm	0,1	0,069	0,99
120 cm	0,0	0,029	0,99
outflow	0,1	0,091	0,98
Streptococci			
inflow	48	30,758	0
60 cm	0,3	0,660	0,99
90 cm	0,9	2,694	0,98
120 cm	0,1	0,080	1,00
outflow	0,0	0,045	1,00
Fecal coliforms			
inflow	351	293,984	0
60 cm	11,8	9,211	0,97
90 cm	27,1	31,828	0,92
120 cm	1,7	2,746	1,00
outflow	7,4	13,992	0,98
E. coli			
inflow	97	79,006	0
60 cm	1,8	2,806	0,98
90 cm	1,1	2,712	0,99
120 cm	0,3	0,025	1,00
outflow	0,3	0,019	1,00

The chemistry results were not as conclusive. The average results for each sample depth are shown in Figure 2. The only significant change (by means of F-Test) was a reduction of total inorganic nitrogen and nitrate. While ammonia did increase, likely as a result of the more anoxic conditions, this rise was less than the corresponding nitrate reduction, and was not significant.

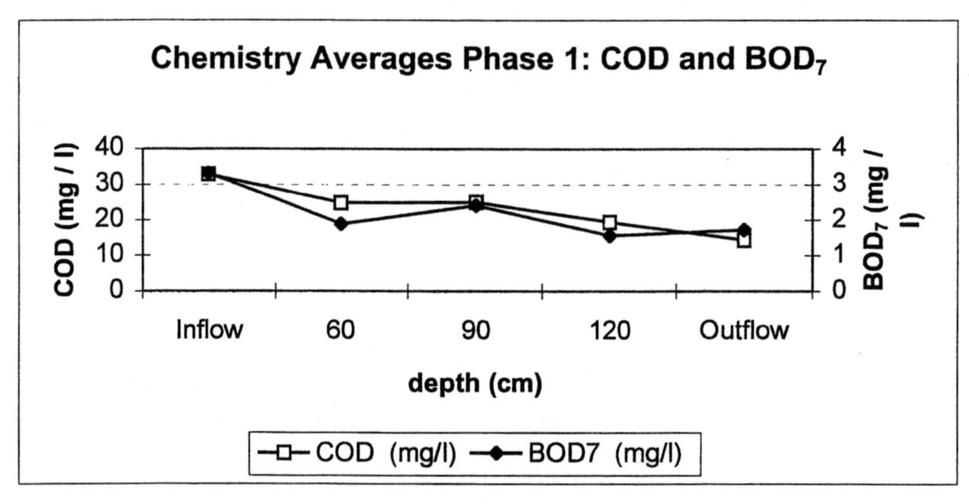

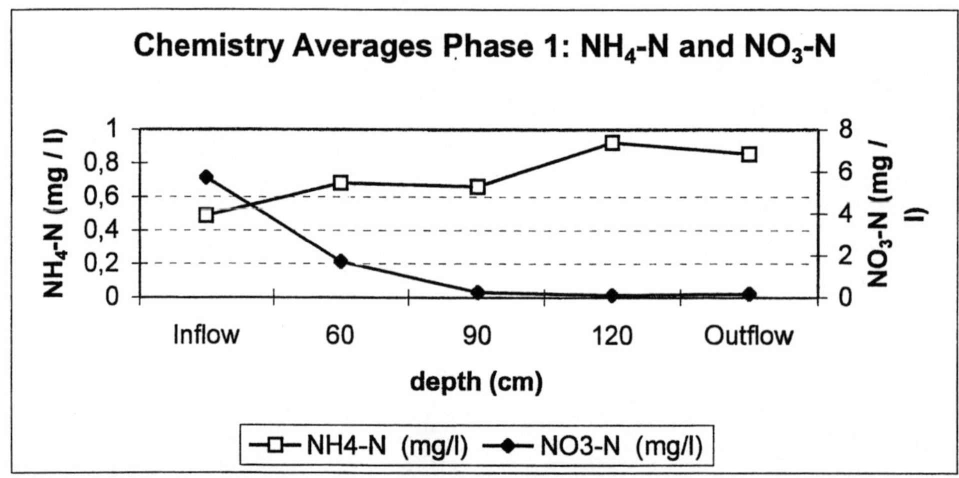

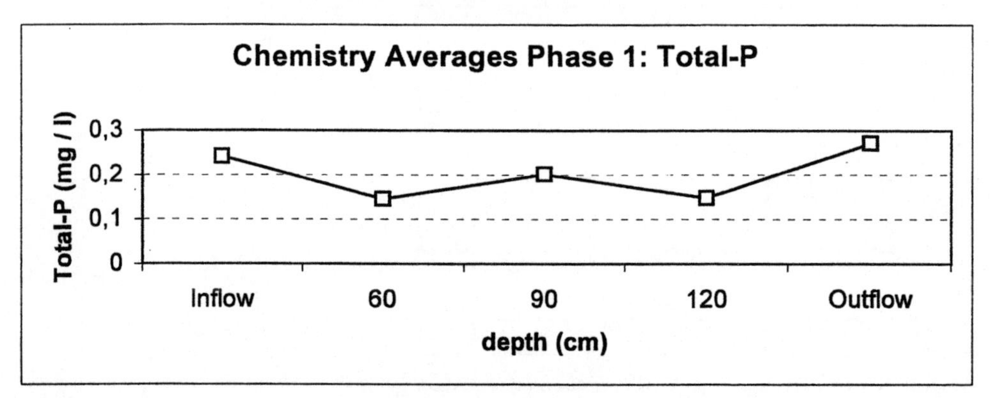

Figure 2: Phase 1 – removal of different substances

Phase 2

The Phase 2 bacteria reduction by depth is contained in Table 2. Figure 4 has the fraction of each bacterium removed by depth. Most bacteria reduction occurred by the 60cm for all bacteria in the study. For each bacterium, except *E. coli*, there was a subsequent increase in viable colonies through the water.

This increase was mitigated by the outflow. The bacteria concentration was lowest at the outflow, with the exception of *Salmonella*, which was lowest at the 60cm sample depth.

Table 2: Phase 2 - Bacteria Averages, Standard Deviations, and Removal Rates by Sample Depth

depth	Average colonie count per ml (cfu)	Standard Deviations	Percent Removal
Salmonella			
inflow	2305	1272,482	0
60 cm	20	46,326	0,99
90 cm	34	49,660	0,99
120 cm	9	8,590	1,00
outflow	20	21,032	0,99
Streptococci			
inflow	2607	1561,225	0
60 cm	17	45,532	1,00
90 cm	32	59,598	0,99
120 cm	6	7,230	1,00
outflow	4	8,916	1,00
Fecal Coliforms			
inflow	34050	29430,190	0
60 cm	293	746,748	0,99
90 cm	752	1539,990	0,97
120 cm	100	100,591	0,99
outflow	47	73,585	1,00
E.coli			
inflow	17160	16314,356	0
60 cm	21	34,097	1,00
90 cm	52	143,647	1,00
120 cm	6	9,609	1,00
outflow	6	8,628	1,00

Concerning the chemical parameters, most purification was achieved by the 60cm depth. Total phosphorous and ammonia were lowest at the 60 cm mark. The other chemical parameters were improved by the outflow (Figure 3).

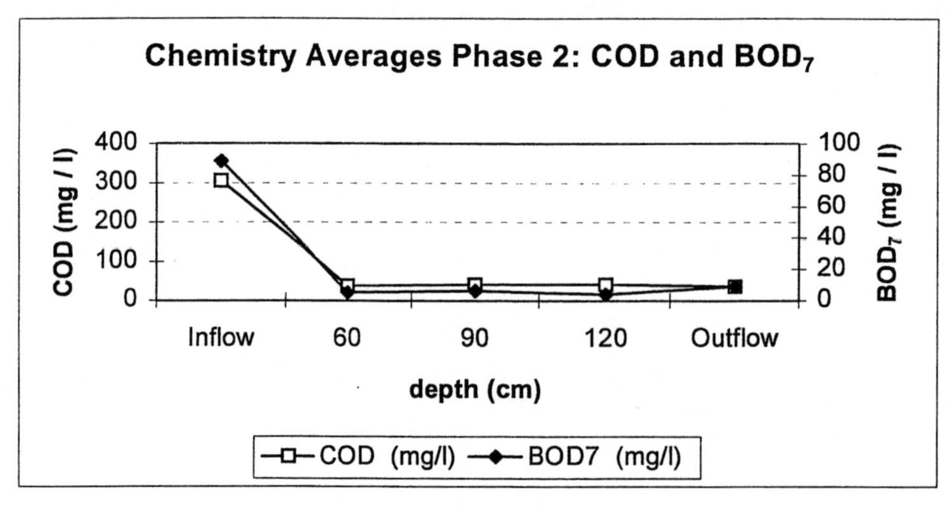

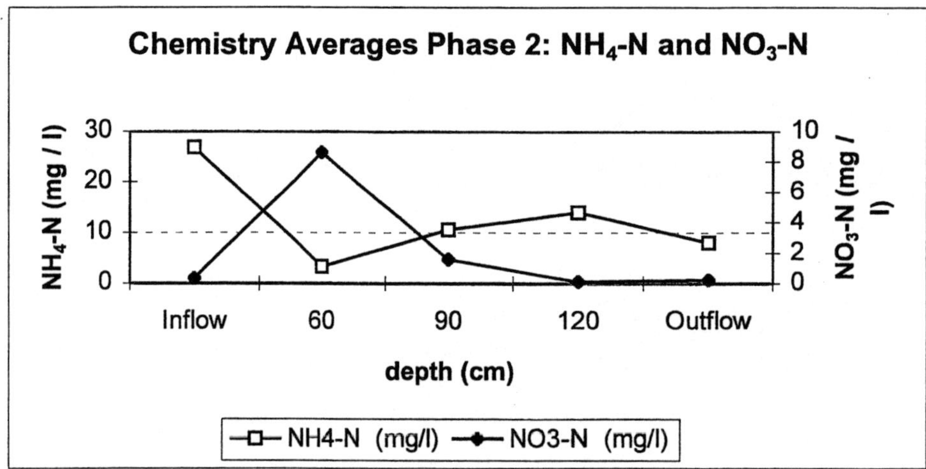

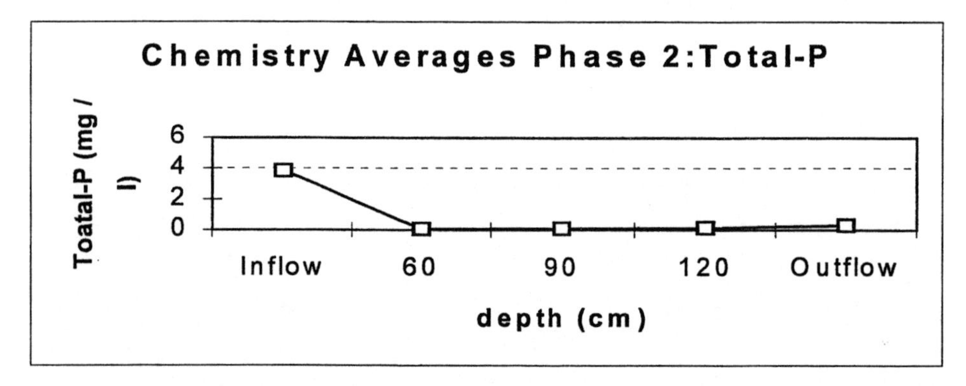

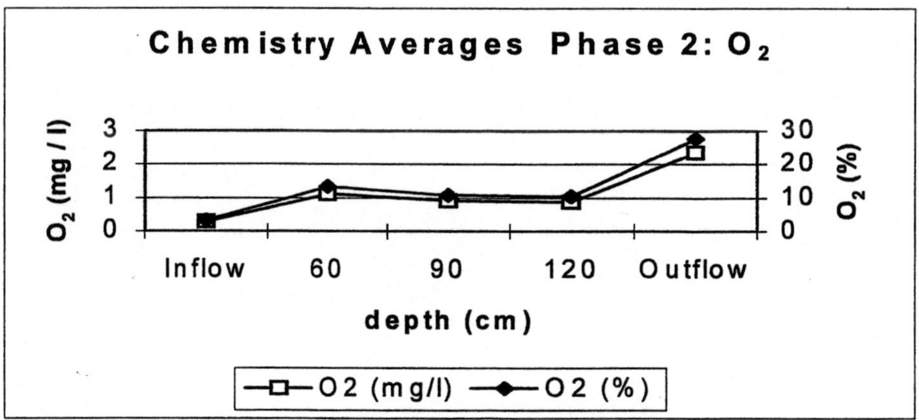

Figure 3: Phase 2 – removal of different substances

Comparing Phase 1 & Phase 2

The bacteria removal rates were similar in Phase 1 and Phase 2. Table 3 compares these removal rates for each bacterium, showing one-tailed ANOVA p-value for each bacterium. In all cases, while total number of colonies removed was different, it cannot be shown that these removal rates are significantly different (Table 3). The chemistry reduction rates in Table 5 highlight the difference between the two phases.

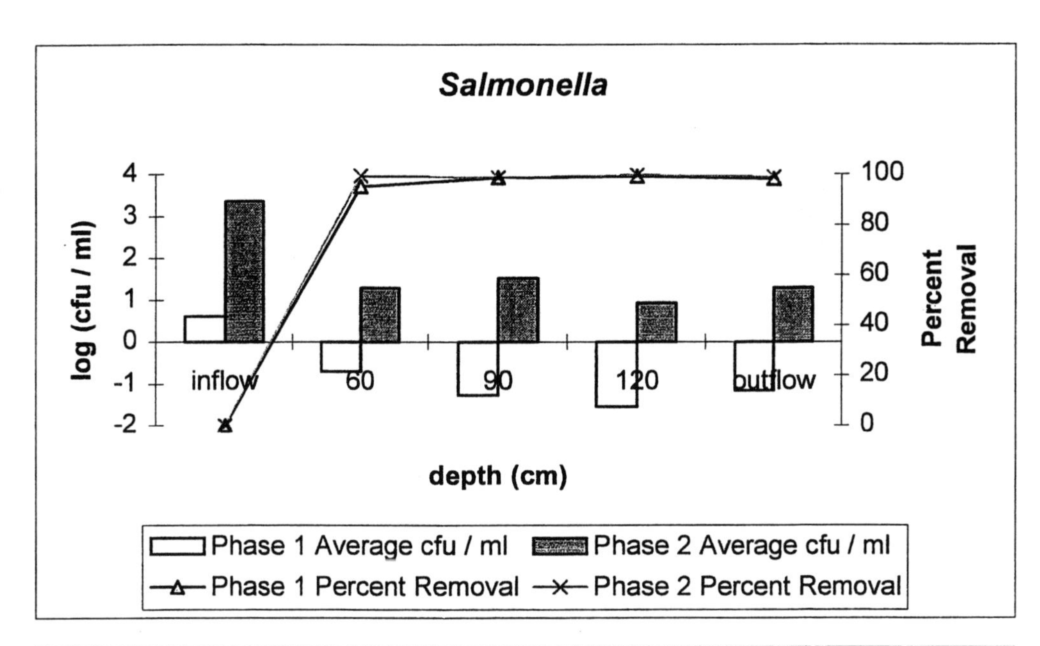

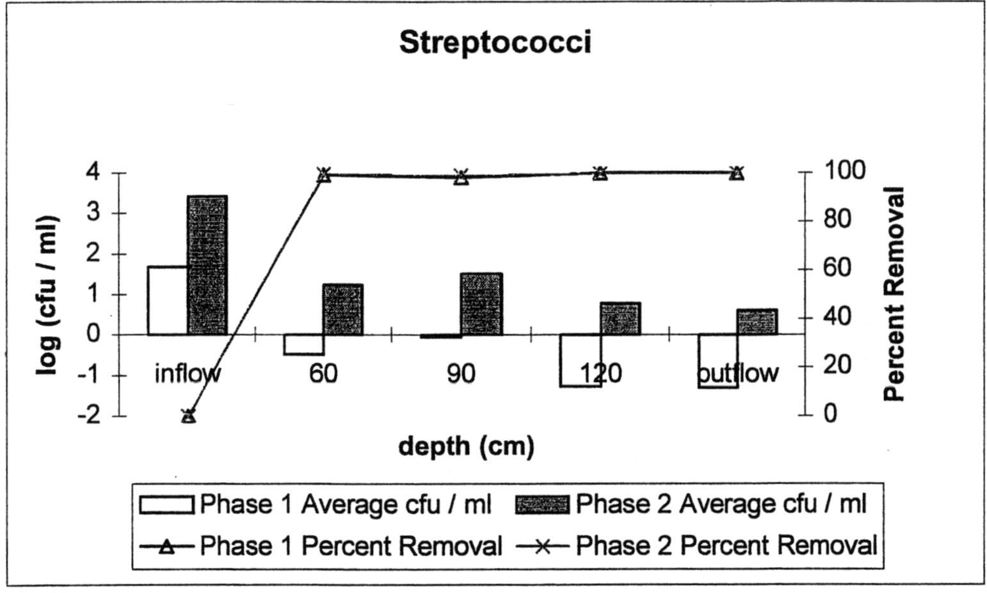

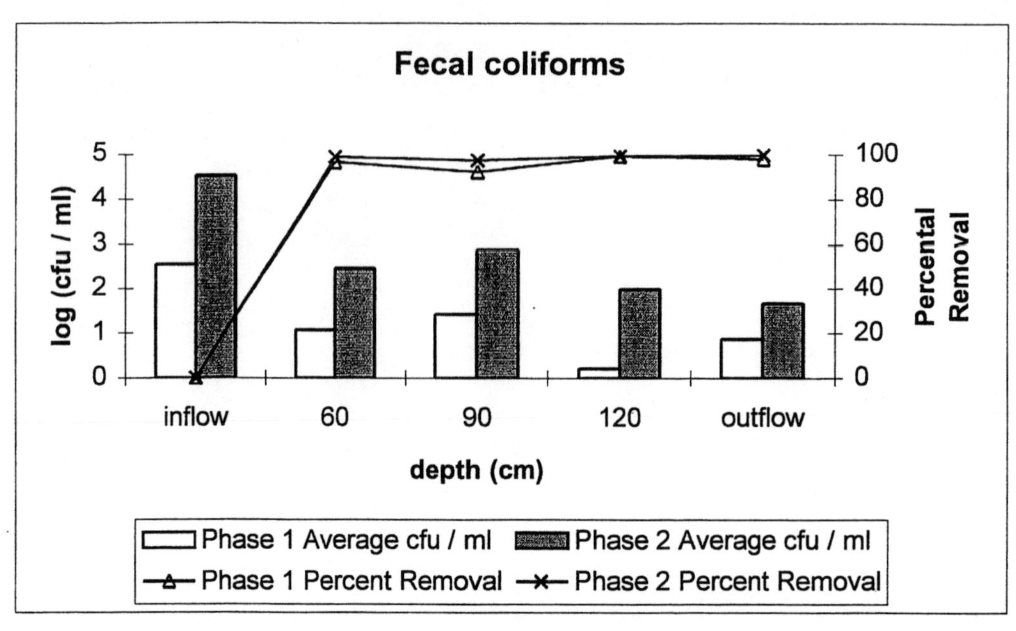

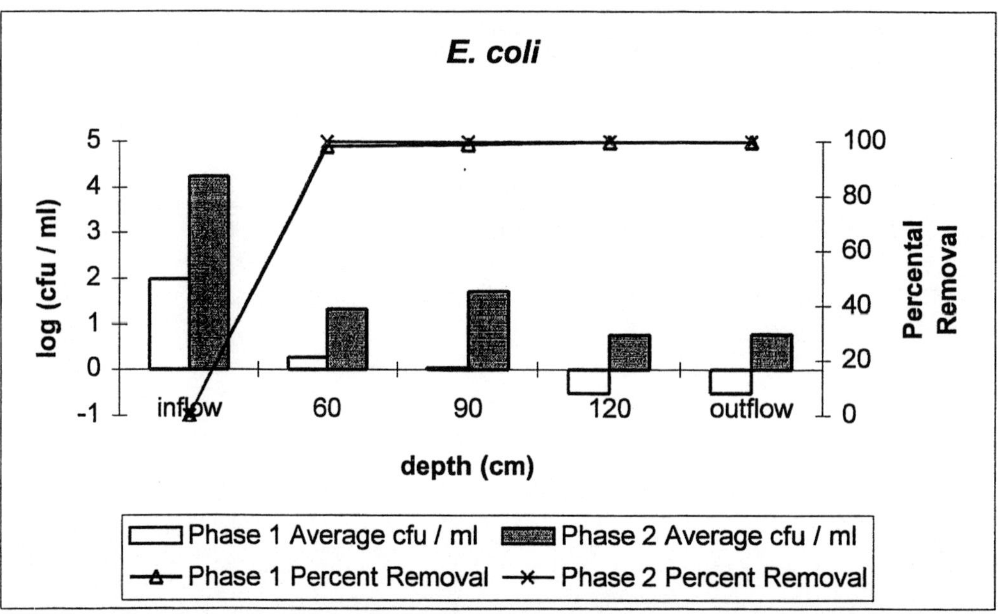

Figure 4: Comparison of number of bacteria (logarithmic scale) and its percental removal between phase 1 and phase 2

Table 3: Comparing Bacteria Reduction Rates in Phase 1 & Phase 2

Bacteria	Phase 1 Reduction Rate	Phase 2 Reduction Rate	F-test
Salmonella	0.99	0.99	0.98
Streptococci	1.00	1.00	0.85
Fecal coliforms	0.98	1.00	0.91
E. coli	1.00	1.00	0.66

Table 4: Comparing Bacteria populations from Gerwisch WWTP & Wetland Phase 2

Bacteria	Gerwisch Effluent Concentration colonies/mL	Phase 2 Effluent Concentration colonies/mL	F-test
Salmonella	4	20	<0.0001
Streptococci	48	4	0.001
Fecal coliforms	351	47	0.0003
E. coli	97	6	<0.0001

Comparing Effluent from the Gerwisch WWTP and Phase 2
Table 4 shows the Gerwisch WWTP effluent has a significantly lower concentration of Salmonella, but the other three bacteria concentrations are significantly lower in Phase 2 of the vertical flow wetland. Table 5 compares the chemistry analysis of the Gerwisch effluent with Phase 2 outflow. The Phase 2 outflow contained a significantly higher of COD, BOD, ammonia, and nitrate, but had a significant lower concentration of orthophosphate. Table 6 shows a similar relationship between the Phase 2 water at 60cm and the Gerwisch outflow, except at 60cm Phase 2 has a significantly lower total phosphorous concentration. Also, while higher than the Gerwisch effluent, at 60cm the Phase 2 water has an ammonia concentration of 3.34 mg/L. This would be an acceptable ammonia concentration in most areas in Indiana (IDEM, 2002).

Table 5: Comparing Gerwisch WWTP & Phase 2 Chemistry Effluent

Effluent	O_2 %	COD mg/l	BOD_7 mg/l with ATH	N inorg. mg/l	NH_4-N mg/l	NO_3-N mg/l	ortho-P mg/l	Ges.-P mg/l
Gerwisch	84.9	32.8	3.3	6.3	0.488	5.73	0.057	0.242
Phase 2	27.8	35.7	8.9	8.4	8.06	0.255	0.003	0.304
F-test	0.965	0.023	0.006	0.007	<0.0001	0.005	<0.0001	0.938

Table 6: Comparing Chemistry from the Gerwisch WWTP & Phase 2 at 60cm

Effluent	O_2 %	COD mg/l	BOD_7 mg/l with ATH	N inorg. mg/l	NH_4-N mg/l	NO_3-N mg/l	ortho-P mg/l	Ges.-P mg/l
Gerwisch	84.9	32.8	3.3	6.3	0.488	5.73	0.057	0.242
60 cm	13.4	37.0	4.9	11.9	3.33	8.61	0.014	0.076
F-test	0.023	0.010	0.058	0.015	0.0004	0.0007	0.0004	0.048

4 Discussion

Bacteria Removal

What leads to bacteria removal is unclear. Some suggest the removal rate is dependent on plant density (Nokes, et al., 2003), others argue temperature is the controlling factor (Quinonez-Diaz et al., 2001), some suggest DO is the primary factor (Roslev et al., 2004), while others believe predation more likely (Luederitz, et al., 2001; Belin et al., 2000).

While this study was not comprehensive enough to make a definitive answer to the above debate, it is the authors' conclusion that predation and ecology more likely to be responsible. The results from this study, and other studies, which allowed an ecology to establish, showed more favorable results (Decamp & Warren, 1998; Duggan et al., 2001; Belin et al., 2000) than those controlling for one factor like temperature (Quinonez-Diaz et al., 2001), plant density (Nokes et al., 2003), or DO (Roslev et al., 2004). This is not to minimize the impacts of these factors, but rather to emphasize that in a replication of a natural system, it is the combined affect of the environment, predators, and competition that will lead to maximized results (Gray, 1992; Kadlec & Knight, 1996). Some studies have suggested a fluctuation oxidation state and pH conditions, while maintaining a natural ecology, can improve this disinfection (EPA, 1993; Duggan et al., 2001). While consistent with the findings of this study, they can neither prove nor disprove this hypothesis.

Although DO did appear to be a potentially limiting factor in Phase 1, the microbial population seemed capable of making the transition from aerobic to anaerobic conditions, utilizing the nitrate as an oxidizer (Stumm & Morgan, 1996). In addition, the pathogen reduction rate was not significantly different in Phase 1 and Phase 2, but the DO level was significantly different between Phase 1 and Phase 2. The general trend in Phase 1 was decreased bacteria populations as oxygen levels decreased, corresponding to a slight increase in temperature. By 90 cm DO leveled off and temperature decreased to approximately the inflow temperature. This trend was reversed in Phase 2 for DO, while temperature was relatively constant through the water column. The R2 for DO and removal rate was approximately 0.98 for each organism in Phase 1, but ranged from 0.37-0.39 in Phase 2. The R2 of microorganism removal rate and temperature ranged from 0.09-0.12 in Phase 1 and was approximately 0.43 for each organism in Phase 2. Thus, the results from this study suggest microorganism removal is a result of complex interactions between the environment, predators, and competitors for resources; and that the different influent characteristics in our study created distinct ecological conditions with differing controlling factors.

Chemical Pollutant Removal

Decreasing oxidation state appeared to correlate to a re-suspension of phosphate, and nitrate being reduced to ammonia (Stumm & Morgan, 1996; Jamieson et al., 2003). Since ammonia is considered to be a more toxic form of nitrogen than nitrate (Allan, 2001), this is a drawback to a VFW with a longer vertical flow. In Phase 1, chemical removal is a beneficial side effect of the tertiary treatment and is therefore not of great concern. Obviously, the purification performance of constructed wetlands reaches an end at such low concentrations. In Phase 2, the chemical treatment is desirable. Most removal does occur by the 60cm depth, but the results do not conclusively evaluate whether the removal of chemicals by the 60cm depth is due to settling within the wetland, chemical and biological process within the wetland, or if both are involved.

The VFW in this study performed both secondary and tertiary treatment in Phase 2. The wetland utilized in the Jamieson et al. (2003) study was stepped to re-oxygenate the water column as it passed through the treatment wetland. Such an oxygenating technique may help optimize a treatment wetland for nutrient purification, while maintaining the high levels of bacteria reduction is consistent with Jamieson's et al (2003) findings in both results and theory (Stumm & Morgan, 1996; Nokes et al. 2003). Regardless of improvements that can be made to the system, the overall performance was acceptable for many rural situations where on off-site traditional WWTP may be too expensive (IDEM, 1997).

Wetland as Tertiary Treatment

Phase 1

The findings from this study support the theory that a vertical flow wetland can be effective and cost efficient. Most of the reduction appears to occur within 10 cm's of the water surface. It is not clear whether this is due to chemical and biological processes, settling of pollutants, or a combination of these factors. The latter is most likely, since the time between addition of inflow and sampling is 3 ½ hours. This is faster than the literature suggests the reduction should occur (Duggan et al., 2001; Jin et al, 2002; Mihlecic, 1998; Quinonez-Diaz et al., 2001). Microorganism mobility, while outside the scope of this experiment, may also be a factor (Brock & Madigan, 1991). As mentioned above, the VFW has the added benefit of additional nutrient removal. While many areas are still developing bacteria discharge regulations, it is almost certain the effluent from stage 1 would more than adequately meet or surpass any such regulations in Indiana or Germany (IDEM, 2002; Lüderitz, 2004).

Phase 2

The vertical flow constructed wetland maintained the high disinfection rates found in Phase 1 with the increased bacteria loads in Phase 2 (Tables 1 & 2). While this may change over a greater range, the concentrations used in this study are high enough to represent most conditions likely to be considered for tertiary treatment (IDEM, 2002). When comparing bacteria concentrations to the Gerwisch WWTP, the effluent from Phase 2 had a significantly lower concentration of each bacterium with the exception of *Salmonella* (Table 4). The chemical parameters were also significantly reduced during the disinfection process (Table 5).

As a tertiary treatment technology, the VFW achieved disinfection rates comparable, or better than, more expensive traditional techniques (EPA-1, 2000). The wetland has the added advantage of further chemical pollutant removal.

The volume of 42 L per day used for this study is equal to roughly half the expected wastewater produced per person in Germany (Luederitz et al., 2001), or roughly ¼ of that produced per person in the United States (USGS, 1995).

Wetland as a secondary treatment (Phase 2)

The vertical flow wetland as a secondary treatment (Phase 2) was a qualified success. The bacteria loads were, except *Salmonella*, below that, which was discharged by the Gerwisch WWTP (Table 4). The chemical parameters in Phase 2 effluent were significantly improved from the inflow, but not to the standards of the Gerwisch WWTP (Tables 5 & 6). It is worth noting, however, that the treatment plant in Gerwisch is one of the newer WWTP's in Germany, and should be considered above the norm as far as municipal wastewater plants. In addition, the results from both Phase 1 and Phase 2 imply that, depending upon the regulated discharge, outflow from 60 cm may be more appropriate than the traditional bottom of the VFW (Tables 5 & 6). This raises the question of what a re-oxygenation step could do to the nutrient reduction of the wetland, especially for phosphorus and ammonia removal (Stumm & Morgan, 1996; Jamieson et al., 2003).

Whether the outflow would be acceptable to a regulating agency would depend greatly upon where the treatment plant was located (IDEM, 2001). In Indiana, the ammonia effluent from the VFW would require the wetland to be discharged on a receiving piece of land instead of a receiving water body and establish a monitoring well to monitor potential groundwater contamination. However, this could be avoided by using effluent from the 60cm level (IDEM, 1997). In Germany the higher ammonia levels would also be a concern, but could be discharged onto a receiving piece of land (Luederitz, 2004).

The elevated ammonia levels likely result from the anaerobic conditions in the VFW (Stumm & Morgan, 1996). Most of this ammonia would be converted to nitrate once allowed to re-oxygenate (Jamieson et al, 2003). While nitrate has potentially detrimental effects, it is not considered to be as harmful as ammonia in aquatic environments and higher concentrations are tolerated in WTP discharge (Allan, 2001; IDEM, 1997). It is also worth noting that Phase 2 nitrate effluent concentration was 0.26 mg/L, well below levels of concern in Indiana (IDEM, 2002).

The possibility of a stepped VFW raises the question of how this would affect pathogen removal. Because chemistry and biological samples were not collected on the same day to minimize disturbance to the water column, this study cannot make correlations between DO levels and bacteria or nutrient levels. The findings, however, suggest a re-oxygenation step would not change the removal of the bacteria discussed in this paper.

LÜDERITZ, V., ECKERT, E., LANGE-WEBER, M., LANGE, A., GERSBERG, R. (2001): "Nutrient Removal Efficiency and Resource Economics of Vertical Flow and Horizontal Flow Wetlands" Ecological Engineering 18: 157-171.

LÜDERITZ, V. (2004): " Towards sustainable water resources management. A case study from Saxony-Anhalt, Germany". Management of Environmental Quality 15: 17-24.

MIHELCIC, J. (1998): "Fundamentals of Environmental Engineering." John Wiley and Sons. New York, NY.

NOKES, R. L., GERBA, C.P., KARPISCAK, M.M. (2003): Microbial Water Quality Improvement by Small Scale On-Site Subsurface Wetland Treatment. Journal of Environmental Science and Health Part A—Toxic/Hazardous Substances & Environmental Engineering. Vol.A38, No. 9, pp. 1849-1855.

QUINONEZ-DIAZ, M.J., KARPISCAK, M.M., ELLMAN, E.D., GERBA, C.P. (2001): Removal of Pathogenic and Indicator Microorganisms by a Constructed Wetland Recieiving Untreated Domestic Wastewater. Journal of Environmental Science and Health, A36(7), 1311-1320.

ROSLEV, P., BJERGBAEK, L.A., HESSELSOE, M. (2004): Effect of Oxygen on Survival of Faecal Pollution Indicators in Drinking Water. Journal of Applied Microbiology, 96, 938-945.

STUMM, W., MORGAN, J.J. (1996): "Aquatic Chemistry; Chemical Equilibria and Rates in Natural Waters, 3rd Edition." John Wiley and Sons. New York, NY

UNITED STATES ENVIRONMENTAL PROTECTION AGENCY, OFFICE OF RESEARCH AND DEVELOPMENT. (9/2000): "Manual: Constructed Wetlands Treatment of Municipal Solid Waste." EPA/625/R-99/010.

UNITED STATES ENVIRONMENTAL PROTECTION AGENCY (EPA) (1993): "Constructed Wetlands for Wastewater Treatment and Wildlife Habitat: 17 Case Studies." EPA832-R-93-005. September. http://www.epa.gov/owow/wetlands/construc/

UNITED STATES ENVIRONMENTAL PROTECTION AGENCY (EPA). (9/2000): "Wastewater Technology Factsheet: Package Plants." EPA 832-F-00-016.

United States Environmental Protection Agency (EPA-1) (9/2000): "Manual: Constructed Wetlands Treatment of Municipal Wastewaters." EPA/625/R-99/010.

UNITED STATES ENVIRONMENTAL PROTECTION AGENCY (EPA-2) (9/2002) "Waste Water Technology Factsheet: Anaerobic Lagoons." EPA 832-F-02-009.

UNITED STATES GEOLOGIC SURVEY (USGS) (1995): Estimated Water Use in the US, U.S. Geologic Survey Circular 1200, Denver, Colorado.

Zusammenfassung der Habilitationsschrift

zum Thema „Schutz und Regeneration von Gewässerökosystemen und Wasserressourcen durch ingenieurökologische Methoden“

vorgelegt von

Volker Lüderitz

Die vorliegende kumulative Habilitationsschrift umfasst 20 wissenschaftliche Arbeiten, die in den Jahren 1996 bis 2006 verfasst wurden. Ihnen vorangestellt ist ein Forschungs-Summary, das die wichtigsten Ergebnisse der Arbeiten herausstellt sowie neuere, noch unveröffentlichte Forschungsansätze und Ergebnisse beleuchtet. Schließlich wird ein Ausblick auf zukünftige Projekte und Forschungsschwerpunkte gegeben.
Die Forschungsstrategie des Autors folgt den Prinzipien der Ingenieurökologie. Unter Ingenieurökologie (Ecological Engineering) versteht man gezielte anthropogene Veränderungen der Umwelt, die mit einem geringen Maß an Steuerungsenergie auskommen, während die Energie für die eigentlichen Transformationsprozesse aus den Ökosystemen selbst kommt.
In der vorliegenden Arbeit finden die Grundsätze der Ingenieurökologie bei der Sanierung und Renaturierung von Gewässerökosystemen und der ökotechnologischen Reinigung von Wässern Anwendung:

Im Vorfeld jeglicher Sanierung und Renaturierung sind zunächst die methodischen und Datengrundlagen für die gewässerökologische und wasserwirtschaftliche Pflege- und Entwicklungsplanung geschaffen worden. Der Schwerpunkt lag dabei auf den Großschutzgebieten Nationalpark Harz, Biosphärenreservat Mittelelbe und Naturpark Drömling. In den vorliegenden Einzelarbeiten werden verschiedene Arten der Gewässerbelastung differenziert und quantifiziert.

In einem nächsten Schritt wurde gemäß den Anforderungen der **EU-Wasserrahmenrichtlinie,** die die Herstellung eines guten ökologischen Zustandes aller Gewässer innerhalb bestimmter Fristen verlangt, **leitbildorientierte komplexe ökologisch-hydromorphologische Methoden** zur Bewertung des Zustandes unterschiedlicher Gewässertypen und – formen entwickelt. Sie dienen insbesondere der Erfolgskontrolle bei Sanierungs- und Renaturierungsmaßnahmen.

Für **Fließgewässer** umfasst das Bewertungsverfahren vier Module (Wassergüte, Hydromorphologie, Naturnähe, Diversität / Schutzwürdigkeit) mit insgesamt acht Indizes, die sich überwiegend auf die Organismengruppen der Makroinvertebraten und Makrophyten stützen. Diese Module und Indizes wurden bisher für drei in Deutschland häufige Fließgewässertypen kalibriert, weitere Kalibrierungen sind in Arbeit. Bei der Anwendung der Methodik auf die Erfolgskontrolle bei einer Renaturierungsmaßnahme wurde gefunden, dass auch recht geringfügige Veränderungen zuverlässig angezeigt werden. Ferner konnte gezeigt werden, dass eigendynamische Veränderungen von Bächen und Flüssen in weit höherem Maße positiv ökologisch wirksam sind als Verfahren selbst des naturnahen Wasserbaus.

Ein besonderes Problem für die Gewässerbewertung stellen **künstliche und erheblich veränderte Gewässer** dar, da sie sich meist nur schwer einem Gewässertyp zuordnen lassen. Für die am häufigsten vorkommende Form solcher Wasserkörper – Gräben und Kanäle – wurde ein Bewertungsverfahren entwickelt, das sich an das für die Fließgewässer anlehnt, aber deutliche Modifikationen enthält. So erfolgt die hydromorphologische Bewertung anhand von nur fünf aussagekräftigen Parametern gegenüber 27 bei natürlichen Gewässern. Die Einschätzung des ökologischen Potenzials erfolgt durch den Vergleich mit dem natürlichen Gewässertyp, der dem künstlichen Gewässer von seiner Struktur und Besiedelung her am nächsten kommt. Im Falle der Niedermoorgräben und –kanäle ist das der semimineralische Tieflandfluss. Die ökologischen Parameter sind hier ein speziell

entwickelter Fauna-Index als biologisches Maß für die Strukturgüte, die Trophie-Indikation über die Makrophyten, der Saprobienindex als Indikator der organischen Belastung sowie der Diversitäts- und der Naturschutzindex als Maßstab für Schutzwürdigkeit und Refugialfunktion.
Im Ergebnis der Untersuchungen konnte gezeigt werden, dass Gräben und Kanäle auch bei mäßigen strukturellen Bedingungen ein gutes oder gar sehr gutes ökologisches Potenzial besitzen, sofern der Eintrag an Pflanzennährstoffen gering, die Umfeldnutzung extensiv und die Pflege der Gräben schonend und selten ist.

Eine eigenständige Bewertungsmethode ist auch für die **Altwässer** notwendig. Bei diesen handelt es sich um ehemalige Flussarme, die durch dynamische Veränderungen der Mäander vom Fluss abgetrennt und anschließend isoliert wurden. Diese Altwässer sind durch anthropogene Einflüsse wie Eutrophierung und Verbau in fast allen Fällen nicht nur erheblich verändert, sondern vom vollständigen Verschwinden bedroht, da sie in der Kulturlandschaft nicht neu entstehen können.
In den vergangenen zehn Jahren wurden mehrere Altwasser-Sanierungen wissenschaftlich vorbereitet, begleitet und ausgewertet. Auf dieser Basis sind eine komplexe Sanierungsstrategie für diese Gewässerform und ein dazugehöriges Qualitätssicherungssystem entwickelt worden. Das Vorhandensein erfolgreich sanierter Altwässer ist Voraussetzung für die Entwicklung einer leitbildorientierten Bewertung, für die in der vorliegenden Arbeit ein Ansatz vorgestellt wird, der aber in der nahen Zukunft zu vervollständigen und zu überprüfen ist.

Ein letzter inhaltlicher Komplex der Habilitationsschrift behandelt die naturnahe **Reinigung des Wassers**. Den Schwerpunkt bilden hier Untersuchungen zur Erklärung und zur Optimierung der Reinigungsleistung von Bewachsenen Bodenfiltern. Diese Filter, die die natürlichen Funktionen von Feuchtgebieten in räumlich konzentrierter Form ausführen und damit eine wirkliche Alternative zu energie- und finanzaufwändigen großtechnischen Anlagen im ländlichen Raum, vor allem aber auch in noch unterentwickelten Ländern darstellen, konnten durch hier vorgelegte Untersuchungs- und Entwicklungsergebnisse in ihrer Funktion bedeutend verbessert werden. Entscheidende Beiträge dazu waren die Entwicklung eines geneigten Horizontalfilters, der die Vorteile von vertikal und horizontal durchströmten Systemen vereint, und die analytische Abklärung der Voraussetzungen für einen effektiven und nachhaltigen Phosphor-Rückhalt im Bodenkörper. Ferner konnte nachgewiesen werden, dass aus gesundheitlicher Sicht problematische Bakterien durch die Bodenpassage unter bestimmten Voraussetzungen fast vollständig eliminiert werden können, womit diese Anlagen eine wichtige Hygienisierungsfunktion aufweisen.
Für die Reinigung des Wassers spielen auch **Selbstreinigungsvorgänge** eine wichtige Rolle. Die Effizienz dieser Prozesse konnte in eine klare Korrelation zur Naturnähe der Gewässerstruktur gesetzt werden. Allerdings üben auch Faktoren wie die Ausgangsbelastung und die natürliche Sedimentstruktur einen wichtigen Einfluss aus.

Den Abschluss der vorgelegten Habilitationsschrift bildet ein **Ausblick** auf die weitere Forschungskonzeption des Autors. Diese baut die vorhandenen Schwerpunkte von der Fließgewässerrenaturierung bis zur Bioremediation inhaltlich sowie geografisch weiter aus und vertieft sie bezüglich spezieller Fragestellungen.

Erklärung

Hiermit erkläre ich, dass diese Arbeit von mir bisher weder an der Mathematisch-naturwissenschaftlichen Fakultät der Ernst-Moritz-Arndt-Universität Greifswald noch an einer anderen wissenschaftlichen Einrichtung zum Zwecke der Habilitation eingereicht wurde.
Ferner erkläre ich, dass ich diese Arbeit selbstständig verfasst und keine anderen als die darin angegebenen Hilfsmittel benutzt habe.

Magdeburg, den 04. 04. 2007 (V. Lüderitz)

Dr. rer. nat. Volker Lüderitz

Wissenschaftlicher und beruflicher Lebenslauf

- geb. 30. März 1959 in Schönebeck (Elbe)
- 1965 - 1977 Besuch der Polytechnischen bzw. Erweiterten Oberschule
- 1977 Abitur
- 1977 - 1979 Militärdienst
- 1979 - 1981 Chemiearbeiter bzw. Chemiefacharbeiter im damaligen VEB Fahlberg-List Magdeburg
- 1981 - 1986 Direktstudium der Biologie an der Humboldt-Universität Berlin;
  1986 Diplom-Biologe
- 1986 - 1988 Forschungsstudium
- 1988 Promotion zum Thema „Kupferwirkung auf Planktonalgen"
- 1988 - 1991 Forschungsgruppenleiter in der Fahlberg-List GmbH Magdeburg
- 1991 - 1993 Lehraufträge an der FH Magdeburg
- 1993 Berufung zum Professor für Hydrobiologie und Gewässerökologie an dieser Hochschule
- 1997-2003 Direktor des Institutes für Wasserwirtschaft und Ökotechnologie der HS Magdeburg (bis 2000)
- 2000-2003 Studiengangsleiter des Master-Kurses Ingenieurökologie
- 2003 Direktor des Institutes für Nachhaltige Entwicklung INE e. V.
- 2003 Wahl zum Dekan des Fachbereiches Wasserwirtschaft
- 2005 Wiederwahl